KB236257

식품미생물학

유 주 현 · 변 유 량

강윤숙 공인수 김동섭 김영옥 김인규 김진만 김현수 남승우 노민정 박영서
박정길 박정민 박헌주 박희경 반용선 배동훈 백현동 송춘석 신동화 신원철
심창환 안순철 오영준 옥승호 유승석 유윤정 윤성식 이근억 이봉기 이정기
이한승 정건섭 정명호 정용준 진효상 최성원 최형택 함병권 허남윤

Food Microbiology

도서출판 효 일
www.hyoilbooks.com

|머리말|

국민소득이 향상되면 영양공급이 좋아져 고령화 사회로 변천되면서 당뇨병, 뇌신경질환, 통풍, 세포의 노화, 심혈질환, 암, 골다공증 등의 성인병이 문제가 된다. 이러한 문제가 일부는 해결되고 있으나 부작용이 없이 해결되지 못한 것이 많다.

이와 같이 아직 해결되지 못한 것을 해결하려면 병이 발생하기 전에 예방하는 사전 대책과 병이 발생한 다음 치료하는 사후 대책이 있다. 이러한 것은 생명공학분야인 식품과 의약품의 개발을 통하여 할 수 있다. 생명공학분야는 고령화 사회에서도 모든 사람들이 언제나 젊은이와 같이 젊게 보이고 건강한 정신으로 건강하게 활동할 수 있도록 될 때까지 많은 일이 남아 있다. 그리고 가장 어려운 과제인 인간의 각 조직의 생화학반응이 해명되면서 각 조직을 자유롭게 생합성할 수 있을 때까지 발전할 수 있는 첨단 공학분야이다. 이러한 모든 것이 식품공학과 생명공학분야를 연구하고 있는 분들의 노력으로 성취될 수 있다고 생각한다.

이러한 분야를 연구 개발하는 데는 생명공학분야의 기초가 되는 미생물학과 발효공학을 잘 터득해야만 많은 도움이 된다고 생각되어 『식품미생물학』의 책을 집필 개정하여 출판하기로 하였다. 이러한 뜻으로 이 『식품미생물학』이 생명공학을 연구하는 사람에게 교재로도 도움이 되기를 바란다.

나의 50년간의 교육과 연구의 경험을 통하여 가능한 한 여러 경험을 참고로 하였으나 생명공학분야의 눈부신 발전과 개발이 있어, 빠트린 점이 많다고 생각한다. 이러한 것은 앞으로 참고하여 개정하려고 한다. 많은 조언을 부탁한다.

이 책이 생명공학분야를 전공하려고 하는 보다 많은 사람에게, 그리고 생명공학 발전에 다소라도 도움이 된다면 영광으로 생각될 것이다.

끝으로 이 책을 집필할 때 많은 책과 문헌을 참고하였기에 원래의 저자들에게 감사드린다. 그리고 이 책을 출판할 때까지 편집하는 데 수고가 많은 경원대학교 박영서 교수, 집필하고 수고하여 주신 여러분과 출판하는 데 지원하고 협력하여 주신 효일출판사 김홍용 사장님과 관계자 여러분과 그동안 내조하여 준 한신숙에게 감사드린다.

"미생물은 창의력을 발휘하여 최선의 노력을 하는 사람을 돕는다"

2007년 3월 22일

편저자 유 주 현

제 01 장

|서 론|

1. 미생물이란 무엇인가?

미생물(microorganism)은 일반적으로 사람의 눈으로는 그 형태를 볼 수 없고 현미경을 사용하여야 관찰할 수 있는 매우 작은 생물을 가리킨다. 이들은 주로 단세포(single cell) 또는 균사(hyphae)라고 하는 최소의 생활 단위로 살아가는 생물로 미생물공업에 사용되고 있는 것은 곰팡이(mold), 효모(yeast), 세균(bacteria), 방선균(actinomycetes) 등이 대부분이다. 이 밖에 조류(Chlorella) 등도 일부 포함된다. 이들은 흙, 공기, 하천, 호수, 바닷물, 해산물, 농산물, 의류 등 어느 곳에나 있으므로 미생물이 없는 장소를 찾는 것이 어려울 정도이다. 그리고 특수한 환경, 즉 강산성, 온천수, 땅속의 석유광산, 깊은 바다 밑의 퇴적물 등에서도 미생물을 분리할 수 있다.

미생물의 수는 환경여건에 따라 다르나 일반적으로 흙 1g 중에 $10^6 \sim 10^7$ 개체, 공기 $1\,\mathrm{m^3}$ 중에 10^4 개체 정도 존재한다.

미생물의 크기는 표 1-1에 표시한 것과 같이 ㎛ 단위로서 너무나 미세하므로 현미경이 발명되기 전까지는 육안으로는 관찰할 수 없었으나, 미생물의 작용은 옛날부터 무의식적으로 발효(fermentation)에 이용되어 오기도 하고 부패 또는 전염병 등으로 인간에게 해로운 영향을 주기도 하였다.

표 1-1 각종 미생물의 크기

		직경(㎛)	길이(㎛)
	화　　분	50	
	적 혈 구	8	
미생물	원생동물(짚신벌레)	40	200
	녹　　조(Chlorella)	2~12	
	사 상 균(국곰팡이 포자)	4~10	
	사 상 균(균사)	3~8	∞
	효　　모(빵효모)	6	8
	세　　균(대장균)	0.5	1~3
	rickettsia(발진티프스균)	0.3	0.8
	바이러스(담배모자이크병)	0.017	0.3
	단 백 질(난albumin)	0.0025	0.01

2. 발효공업의 발전

　어떠한 민족이든지 그 민족 고유의 술이 전래되고 있다. 술은 우리나라에서나 서구에서나 신화 중에서도 나타나고 있다. 고대 이집트 사람들은 포도주, 맥주를 오시리스 신으로부터 받았다고 믿고 있었고 우유를 산패시켜 보존하는 방법도 구약성서의 창세기에 기록되고 있다. 맥주의 제조법에 대해서는 제5왕조 시대의 기록에 나타나 있으며, 우리나라 술도 처음에는 예쁜 아가씨들을 모아 찐 쌀을 씹어서 독에 넣고 양조하였다고 한다. 또한 밀가루를 반죽하여 자연발효시켜 빵을 굽는 방법이 옛날부터 사용되어 왔다. 이와 같이 미생물이 인류에게 이용된 것은 발효라는 현상을 통해서이다.

　발효라는 언어는 라틴어의 '거품을 일으킨다(fervere)'라는 말에서 유래된 것으로 이는 효모의 알코올발효에 있어서 이산화탄소 가스가 발생하면서 거품이 생기는 현상을 뜻한다. 식초의 초산발효, 우유의 젖산발효 역사도 오래되었다. 우리나라는 장류, 주류, 식초, 김치 또는 젓갈류 등에 무의식 중으로 미생물을 이용해 왔다. 그러나 이러한 미생물의 이용은 고대로부터 자연발효의 형식으로 행하여져 왔으며, 중요한 역할을 하는 미생물에 대해서는 전혀 알지 못하였기 때문에 이러한 발효의 관리는 경험적인 것일 수밖에 없었다. 따라서 오염에 의한 부패로 인하여 곤경에 처한 경우가 있었으며, 이를 해결하기 위해서는 발효시키는 미생물의 발견과 그의 작용 및 성질을 잘 이해하여야 할 필요가 생겼다.

　미생물을 처음 관찰하여 기록으로 남긴 사람은 네덜란드의 Antony Van Leeuwenhoek(1632~1723)로 현미경을 제작하여 관찰한 그의 미생물에 관한 기록이 세계 최초로 영국의 왕립협회(Royal Society of London)에 의하여 출판되었다. 그 후 프랑스의 Louis Pasteur(1822~1895)는 미생물은 자연히 발생한다는 자연발생설을 부정하고, 미생물은 미생물로부터 생긴다는 생물 발생설을 증명하였다. 그리고 발효의 종류에 따라 미생물의 종류가 다르다는 것을 확실하게 하였다. 그는 알코올발효와 젖산발효 등 많은 발효형식을 연구하였으며 그 중에서 부티르산발효를 하는 미생물은 생리적으로 공기 중의 산소를 사용하지 않고 유기물을 분해하여 에너지를 얻는 생활방식의 무산소호흡임을 알게 되었다. 그리고 효모는 통성혐기성균으로서 산소가 없는 조건하에서는 주로 알코올발효를 하면서 에너지를 적게 얻으며, 통기시키면 에너지를 많이 얻고 호흡작용을 하면서 균체가 급속히 증식하는 것을 알게 되었다. 이 현상을 Pasteur effect라 한다.

Pasteur는 포도주와 맥주의 변패방지법으로서 저온살균법(Pasteurization)을 착안하였는데, 이 방법은 50~60℃의 온도에서 일정 시간 유지하여 식품을 변질시키지 않고 그 속의 변패원인이 되는 균만을 선택적으로 살균하는 것이었다. 이와 같이 Pasteur는 발효 또는 발효생리 및 양조물의 변패방지로 프랑스 양조업계 발전에 크게 공헌하였으며 누에의 미립자병의 병원균을 밝혀 양잠업계 발전에도 이바지하였다. 이러한 과정을 거쳐 발효는 미생물에 의하여 일어난다는 것이 일반에게 인식되어졌으며 1897년 Büchner가 우연한 기회에 효모를 갈아서 얻은 무세포추출액이 효모 균체와 마찬가지로 알코올 발효가 된다는 사실을 발견한 후부터 생물적인 촉매, 즉 효소라는 개념이 생겼다. 이런 과정의 결과로 모든 생물의 생명현상의 본질이 밝혀지게 되었고 또한 발효 및 부패현상을 비롯하여 미생물의 대사과정에 효소의 개념을 도입하여 연구하게 되면서 새로운 생화학 분야가 시작되었다.

Pasteur는 면역이라는 개념을 처음 도입시켜 소위 탄저병과 사람의 광견병에 대한 백신(vaccine)을 개발하여 미생물이 동식물 병의 원인이 된다는 것을 알게 되었으며 이것을 확실하게 증명한 사람은 Robert Koch(1843~1910)이었다. 그는 탄저병에 걸린 동물에서 병원균을 순수분리하고 이 분리한 균을 건강한 동물에 다시 접종하여 탄저병을 발생시킴으로써 이 균이 탄저병의 병원균이라는 것을 입증하였다. 이와 같이 병원균을 확인하는 원칙을 Koch-Herle 가설이라고 불렀다. 이 방법이 그 후 많은 병원균을 확인하는데 활용되었고 오늘날 미생물을 순수분리 배양하는 실험법의 기초가 되었다. Koch에 의한 탄저병의 병원균에 자극받아 병원균의 분리배양에 관한 연구가 활발히 진행되어 25년간에 병원균의 대부분이 발견되었으며 전염병 치료의 연구도 급격히 진전되었다. 이상과 같이 Pasteur, Koch 등의 연구에 의하여 미생물학의 기초가 확립된 후 계속 발전하여 의학을 비롯하여 생물학 전체에 결정적인 영향을 미쳤으며 생물의 본질에 대한 개념마저 변하게 되었다. 그리고 기초와 응용 양면에 크게 영향을 주어 가속적으로 진보되고 있다.

A. Fleming(1929), E.B. Chain(1940), H.W. Florey(1940)에 의하여 penicillin의 연구, S.A. Waksman(1944)에 의한 streptomycin의 발견 등으로 항생물질의 시대가 시작되었으며, 현재는 바이러스 등에 대한 화학요법제의 연구를 하고 있다.

※ 미생물관계의 연구로 노벨상을 받은 학자들(1945년 이후)

1945; A. Fleming, E.B. Chain, H. Florey(영국) penicillin의 발견과 개발

1946; J.B. Sumner, J.H. Northrop, W.M. Staley(미국) 효소와 바이러스단백의 결정화

1951; M. Theiler(남아공화국) 황열병 vaccine의 연구

1952; S.A. Waksman(미국) streptomycin의 발견

1954; J.F. Enders, T.H. Weller, F.C. Robbins(미국) poliovirus의 시험관 내 조직배양의 연구와 그 완성

1958; G.W. Beadle, J. Lederberg, E.L. Tatum(미국) 미생물의 유전생화학에 관한 연구와 발견

1959; S. Ochoa, A. Kornberg(미국) RNA 및 DNA의 합성효소에 관한 연구

1962; F.H.C. Crick(영국), J.D. Watson(미국), M. Wilkins(영국) DNA의 분자구조 및 생체에서 정보전달에 대한 발견

1965; F. Jacob, J. Monod, A. Lwoff(프랑스) 효소와 바이러스합성에 관한 유전적 제어

1968; M.W. Nirenberg, R.W. Holley, H.G. Khorana(미국) 유전정보전달의 해독과 그 단백합성에 대한 역할

1969; M. Delbrück, A.D. Hershey, S.E. Luria(미국) 바이러스의 증식메커니즘과 유전학적인 구조의 연구

1974; A. Claude, C.R. de Duve, G.E. Palade 세포의 구조와 기능에 관한 발견

1975; R. Dulbecco, H.M. Temin, D. Baltimore 종양바이러스의 연구

1976; B.S. Blumberg 오스트레일리아 항원의 발견, D.C. Gadusek 지발성바이러스 감염증의 연구

일반미생물분야에 있어서도 E.C. Hansen(1874), A.S. Kluyver(1925) 등에 의하여 고전적인 발효상태의 연구가 처음 시작되었고 최근에 미생물의 유전핵산생합성효소 등에 대한 연구의 진보는 미생물의 생육 및 세포분화, 형태형성, 유전 등의 생명현상을 분자차원에서 해명하는 방향으로 발전되어 생물진화의 기원에 대하여 합리적으로 이해하는 데 크게 기여하고 있다.

한편 이러한 기초연구의 진보는 화학요법제 이외의 미생물 응용분야로서 고전적인 알코올음료, 양조식품, 발효유제품, 유기산, 용제, 효소제 등의 생산으로부터 의약원료, 아미노산발효, 핵산발효생산 등으로 발전되었으며 그 외에 폐수처리, 금속 제련까지도 미치고 있다. 최근에는 유전공학(genetic engineering)의 발전에도 기여하고 있다. 그러므로 미생물이용공업은 무한한 발전가능성이 있다. 미생물분야를 연구하여 노벨상을 받은 사람은 표 1-2와 같다.

3. 자연계에서 미생물의 역할

자연계에 있어서 미생물의 역할은 부패(putrefaction), 발효(fermentation) 및 동물과 식물의 병에 관여한다. 미생물이 있는 곳에서는 반드시 어떠한 역할을 한다. 미생물은 보편적으로 어느 곳에서나 존재하고, 그 역할도 방대하다. 여기서는 지구화학적 견지에서 자연계에서 일어나는 탄소·산소·질소·황화합물의 순환에 있어서 미생물의 역할에 대하여 설명한다.

자연계에서 동물·식물·미생물은 생활권(biosphere)에 있고, 생화학적으로 중요한 원소는 유기화되어 생활권에 들어간다. 동시에 일부의 생물은 죽고 분해하며, 미생물의 작용으로 앞에 기록된 원소는 다시 무기화되어 자연계에 환원된다. 한편 에너지를 생각하면 녹색식물은 태양에너지를 흡수하여 유기화합물의 결합에너지 형태로 생물권에 들어온다. 그 외 생물의 대부분은 복잡한 먹이사슬(food chain)을 통하여 직접 또는 간접적으로 이 에너지를 차례로 이용하여 생명을 유지한다. 그러는 동안에 에너지는 점점 소비된다. 이와는 반대로 물질, 즉 생화학적으로 중요한 원소는 생물권과 비생물권의 사이를 순환한다. 이들 원소는 한없이 유기화되어 생물권에 들어가는 동시에 생물이 죽음으로써 주로 미생물에 의하여 분해작용이 일어나 다시 무기화되어 비생활권으로 돌아간다. 이러한 과정에 있어서 미생물은 중요한 역할을 한다.

3-1. 에너지의 흐름

앞에서 설명한 것과 같이 생물권의 에너지는 태양에너지를 흡수하여 생긴다. 이것은 지상에서는 주로 녹색식물, 물속에서는 식물성 플랑크톤(plankton)에 의해 광합성작용으로 생산된다.

생물권에 있어서 먹이사슬을 간단히 설명하면 다음과 같다. 육상계에서는 일반적으로 식물 → 초식동물 → 육식동물 → 인간과 같은 경로를 통한다. 그리고 생물이 죽은 경우는 미생물의 작용으로 분해된다. 그러므로 이러한 순환사이클은 초식동물의 위 등에서 미생물이 중요한 역할을 한다. 수생계에서는 일반적으로 식물성 플랑크톤 → 동물성 플랑크톤 → 작은 물고기 → 큰 물고기 → 인간의 경로를 통한다. 미생물은 에너지 확보, 죽은 생물의 분해작용뿐만 아니라 여러 형태로 먹이사슬 자체에 들어가 있고 실제로는 더 복잡하다.

만일 녹색식물 또는 식물성 플랑크톤에 의한 태양에너지 확보작용이 수요와 맞지 않다면 최후 이용자인 인류의 식량은 부족하게 된다. 그러므로 현재 인공적으로 Chlorella를 대량 배양하거나 석유를 원료로 하여 미생물을 배양하여 식량화·사료화하거나 식량을 증산하려고 하고 있다.

3-2. 탄소·산소의 순환

에너지의 흐름은 생물체를 구성하는 여러 원소, 즉 탄소·산소·질소·인·황 등의 순환이다. 그때 미생물은 중요한 역할을 하고 있다. 그중 하나가 청소를 하는 중요한 작용을 한다.

그림 1-1, 그림 1-2에서와 같이 지구화학적인 탄소 및 산소의 순환사이클(cycle)을 요약하면 이산화탄소의 고정과 재발생이다.

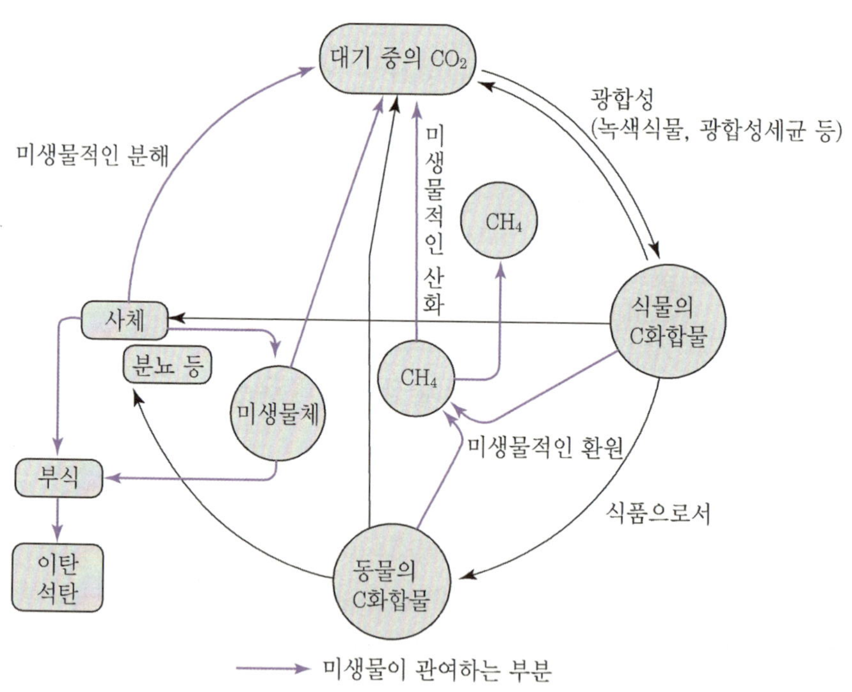

[그림 1-1] **자연계에서 탄소의 순환(미생물과 동·식물의 작용)**

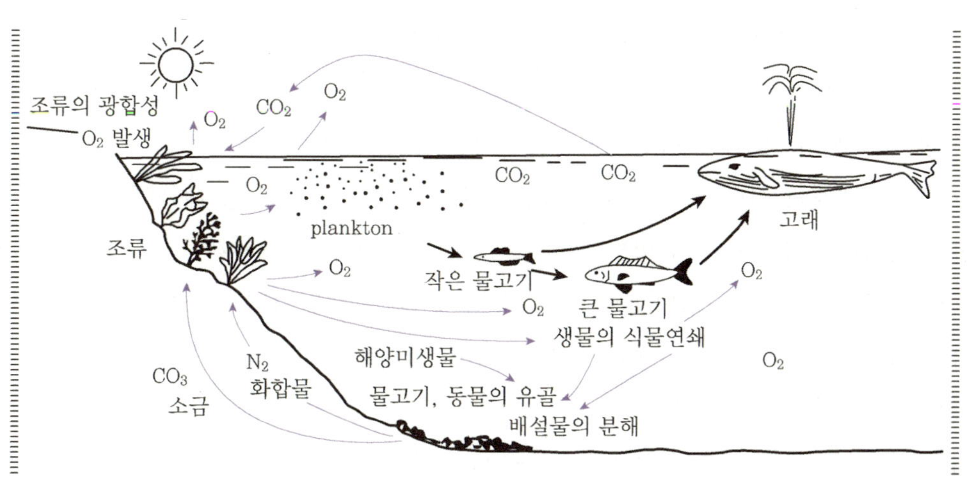

[그림 1-2]　**해양미생물·조류의 광합성에 의한 O₂ 의 발생**

표 1-3　지표 1㎠당 이산화탄소가스의 연간수지(μg/㎠) (Goldschmidt)

대기 중의 이산화탄소의 방출량	
석탄 및 석유의 연소량	800
호흡 및 부패	40,000
암석권으로부터의 기화	3~6
대기 중으로부터 이산화탄소 제거량	
탄산염 등의 침적	0.2~2.0
광합성	40,000
풍화작용	3~4

　동·식물을 구성하는 유기화합물은 직접 또는 간접적으로 광합성에너지를 이용하여 여러 종류의 복잡한 경로를 거쳐 이산화탄소가스와 물 등으로부터 합성된다. 공중의 이산화탄소 가스는 적어도 0.03％이고, 이것은 광합성 35년분의 양에 상당한다.

　표 1-3에 나타낸 것과 같이 고정되는 것과 거의 같은 양의 이산화탄소가스가 생물의 호흡작용에 의하여 직접 혹은 생물이 사멸한 다음 미생물에 의한 분해작용으로 또는 그러는 도중 미생물의 균체, 대사산물 등을 거쳐서 최종적으로는 다시 대기 중으로 방출된다.

미생물에 의한 분해속도는 생물체에 함유된 성분에 따라 다르다. 예를 들면, 토양 중에 있는 식물의 잎이 분해할 경우 그 성분은 당분, hemicellulose, cellulose, lignin 순으로 분해가 잘된다. 특히 토양유기화합물인 부식(humus)은 분해하기가 어렵다.

그리고 생태계의 차이에 따라 유기화합물의 분해상태가 다르다. 예를 들면, 저온이고 습한 지대에서는 혐기조건이 발달하여 호기적인 조건에서 생육하는 곰팡이로 분해되기는 어려우므로 식물체는 이탄(peat)으로서 축적한다. 물에 잠긴 삼림이 지구화학적 변화가 생겨 석탄(coal)이 되고, 해조류가 혐기적 변화를 받은 다음 남은 유분이 모여 석유(petroleum)가 됐다고 한다.

지구화학적으로 본 산소의 순환사이클의 주요 부분은 광합성, 호흡 등 탄소의 그것과 같다. 산소는 공기 중에 다량 존재하나 물에 용해되는 양이 적으므로 자연조건하에서는 가끔 산소결핍상태가 된다. 따라서 미생물의 분포상태를 바꾸어 여러 종류의 생태적 상태를 만드는 데 밀접한 관계가 있다.

3-3. 질소의 순환사이클

질소는 인·칼륨과 같이 식물의 중요한 영양분이고, 자연계에서 질소의 순환사이클은 농업에 매우 중요한 뜻이 있다. 따라서 미생물의 역할은 매우 크고, 실제 질소순환을 지배하고 있는 것은 미생물이다.

공기 중에는 다량의 질소가스가 함유되어 있으나 동·식물은 원래부터 일부의 하등미생물 이외는 그것을 이용할 수 없다. 질소는 무기화합물로서 질산염 또는 암모늄염의 형태로 생물체 내로 받아들여진다. 질산염은 식물로 동화되는 주요한 형태이고 식물체 내에서 환원되어 glutamic acid, aspartic acid 등을 거쳐 단백질, 핵산 등 질소를 함유한 화합물의 성분이 된다. 암모늄염은 벼 등 일부 식물의 주요한 질소원이고 또 대부분의 미생물에는 이용하기 쉬운 형태이다.

그림 1-3, 그림 1-4에서 동·식물체의 유기질소화합물은 미생물의 분해작용을 받아 질소분은 암모니아화(ammonification)하여 암모늄염이 된다. 단, 일부의 질소분은 미생물 균체에 들어가 고정화(immobilization, 미생물에 동화)되므로 그 부분은 식물에 이용되지 않는다.

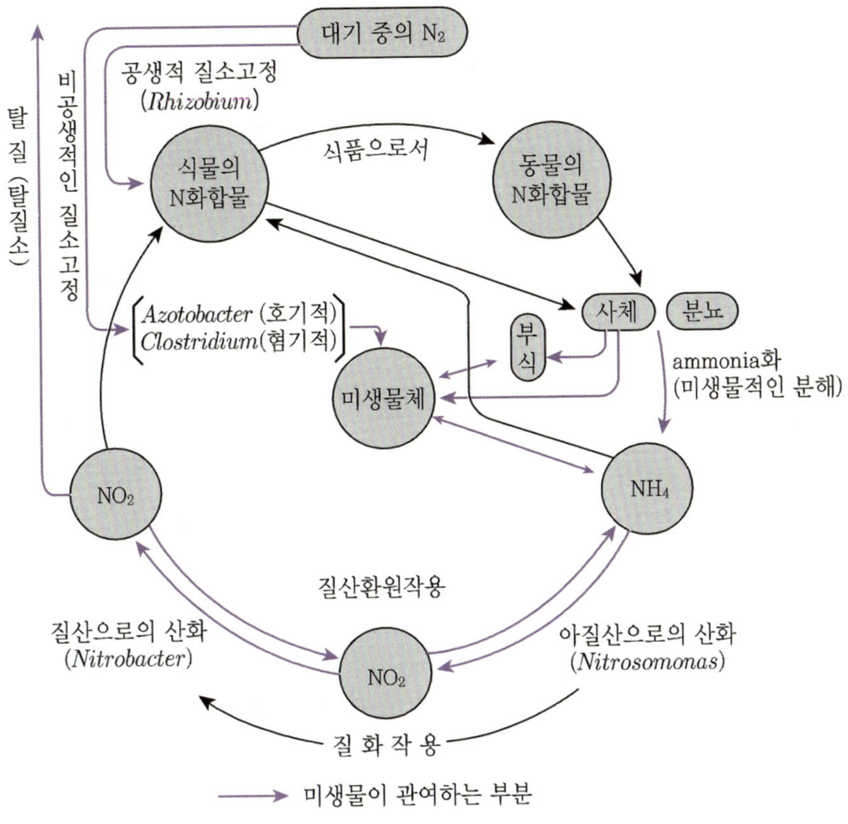

[그림 1-3] **자연계에서의 질소의 순환(미생물과 동·식물의 작용)**

암모늄염을 식물이 이용하기 쉬운 질산염으로 변화시키는 것은 질화세균이다. 이 반응(질화작용, nitrification)은 에너지생산반응이고 화학합성독립영양세균(chemosynthetic autotropic bacteria)이다. 주로 *Nitrosomonas* 및 *Nitrobacter* 의 공동작용으로 일어난다.

$$2NH_3 + 3O_2 \longrightarrow 2HNO_2 + 2H_2O \ 79kcal$$
$$2HNO_2 + O_2 \longrightarrow 2HNO_3$$

진흙탕이 된 습한 토양과 같은 혐기적 조건(anaerobic condition)하에서는 질산염은 탈질세균의 작용을 받아 질소가스가 되어 기화하고 식물이 이용할 수 없는 형태가 된다. 이 탈질작용(denitrification)은 일종의 호흡작용(respiration)이고 탈질균이 분자상

산소 대신에 질산염을 전자수용체(electron accepter)로서 이용한다(질산호흡).

$$2NO_3^- \;+\; 12H^+ \longrightarrow \; N_2 \;+\; 6H_2O$$

따라서 탈질작용은 통기상태를 좋게 함으로써 방지할 수 있다. 그리고 많은 미생물은 질산염을 환원(nitrate reduction)하여 아질산, 다시 암모늄염을 만든다. 이 암모늄염은 미생물 균체합성에 사용된다.

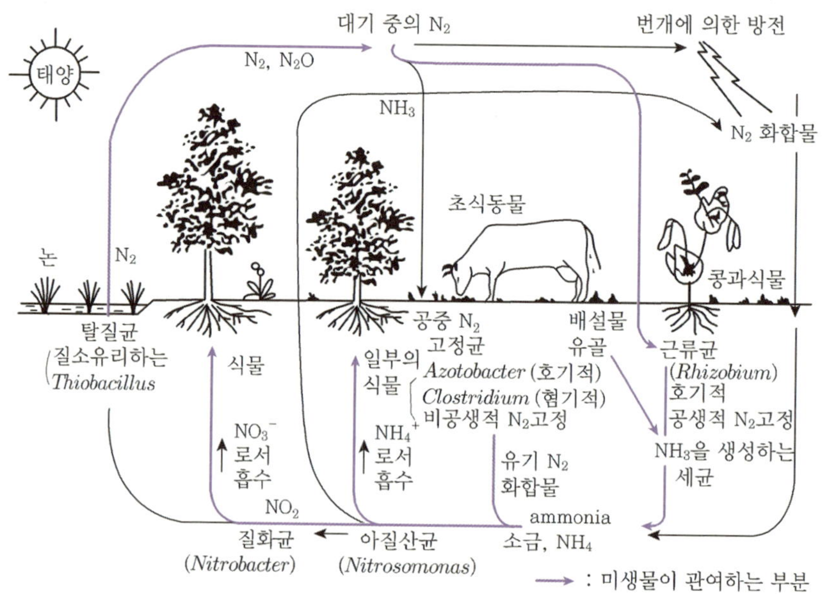

[그림 1-4] 질소의 순환과 그에 관련된 미생물

질소는 한편에서는 탈질작용으로 공기 중에 분산하지만 다른 쪽에서는 공중질소고정균의 작용으로 질소를 고정(nitrogen fixation)한다. 토양의 질소 함량은 평균하면 항상 일정치를 갖고 있다(이외에 소량의 질산염과 암모니아는 공중에서 광화학적으로 생성되고 또 화학비료로서 인공적으로 합성된다).

① 남조(bluegreen algae) : *Nostocales* 에 속하는 *Nostoc* 또는 *Anabaena*

② 종속영양세균(heterotrophic bacteria) : *Clostridium, Azotobacter, Achromo-bacter, Aerobacter* 등

③ 광합성독립영양세균(photosynthetic autotrophic bacteria) : *Clostridium, Rhodospirillum* 등

④ 화학합성독립영양세균(chemosythetic autotropic bacteria) : *Methanobacterium*

⑤ 공중질소고정세균 : *Rhizobium*(근류균), *Bacterium floiicola*(엽립균)

이것들에 의하여 공중질소량은 전 세계에서 연간 10^8 ton 정도이고 대부분은 공중질소고정균으로 고정된다. 표 1-4는 공중질소고정균의 배양액 중에서의 고정량을 비교한 예이다.

표 1-4 배양액 중에서 공중질소고정작용의 비교 (Alexander)

균종	배양조건	배양일수	고정질소량 (μg N/ml)
Achromobacter sp.	호기적	4	17
Azotobacter vinelandii	호기적	3	1,050
Cylindrosperum cylindria	호기적, 빛을 쪼임	55	52
Aerobacter aerogenes	혐기적	2	60
Clostridium butysicum	혐기적	10	136
Chlorobium sp.	혐기적, 빛을 쪼임	5	20
Rhodospirillum	혐기적, 빛을 쪼임	10	76

3-4. 황의 순환사이클

그림 1-5에서 볼 수 있는 바와 같이 질소사이클과 비슷한 곳이 많다. 황도 더 산화된 황산염(sulfate)의 형으로 식물에 들어가게 되고 환원된 황의 원소를 함유한 아미노산과 그 외에 필수화합물로 바뀐다. 생물이 사멸하면 미생물에 의하여 분해되어 더 환원된 상태인 황화수소(hydrogen sulfate)가 된다. 황화수소는 또 황산염으로부터 직접 황산환원균(*Desulfovibrio*)에 의하여 형성된다. 황화수소의 산화는 *Thiobacillus* 또는 광합성 황세균 등의 황세균 (Sulfur bacteria)에 의하여 일어난다.

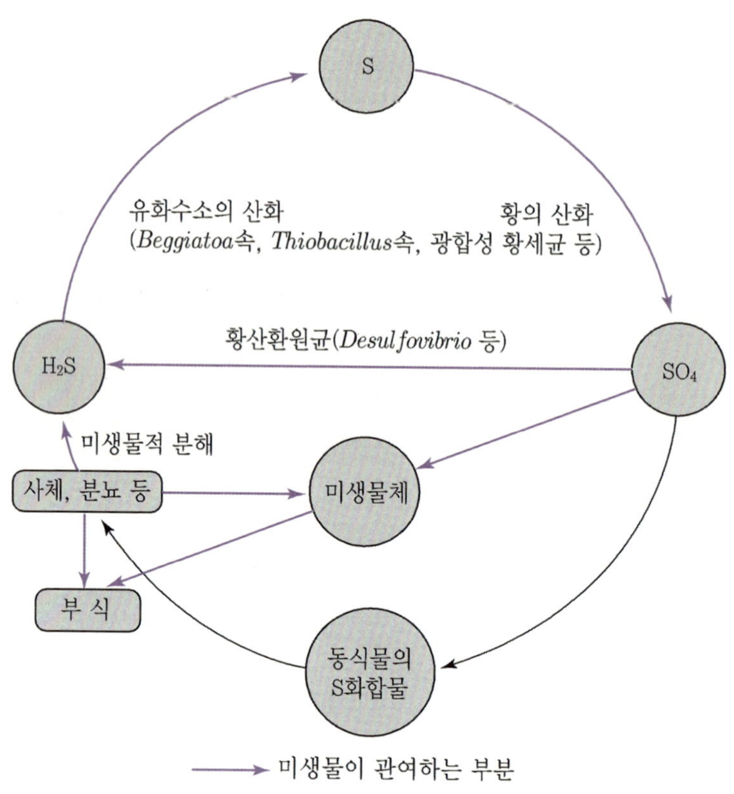

[그림 1-5] **자연계에서 황의 순환 (미생물과 동·식물의 작용)**

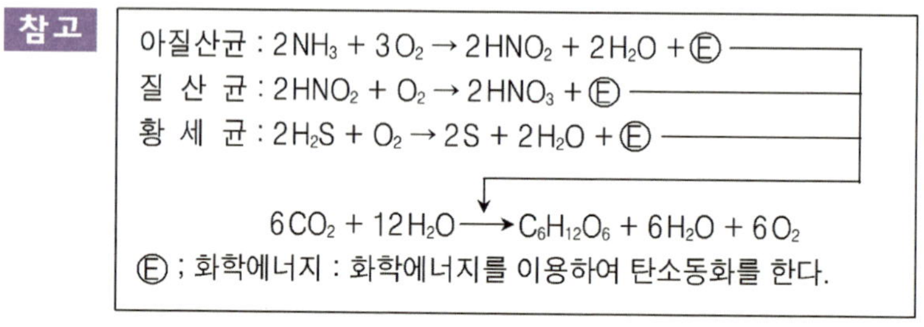

4. 식품 중의 미생물 생태

대부분의 식품은 미생물을 함유하고 있으며 그 종류도 다양하다. 따라서 미생물은 존재하는 환경에 영향을 받아 그 균군(microflora)이 적응하면서 변화한다.

이와 같은 변화과정을 적절히 관리하여 목적하는 미생물만을 증식시키고 그 미생물의 기능을 잘 살려서 발효식품 등의 발효공업에 활용한다.

식품을 오염시키는 미생물은 식품의 생산과 가공 도중 또는 물 및 동물의 배설물 등에서 유래된다. 토양 중에는 *Bacillus, Clostridium, Micrococcus* 등의 세균과 *Streptomyces*를 비롯한 방선균, *Aspergillus, Penicillium, Rhizopus* 등의 사상균 (곰팡이, mold) 그리고 각종의 효모(yeast), 조류, 원생동물 등 거의 모든 미생물이 있다.

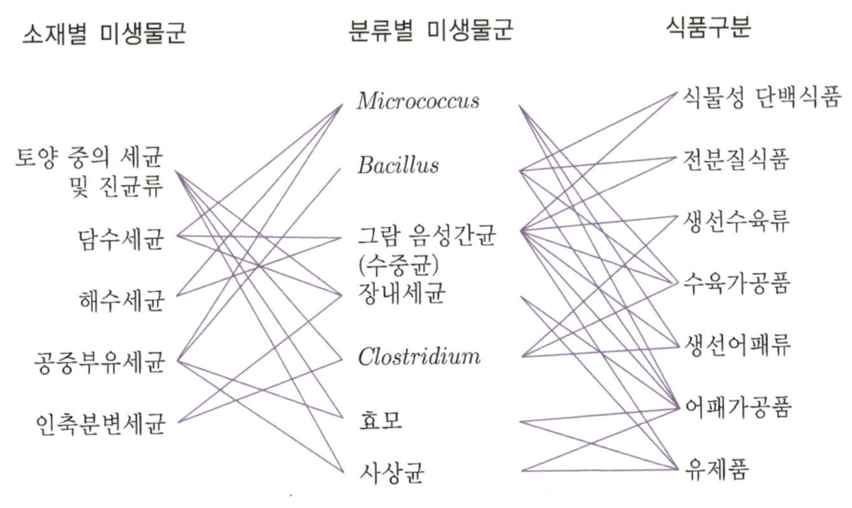

[그림 1-6] **식품과 부패미생물의 관계**

공기 중에는 *Micrococcus, Sarcina, Bacillus, Clodosporium, Alternaria* 및 *Penicillium* 등이 존재한다. 물속에서는 *Pseudomonas, Achromobacter, Vibrio* 등이 주로 있으며, 배설물 중에는 *Escherichia, Enterococcus, Proteus, Lactobacillus* 및 *Clostridium* 등이 주로 존재한다.

식품을 오염시키는 미생물은 식품의 변패과정에 서로 길항 또는 상조적으로 작용하면서 균군이 바뀌고, 또한 젖산발효 혹은 알코올발효 등 자신들의 특정한 생리기능을 기초로 하여 몇 종의 단위군이 이루어진다. 이 군은 다시 환경의 영향을 받아 새로운 단위군으로 변한다.

신선한 식품의 변패과정에서의 균군은 식품의 성분조성, 함수량, 온도, 습도 그리고 공기와의 접촉 등 보존 환경에 따라 변패의 원인이 되는 미생물군이 각각 세균, 효모 또는 곰팡이 등 특이한 것으로 되어진다. 그러므로 식품의 제조와 저장을 위해서도 식품에 관여하는 미생물의 생태를 규명하고, 그 생태계를 지배하는 수동적인 인자와 균군의 관계 그리고 변천의 법칙성을 연구하여야 할 것이다.

각 식품의 변패에 관여하는 주요 미생물에 관한 것 등을 그림 1-6, 표 1-5에 표시한다.

표 1-5 각종 식품을 오염시키는 주요미생물 (Pelczar and Reid)

식품	오염의 종류	주요 미생물
쌀	곰팡이	*Aspergillus, Penicillium*
식빵	곰팡이	*Rhizopus nigricans, Penicillium, Aspergillus niger*
	rope상	*Bacillus subtilis*
	적색	*Serratia marcescens*
사탕단풍나무즙 및 시럽	rope상	*Aerobacter aerogenes*
	효모	*Saccharomyces*
	분홍색	*Micrococcus roseus*
	곰팡이	*Aspergillus, Penicillium*
초콜릿(중심부는 연하다)	파열	효모, *Clostridium*
신선한 과일 및 채소	연부	*Rhizopus, Erwinia*
	회색곰팡이	*Botrytis*
	흑색곰팡이	*Aspergillus niger*
pickles, sauerkraut	분홍색효모	*Rhodotorula*
고기	부패	*Achromobacter, Clostridium, Proteus vulgaris, Pseudomonas fluorescens*
보존 가공한 고기	곰팡이	*Aspergillus, Rhizopus, Penicillium*
	산패	*Pseudomonas, Achromobacter*
	녹색화	*Lactobacillus, Leuconostoc*
어류	탈색	*Pseudomonas*
	부패	*Achromobacter, Flavobacterium*
알(제품)	녹색부패	*Pseudomonas fluorescens*
	무색부패	*Pseudomonas, Achromobacter*
	흑색부패	*Proteus*
진한 오렌지 주스	이상한 냄새	*Lactobacillus, Leuconostoc, Chromobacter*

5. 미생물의 명명법과 분류

5-1. 미생물의 명명법

생물에는 보통 관용명(common name)과 국제명명규약에 따라 붙여진, 세계 각국에서 공통으로 사용되는 학명(scientific name)이 있다.

세균(bacteria) 및 방선균(actinomycetes)은 국제세균명명규약(International Bacteriological Code of Nomenclature)에 준하여 명명된다. 그 요점은 다음과 같다.

미생물의 학명은 속(genus)의 이름과 종(species)의 이름을 조합한 이명명법(binomial nomenclature)으로 부른다. 속명은 라틴어의 실명사(또는 실명사로서 사용하는 형용사 단수)로 적고, 대문자로 시작한다. 종명은 크기 또는 성, 색 등을 표시하는 형용사를 라틴어로 적고 소문자로 시작한다. 이들의 이름은 설명한 것과 같이 붙인다. *Aspergillus* 속은 포자두의 외형이 세례를 할 때 성수를 뿌리는 산수기와 비슷하다고 하여 라틴어로 세례를 한다는 뜻인 aspergere를 이용하여 이름을 붙였다. *Rhizopus* 속은 rhizoid(가근)라 칭하는 뿌리와 같은 형태를 한 균사를 생성하는 특징이 있으므로 붙인 이름이다. 종은 보통 색, 생육의 습성 등 섬세한 특징에 관련이 있다. 예를 들면, *Penicillium purpurogenum*은 배지에 자홍색의 색소를 생산하고, *P. roqueforti*는 roquefort cheese의 제조에 사용한다. 그리고 *P. lanosum*은 양털모양의 균사의 덩어리를 형성하기 때문에 이런 이름이 붙은 것이다. 또 *Saccharomyces* 속은 Schwann이 효모를 처음 zuckerpilz(당균)이라 칭한 것이 인연이 되어 명명된 것이다. *Saccharomyces cerevisiae*는 맥주의 라틴어 cervisa의 속격 cerevisiae로부터 *cerevisiae*로 됐다. *Acetobacter aceti*는 초(vinegar)의 라틴어 acetum의 속격 aceti를 따서 이름을 붙인 것이다.

종명에 미생물학자의 이름을 붙이기도 하고 때로는 생략하기도 한다. 예를 들면, *Aspergillus chevaieri* Thom and Church, *Mycotorula japonica* Yamaguchi 와 같은 것이다.

미생물은 원생동물 protozoa를 제외하고 모든 식물계에 편입되고 계의 밑에 문(division), 문의 밑에 강(class), 강의 밑에 목(order), 목의 밑에 과(family), 과의 밑에 속(genus), 속의 밑에 종(species)이 소속된다. 예를 들면, *Mucor ruxii*는 Phycomycetes(문) - Zygomycetes(강) - Mucorales(목) - Mucoraceae(과) - *Mucor*(속) - *rouxii*(종)

에 소속된다. 이와 같이 문, 강의 어미에는 -cetes, 목의 어미는 -ales, 과의 어미는 -aceae를 붙여서 읽는 습관이 있다. 문명, 강명, 목명 및 과명에는 이탤릭체를 사용하지 않는다. 속명과 종명은 반드시 이탤릭체로 쓴다. 세분할 때는 subfamily(아과) 및 tribe (족)를 넣는 경우도 있다(표 1-6).

표 1-6 미생물 분류의 원칙

분 류		어 미	보 기
Phylum	문	-etes	Eumycetes
Subphylum	아문	-etes	Mycomycetes
Class	강	-etes	Ascomycetes
Subclass	아강	-etes	Euascomycetes
Order	목	-ales	Plectascales
Suborder	아목	-ineae	
Family	과	-aceae	Aspergillaceae
Subfamily	아과	-oideae	
Tribe	족(군)	-eae	
Genus	속	-ces, -us	*Aspergillus*
Species	종		*Aspergillus awamori*
Varieties	변종		*Aspergillus awamori* var. *fumeus*
Strain	주		*Aspergillus awamori* var. *fumeus* 32

　　균을 동정(identification)한 결과 속명은 판명되었으나 알려진 종과 일치하지는 않고 신종으로 하기도 어려울 경우에는 그 속명 다음에 species의 약자 sp.를 붙이고, 또 신종일 때는 기재로서 처음으로 발표할 때에 한하여 자기의 이름을 붙이지 않고 n. sp., nov. sp. 혹은 sp. nov.라고 표시하며, 변종(variety)일 경우에는 기본종명 다음에 var.를 쓰고 다시 변종명을 붙인다. 그리고 균주(strain)라는 것은 분류학상의 단위는 아니며 그 균의 유래를 표시하는 균의 품종을 뜻하는 말이다.

5-2. 미생물의 분류법

　　미생물에는 어떠한 종류가 있고, 그들의 각각은 다른 것과 어떠한 점이 비슷한지를 아는 것은 학문적으로도 중요하다. 분류에서 중요한 점은 각각 같은 종류의 것을 다른 종류와 구별하여 나눈다. 그러나 가끔 균주의 성질이 어느 쪽에도 속하지 않는 중간적 성질을 나타내고, 또 미생물의 성질이 다양하므로 어떠한 성질을 기준으로 하여 분류하는 것이 가장 합리적인지 각 연구자에 따라 반드시 일치하고 있지는 않다.

미생물의 분류방법은 기본적으로는 자연 및 인공 분류법으로 크게 나눈다. 전자는 자연의 성질이 가장 잘 반영되어 있다고 생각되는 본질적인 성질을 비교하고, 그것을 기본으로 하여 계통적으로 분류를 하는 방법이다. 후자는 예를 들면, 구균, 간균 또는 탄화수소 자화성균과 같이 임의성질에 중점을 두고 분류하는 인위적인 방법이다.

최근에는 DNA의 화학구조의 차이까지 비교하면서 분류하는 분자생물학적 분류방법도 일반화되고 있다. 그리고 주로 세균과 같이 자연분류를 하기 어려운 미생물군을 보다 합리적으로 분류하기 위하여 세포벽(cell wall)의 화학조성의 차 또는 어떤 효소단백질의 유무와 같은 생화학적 성질의 차를 사용하여 분류하는 생화학적 분류법이 있다. 그 외에 균주 간의 유사성을 통계적으로 구함으로써 분류하는 수치적(계수) 분류법 등이 있다.

(1) 자연분류법

생물의 어떤 성질이 오랜 생물진화의 역사에서 자연히 시대에 따라 어떻게 진화된 것인가를 알고, 계통적으로 분류하는 자연분류법(natural classification)이다. 그러나 미생물의 경우는 화석의 기록이 매우 불충분하고 또 고등생물과 같이 개체발생도 관찰할 수 없으므로 자연분류법도 다른 생물의 자연분류에 비하면 훨씬 인공적이라 할 수 있다. 미생물에서도 다른 생물에서와 같이 유성생식법의 차이를 가장 중요한 성질로 삼아 자연분류하고 있다. 사상균의 분류는 주로 자연분류법에 따르고 있다.

(2) 인공적 분류법(artificial classification)

세균 또는 유성생식이 알려져 있지 않은 불완전균(fungi imperfecty)의 분류는 자연분류가 아니라 인위적인 방법이다. 그 결과 정해진 속은 자연분류법으로 정해진 속(genus)과 구별하여 form genus라 한다. 그리고 실용상 미생물을 부르는 이름의 대부분은 반드시 자연분류법에 따른 단일한 군을 지적한다. 탄화수소자화균, 목재부식균

(wood decaying microorganism) 등은 각각 일부의 성질은 공통점이 있으나 다른 성질에서는 전혀 다른, 적어도 수십 속의 균을 포함한다.

(3) 분자생물학적 분류법(molecular biological taxonomy)

이론적으로 가장 완전한 분류는 각 균주가 갖고 있는 유전자의 차, 다시 말하면, DNA를 구성하는 nucleotide 배열의 차이에 따라 분류하는 것이다. 그러나 화학적으로 이 nucleotide 배열의 차이를 안다는 것이 힘들기 때문에 분자생물학적 분류방법은 DNA의 평균염기조성(average base composition)과 어떤 균종의 DNA에 대한 다른 균종 DNA의 염기배열의 상동성(homology)을 비교해야 한다.

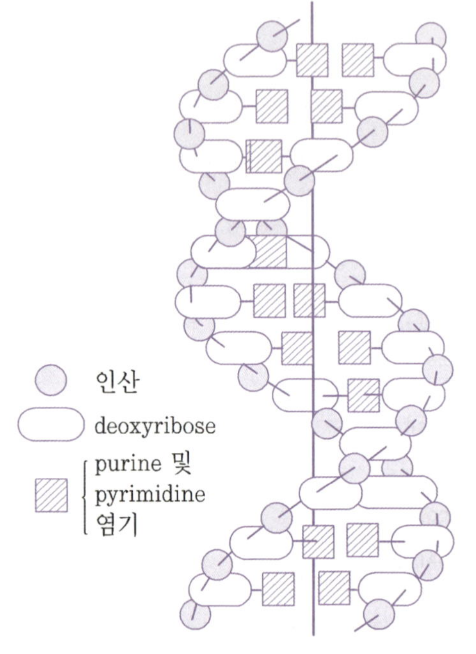

1) DNA의 평균염기조성

Watson-Crick 모형(그림 1-7)에서와 같이 일반적으로 DNA 이중나선(double helix) 구조는 adenine(A)과 thymine(T),

[그림 1-7] **DNA의 2중나사구조를 표시하는 모형(Watson-Crick)**

guanine(G)과 cytosine(C) 간의 수소결합으로 짝이 되어 연결되어 있다. 따라서 (A + G) = (T + C)이다. 그러나 (G + C) 함량 또는 (A + T)/(G + C)는 각각의 균종에 따라 각각 일정한 특유의 값을 가진다(표 1-7). 이들 염기의 값은 화학분석하여 얻는 것이 가장 정확하나 (G + C)양과 비례하는 물리적 성질, 즉 융점온도(T_m, melting temperature) 혹은 CsCl 밀도구배원심법에 의한 비중의 정밀측정(buoyant density in a CsCl density gradient)으로도 얻을 수 있다.

(G + C)mole %양으로 표시한 수치는 *Bacillus* 33~50%, *Pseudomonas* 58~68%, 방선균 68~74%, 장내세균 약 50%, 젖산균 34~50%, 자낭균 38~54%, 담자균 44~63% 정도이다.

(mol %)

분 류		A	T	G	C	(G+C) %	$\dfrac{A+T}{G+C}$
(세 균)	Escherichia coli	25.4	24.8	24.1	25.7	49.8	1.01
	Bacillus subtilis	28.9	28.7	21.0	21.4	42.4	1.36
(방선균)	Streptomyces griseus	14.2	13.8	36.2	35.9	72.1	0.39
	Nocardia asteroides	16.1	16.3	33.5	34.3	67.8	0.48
(사상균)	Mucor rouxii					39	1.56
	Neurospora crasa					52	0.92
	Amanita muscaria					57	0.75
	Aspergillus niger	25.0	24.9	25.1	25.0	50.1	1.00
(효 모)	Saccharomyes cerevisiae					40	1.50
	Schizosaccharomyces					40	1.50
(조 류)	Scenedesmus quadricauda	20.2	18.8	30.8	30.2	61.0	0.64

2) DNA 염기배열의 상동성 비교

표 1-8 *E. coli* B주의 DNA와 각 균주가 가지는 DNA의 상동성

(McCarthy and Bolton)

DNA 조제균종	좌란 균종의 DNA와 DNA 잡종을 형성한 *E. coli* B주의 DNA 비율(%)	*E. coli* B의 DNA끼리의 경우를 100으로 하였을 때의 타균종 DNA의 상동성의 비율
Escherichia coli B	39.8	100
E. coli K12(λ)	40.3	101
Salmonella typhimurium	27.9	71
Shigella dysenteriae	27.7	71
Aerobacter aerogenes 211	20.4	51
Klebsiella pneumoniae	10.2	25
Proteus vulgaris	5.5	14
Serratia marcescens 4180	2.8	7
Psudomonas aeruginosa	0.4	1

McCarthy와 Bolton에 의하여 개발된 DNA-한천법으로 구한다. 이 방법은 각 균주의 이중나선 DNA를 각각 열변성(heat denaturation)시켜 한 개의 사슬로 한 다음 한천 안

에 넣고 별도로 같은 방법으로 한 줄로 하고 단편으로 하여 방사능을 표지한 비교용 균주의 DNA를 결합시켜 DNA 잡종을 형성시킨다. 이때 잡종형성(hybridization, 결합한 방사능)의 비율로부터 비교균주에 대한 각 균주의 근연성을 추측한다(표 1-8).

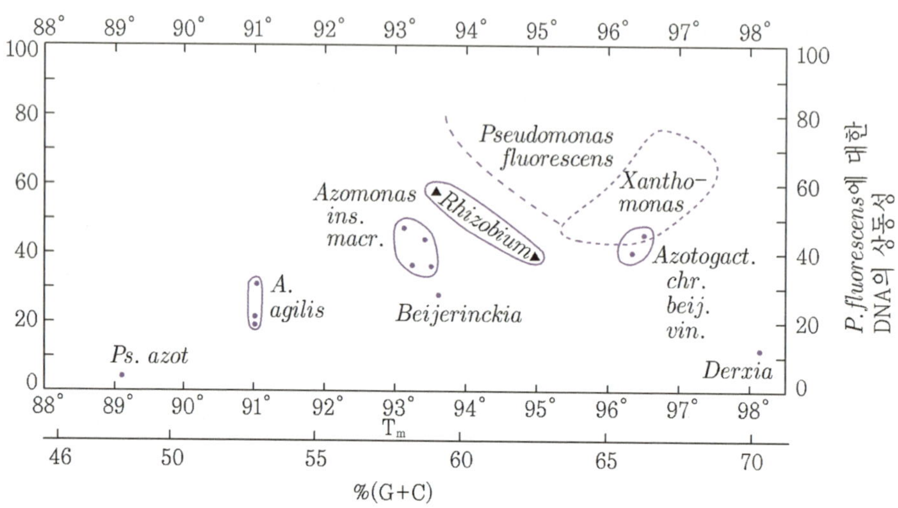

*Rhizobium*은 공생질소고정균, 기타 6균군(*Pseudomonas-Xanthomonas*는 제외)은 단독질소고정균

[그림 1-8] **질소고정균의 분자생물학적 분류도 (De Ley and Park)**

3) 분자생물학적 분류도

DNA의 상동성과 평균염기조성을 가로로 하여 표시하면 어떤 균군의 분자생물학적으로 본 분류도가 얻어진다. 그림 1-8에는 질소고정세균의 상호 위치를 *Pseudomonas* 및 *Xanthomonas* 속과 같이 나타내고 있으나, 그들은 7 균주군에 잘 분류시킬 수 있다.

(4) 생화학적 분류법(biochemical taxonomy)

형태적 특징이 적은 미생물군을 분류하거나, 또는 그들의 계통적 관계를 추리하는데 중요하다. 이 방법에 대상이 되는 성질은 세포벽의 조성(표 1-9), cytochrome 조성 등의 차이, 탄수화물대사에 관여하는 여러 분해효소와 같은 효소단백질의 유무, lysine 합성경로의 차이와 같은 비교생화학적 성질, 면역학적 성질, 그 외에 paper chromatography법 및 전기영동법으로 간단하게 알 수 있는 성질의 차이 등 여러 가지가 있다.

표 1-9 각 미생물 세포벽의 특징적 성분

	미생물군		특징적 성분
진핵세포	녹조	*Chlorella pyrenoidosa*, *Platymonas subcordiformis*	hemicellulose, 단백질, α-cellulose, 지방다당류(galactose, uronic acid)
	규조		silica, 다당류
	사상균	난균류, 일부호상균 대부분의 호상균, 접합균, Endo-mycetales, 진정자낭균, 불완전균, 완전균, 담자균	섬유소 chitin(일부 접합균은 chitosan을 주로 한다.)
	효모	*Saccharomyces*, *Candida*	glucan-protein, glucomannan-protein
원핵세포	세균	그람 양성균 그람 음성균	muco 복합체[*], teichoic acid[+], 단백질, 지방, 다당류 및 소량의 muco 복합체
	방선균		muco 복합체, teichoic acid

[*] 세표벽에 있는 아미노당과 짧은 peptide로 되는 mucopeptide를 함유하는 복합체
[+] ribitol phosphate polymer, glycerol phosphate polymer 등

표 1-10 방선균속의 특징적 세포벽성분

방 선 균	아 미 노 산	당
Actinomyces, Promicromonospora	lysine, glutamic acid, alanine	galactose
Nocardia, Micropolyspora	meso-DAP[*], glutamic acid, alanine	arabinose, galactose
Streptosporangium, Microbispora, Spirilospora	meso 및 일부 LL-DAP, glutamic acid, alanine	
Actinoplanes, Ampullariella, Amorphosporangium, Micromonospora	meso 및 일부 LL-DAP, glycine, glutamic acid, alanine	대부분이 arabinose, galactose를 함유한다.
Streptomyces, Streptoverticillium, Chainia, Microellobosporia, Actinosporangium, Actinopycnidium	LL-DAP, glycine, alanine, glutamic acid	

[*] DAP : diaminopimelic acid

표 1-10에는 한 예로서 형태적으로 서로 다른 종류의 방선균을 세포벽 조성의 차이를 측정하여 분류한 것을 나타냈다. Cummins와 Harris는 세균에서 속의 구별은 세포벽의 아미노산 조성의 차이를 이용하고 당조성의 차이는 같은 속 중의 종을 구별하는 데 적당하다고 하였다.

(5) 수치적 분류법(numerical taxonomy)

Adansonian system이라 부르고, M. Adanson(1757)이 최초로 분류에 사용한 방법이다.

각 균종 간의 여러 성질에 대한 유사성(similarity, S-value)을 +, −로 표시하여 통계적으로 전체의 유사성이 가장 높은 것을 모아서 분류하는 방법이 수치적 분류법이다. 이때 각 성질은 동일한 비중으로 평가되고 전체의 유사성이 가장 높은 것을 순차적으로 모아 분류를 하는 것이다.

따라서 일반적으로 행하고 있는 계통적 방법과는 아주 다르다. 이 방법에서는 통계상 적어도 40~50 또는 수백 가지의 단위성질(형태, 배양성상, 생리, 생화학적 성상 등)이 필요하며 이들의 결과는 전자계산기로 처리하면 편하다.

아래에 Sneath가 발표한 예에 따라 분류법을 요약하여 설명한다.

Sneath의 유사계수 : S

$$S = \frac{N_s}{N_s + N_d}$$

N_s : 2개체가 다 같이 (+)인 형질의 수
N_d : 한쪽이 (+), 다른 쪽이 (−) 또는 그 반대의 형질의 수

$A, B, \cdots J$의 10균주에 대하여 가급적 많은 성질을 조사하고 그것을 분석에 적합한 부호(code)로 표시한다. 예를 들면, litmus 우유의 시험과 같은 것은 lactose의 발효성, casein의 소화 및 litmus의 환원 등의 단위성질로 나누어 생각하고 그 정량적 값도 강양성(++++), 약양성(+---), 음성(----)과 같은 부호로 표시한다. 그 결과로 표 1-11과 같이 많은 단위성질에 대하여 얻은 결과를 표로 만든다.

이 표에 의하여 각 균주 간의 유사성을 계산하면 표 1-12와 같은 유사성 모형 (similarity matrix)을 얻을 수 있다.

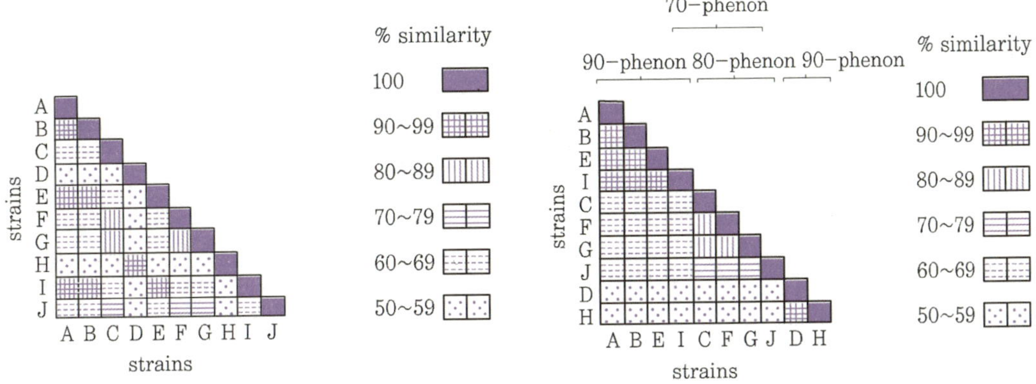

[그림 1-9] 유사성 모형의 알기 쉬운 모형도

[그림 1-10] 그림 1-9의 서로 유사성이 높은 균주끼리 인접하게 정리한 모형

$A \sim J$ 균주에 대한 유사성을 100분율로 100, 99~90, 89~80, 79~70 등과 같이 나누어 각각 다른 모양의 4각형으로 나타내면 그림 1-9와 같으며, 다시 이·것을 집락분석을 하여 서로 유사성이 높은 균주끼리 인접하게 정리하면 그림 1-10과 같다.

표 1-11 부호로 표시한 data 표

단위성질 \ 균주	A	B	C······
1	+	+	−
2	+	+	+
3	+	+	+
4	−	+	NC
5	+	+	+
6	+	+	−
7	+	+	−
8	NC	−	+
9	+	+	+
10	+	+	+

NC=no comparison with this entry
즉, 값이 빠져 있거나 부적당한 값일 경우는
그 난에 NC로 표시한다.

표 1-12 표 1-11에서 얻어지는 유사성 matrix

	A	B	C
A	1	·	·
B	$\frac{8}{9}$	1	·
C	$\frac{5}{8}$	$\frac{5}{9}$	1

이와 같이 하면 유사성 모형 중 ABEI, CFG, DH 등이 서로 유사성이 높음을 알 수 있고, 이와 같은 집합물(phenon)은 그 유사성 백분율로 보아 90-phenon, 80-phenon이라 부른다.

유사성이 높은 phenon에서 낮은 phenon으로 차례로 표시하면, 그림 1-11과 같은 분류대가 작성된다. 현재 이 방법으로 *Mycobacterium, Streptomyces, Pseudomonas, Micrococcus* 유사균군의 분류가 시도되어 종래의 분류법에 의한 결과와 큰 차이가 없는 만족스러운 결과를 얻고 있으며, 이와 같은 분류방법을 더욱 응용 발전시키려고 시도하고 있다.

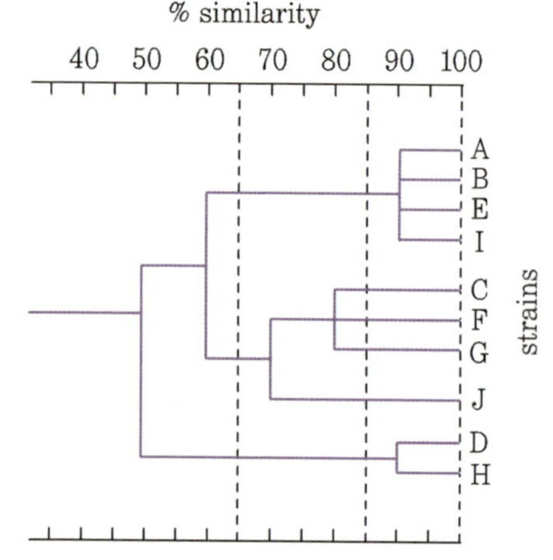

[그림 1-11] 그림 1-10에 의하여 작성한 균주의 분류대계(Sneath)

6. 미생물의 분류상의 위치

미생물을 그 크기만으로는 정의할 수 없다. 그리고 형태적 혹은 생리적 성질을 보더라도 명확하게 미생물을 특징지을 수 없다. 또 원생생물과 같이 운동하는 것, 점균류와 같이 세포벽(cell wall)이 없는 동물적인 미생물도 있으므로 전부를 식물로 분류하기는 어렵다. 외형적으로 비교할 경우는 미생물, 동물, 식물은 서로 다르나 어느 것이든 유사한 구조를 하고 있는 세포(cell)로 되어 있다. 그들의 구성성분도 DNA, RNA, 단백질, 지질, 당류 등 같은 성분으로 되어 있으며, 비교생화학적으로도 그들의 물질대사의 기본경로도 같아서 이들은 공통적인 기초에서 분화하고 진화하여 왔다고 생각된다. 즉 그림 1-12에 나타낸 것과 같이 이들은 계통적으로 각각 유연관계가 있다. 그러므로 미생물을 동물과 식물에 속하는 미생물로 나누는 것보다는 조직분화의 정도(degree of tissue differentiation)를 기준으로 하고, 생물을 다세포로서 조직분화가 매우 발달된 동물(animal), 식물(plant)과 단세포(single cell)이거나 균사형인 분화를 하고 있는 원생생물(protists)로 분류하고 최초로 제창한 사람은 Haeckel(1866)이다.

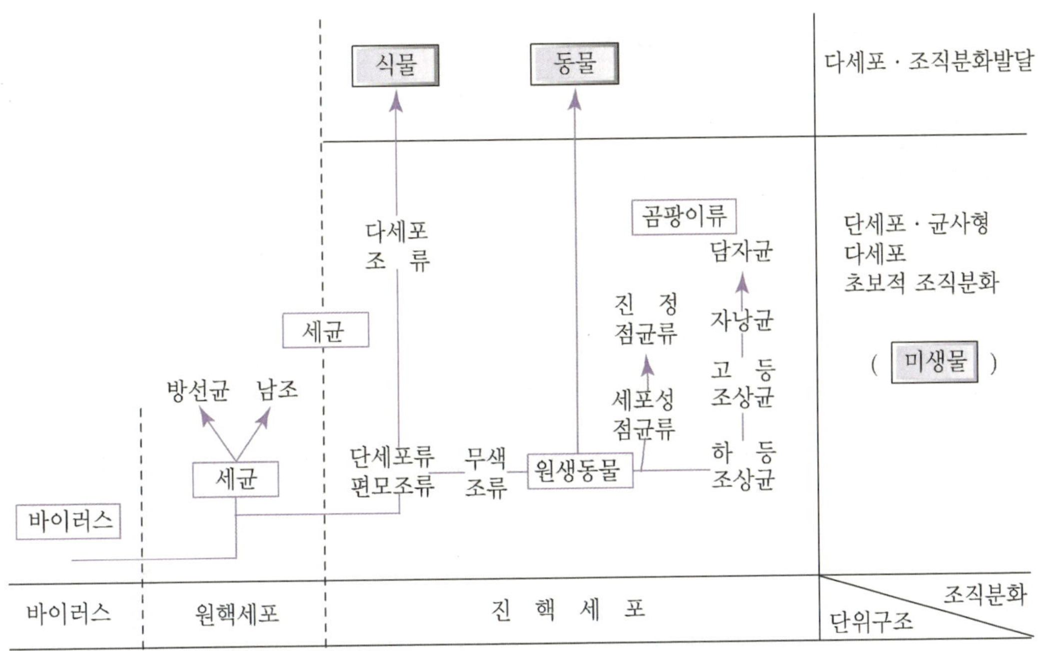

[그림 1-12] 진화학적으로 본 미생물과 동·식물 유연관계의 추측

이 방법에 따르면 뿌리, 줄기, 잎으로 되어 있는 식물과 외관적으로 비슷한 해조류도 절편을 만들어 현미경으로 관찰하면 조직분화가 되지 못한 단순한 구조를 나타내고 있으므로 Chlorella와 같이 단세포의 micro의 조류(미세조류)와 분류학적으로 같은 그룹에 넣어 생각한다.

이외에 생물과 무생물과의 중간적인 성질을 지니고 있는 바이러스가 있다. 이것은 넓은 의미에서 미생물에 포함시키고 있으나 구조상 전혀 다르다.

보통의 자유 바이러스체(virion)는 DNA(deoxyribonucleic acid) 또는 RNA(ribonucleic acid) 중 어느 하나와, 그것을 둘러싼 단백질로 된 고분자복합체이고, 일반생물의 세포와 전혀 다르기 때문에 무생물과 생물의 중간에 위치한다. 바이러스에는 동물, 식물에 기생하는 바이러스와 세균에 기생하는 bacteriophage가 있다.

생물의 구성단위는 세포이나 세포는 크게 나누면 진핵세포(eukaryotic cell)와 원핵세포(prokaryotic cell)로 나누고 있다. 서로 다른 점을 표 1-13에 나타냈다.

	원 핵 세 균	진 핵 세 균
1. 형태적 성질		
세포의 직경 내지 균사의 폭	보통 1μm 이하	보통 2μm 이상
핵막, 인, mitochondria	없음	있음
편모구조	1개의 섬유상단백구조	(9+2)개의 섬유상단백구조
2. 유전적 성질		
염색체수	1	2개 이상
세포분열방법	비유사분열	유사분열
유전적 재조합방법	감수분열 이외의 방법	감수분열
3. 화학구조		
세포벽조성	muco 복합체를 함유한다.	muco 복합체를 함유하지 않고 주로 cellulose, hemicellulose, chitin 등으로 되어 있다.
미생물	세균, 방선균, 남조 (하등미생물)	사상균, 효모, 조류(남조는 제외), 원생동물 (고등미생물)

　미생물을 다시 원핵세포인지 진핵세포인지를 구별하여 각각 하등미생물(lower protists)와 고등미생물(higher protists)로 나눌 수 있다. 하등미생물에는 다른 조류와 같이 chlorophyll a를 함유하고 산소발생을 하는 광합성작용을 하는 남조(bluegreen algae)와 그렇지 못한 세균류(bacteria)로 나눈다. 남조에는 공기 중의 질소를 고정하는 *Nostoc* 속 등이 있고, 세균류에는 진정세균류(Eubacteria), 점액세균류(Myxobacteria), Spirochetes, Rickettsias, 방선균(Actinomycetes) 등이 포함되어 있다.

　고등미생물은 chloroplast를 함유하고 광합성작용을 하는 일반조류(algae)와 이러한 성질이 없고 단세포이고 운동성이 있는 원생동물(protozoa, 그림 1-15) 및 그렇지 못한 곰팡이류(fungi)로 나눈다.

　조류에는 Chlorella 등이 속하는 녹조(green algae), 김(*Porphyra tenera*) 등이 속하는 홍조(red algae) 및 Euglena, 갈조(brown algae), 규조(Diatoms) 등이 있다. 원생동물에는 편모충류(Mastigophora), 육질충류(Sarcodina), 포자충류(Sporozoa) 및 유모류(Cilio-phora)가 있다(그림 1-14).

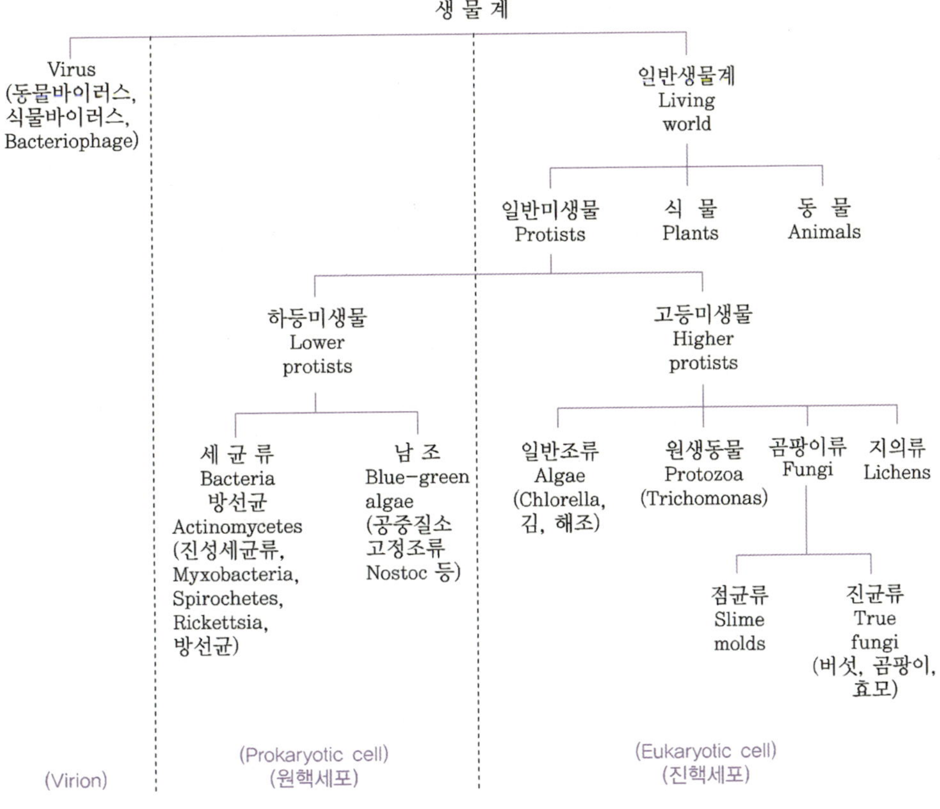

[그림 1-13] 생물분류학상 미생물의 위치 (E.H. Haeckel)

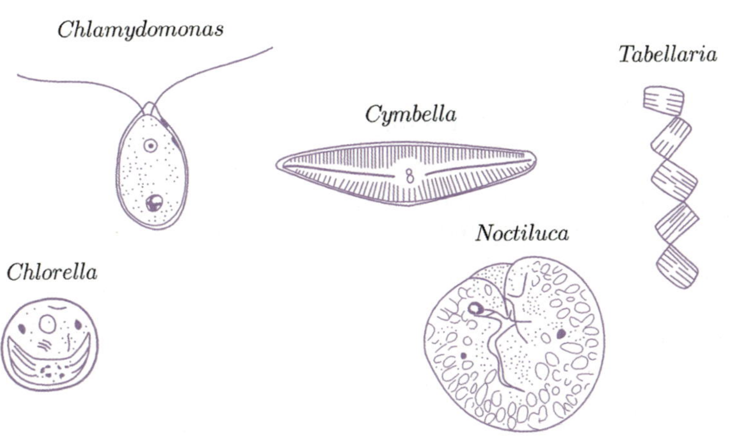

[그림 1-14] 일반조류 (미세조류)

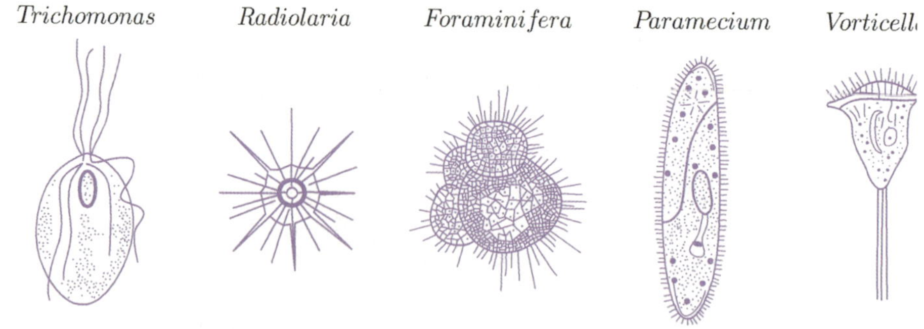

[그림 1-15] **원생동물**

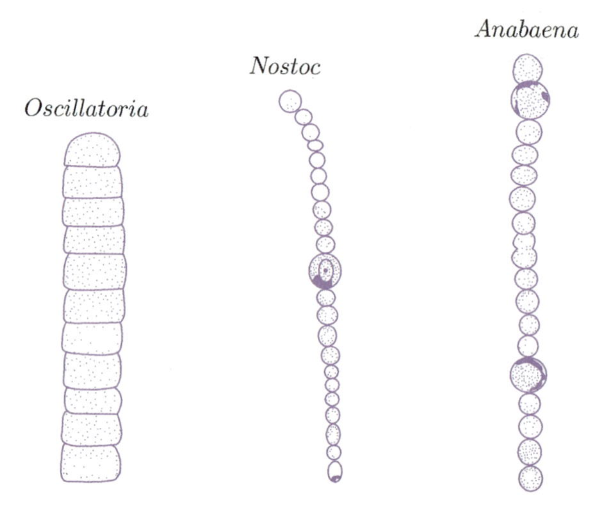

[그림 1-16] **남류 (연쇄체)**

곰팡이류 중에서 점균류(slime molds, Myxomycetes)는 그 영양체가 거대한 아메바 상태로 세포벽이 없는 것이 특징이며 진정점균류(true Myxomycetes) 및 *Dictyostelium* 속을 함유한 흥미있는 균군인 세포점균류(cellular slime molds)가 여기에 속한다.

진균류(true fungi, Eumycetes)는 곰팡이, 버섯, 효모 등을 전부 포함시키는 거대한 미생물군이고, 그 분류도 또한 복잡하다. 그림 1-17에는 진균류의 분류대강 및 소속하는 응용미생물학상 중요한 균을 ( ) 안에 나타냈다.

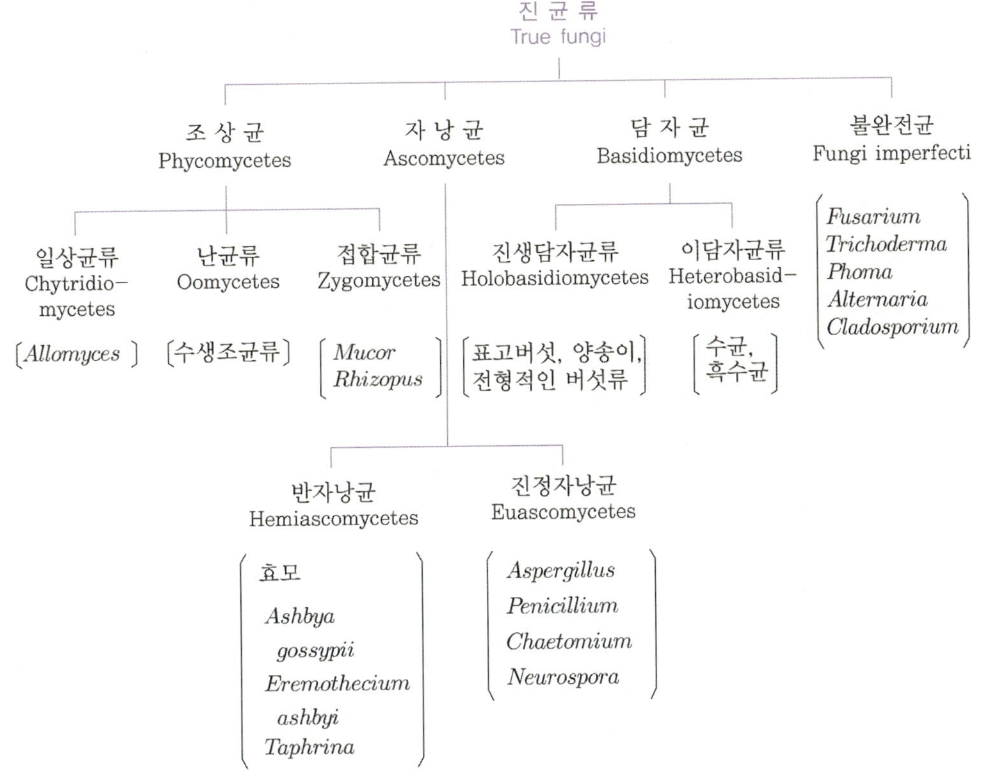

[그림 1-17] **진균류의 분류대강**

진균류의 성질은 표 1-14 에 나타냈다. 조상균류(Phycomycetes)에는 수서로 단편모를 가진 운동성 포자가 있고, 원생동물에 아주 가까운 호상균류(Chytridiomycetes : 이 균을 하등조상균, lower Phycomycetes라고도 한다)와 균사가 잘 발달되고, 그 운동성 포자는 두 개의 편모를 갖고 있으며 또 유성적으로 난포자를 형성하는 난균류(Oomycetes : 수생조균류, Saparolegniales, Peronosporales)나 육상성이고 포자는 운동성이 없고 유성적으로 접합포자를 형성하는 접합균류(Zygomycetes, 털곰팡이, 거미줄 곰팡이), 고등조상균(higher Phycomycetes라고도 한다) 등이 포함된다. 조상균류의 균사는 격벽(septum)이 없다. 이와 반대로 자낭균(Ascomycetes) 및 담자균(Basidiomycetes)은 균사에 격벽이 있으나 운동성 포자는 없다. 자낭균은 유성생식의 결과로 생긴 포자를 자낭(ascus) 내에 내생하지만 담자균은 담자기(basidium)상에 외생한다.

진균류(Eumycetes)

1. 조균선(Phycomycetes) : 균사에 격막이 없다.
2. 자낭균강(Ascomycetes) : 유성포자는 자낭 내에 생성된다.
3. 담자균강(Basidiomycetes) : 유성포자는 담자기상에 형성된다.
4. 불완전균강(Deutromycetes) : 유성적인 생식법이 분명하지 않고 무성포자에 의하여 번식한다.

균류 : G.C. Ainworth 등의 'The Fungi'(1973)에서

a. 변형균문(Myxomycota) 변형체나 위변형체가 있다.

 i) Acrasiomycetes 강

ii) Myxomycetes 강

iii) Plasmodiophoromycetes 강

b. 진정균문(Eumycota) : 변형체와 위변형체가 없으며 assimilative phase(영양체)는 전형적인 사상이다.

 i) 편모균아문(Mastigomycotina) : 유주자를 형성하며 유성포자는 전형적인 난포자이다.

　1. Chytridiomycetes 호상균강

　2. Hyphochytridiomycetes 강

　3. Oomycetes 난균강

ii) 불완전균아문(Deutromycotina) : 유주자(Zoospore)나 유성포자를 형성하지 않는다.

　1. Chytridiomycetes 강

　2. Hyphochytridiomycetes 선균강

　3. Coelomycetes 강

iii) 접합균아문(Zygomycotina) : 유주자를 형성하지 않으며 유생적 생식을 하고 유생포자는 접합포자이다.

　1. Zygomycetes 접합균강

　2. Trichomycetes 강

iv) 자낭균아문(Ascomycotina) : 접합포자는 없으며 완전세대의 포자는 자낭포자이다.

　1. Hemiascomycetes 반자낭균강

　2. Loculoascomycetes 소방자낭균강

　3. Plectomycetes 부정자낭균강

　4. Laboulbeniomycetes 강

　5. Pyrenomycetes 진균강

　6. Discomycetes 반균강

ⅴ) 담자균아문(Basidiomycotina) : 접합포자는 없으며 완전세대의 포자는 담자포자이다.

　1. Teliomycetes 강

　2. Hymenomycetes 모균강

　3. Gasteromycetes 복균강

자낭균은 자낭과(ascocarps)를 형성하지 않는 반자낭균(Hemiascomycetes)과 형성하는 진정자낭균(Euascomycetes)으로 크게 나눈다. 반자낭균에는 Dipodascales, Endomycetes(효모, *Eremothecium ashbyii, Ashbya gossypii*), Eyoascales(*Taphrina*) 등 여러 목이 있다. 진정자낭균 중에서 나자기(spothecia)를 형성하는 그룹을 Discomycetes로 분류하고 다른 균은 자낭과로서 cleistothecium, 피자기(perithecium) 혹은 pseudothecium을 형성하나, 이들은 자낭 및 자낭과의 형태학상의 성질에 따라 부정자낭균(Plectomyces)(*Aspergillus, Penicillium, Monascus, Chaetomium* 등) 및 Pyrenomycetes (Neurospora 도 여기에 속한다)로 나누고 다시 목, 과, 속으로 세분된다.

담자균은 담자기의 형성에 따라 진생담자균류(Holobasidiomycetes)와 이담자균류(Heterobasidiomycetes)로 크게 나눈다. 전자는 단순한 단세포 담자기가 있는 반면, 후자의 담자기는 격벽을 갖거나 분지하여 있기도 하다. 진정담자균에는 표고버섯, 송이버섯, 양송이 등과 같은 전형적인 버섯류인 Hymenomycetes와 복균류(Gasteromycetes) 등이 있다. 이담자균류 중에는 Tremellales, Uredinales, Ustilaginales가 있다.

이상과 같은 균류는 유성생식을 하고 있으나, 유성생식이 알려져 있지 않은 균류 혹은 알려져 있는 균의 불완전세대를 총칭하여 불완전균(Fungi imperfecti, Deuteromycetes)(*Phoma, Alternaria, Cladosporium, Fusarium, Trichoderma* 등)이라 한다.

지의류(lichens)는 주로 자낭균과 조류가 공생하는 복합생물이다. 즉 효모는 대부분 Endomycetales 및 그의 불완전세대에 속하는 것이다. 또 진균류 중에서 발효균류라 칭하는 실용적인 중요한 미생물은 한정된 그룹에 속하고 있고 조상균 중에서 털곰팡이목, 반자낭균 중의 Endomycetales, 진정자낭균 중의 Aspergillaceae 및 일부의 불완전균에 불과하다. 다른 진균류는 식물병원균, 목재부식균, 버섯류 등이다. 최근 이들의 비발효성 균류도 공업상 혹은 일반미생물학상의 응용이 현저하게 넓혀져 주목을 끌고 있다.

제 02 장

미생물세포의 미세구조와 기능

1. 고등미생물세포(곰팡이, 효모 등)의 미세구조와 기능
2. 하등미생물세포(세균, 방선균 등)의 미세구조와 기능
3. 바이러스와 그 미세구조

미생물세포를 크게 나누면 진핵세포(eukaryotic cell)와 원핵세포(prokaryotic cell)로 구분할 수 있다. 전자는 식물 및 동물세포와 유사하고, 원핵세포보다 진화된 복잡한 구조이다. 이에 반해 후자는 단순한 구조를 하고 있으며, 보다 원시적이라 생각된다. 진핵세포를 가지고 있는 미생물을 고등미생물(higher protists), 원핵세포를 가지고 있는 미생물을 하등미생물(lower protists)이라고 칭한다. 사상균(filamentous fungi), 효모(yeasts), 원생동물(protozoa) 및 남조 이외의 조류(algae)는 고등미생물에 속하고, 세균(bacteria), 방선균(actinomycetes), 남조(bluegreen algae)는 하등미생물에 속한다. 이외에 생물과 무생물과의 중간의 성질이 있는 바이러스가 있다는 것을 이미 설명하였다. 여기서는 특징적인 구조에 대하여 설명하고 미생물분류에 관계되는 중요한 각 균종의 형태에 대해서는 다른 장에서 설명한다.

1. 고등미생물세포(곰팡이, 효모 등)의 미세구조와 기능

1-1. 진핵세포의 미세구조

효모세포를 매우 얇게 잘라 세포의 미세구조를 전자현미경으로 관찰한 사진인 전형적인 진핵세포의 미세구조모형도를 그림 2-1에 나타냈다. 세포는 가장 바깥쪽에 두꺼운 세포벽(cell wall)과 얇은 세포질막(cytoplasmic membrane, 원형질막 protoplasmic membrane이라고도 한다)이 있고 그 내부에 막으로 둘러싸인 핵(nucleus), 액포(vacuole), 미토콘드리아(mitochondria) 및 막으로 둘러싸여 있지 않은 지방립(lipid granule), 리보솜(ribosome) 등이 있다. 소포체(endoplasmic reticulum, 막조직이라고도 한다)는 세포막, 핵막, 미토콘드리아 막 등과 연결되어 있다.

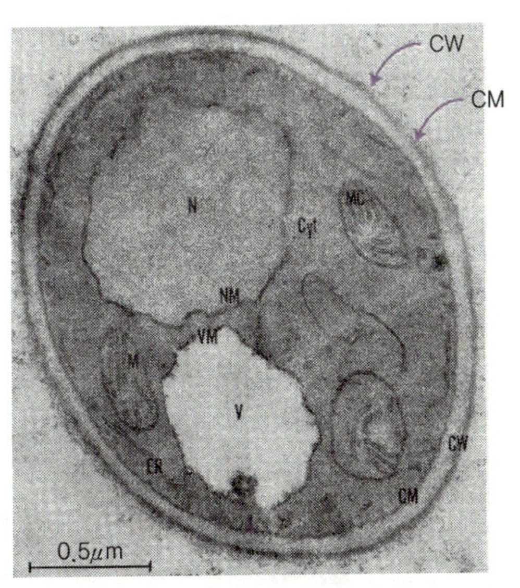

[그림 2-1] 효모세포의 전자현미경 사진 호기적으로 생육한 *Saccharomyces cerevisiae*. CW; 세포벽, CM; 세포막, ER; 소포체, MC 및 M; 미토콘드리아, Cyt; 세포질, VM; 액포막, V; 액포, NM; 핵막, N; 핵.

세포벽은 두께가 0.1~0.4 μm 정도의 단단한 구조로서 외적 환경으로부터 세포 내부를 보호하고, 또 세포에 일정한 형태를 만들게 한다. 세포벽의 화학적 조성은 주로 glucan과 mannan이며, 이 밖에 적은 양의 glucosamine, 단백질, 인 및 미량의 지질이 함유되어 있다.

```
(측쇄)                              (측쇄)
 Man                                 Glu
 (1)                                 (1)
  |  α-결합                            |
 (2)                                 (3)
[ (6) Man(1)-(6)-Man(1)- ]n -[-(6)Glu(1)-(6)Glu(1)-]n -(주쇄)
         α-결합
         Mannan                      Glucan
```

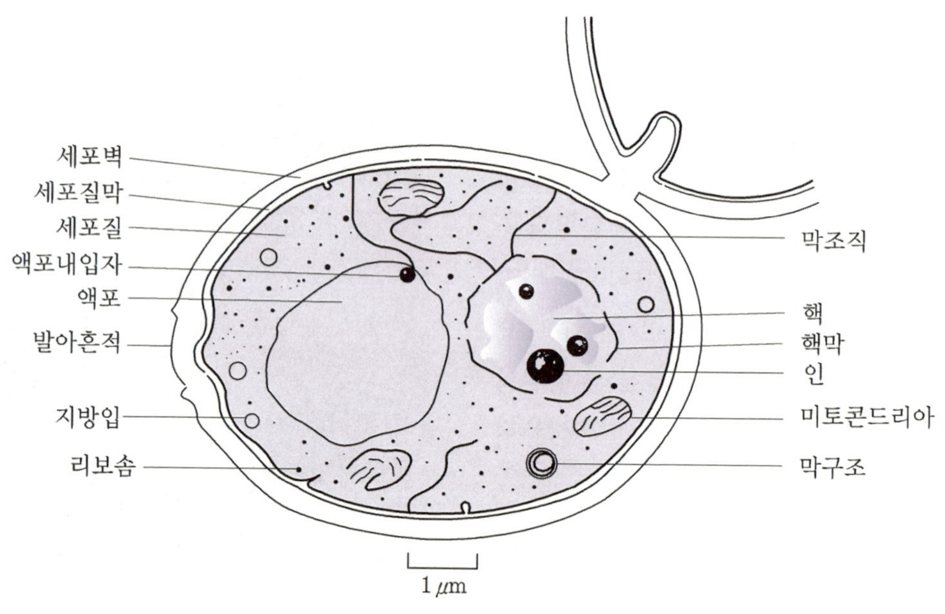

[그림 2-2] 효모의 mannan과 glucan의 구조

[그림 2-3] 효모세포의 미세구조

제1장 표 1-1에 나타낸 것과 같이 균군에 따라 다른 특징적인 성분을 함유한다. 세포벽을 제거한 세포막으로 둘러싸인 세포를 원형질체(protoplast)라 한다. 세포막은

그림 2-4와 같이 지질과 단백질복합체(lipid-protein complex)로 된 단위막(unit membrane) 구조를 하고 있다. Davson과 Danielli의 고전적 단위막의 모형은 그림 2-4와 같다. 단위 막은 생체막의 한 개의 기본적인 구조개념을 나타내고 있으며 이것을 전자현미경으로 관찰할 경우 단백질, 지질, 단백질의 3층 구조를 하고 있고 세포 내외로 영양분 또는 대 사물질을 투과하는 데 중요한 역할을 한다. 또 가끔 세포질(cytoplasm) 안으로 함입 (invagination)하고 있는 것을 볼 수 있다.

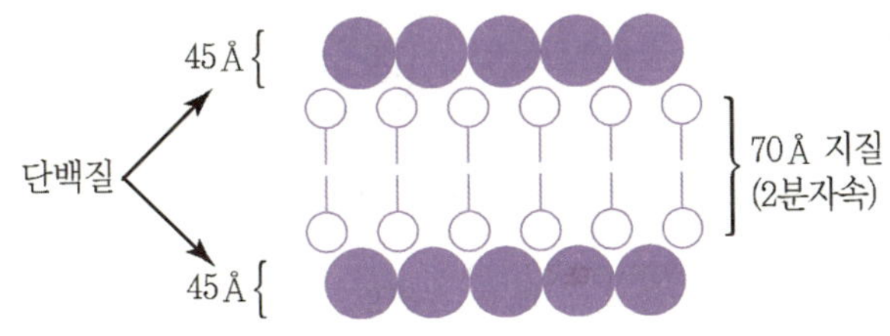

[그림 2-4] 세포막의 모형

핵은 구멍(pore)이 있는 핵막으로 둘러싸여 있고, 핵막은 미토콘드리아막과 같이 단 위막인 이중막으로 되어 있다. 핵에는 인(nucleolus)과 염색체(chromosome)가 있다. 인 은 주로 RNA(ribonucleic acid)와 단백질로 되어 있고, 염색체는 유전형질을 지닌 DNA (deoxyribonucleic acid)로 되어 있다. 최근 염색체 이외의 구조물, 즉 인, 미토콘드리아, 엽록체 등도 미량의 DNA를 갖고 있다는 것을 알게 됐다.

미토콘드리아(그림 2-5)는 호흡계 효소 등이 있는 곳이고 그 이중막의 내막(inner membrane)은 cristae를 형성하고 있다. 배양조건의 변화 등으로 미토콘드리아의 형태는 변화하여, 혐기조건(anaerobic condition)하에서는 세포 속에서 전혀 나타나지 않을 수 도 있으나, 호기조건(aerobic condition)하에서는 발달한 형태로 보인다.

액포(vacuole)는 저장물질과 대사산물 등을 함유한 액상과립으로 생육에 필요한 세포 내의 팽압을 조절하는 역할을 한다. 가끔 내부에 액포내입자(dancing body)가 있다. 리 보솜은 ribonucleic acid와 단백질의 복합체로서 그 위에서 단백질(세포의 구성단백질 또는 효소)을 생합성한다. 미립자(microsome)는 10,000~100,000g으로 초원심 분리할 때 침전되는 구분을 말하며 막조직의 단편과 리보솜 입자 등으로 되어 있다.

이상의 특징은 진핵세포의 형태를 가진 고등미생물의 공통된 성질이며, 곰팡이(사상

균)도 균사의 생장과 형태분화 등에 따라 그 구조에 다소 다른 점은 있으나 그림 2-5
에 나타낸 것과 같이 본질적으로는 진핵세포와 같은 구조를 하고 있다.

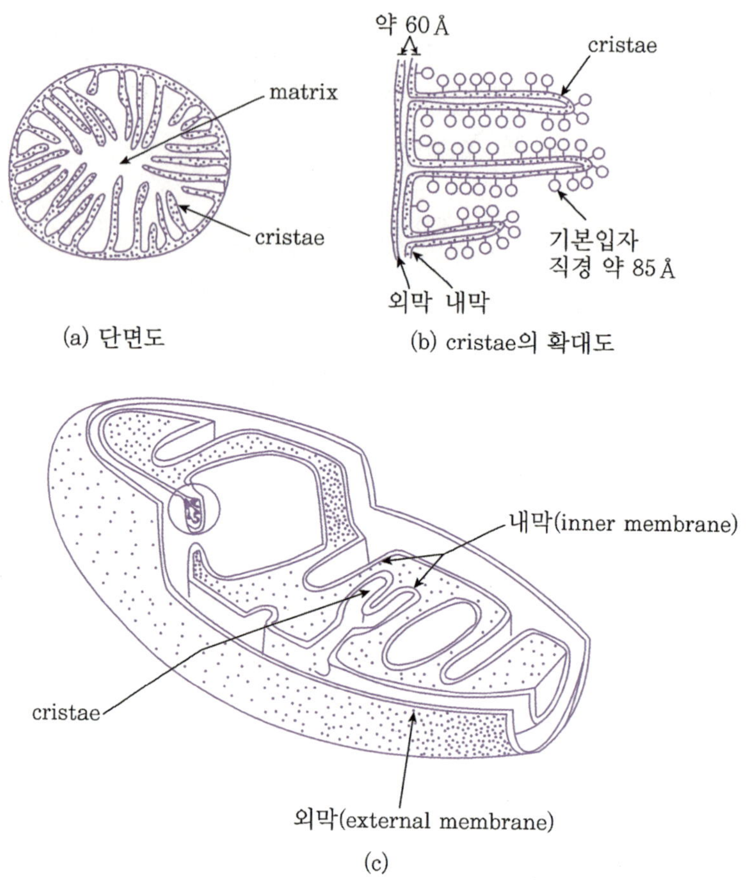

[그림 2-5] **미토콘드리아의 모형도**

그러나 공통적인 것 외에 균종에 따라 관찰되기도 하고 관찰되지 않는 것도 있다. 즉
그림 2-6에 나타낸 골기체(Golgi dictyosome, 혹은 Golgi body)와 세포벽과 세포막과의
사이에 볼 수 있는 periplasmic space(=border body) 등은 일부의 곰팡이에서 볼 수 있
는 비교적 새로운 것으로, 이들 기능에 대해서는 아직 잘 밝혀지지 않았으나, 노폐물 등
을 세포 밖으로 배설할 때 또는 세포 안으로 특수한 물질을 흡수하는 데 관계가 있다고
추측하고 있다.

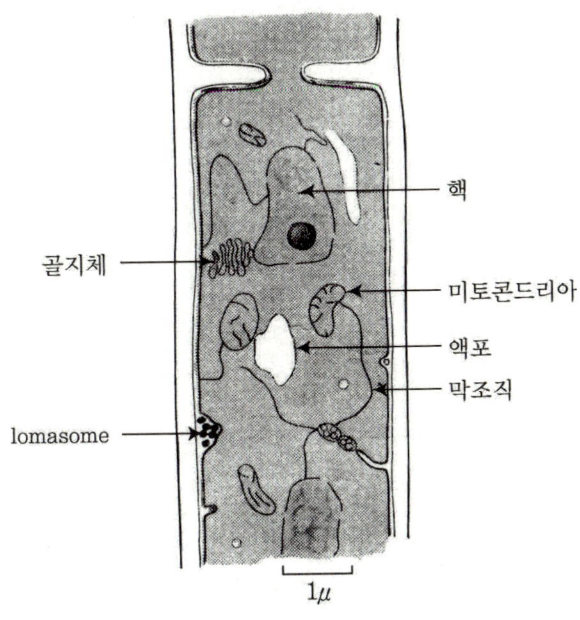

[그림 2-6] **격막을 가지는 곰팡이 균사의 미세구조**
(골기체와 lomasome은 일부균에서만 관찰된다)

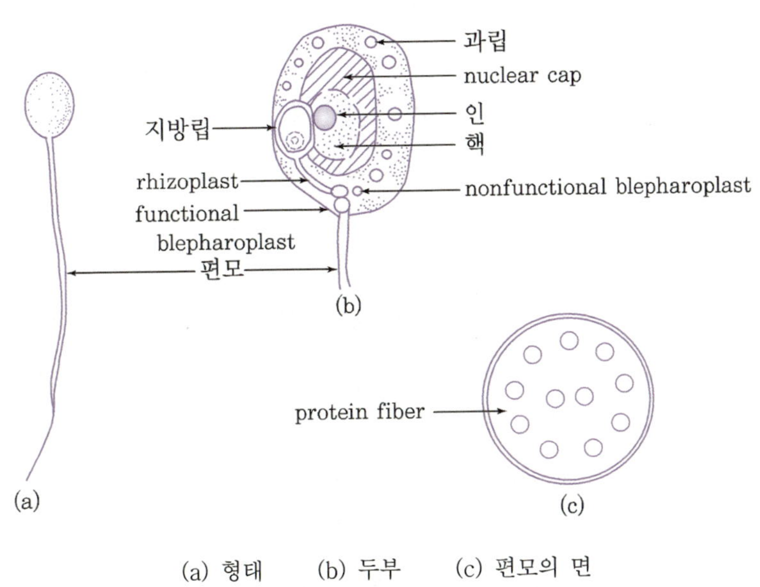

(a) 형태　　(b) 두부　　(c) 편모의 면

[그림 2-7] **호상균(*Chytridium* sp.)의 미세구조**

호상균 등은 유주자를 만드는데, 그의 운동기관인 편모(flagellum, -a)의 구조는 그림 2-7에 나타낸 것과 같다. 편모의 횡단면의 구조 (c)는 편모 맨 끝까지 뻗어 있는 중앙의 2줄과 주변이 보다 짧은 9줄 또는 9쌍의 단백질섬유구조로 구성되어 있고, 이들 머리 쪽은 세포벽의 막으로 둘러싸여져 있다. 이러한 구조는 고등미생물의 편모 또는 섬모(cillium)의 특징이다. (b)에는 핵을 둘러싼 nuclear cap을 볼 수 있다. 이것은 호상균의 독특한 구조이고 리보솜의 집합체이다.

Chlorella와 같은 조류는 엽록체(chloroplast)를 갖고 있다. 엽록체는 미토콘드리아와 같이 이중막으로 둘러싸여 있고, 내부에 소량의 DNA가 있는 자기증식체이다. 엽록체는 엽록소를 이용하여 광합성(photosynthesis)을 하는 장소이며 황지질(sulfolipid)을 함유하고 있다.

그 외에 세포벽의 바깥에 협막(capsule) 또는 점질층(slime layer)이 있는 것도 있다. 또 세포질 내의 봉입과립(inclusions)으로서 지방립, 이염입자(metachromatic granules) 등이 있다.

2. 하등미생물세포(세균, 방선균 등)의 미세구조와 기능

2-1. 원핵세포와 진핵세포의 주요 차이점

그림 2-8에서와 같이 원핵세포는 진핵세포와는 달리 단순한 구조를 하고 있다. 이들 사이의 가장 큰 차이점은 원핵세포에는 세포질에 막으로 둘러싸인 핵과 미토콘드리아가 없다는 것이다.

먼저 핵은 핵막과 인이 없고, 전자현미경으로 관찰할 경우 주위보다 전자투과성이 높기 때문에 희게 보이는 핵부위(nucler region)를 하고 있으며, 그 속에 가느다란 핵미세섬유(nuclear fine fibril)가 있다. 또 미토콘드리아가 없으며, 진핵세포에서 미토콘드리아에 있었던 호흡효소계는 세포막과 mesosome에 존재한다.

두 번째는 핵 DNA 분자가 한 줄의 긴 환상으로 되어 있다는 것이다. Cairns가 autoradiogram법을 이용하여 실험한 결과 추출한 *E. coli* DNA는 1,100~1,400μm의 한 줄의 큰 환상으로 되어 있는 것이 확인되었다. 현재까지 연구된 하등미생물의 염색체

DNA는 길이 1 μm 이하, 직경 0.5 μm 이하의 좁은 핵부위 안에 긴 환상(circular) DNA가 겹겹으로 겹쳐져 있고 그 세포가 분열할 때에 정확하게 2배로 된 다음 두 개의 낭세포(daughter cell)로 분열된다. 또 세포분열과 유전자 재조합(genetic recombination) 방법도 진핵세포의 경우와 전혀 다르다.

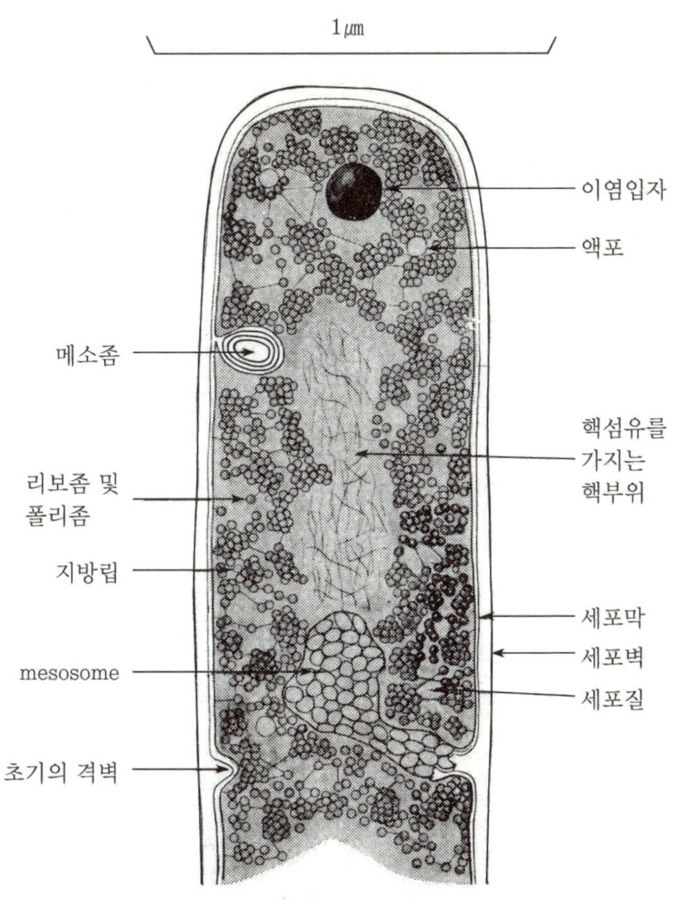

[그림 2-8] 원핵세포의 미세구조

세 번째는 하등미생물의 편모(flagellum, -a)는 고등미생물의 편모에 있는 11줄의 단백섬유구조 중에서 한 줄에 상당하는 단순한 구조를 하고 있다. 이 한 줄의 단백질섬유구조는 그림 2-9에 나타낸 것과 같이 flagellin이라는 편모단백질이 나선을 그리면서 연결되어 몇 줄의 긴 섬유상태로 되어 있고, 막으로 둘러싸여 있다. 따라서 세균의 편모는 매우 가늘고, 전자현미경으로 또는 특수한 염색법으로 염색해야 관찰할 수 있다.

네 번째로 남조 등에서의 일부 예외를 제외하면 일반적으로 원핵세포는 진핵세포에 비교하여 크기가 작으며, 전자는 대부분 직경과 폭이 0.5~1.0㎛이나 후자는 3~4㎛ 이상이다. 그러므로 평균체적의 차는 크다.

다섯 번째는 제1장의 표 1-9와 표 1-10에서 볼 수 있는 것과 같이 세포벽의 기본구조에 큰 차이가 있다. 원핵세포와 진핵세포의 차이점을 요약하면 제1장의 표 1-13과 같다.

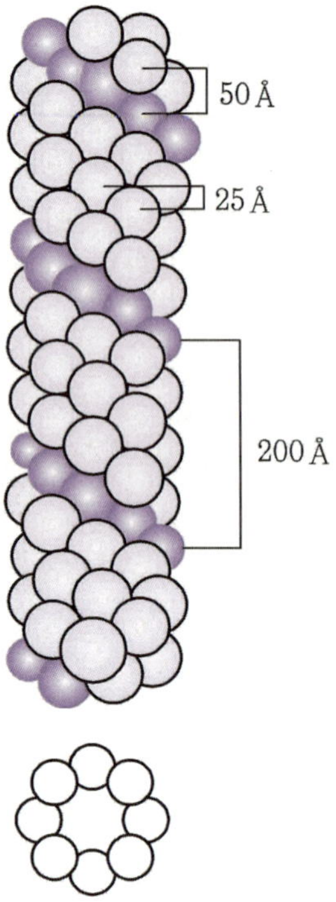

2-2. 원핵세포의 미세구조

진핵세포와 같이 세포벽, 세포막으로 둘러싸여 있고 2-1절에서 설명한 것과 같이 내부에 핵미세섬유를 가진 핵부위가 있다(그림 2-8 참조).

하등미생물 중에서 방선균을 포함한 그람 양성균에 가끔 볼 수 있는 특징적인 구조물로서 mesosome(chondrisome, lamellar bodies라고도 한다)이 있다. 이것은 세포막이 세포질 중에 깊이 들어가서 만들어진 것이라 생각된다. 초박편으로 관찰하면 mesosome은 소낭, 작은 관상, 혹은 동심원상으로 보이고, 세포막 부근이나 세포질, 핵부위와 접하여 있다. 그리고 형성 중에 있는 격벽부위에서 반드시 볼 수 있다. Mesosome은 이들 미생물의 세포가 분열할 때 격벽형성과 핵분열에 밀접한 관계가 있다고 추측된다. 동시에 호흡효소를 가지고 있으므로 mesosome은 진핵세포에 있어서 미토콘드리아와 유사한 기능을 하고 있다고 한다.

진핵세포의 경우와 같은 균종에 따라 세포표면이 협막 혹은 점질층으로 둘러싸인 경우도 있다. 그리고 세포, 내부 액포, 이염입자 또는 지방입자와 같은 봉입과립도 있다.

그 외의 대부분의 세포질은 ribosome으로 차 있다. 모든 생물의 ribosome은 70S로부터

[그림 2-9] *Salmonella*균의 편모모형(Lowy & Hanson)(원형은 각각 flagellin 단백분자를 나타낸다. 편모는 가운데가 비어 있다고 말할 수 없다.)

80S 크기의 입자이다. 이들은 60~65%의 rRNA와 35~40%의 단백질을 함유하고 있다.

그리고 ribosome은 한 분자의 $mRNA$(messenger RNA)에 수 개~수십 개 결합한 polysome을 형성한다. 이들 polysome상에서 긴 polypeptide 사슬인 고분자단백질이 능률적으로 합성된다. 진핵세포의 경우에는 ribosome nuclear cap과 인에 polysome 형태로 모여서 능률적으로 기능을 나타내나, 원핵세포는 이러한 부위가 없다.

3. 바이러스와 그 미세구조

3-1. 바이러스의 일반성질

바이러스는 원래 라틴어로 poisonous fluid(독액)의 뜻이나, 병원세균과 달리 세균여과기를 통과하는 감염성 인자로서 'filterable virus' 또는 바이러스(virus)라 부르게 되었다. 바이러스는 크기가 작을 뿐만 아니라 일반 미생물과 전혀 다른 구조로 되어 있고, 미생물은 DNA와 RNA의 양쪽을 다 가지고 있는 세포로 되어 있으나, 바이러스체(virion)는 그중 한 종류의 핵산과 이를 보호하는 단백질만을 갖고 있다. 이 밖에 소량의 지질과 탄수화물 등을 함유한 것도 있다(표 2-1).

그러므로 바이러스는 독자적인 대사기능은 거의 없고, 생세포(숙주세포, host cell) 내에서 증식하며 전부가 절대 기생성이다. 또 어떠한 바이러스는 일반고분자와 같이 결정화하나, 숙주세포에 감염할 수 있고 시험관 내에서 자기증식할 수 있다는 점이 일반고분자물질과 전혀 다르다. 이상의 여러 성질로부터 바이러스는 생물과 무생물과의 중간성질을 지니고 있다고 생각되며 생명현상을 해명하는 데 좋은 재료이다.

바이러스는 동물, 식물, 미생물의 세포에 기생한다. 바이러스 병으로서는 인간의 vaccina, rabies(광견병), polyhedral disease(다각체병), granulosis(과립병), 소아마비 등과 식물의 tobacco mosaic병 등이 있다.

인간의 암(cancer)의 일부는 바이러스로 인하여 생긴다고 생각하고 있으며, 바이러스는 어떤 증상을 나타내지 않고 숙주세포에 기생하기도 한다. 튤립의 꽃잎에 생기는 아름다운 반숙은 바이러스가 기생하여 생기는 것이다.

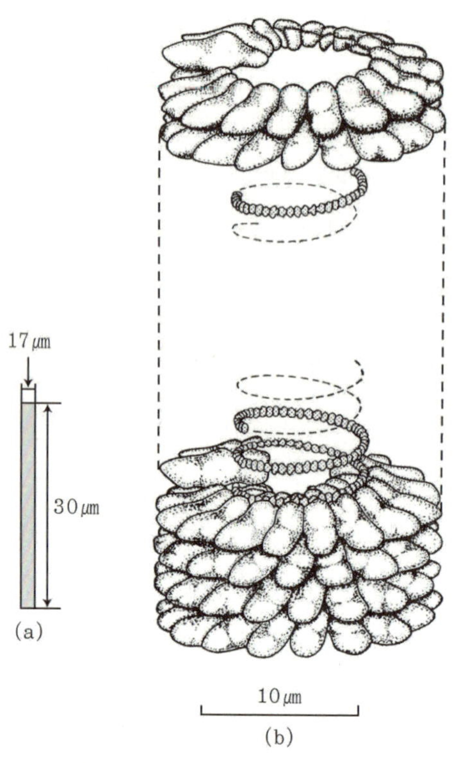

[그림 2-10] **Tabacco mosaic virus의 형태(a)와 미세구조(b)**

그리고 여러 종류의 미생물에 기생하며 용균현상 등을 일으키는 바이러스는 다른 바이러스와 성질이 다르므로 구별되고, 세균 및 방선균에 기생하는 바이러스를 각각 박테리오파아지(bacteriophage), 악티노파아지(actinophage)라 부른다.

바이러스는 구형, 벽돌형, 다면편위형, 봉장 또는 올챙이형 등으로 되어 있다. 크기는 20 nm($E.\ coli$ T$_2$ phage) 정도에서부터 230×300 nm(천연두 바이러스)까지 있으며 세균과 단백질분자의 중간 정도의 크기에 상당한다. 그 형태는 광학현미경으로 관찰할 수 없으며 전자현미경에 의해서만 관찰할 수 있다(그림 2-11).

그리고 이들이 만드는 병의 증상 또는 그림 2-12와 같이 용균반점(plaque) 등으로 간접적인 방법에 의해 이들의 존재를 확인한다. 천연두 바이러스, 다각체병 바이러스, tabacco mosaic 바이러스, 식물종양 바이러스(wound tumor 바이러스) 등은 바이러스 입자가 모여 있는 봉입체(inclusion bodies)를 형성하기 때문에 광학현미경으로 확인할 수 있다.

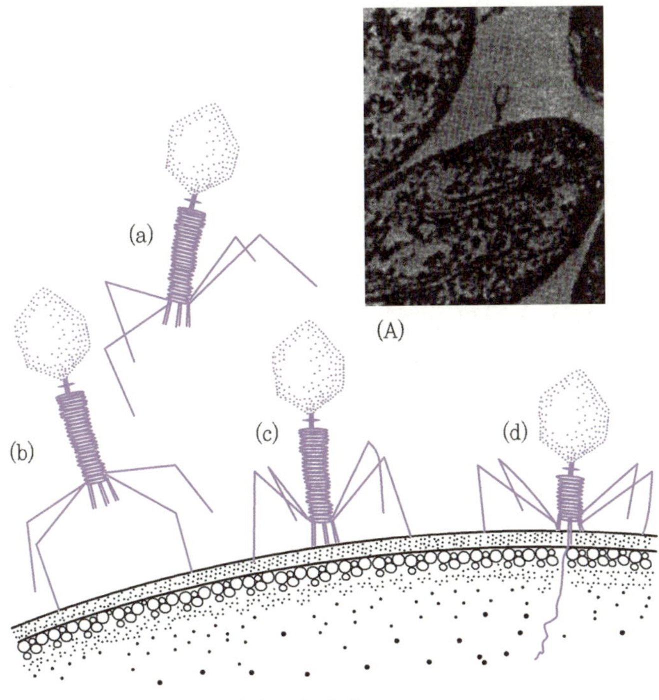

(A) 부분적으로 용해된 세포(전자현미경 사진)

(a) 자유 파아지　　(b) tail fibers로 세포벽에 결합　　(c) tail pin으로 세포벽과 결합

(d) tail sheath가 수축되어 세포벽과 막을 용해시켜 구멍을 뚫고 핵산을 주입

[그림 2-11]　T₄ 파아지가 숙주세포에 감염되는 모양

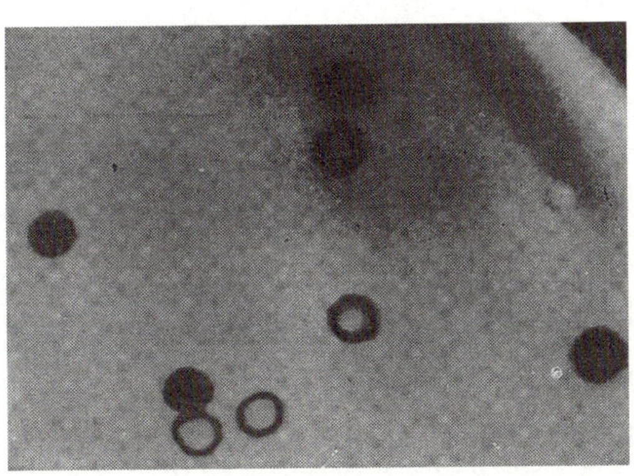

[그림 2-12]　λ파아지의 야생형과 virulent 변이주에 의하여 형성된 plaque. 야생형 입자는 용원화세포의 증식 결과 불투명한 plaque를 형성하나, 숙주세포를 용원화할 수 없는 변이주입자는 선명한 투명 plaque를 형성한다.

	크기(nm)	형	구성핵산
효 모	7,500		DNA, RNA
세 균			
Serratia marcescens	750		DNA, RNA
Rickettsia	475		DNA, RNA
바이러스			
Vaccinia (우두)	210×260		
E. coli T_2 파아지	두부 70×100		DNA
Tabacco mosaic (담배모자이크병)	미부 20×110		DNA
Equine encephalomyelitis	15×280		RNA
(토끼뇌척수염)(동부형)	50		RNA
Rabbit papilloma (Shope) (토끼유두종)	44		DNA
Tomato bushy stunt (토마토위축병)	22		RNA
단백질 Egg albumin molecule	2.5 × 10		

바이러스 중의 핵산의 종류는 바이러스 종류에 따라 다르나(표 2-1, 표 2-2), 일반적으로 동물 바이러스는 DNA와 RNA 중 한쪽을, 식물 바이러스는 RNA를, 파아지(phage)의 대부분은 DNA를 함유하고 있다. 대부분의 바이러스 DNA는 이중나선구조(double-stranded structure)이나, _E. coli_ 파아지의 한 종류인 ϕx-174는 단일나선구조(single-stranded structure)이다. 이와 달리 대부분의 바이러스 RNA는 단일나선구조이나, 예외적으로 reovirus, 식물종양 바이러스, 벼위축병 바이러스 파아지 등은 이중나선 RNA를 갖고 있다.

바이러스를 실험실에서 배양하는 데는 닭의 수정난 중의 배에 배양하는 계란배 배양법(chick-embryo culture)과 원숭이의 신장세포 그리고 사람의 암환자로부터 얻은 HeLa cell 등에 배양시키는 조직배양법(tissue culture technique)이 있다.

이러한 방법으로 많은 바이러스가 배양되어 소아마비 등에 우수한 효과를 지닌 백신(vaccine)을 만드는 기초가 되었다. 그리고 최근 바이러스는 유전공학과 분자생물학적 연구에 활발히 이용되고 있다.

명칭(종류)	T$_2$, T$_4$, T$_6$	λ	ϕ x 174	fd	f$_2$	fr
구성핵산	DNA	DNA	DNA (단일 나선구조)	DNA (단일 나선구조)	RNA	RNA
숙 주	*E. coli* B 및 K-12	*E. coli* K-12	*E. coli* C	*E. coli* K-12 F$^+$ 주	*E. coli* K-12 F$^+$ 주	*E. coli* K-12 F$^+$ 주
숙주에 대한 독성	강, virulent (용균)	강↔약 (용원성. 단, 독성 변이체 있음)	약(temperate)	약(temperate)	약(temperate)	약(temperate)
형태 및 크기 (nm)	정다면체 두부와 꼬리부로 됨 65, 95, 95	정다면체 두부와 꼬리부로 됨 54, 54, 140	구 형 (정다면체) 25	섬유줄모양 760×5	구 형 (정다면체) 25	구 형 (정다면체) 21

3-2. 미세구조

(1) Tabacco mosaic 바이러스

전자현미경으로 미세구조가 관찰되었으며, 생화학적인 화학구조 및 그것과 관련된 생성메커니즘 등이 잘 밝혀진 바이러스다. 일반적으로 바이러스의 미세구조는 외측에 있는 단위단백질분자의 구조로 되어 있고, 봉장의 tabacco mosaic 바이러스에서는 바깥쪽에 한 줄의 단위단백질 분자가 나선상으로 배열하고 있으며 그 내부에 같은 거리로 나선을 그린 한 줄의 RNA를 함유하고 있다. 단위단백질분자는 전체가 약 2,150개이고, 각 단위단백질은 158개의 아미노산으로 된 한 줄의 polypeptide(분자량 17,500)이며, 그 아미노산 배열도 알려져 있다(그림 2-10).

그리고 바이러스 안쪽에 단일나선상의 RNA가 있으며, 중심부에는 직경 4 nm의 빈 공간을 가지고 있다. 그의 나선간격은 2.3 nm이고, 1회전에 49개, 합계 6,400개의 nucleotide가 일직선으로 배열되어 있다(그 나선을 펼치면 5,000 nm에 달한다). 이

RNA는 바이러스 전체의 유전정보를 가지고 있으며 숙주세포에 감염할 수 있는 능력을 갖고 있다. 단백질은 RNA를 보호하여 바이러스의 숙주세포에 대한 특이성에 관계하고 있다(그림 2-10).

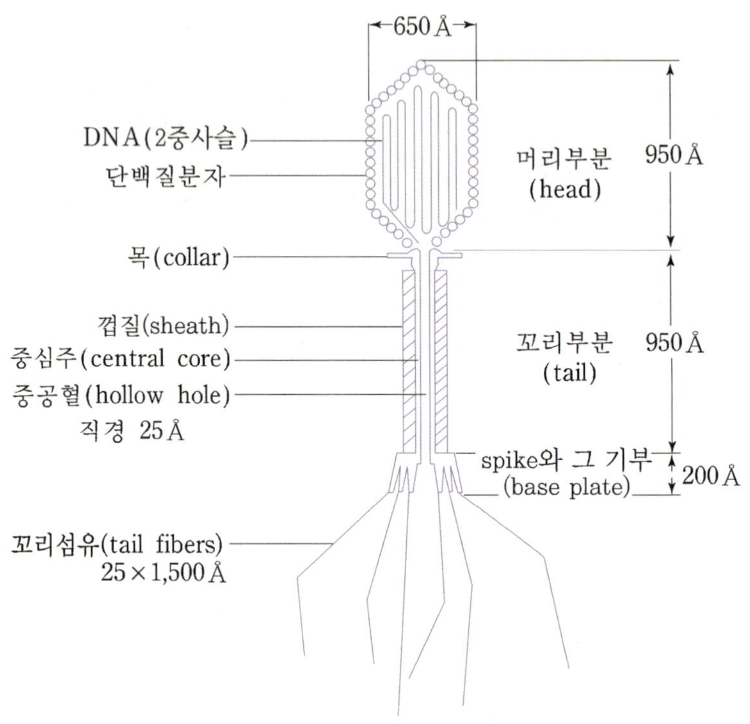

[그림 2-13] *E. coli* T₂ 파아지의 미세구조

(2) *E. coli* T₂ bacteriophage

그림 2-13과 같이 올챙이 혹은 정자와 비슷한 형태이고, 머리(head), 꼬리(tail), 6줄의 spike와 그의 기부, 미부섬유(tail fiber)로 되어 있다. 머리는 6각형태의 단백질로 된 주머니이며, 그 속에 이중나선의 DNA를 가지고 있다. 꼬리의 껍질(sheath)은 단백질이 나선상으로 연결되어 있으며, 그 내부의 중심주(central core)는 중간이 비어 있다.

파아지는 세포벽에 부착하면 동시에 파아지가 분비하는 효소를 이용하여 세포벽에 작은 구멍을 뚫고, 파아지 머리 안에 있는 DNA는 중심주를 통하여 *E. coli*의 세포 내로 주입된다(그림 2-11).

3-3. 박테리오파아지의 생활사

박테리오파아지(bacteriophage)의 생활사와 감수성균(숙주세포, host cell)과의 관계를 그림 2-14, 15에 나타냈다. 자유 파아지(free phage)는 ① 감수성균의 세포벽의 receptor site에 흡착(adsorption)하여 ② 머리에 있는 핵산(DNA)을 방출한다. 이때 단백질로 된 파아지 피막은 균체 밖에 남아 있다.

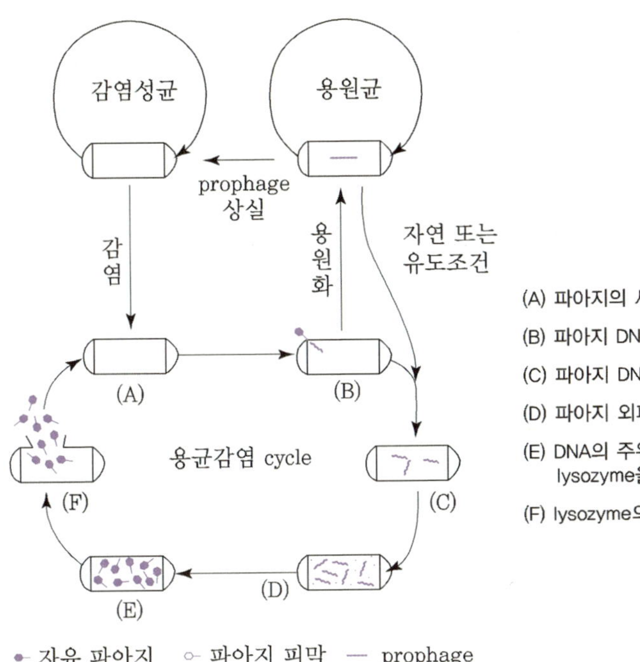

[그림 2-14] 박테리오파아지의 생활사

파아지에는 독성 파아지(virulent phage)와 약독성 파아지(temperate phage)가 있다. 독성 파아지에서는 ③ 균체 안으로 들어간 자유 파아지 DNA는 즉시 숙주세포의 RNA polymerase에 의하여 전사(transcription)되어 파아지 $mRNA$를 생합성한다. ④ 그 다음에 숙주세포의 리보솜상에서 aminoacyl tRNA가 바이러스 $mRNA$의 유전정보를 번역(translation)하여 새로운 효소들을 생합성한다. 이 효소들과 감수성균이 원래 갖고 있는 대사계를 이용하여 파아지의 핵산과 단백질을 합성한다. ⑤ 배양 후기에는 이들 핵산,

단백질 및 효소들을 이용하여 여러 개의 파아지를 형성하고 ⑥ 그 다음 이들 성숙한 파아지는 세포 밖으로 방출된다.

　방출된 파아지는 또 다른 세포에 기생하여 그림과 같은 용균감염 사이클(lytic infection cycle)을 되풀이한다. 적당한 실험방법을 사용하여 이 사이클을 1회만 하는 1단증식 실험(one-step growth experiment)을 하면 파아지가 감염된 다음의 시간과 감염한 세균 1개당 생긴 용균반점수(number of plaque)와의 관계를 얻을 수 있는데, 이것은 그림 2-16에 나타냈다.

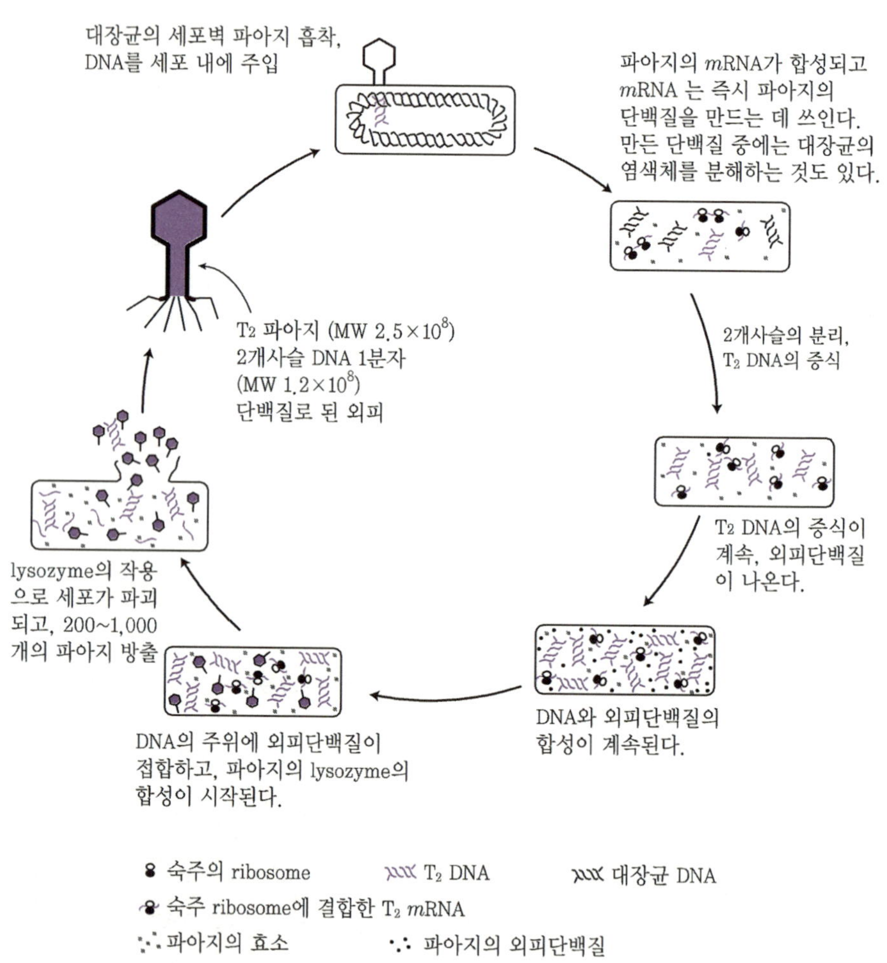

[그림 2-15] **이중사슬 DNA를 가진 T₂(T₄) 파아지의 생활사이클**

이것은 일정한 시간 후에 용균반점수가 급격히 증가하여 숙주세포가 용균하여 자유파아지가 유리되는 것을 나타낸다. 그리고 이 한 사이클에 요하는 시간은 15~60분에 불과하다. 이때 새로운 파아지의 방출량(burst size)은 100~300개 정도로서 짧은 시간에 숙주세포 전부를 용해한다.

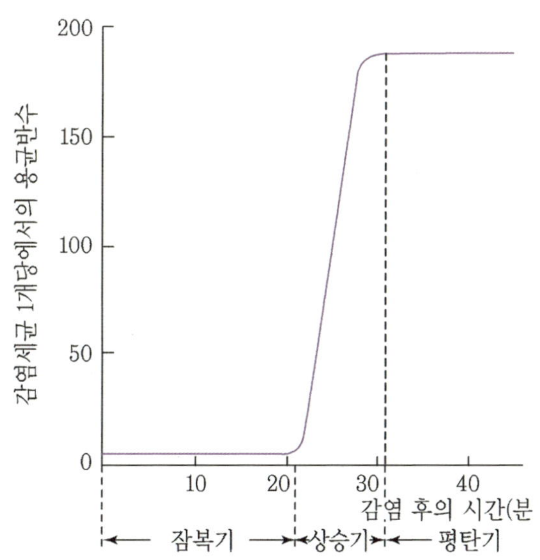

[그림 2-16] 박테리오파아지의 전형적인 1단계 증식곡선

이상의 독성 파아지의 사이클 일부가 다른 약독성 파아지에서는 세포 안으로 침입된 prophage의 DNA를 이용하여 파아지 핵산과 파아지 단백질을 합성하지 않고 숙주세포의 염색체에 붙어서 그의 일부로 되어 세포가 증식할 때 염색체와 같이 복제(replication)되어 낭세포(daughter cell)에 전달된다. 이와 같이 된 파아지를 prophage라 하고, prophage를 갖고 있는 균을 용원균(lysogenic strain)이라 한다. 용원균은 일반세균과 같이 분열, 증식을 계속하나 자연조건하에서부터 자외선 조사, mytomycin 처리, 또는 알킬화제로 처리하여 인공적으로 유도하면 균과 파아지와의 평형이 파괴되어 prophage는 독성 파아지가 되어 용균감염사이클을 시작한다.

용원균은 10^5에 대하여 1 정도의 낮은 빈도로 prophage DNA와 숙주세포 염색체 DNA와의 사이에 유전적 재조합이 일어나 prophage의 유전형질이 숙주세균에 도입되는 수가 있다. 이 현상을 형질도입(transduction)이라 부른다.

한편 glutamic acid 생산균, 항생물질을 생산하는 방선균 등의 실용균주에 파아지 감염이 생겨 손해를 입게 되는 경우가 있다. 그러므로 세균과 방선균을 사용하는 경우는 파아지 감염과 그의 방지에 주의하여야 한다.

제 03 장

|미생물의 생리|

1. 미생물의 영양
2. 미생물의 생육환경
3. 생물적 인자

1. 미생물의 영양

동·식물과 같이 미생물도 증식하는 데 영양을 필요로 하며 미생물의 구성성분을 생합성하는 소재와 이들을 생합성하기 위한 에너지원이 필요하다. 일부의 미생물은 빛을 에너지원으로 하여 증식하나, 대부분의 미생물은 빛을 에너지원으로 이용하지 못하며, 대신 화학적 에너지를 이용한다. 그리고 많은 미생물은 유기화합물을 기질로 한 발효(fermentation) 또는 호흡(respiration)으로 에너지를 얻으나, 토양과 수생의 세균 중에는 무기화합물의 산화반응으로 에너지를 얻는 것도 있다.

미생물의 증식에 필요한 소재의 원소는 세포 내에 있는 생체성분이 요구된다. 비교적 다량으로 필요한 것은 C, H, O, N, S 및 P이고, Mg, K, Fe, Cu, Co, Mn, Zn, Mo 등이 미량 필요하다.

미생물세포가 생육, 증식하면서 기능작용을 하려면 세포막을 통하여 영양분을 외부로부터 흡수하여야 한다. 영양분은 일반적으로 균체가 흡수하기 쉬운 당, 아미노산, 무기염, 비타민 등의 저분자화합물의 형태로 흡수되며, 균체성분을 균체 내에서 생합성한다. 또 에너지생산반응을 하면서 생합성에 요하는 에너지를 얻는다. 일부의 미생물은 완전동물성영양(holozoic nutrition)을 하여 미세한 고형물을 섭취할 수 있으나, 대부분의 미생물, 예를 들면 세균, 효모, 곰팡이 등은 완전식물성영양(holophytic nutrition)으로 고형물을 섭취하지 못하고 모든 영양분을 수용액의 상태로 흡수한다.

1-1. 영양흡수형식에 의한 미생물의 분류

질산균($Nitrobacter$)은 아질산염을 에너지원과 질소원으로 하고, 탄산염을 탄소원으로 하여 핵산, 단백질, 지방을 합성하고 나아가 균체성분을 생합성할 수 있다. 이와 같이 미생물은 간단한 무기화합물만으로 생육하는 균으로부터 유기물, 예를 들면 당류, 아미노산, purine 염기, pyrimidine 염기, 각종 비타민을 요구하는 균 혹은 생세포에만 생육하는 균 등 여러 종류가 있다. 그들 중 $Nitrobacter$와 같이 CO_2를 유일한 탄소원으로 하여 생육할 수 있는 미생물을 독립영양균(autotroph, autotrophic microbe)이라 하며, CO_2를 비롯한 무기화합물만을 영양원으로 하여 생육하는 균을 무기물이용균(lithotroph, lithotrophic microbe)이라 부른다. 그렇지 않고 유기탄소원을 필요로 하는 미생물을 종속영양균(heterotroph, heterotrophic microbe) 혹은 유기물이용균(orga-notroph, organotrophic microbe)이라 칭한다. 영양요구가 간단한 독립영양균은 다른 균보다 균체 내에 더 많은 효소를 함유하고 있어서 생리적으로 더 복잡한 균이다.

표 3-1 영양요구에 의한 미생물의 분류

형	산화물질 (수소공여체)	에너지원	탄소원	미생물 예
독립영양균				
광합성균	무기질	빛	CO_2	Chlorobacteriaceae(녹색황세균), Thiorhodaceae(홍색황세균)
화학합성균	무기질	무기물산화	CO_2	일부의 *Pseudomonas* 속(수소균), *Thiobacilus*(황세균), *Beggiatoa* (황세균), *Nitrosomonas*(아질산균), *Nitrobacter*(질산균)
종속영양균				
질소고정균	유기물	유기물산화	유기물	*Azotobacter*, 일부의 *Clostricium* 속 균, *Rhizobium*(근류균),
영양요구가 엄격하지 않은 균	"	"	"	*E. coli*
영양요구가 엄격한 균				
아미노산요구균	유기물	유기물산화	유기물	*Salmonella typhosa*
발육인자요구균	"	"	"	*Proteus vulgaris*
아미노산 및 발육인자 요구균	"	"	"	*St. faecalis*

독립영양균에는 에너지를 빛으로부터 얻는 광합성독립영양균(phototroph, phototrophic micobe)과 NH_4^+, NO_3^-, S 등과 같은 무기화합물의 산화로 에너지를 얻는 화학합성독립영양균(chemoautotroph, chemoautotrophic mirobe)이 있다. 종속영양균 중에도 드물지만 빛으로부터 에너지를 얻고 유기탄소원을 필요로 하는 광합성종속영양균(photo-synthetic heterotroph)이 있으나, 일반적으로 종속영양세균이라는 것은 유기화합물의 산화로 에너지를 얻는 화학합성종속영양균 [chemosyntheic heterotroph 또는 유기물이

용균(organotroph)]을 말한다. 표 3-1에 이들의 각각에 속하는 주요균군을 나타냈다.

종속영양세균은 다시 부생균(*Saparophyte*, 사물기생균)과 생세포에 의존하는 생체기생균(parasites), 병원균 혹은 공서균(공생균)으로 나눈다. 생체기생균은 또 식물기생성(phytotrophy), 동물기생성(zootrophy), 세균세포기생성(schizomycetotrophy) 등이 있다. 또한 사상균 중의 식물병원균인 녹병균(Uredinales), 노균병균(Peronosporaceae), 사황녹가루병균(Albugo), 흰가루병균(Erysiphales), 세균의 Rickettsiae 등과 같이 인공배지에서는 배양할 수 없는 절대기생균(obligate parasites)이 있다.

표 3-2 Chlorophyll a와 bacteriochlorophylls 간의 구조의 차이

	R_1	R_2	R_3	R_4	R_5	R_6	R_7
Chlorophyll a	$-CH=CH_2$	$-CH_3$	$-C_2H_5$	$-CH_3$	$-\underset{\overset{\|}{O}}{C}-OCH_3$	Phytyl	$-H$
Bacterio a	$-\underset{\overset{\|}{O}}{C}-CH_3$	$-CH_3^a$	$-C_2H_5^a$	$-CH_3$	$-\underset{\overset{\|}{O}}{C}-O-CH_3$	Phytyl or geranyl-geranyl	$-H$
Bacterio b	$-\underset{\overset{\|}{O}}{C}-CH_3$	$-CH_3^b$	$-CH-CH_3^b$	$-CH_3$	$-\underset{\overset{\|}{O}}{C}-O-CH_3$	Phytyl	$-H$
Bacterio c	$-\underset{\underset{OH}{\|}}{\overset{\overset{H}{\|}}{C}}-CH_3$	$-CH_3$	$-C_2H_5$	$-C_2H_5$	$-H$	Farnesyl	$-CH_3$
Bacterio d	$-\underset{\underset{OH}{\|}}{\overset{\overset{H}{\|}}{C}}-CH_3$	$-CH_3$	$-C_2H_5$	$-C_2H_5$	$-H$	Farnesyl	$-H$
Bacterio e	$-\underset{\underset{OH}{\|}}{\overset{\overset{H}{\|}}{C}}-CH_3$	$-\underset{\overset{\|}{O}}{C}=O$	$-C_2H_5$	$-C_2H_5$	$-H$	Farnesyl	$-CH_3$

[a]No double bond between C—3 and C—4; additional—H atoms at C—3 and C—4.
[b]No double bond between C—3 and C—4; additional—H atom at C—3.

(1) 광합성균

빛을 에너지원으로 하는 미생물이며 이들은 광합성색소로 고등식물의 chlorophyll a와 구조가 비슷한 세균 chlorophyll을 균체 내에 가진다(표 3-2). 이 색소는 Mg—

porphyrin으로 측쇄에 chlorophyll의 vinyl기 대신에 acetyl기를 가졌다. 광합성균은 대체로 절대혐기성균이며 광합성대시에는 녹색식물과 달리 보통 H_2S를 필요로 한다. 홍색황세균은 H_2S로 이산화탄소를 환원하여 다음과 같은 세포물질과 중간산물로 황산이 생성된다.

$$H_2S + 2CO_2 + 2H_2O \xrightarrow{빛} 2H \cdot CHO + H_2SO_4$$

(2) 화학합성균

무기물의 산화로 에너지를 얻는 미생물로서 직접 산화반응을 하므로 산소를 필요로 하며, 호기적 조건(aerobic condition)하에서 발육한다. 질화세균, 유황산화세균, 철세균, 수소세균, 일산화탄소세균, 메탄산화세균 등이 포함된다.

농업상 중요한 *Nitrosomonas* 속 균은 NH_3를 NO_2로(Ⅰ) 산화하고 *Nitrobacter* 속 균은 이 NO_2를 NO_3로(Ⅱ) 산화하여 각각 에너지를 얻는다.

$$2NH_3 + 3O_2 \rightarrow 2HNO_2 + 2H_2O + 79kcal \qquad (Ⅰ)$$

$$HNO_2 + \frac{1}{2}O_2 \rightarrow 2HNO_3 + 21.6kcal \qquad (Ⅱ)$$

또 유황세균인 *Thiobacillus thiooxidans*는 유리유황을 황산으로 산화한다 (Ⅲ).

$$S + 1\frac{1}{2}O_2 + H_2O \rightarrow H_2SO_4 + 141.8kcal \qquad (Ⅲ)$$

*Pseudomonas flava*와 같은 수소균은 분자상의 수소에서 두 개의 H^+를 방출시켜 생체에서 산화, 환원반응을 할 때 수소 공여체(donor)로 이용할 수 있으며 간단한 유기물이 있으면 산소 존재하에서 왕성하게 발육하고 또 산소와 수소의 공급이 있으면 무기물만 있어도 잘 발육한다.

$$CO_2 + 6H_2 + 2O_2 \rightarrow H \cdot CHO + 5H_2O \qquad\qquad (\text{IV})$$

(3) 종속영양균

종속영양균은 유기물을 탄소원으로 하며 질소원으로서 무기물 또는 유기물의 질소화합물을 이용한다. 생합성을 위한 에너지는 유기물의 분해, 즉 호흡 또는 발효에 의해서 얻게 된다.

$$C_6H_{12}O_6 \xrightarrow[(\text{효모})]{(\text{호흡})} 6CO_2 + 6H_2O + 673\,cal \qquad\qquad (\text{V})$$

$$C_6H_{12}O_6 \xrightarrow[(\text{효모})]{(\text{호흡})} 2C_2H_5OH + 2CO_2 + 22\,cal \qquad\qquad (\text{VI})$$

자연계에서는 이 종류의 미생물이 가장 많다. 영양요구에 따라 다음과 같이 나누어진다.

1) 질소고정균(nitrogen fixing microbe)

Azotobacter, Rhizobium(근류균) 등이 포함되며 토양을 비옥하게 하므로 농업에 중요한 미생물이다. *Azotobacter*는 호기성균이며 토양에 존재하고 발효성 탄수화물이 있으면 대기 중의 질소만으로 생육하고 다른 질소원이 필요 없다.

2) Nonexacting 균

탄소원으로 유기물을 필요로 하고 질소원으로서는 NH_4^+, NO_3^-와 같은 무기염을 이용하여 이들로부터 모든 균체성분을 합성할 수 있다. 아미노산이나 발육인자를 필요로 하지는 않으나 유기질소원도 잘 이용한다. 대장균(*Escherichia coli*), *Aerobacter aerogenes*(*Enterobacter aerogenes*), *Pseudomonas* 속 등의 세균과 곰팡이 등이 여기에 속한다.

3) 아미노산요구균

질소원으로 무기질소원만으로는 생육하지 않고 아미노산과 같은 유기질소원을 필요
로 한다.

4) 생육인자요구균

미생물 중에도 고등동물과 같이 비타민, 핵산, 아미노산과 같이 미량의 유기화합물을
요구하는 것이 있다. 이 화합물을 생육인자(growth factor, 발육소)라고 한다. 예를 들
면, *Proteus vulgaris* 는 nicotinic acid를 요구한다.

1-2. 미생물 생육에 필요한 영양원

일반적으로 미생물에 따라 필수영양분(essential nutrient)의 종류는 다르나, 크게 나
누면 에너지원, 탄소원, 질소원, 무기염류 및 비타민과 같은 생육인자로 나눈다. 물은
용매로서 또 수소·산소원으로서도 중요한 것이다. 그리고 어떤 영양분은 특수한 생리
적 기능, 즉 효소의 활성을 위하여서도 필수적이다(표 3-3).

표 3-3 미생물의 종류와 필수영양분

영양원 \ 균주명	*Nitrobacter agilis*	*Bacillus subtilis*	*Neurospora crassa*	*Saccharomyces cerevisiae*
에너지원	KNO_2	glucose		
탄 소 원	$KHCO_3$			
질 소 원	KNO_3	NH_4Cl	NH_4Cl	NH_4, H_2PO_4 asparagine
무기염류	K_2HPO_4 $MgSO_4$ $FeSO_4$	K_2HPO_4 $MgSO_4$ $FeSO_4$	K_2HPO_4 $MgSO_4$ $FeSO_4$	K_2HPO_4 $MgSO_4$ $FeSO_4$
생육인자		glutamic acid, cysteine	biotin	biotin pantothenic acid, inositol, B_1, B_6, nicotinic acid

(1) 탄소원(carbon source)

독립영양균을 제외한 일반미생물은 유기탄소화합물을 세포구성의 탄소원 및 에너지원으로 이용한다. 일반적으로 glucose, fructose, mannose, galactose와 같은 6탄당 혹은 sucrose, maltose, starch 등을 탄소원으로 이용하나, xylose, arabinose와 같은 5탄당이나 lactose, raffinose를 이용하는 균들도 있다. 그리고 ethyl alcohol, acetic acid, cellulose, pectin 등을 유일한 탄소원으로 하여 생육하거나 methane, ethane, propane 혹은 석유, 합성세제와 같은 탄화수소를 자화하는 미생물도 있다. 표 3-4, 표 3-5와 같이 미생물의 종류에 따라 이용하는 당의 종류와 이용률이 다르다.

표 3-4　탄화수소를 이용하는 균

	이용하는 탄화수소	균 종
세 균 및 방 선 균	kerosene, hexane, heptane, naphthalene pentane, gum, methylcyclohexane methane decane 및 고급탄화수소 paraffin kerosene, paraffin, asphalt benzene, toluene, xylene kerosene methane 이외의 가스상의 탄화수소 acetylene, paraffin, gum paraffin	*Ps. aeruginosa* *Ps. fluorescens* *Ps. methanica* *Disulfovibrio desulfuricans* *Mc. paraffinae* *Achromobacter agile* *Bac. toluolicum* *Corynebacterium hydrocarblclastus* *Mycobacterium parafinicum* *Mycobacterium lacticola* *Nocardia opaca, N. salmonicolor*
효 모	kerosene	*C. utilis, C. tropicalis, C. lipolytica, C. rugosa, C. krusei, Mycotorula japonica, Hansenula anomala*
곰 팡 이	*n*-decane, *n*-dodecane paraffin, ethylene *n*-tricosane, *n*-heptacosane, *n*-triacotane paraffin	*Fusarium moniliforme* *Asp. flavus* *Asp. versicolor* *Penicillium* sp.

어떤 미생물이 탄소원을 이용하려면 ① 그 탄소원이 세포막을 투과해야 한다. 단당류는 쉽게 투과되어 이용되나 2당류, 다당류(disaccharide, oligosaccharide)인 경우는 그것

을 단당류까지 분해하는 효소가 있어야 한다. 예를 들면, 곰팡이 목, 호상균류의 균은 glucose는 이용하지만 sucrose를 이용할 수는 없다. ② 세포 내로 들이온 화합물을 필수 대사중간물로 변화시키는 효소가 있어야 한다. ③ 유도효소가 필요할 때는 미리 미생물을 유도화합물로 유도시켜야 한다. 예를 들면, 호상균은 glucose를 인산화(phosphorylation)하는 효소는 구성효소로서 갖고 있으나, fructose, mannose의 인산화는 유도효소(inducible enzyme)에 의해 일어난다. 그러므로 미리 이들 당으로 적응, 유도를 해야만 이용이 가능하게 된다.

Hexose 중 glucose, fructose, mannose 및 galactose는 양조효모에 의하여 알코올발효가 되므로 발효성 당이라 한다. 이 중 galactose는 앞의 세 가지에 비해 발효가 잘되지 않는다. 효모의 종류에 따라 이들 당을 동화(assimilation)하거나 발효하는 데 차이가 있다. 예를 들면, *Candida lipolytica*는 glucose와 galactose를 발효하지 않으나 glucose를 동화한다. *Saccharomyces cerevisiae*는 이 두 당을 발효와 동화한다. 세균, 방선균, 및 곰팡이는 이들 hexose를 이용하여 유기산을 생성한다(표 3-6).

표 3-5 미생물의 종류와 탄소원 이용성의 차이(Cochrane)

영양원 \ 균주명	*Allomyces javanicus*	*Ustilago rioldcea*	*Fusarium oxysporum*	*Streptomyces coelicolor*
glucose	100	100	100	100
fructose	0	99	104	79
mannose	0		109	100
galactose	0	63	78	84
xylose	0	3	135	143
L-arabinose	0	5	68	65
ramnose		7	39	(+)
maltose	107	95	138	62
saccharose	0	88	113	34
lactose	0	11	19	
acetic acid	37			33
탄소원 없을 때	0	5		17

※glucose를 탄소원으로 하였을 때의 생육량을 100으로 하였다.

표 3-6 효모의 생리적 성질

균종 \ 당류	발효 Glucose	발효 Galactose	발효 Maltose	발효 Fructose	발효 Sucrose	발효 Raffinose	발효 Inulin	동화 Glucose	동화 Galactose	동화 Maltose	동화 Lactose	동화 Sucrose	침전성	효모환	피막	질산염동화	알코올자화	Arbulin 분해
Schizosaccharomyces																		
octosporus	+	−	+	−	−	−		+	−	+	−	−	+			−	−	−
pombe	+	−	+	−	+	1/3		+	−	+	−	+	+	+		−	−	−
Endomycopsis																		
fibuliger	+	−	+	−	+	1/3		+	−	+	−	+				−	+	±
capsularis	+	−	+	−	−			+	−	+	−	−				−	+	+
Saccharomyces																		
cerevisiae	+	+	+	−	+	1/3		+	+	+	−	+	+	±	±	−	±	+
pastorianus	+	−	+	−	+	2/3		+	−	+	−	+	+	±		−	−	−
rouxii	+	−	+	−	−			+	+	+	−	+	+	±		−	±	−
exiguus	+	+	−	−	+	1/3		+	+	−	−	+	+			−	±	−
marxianus	+	±	−	−	+	1/3	+	+	+	−	±	+	+	+		−	±	±
logos	+	+	+	−	+	3/3		+	+	+	−	+	+	+		−	−	−
bayanus	+	−	+	−	+	1/3		+	−	+	−	+	+	+		−	−	−
delbrueckii	+	±	−	−	−			+	+	−	−	+	+	±		−	−	−
carlsbergensis	+	±	+	−	+	3/3		+	+	+	−	+	±	+		−	−	−
fragilis	+	+	−	+	+	1/3	+	+	+	−	+	+	+	±		−	±	±
lactis	+	+	−	+	+	1/3		+	+	+	+	+	+	+	+	−	+	+
rosei	+	−	−	−	+	1/3	±	+	−	−	−	+	+	+		−	±	−
chevalieri	+	±	−	+	+	1/3		+	+	−	−	+	+	+		−	±	−
fermentati	+	−	+	−	+	1/3		+	−	+	−	+	+	+		−	±	−
Nematospora																		
coryli	+	−	±	−	±	±		+		+	−	−	+			−	−	−
Lipomyces																		
lipoferus	−	−	−	−	−	−		+	+	+	+	+				−	−	+
Candida																		
albicans	+	+	+	−	−			+	+	+	−	+	+			−	−	−
mycoderma	±	−	−	−	−	−		+	−	−	−	−			+	−	+	−
tropicalis	+	+	+	−	+	±		+	+	+	−	+	+	+		−	−	−
hymicola	−	−	−	−	−	−		+	+	+	+	+	+	−	+	−	+	+
uyilis	+	−	−	−	+	1/3		+	−	−	−	+	+	+		+	+	+
lipolytica	−	−	−	−	−			−	−	−	−	−	+				+	−
intermedia	+	+	+	−	+	1/3		+	+	+	+	+	+	+	+	−	+	+

+ : 이용한다.　 − : 이용하지 않는다.

5탄당(pentose) 중 xylose와 arabinose는 세균 및 곰팡이에 의해 동화된다. 어떤 젖산균은 pentose를 발효하여 lactic acid를 만들기도 한다. Pentose는 일반적으로 효모에서는 발효와 동화를 하지 못한다. 그러나 *Mycotorula japonica* 또는 *Candida utilis* 등은 pentose를 잘 동화한다.

이당류(disaccharide) 중 saccharose와 maltose는 효모, 세균, 곰팡이가 잘 이용한다. 그러나 방선균은 전자를 이용하는 것과 하지 않는 것이 있다. Lactose는 세균, 곰팡이가 이용하나 효모에 의해서는 일반적으로 발효가 잘되지 않는다. 그러나 *Saccharomyces fragilis* 등은 lactose를 발효한다. *Mycotorula japonica*는 lactose를 발효는 하지 않으나 동화한다.

3탄당의 raffinose는 하면발효맥주효모 *S. carlsbergensis* 에 의해 완전히 발효가 되나, 상면발효맥주효모 *S. cerevisiae*에서는 1/3만 발효된다. 이것은 전자는 melibiose를 분해하는 melibiase와 saccharose를 분해하는 invertase를 같이 생산하나 후자는 invertase만을 생산하기 때문이다.

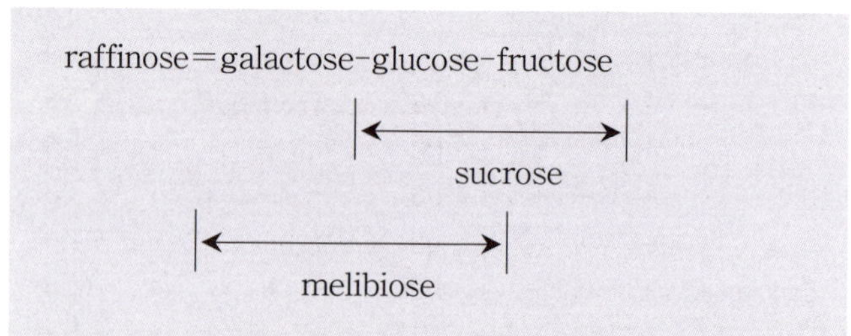

다당류(polysaccharide) 중 전분은 방선균, 곰팡이 및 butanol 생산균 등의 일부 세균에 의하여 이용되나, 효모는 일반적으로 전분을 유일한 탄소원으로 하여 생육하지 못한다. 단 예외로 *Endomycopsis* 속의 효모는 전분에 생육하며 전분을 glucose 단위로 분해하는 효소를 분비한다. Cellulose와 pectin은 세균과 곰팡이가 이용한다. 어떤 효모는 해조 중에 함유된 fucoidin, fucose, laminarin, sodium alginate를 이용한다.

Ethyl alcohol, glycerol, mannitol, sorbitol 등의 알코올류와 citric acid, malic acid, fumaric acid, succini acid 등의 유기산과 탄화수소(hydrocarbon)도 일부 미생물에 의하여 이용된다.

미생물이 생육하는 데 적당한 탄소원의 농도는 세균은 0.5~2.0%, 효모와 곰팡이는 1.0~10.0%이며 이보다 높은 당농도에서는 미생물의 생육이 저해된다. 그러나 예외적으로 *Aspergillus glaucus* group 속에는 saccharose 50% 정도의 높은 당농도배지에서 잘 생육하는 것도 있다. 이러한 균주를 호삼투압성균(osmophilic strain)이라 한다. 간장젖산균 *Pediococcus sojae*와 간장효모 *Zygosaccharomyces major*, *Zygosaccharomyces sojae*는 높은 소금농도의 간장덧(mash)에 생육한다. 이 균들도 호삼투압성 미생물이며 호염성균(halophilic strains)이라 부른다.

(2) 질소원(nitrogen source)

미생물은 세포단백질과 유전자의 핵산 등의 합성을 위하여 질소원을 이용한다. 질소원으로는 여러 종류의 것이 이용된다.

원소상태의 질소는 공중질소고정균에 의하여 이용된다. 이들 균에는 콩과식물에 기생하는 *Rhizobium*속(근류균)과 토양 중에 유리상태로 있는 *Azotobacter*속 세균이 있다. 남조(bluegreen algae) 중에도 공중질소를 고정하는 종이 있으나 곰팡이류와 효모는 공중질소를 고정할 수 없다.

무기물형태의 질소원으로는 암모늄염(유안, 인산암모늄 등)이 효모, 방선균, 곰팡이 및 세균(대장균, *Bacillus* 등)에 의하여 이용된다. 질산염은 곰팡이에서는 잘 이용되나, 효모 중에는 이것을 동화하는 것과 하지 못하는 것이 있으므로 효모의 분류에 이용되고 있다. *Asp. usami* 등은 아질산염에서도 잘 생육한다.

유기물형태의 질소원에는 urea, 아미노산과 amide 등이 있으며 효모, 곰팡이, 세균, 방선균들이 이용한다. 효모는 후자 중 aspartic acid, asparagine, glutamic acid, glutamine을 다른 아미노산보다 잘 이용한다. 젖산균에는 한 가지만의 아미노산이 결핍되더라도 생육하지 못하는 것이 있다. 단백질은 효모가 이용할 수 없으나 peptone, 효모 extract, malt extract 등은 모든 미생물이 잘 이용한다.

어떤 균이 어떤 질소를 이용하여 생육하느냐는 균종에 따라 매우 다르다. 표 3-7에는 *Euglena* 속의 각 균종에 대한 질소원의 이용성을 나타냈다. 일반미생물의 질소화합물의 동화과정은 NH_4^+, $NO_3^- \rightarrow$ 아미노산 $\rightarrow$ 단백질, NH_4^+, $NO_3^- \rightarrow$ nucleotides $\rightarrow$ RNA, DNA이다. *Euglena*의 경우는 *E. stellata*로부터 *E. pisaformis*까지의 진화의

과정과 함께 단계적으로 복잡한 질소화합물을 요구하는 균종이다.

일반적으로 사용되는 질소원의 농도는 0.1〜0.5%이다.

표 3-7 *Euglena*의 종과 질소원의 이용

	NH₄	NO₃	아미노산	peptone
E. stellata	+	+	+	+
E. anaboena	−	+	+	+
E. deses	−	−	+	+
E. pisafrmis	−	−	−	+

+ : 이용한다.   − : 이용하지 않는다.

(3) 무기염류(mineral salts)

미생물의 생육에는 소량의 무기염이 필요로 된다. 그중 P, K, Mg, S는 다른 원소보다 많은 양이 필요하며, KH_2PO_4, K_2HPO_4 및 $MgSO_4 \cdot 7H_2O$로서 배지에 넣어 준다. P는 phosphate형으로 해당계(glycolysis), 즉 호흡이나 발효 시에 인산에스테르로서 에너지 대사에 ATP, ADP와 NAD와 같이 조효소의 성분으로서 중요한 역할을 한다. S는 효소 활성에 작용하고, 또 함황아미노산(methionine, cysteine) 비타민(biotin, thiamine 등)의 합성에 필요하며, Mg는 몇 가지 효소계(hexokinase, enolase 등)에 필요하다. 그 외에 Fe, Co, Cu, Mn, Cl을 미량으로 필요로 하는 경우가 많다. Fe는 호흡계의 cytochrome, catalase, peroxidase에 들어 있고 미생물의 에너지대사에 필요하다. 그리고 이들 미량의 금속이온이 존재하면, *Asp. niger*를 이용한 citric acid의 생산수율이 향상된다.

(4) 생육인자

탄소원, 질소원, 무기염류 등의 영양분으로부터 합성되지 않는 미량의 생육 필수유기 화합물을 생육인자(growth factor)라 하며, 미생물을 생육시키려면 배지에 생육인자를 가해야 하는 경우가 있다. 필요한 생육인자의 종류는 표 3-8, 3-9, 3-10에서와 같이 미생물에 따라 다르며, 생육인자에는 아미노산, purine염기, pyrimidine염기, 비타민류가 있다. 효모의 생육인자를 bios라 한다. Winders(1901)에 의하여 탄소원, 무기질소원, 무

기염으로 된 합성배지에서는 생육이 느리나, 이 배지에 효모추출액을 가하면 생육이 촉
진된다는 것을 알게 되었으며 이 미지의 생육인자를 bios라 하였다. 이것은 20년간 흥
미를 끌지 못하였으나, 그 후 많은 연구자에 의하여 중요성을 알게 되었다. Bios는 효모
이외의 다른 미생물에도 필수성분으로 작용한다. 효모의 생육에 필요한 bios 중에는 적
어도 thiamine(비타민 B_1), biotin, inositol, nicotinic acid, nicotinamide, pantotheni acid,
pyridoxine 등이 있으며 p-aminobenzoic acid도 *Saccharomyces cerevisiae* 가 필요로
하는 생육인자의 하나이다.

표 3-8 미생물이 요구하는 비타민류

비타민류	구 조	요구하는 균주
비타민 B_1 Thiamine	(thiamine 구조식)	*Staphylococcus aureus,* *Lactobacillus fermentii*
비타민 B_2 Riboflavin	(riboflavin 구조식)	*Lactobacillus casei,* *Streptococcus lactis*
비타민 B_6 Pyridoxine 또는 Pyridoxal	(pyridoxine, pyridoxal 구조식)	*Lactobacillus casei,* *Streptococcus lactis*
Nicotinic acid	(nicotinic acid 구조식)	*Lactobacillus arabinosus,* *Proteus vulgaris*
Pantothenic acid	$HO-CH_2-C(CH_3)_2-CHOH-CO-NH-CH_2-CH_2-COOH$	*Saccharomyces cerevisiae,* *Proteus morganii*

비타민류	구 조	요구하는 균주
Biotin	(구조식)	*Saccharomyces carlsbergensis,* *Leuconostoc mesenteroides,* *Bacillus natto*
엽 산 Folic acid	(구조식)	*Lactobacillus casei*
p–aminobenzoic acid	(구조식)	*Acetobacillus leichmanii,* *Lactobacillus lactis*
비타민 B_{12}	Cyanocobalamin	*Lactobacillus leichmanii,* *Lactobacillus lactis*

표 3-9 효모의 비타민 요구성

	biotin	inositol	nicotinic acid	pantothenic acid	pyrid-oxine	thiamine
C. guilliermondii	+					
C. pseudotropicalis	+		+	+		
Sacch. carlsbergensis	+	+	+	+	+	+
Sacch. cerevisiae var. *ellipsoideus*	+	+		+		+
Sacch. exiguus	+		+	+		
Sacch. pastorianus	+					
Sacch. validus		+				+
Melschnikowia pulcherrima	+					

표 3-10 세균의 생육인자 요구성

	biotin	folic acid	nico- tinic acid	panto- thenic acid	pyri- doxine	PABA	ribo- flavin	thia- mine	purine	pyri- midine	기타
Cl. accetobutylicum	+					+	S				
Cl. butylicum	+		S	S	S	+	S	S			
Cl. felsineum	+					+					
Rhizobium trifolii	+			+			+	+			buty-rolac-tone
Ac. suboxydans	S		+	+		+	S			+	
L. arabinosus	+	+	+	+	+	+	+		+	+	
L. plantarum							+				orotic acid
L. casei	+	+	+	+	+	+	+	+	+	+	지방산
L. delbrueckii		+		+	+		+			+	
Leuc. mesenteroides	+		+	+	+		+	+	+	+	
Propionibacterium shermanii				+							
St. faecalis	+	+	+	+	+		+	+		+	
St. lactis ATCC 8043	+	+	+	+	+		+		+	+	

(+ : 요구, S : 합성가능)

미생물의 종류에 따라 bios 중에 있는 특정한 성분을 요구한다. Bios는 매우 적은 농도가 되게 배지에 첨가하더라도 효과가 있고, 그 양은 일반적으로 $1 \times 10^{-5} \sim 1 \times 10^{-9}\%$이다. 이러한 생육인자들의 역할을 살펴보면 biotin은 질소대사에 관여하고, nicotinic acid는 조효소(coenzyme I, NAD 또는 DPN) 및 coenzyme II(NADP 또는 TPN), thiamine은 cocarboxylase, pantothenic acid는 coenzyme A의 구성물질로서 작용한다.

2. 미생물의 생육환경

식품의 가공, 제조에 미생물을 이용하는 경우 이들 미생물의 생육, 활동은 식품이 가지고 있는 환경조건에 의하여 좌우된다. 이 요인을 편의상 화학적, 물리적, 생리학적 요인으로 나누어 생각한다.

2-1. 화학적 환경

(1) 수 분

고체상태의 기질(substrate)이거나 액체상태의 기질이거나 간에 미생물은 수용액 중에서만 생육을 할 수 있다. 즉 미생물은 수분이 전혀 없는 경우나 그와 반대로 순수한 물 중에서는 생육하지 못하고 적당한 수분이 존재할 경우(수용액)에 생육한다. 예를 들면, 우물물과 같이 용질이 미량 함유된 용액에서 생육하는 경우도 있고, 수분함량이 적은 고체식품 등과 같이 진한 수용액 중에서 생육하는 것도 있다.

미생물의 활동과 식품 속의 수분함량과의 관계를 연구할 때 미생물의 활동에 실제로 영향을 주는 식품의 수분함량은 전체의 수분함량(moisture content)이 아니며, 미생물들이 실제로 이용할 수 있는 수분량(available moisture content)이 문제가 된다.

수용액은 여러 면에서 순수한 물과 성질이 다르므로 물분자 간의 평균분자내력이 증가한다. 그 결과로 빙점강하와 비점상승이 일어나고 증기압도 낮아진다. 희석용액의 증기압강하율은 용질의 mole분율과 같으므로(용매, 용질의 종류에는 관계없다) 다음 식이 성립한다.

$$\frac{P_w - P}{P_w} = \frac{N_s}{N_s + N_w} \tag{1}$$

$$\frac{P}{P_w} = \frac{N_w}{N_s + N_w} \tag{2}$$

P_w : 용액의 증기압, P : 용매, 물의 증기압, N_s : 용질의 mole수, N_w : 용매(물)의 mole수, RH : 상대습도(relative humidity).

1kg의 물에 녹은 이상 용질의 1mole은 증기압을 1.77 % 강하시킨다. 즉, 식(1)에서 용질의 N_s가 1mole이라면 N_w는 1000/18.016=55.51mole/kg이고 증기압의 강하도는 $(P_w - P)/P_w$=0.0177을 얻을 수 있다. 동시에 식(2)에서 N_w, N_s의 값을 대입하면 P/P_w=0.982가 된다. 그러므로 그 용액의 증기압은 같은 온도의 순수한 물의 증기압의 98.23 %이다. 이러한 용액에서는 그 기상의 상대습도(RH)가 98.23 %로 되면 수증기압이 평형에 달한다. 이것을 이 식품의 평형수분이라 한다 이 점에서 수분이 증발 속도의

응축속도가 평형에 달한다. 이때 수분활성치(water activity, A_w)는 0.9823이다.

즉 A_w는

$$A_w = \frac{P}{P_w} \text{ 이고 } A_w = \frac{RH}{100}$$

이 된다. 그러므로

$$A_w = \frac{N_w}{N_s + N_w}$$

가 된다.

식품 속에 있는 물에는 결합수(bound water)와 자유수(free water)가 있다. 결합수는 식품 속의 단백질 및 탄수화물과 수소결합한 물이고, 자유수는 유리상태에 있는 물로, 열역학적 운동이 자유로운 물이다. 이들 중 미생물이 이용할 수 있는 것은 자유수만이다. 이 자유수 중에는 각종 용질(식품원료의 수용성물질인 설탕, 식염 등)이 녹아 용액으로 되어 있으나, 이 용액으로부터 미생물이 이용할 수 있는 물의 양을 표시하는 데는 식품의 수분%보다 A_w값를 이용하는 것이 적당하다.

그리고 식품을 보존하는 동안 식품을 보존한 환경조건에 따라 수분함량은 변한다. 즉 주위의 대기가 건조하고 습도가 낮으면 식품의 수분은 감소하나, 반대로 대기의 습도가 높으면 식품은 흡습하여 수분함량이 많아진다. 포장하거나 용기에 넣었다 하더라도 평형수분량은 온도에 따라 변한다. 이러한 경우도 식품의 수분을%로 나타내는 것보다 A_w값을 이용하는 것이 보다 적절하다.

한편 미생물은 생육에 일정한 A_w를 요구하며, 최저(min.) A_w값 이하의 환경에서는 생육하지 못한다. 수분이 많을수록 식품을 저장하는 동안 미생물에 의한 변패가 일어나기 쉽다. 한편 식품의 A_w값이 부패의 원인이 되는 최저 A_w이상일 경우에만 변패가 일어나므로, 변패를 방지하려면 식품의 A_w를 저하시키는 것이 수분의 관점에서 생각한 저장의 원리이다.

A_w값을 낮게 하는 방법에는 다음과 같은 것이 있다.

① 용질을 가한다(식염, 설탕 등 당장법, 염장법).

② 용매, 물을 제거한다(건조법).

③ 물을 결정화한다(냉동온도를 조절함으로써 A_w를 바꿀 수 있다. 동결법).

1) 식품미생물의 종류와 A_w

식품보존상 중요한 뜻을 가진 세균과 효모, 곰팡이의 생육 최저 A_w값(생육할 수 있는 최저한계의 수분활성치)을 표 3-11에 나타내었다.

표 3-11 식품미생물의 생육 최저 A_w

세 균		효 모		곰팡이*, 불완전균	
Pseudomonas	0.97	Candida utilis (Torulopsis utilis)	0.94	Mucor	0.92 ~0.93
Alcaligenes	0.96	맥주효모	0.94	Rhizopus	0.92 ~0.94
E. coli	0.935 ~0.96	Schizosaccharomyces	0.93	Penicillium	0.80 ~0.83
Bac. subtilis	0.95	빵효모	0.905	Asp. niger	0.88 ~0.89
Bac. mycoides	0.99	일부의 Candida	0.90	Asp. Flavus	0.80
Cl. botulinum	0.95	Sacch. cerevisiae	0.895	Asp. candidus	0.75
Klebsiella pneumoniae(Aerobacter aerogenes)	0.945	Rhodotorula	0.89	Bortrytis	0.93
Sal. nuwport	0.945	Endomyces	0.885	Oospora lactis	0.895
St. faecalis	0.94	Hansenulaanomala (Willia anomala)	0.88	Asp. chevalieri Asp. repens Asp. ruber Asp. amstelodami Xeromyes bisporus	0.65**
Sarcina	0.915 ~0.930				
Mc. roseus	0.905				
Staphy. aureus	0.86	Sacch. rouxii (내삼투압성효모)	0.60 ~0.61		
호염균	0.75				
일반식품 변패세균	0.94 ~0.99	일반효모	0.88 ~0.94	일반곰팡이	0.80

* 곰팡이의 최저 A_w는 포자의 발아한계값
** 건성곰팡이(xerophilic molds)라 한다.

과거에는 미생물의 생육과 수분의 관계를 논할 때는 식품 속의 수분함량 40 %가 증식 미생물의 종류를 나누는 한계이었다. 40 % 이상에서는 세균이나 당질이 있으면 효모도 증식하나 40 % 이하에서 생육하는 것은 곰팡이에 한하고, 이 중에서 비교적 수분함량이 높은 곳에서는 *Penicillium*, 수분함량이 낮은 곳에서는 *Aspergillus*(15 % 수분함량까지)가 생육할 수 있다고 하였다. 이와 같이 식품의 수분함량에 따라 증식하는 미생물의 종류가 다르다는 것은 각각의 A_w값이 서로 다른 점으로부터 적절히 관련지을 수 있다. 각 미생물의 A_w에 대하여 설명하기 전에 먼저 미생물의 A_w에 관한 일반적인 점을 설명한다.

① 최적 A_w 수준 이하로 되면 생육의 유도기(lag phase)가 길어지고 생육속도가 저하되며 균체량도 감소한다.

② 미생물이 생육가능한 A_w범위는 0.999~0.62이며, 이 범위 내에서 다시 미생물의 종류에 따른 일정한 생육가능 A_w범위가 있다. 또 미생물의 A_w치의 요구범위는 매우 안정되며, 적응 등으로 변화하지 않는다.

③ 최적영양요구가 충족된 경우는 영양공급을 더 좋게 하더라도 최저 A_w의 값은 변동하지 않는다. 그러나 곰팡이(*Aspergillus repens*), *Salmonella* 등에서는 최저 A_w가 약간 낮아지는 경우도 있으므로 식품의 영양조건의 변화는 특히 낮은 A_w에서 곰팡이가 침해할 때 약간의 영향을 미치므로 중요시해야 한다.

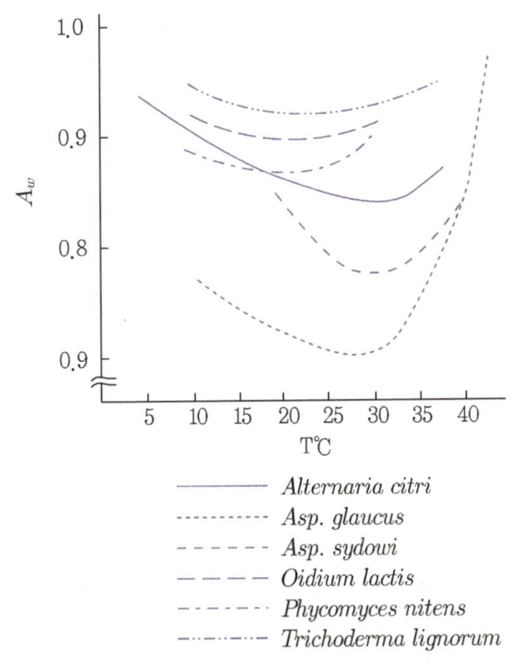

[그림 3-1] 곰팡이포자 발아의 최저 A_w와 온도의 관계

④ A_w에 영향을 미치는 인자로서는 온도가 중요하다. 낮은 A_w에 대한 내성은 미생물의 생육최적온도에서 나타나고, 저온 및 고온에서는 발아와 생육할 수 있는 A_w 범위가 좁아진다. 곰팡이포자발아의 최저 A_w와 온도의 관계를 그림 3-1에 나타내었다. 최적온도에서 대부분 곰팡이의 최저 A_w는 낮고 10℃의 변동에서 보통 최저 A_w는 0.01~0.05 정도 변동한다. 특히 생육한계에 가까운 온도에서는 A_w의 영향이 크다.

⑤ 산소의 유무도 A_w값에 약간의 영향을 미치는 경우가 있다. *Staphylococcus aureus*의 최저 A_w는 혐기하에서는 0.90, 대기 중에서는 0.86이고, 또 곰팡이는 혐기도가 높으면 최적 A_w하에서도 잘 생육하지 못한다.

⑥ 생육에 적합한 pH 범위에서는 최저 A_w가 낮은 값을 나타낸다.

⑦ 생육저해물질(즉 이산화탄소 등)의 존재하에서는 생육되는 A_w 범위는 좁아지고, 비교적 낮은 A_w에서 생육이 저해된다.

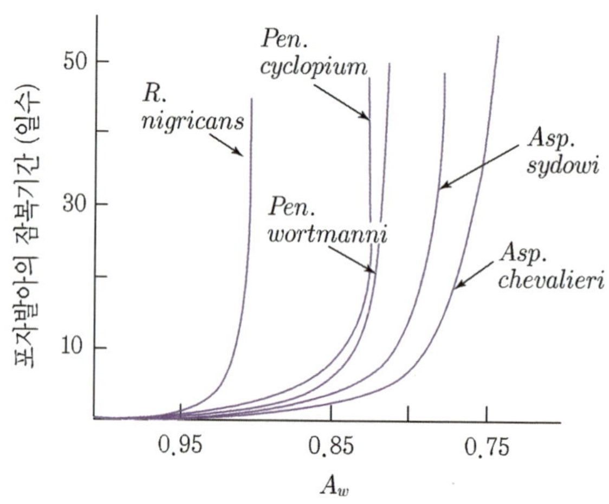

[그림 3-2] **A_w와 곰팡이 포자의 발아기간**

ⅰ) 곰팡이의 A_w – 곰팡이는 세균, 효모에 비해 보다 낮은 A_w 범위에서 생육되나, 표 3-11에 있는 것과 같이 0.64 이하의 A_w에서는 어떠한 곰팡이는 발아되지 않고, 0.65에서는 건성곰팡이(xerophilic molds)와 같이 특수한 것만 발아한다. 그러나 A_w 0.7에서는 식품과 관련 있는 곰팡이 중 발아할 수 있는 것은 거의 없고, A_w가 8.0 이상이 되면 *Trichothecium, Cladosporium, Penicillium*과 몇 가지의 *Aspergillus*가 발아하게 된

다. 곰팡이 중에서도 *Rhizopus, Mucor, Bortrytis* 등은 0.93 이상의 A_w가 아니면 발아하지 못한다. 식물병원이 되는 곰팡이는 0.99 이상의 것이 있으나, 어떤 병원곰팡이는 분생자를 만들고 낮은 A_w에서도 적은 발아관을 생성하는 것도 있다. 종에 따라 A_w의 차이가 큰 것은 *Aspergillus* 속으로, *Asp. glaucus* group, *Asp. chevalieri, Asp. repens, Asp. ehinulatus, Asp. ruber, Asp. amstelodami* 등 건성곰팡이에 속하는 것은 A_w 0.73~0.75로 1~4주 이내에, A_w 0.6~0.64 혹은 0.62에서도 1~2년 후에 일부는 발아하나 *Asp. niger* 등은 0.9에 가까운 A_w가 아니면 발아하지 않는다.

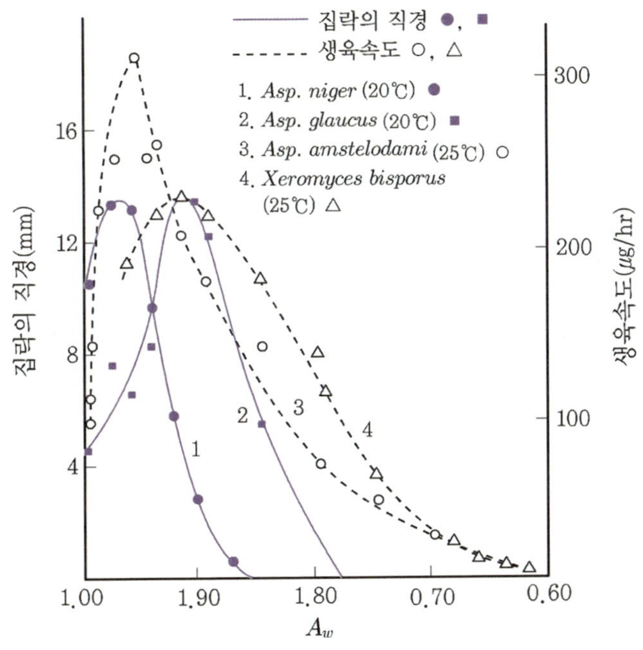

[그림 3-3] **A_w와 곰팡이의 생육속도**

포자발아의 A_w는 그림 3-1에서와 같이 최적온도에서 최저치를 나타내고, 온도가 최적온도를 벗어날수록 높아진다. 또 발아속도는 어떠한 온도에서도 A_w가 감소하면 완만하게 된다. 낮은 A_w에서는 잠복기간(유도기)이 연장되어 발아개시가 늦어지고 발아관의 신장속도가 늦어져서, 최적수분활성치(optimum A_w, opt. A_w)에서는 하루에 발아하는 것이 최저 A_w 부근에서는 수개월에서부터 1년 또는 그 이상을 필요로 한다.

그림 3-2에 곰팡이의 발아기간과 A_w의 관계를 나타냈다. 그 외에 영양물의 존재로 곰팡이포자의 발아(혹은 생육)의 최저 A_w 값은 약간 떨어지고, 젊은 포자가 오래된 포자보다 낮은 A_w에서 발아되는 것을 알 수 있다.

곰팡이의 생육(발아한 다음 균사의 신장)과 A_w의 관계는 포자의 발아의 그것과는 약간 다르고 일반적으로 보다 높은 A_w 범위를 필요로 한다.

포자발아의 최저 A_w가 0.73~0.75의 *Asp. glaucus*는 A_w 0.85 이상에서 생육하고, 생육속도가 최고인 opt. A_w는 0.93~0.97이다. *Rhizopus*는 A_w 0.94 이상에서 생육하고 opt. A_w는 0.98 이상이며 또 *Penicillium*의 opt. A_w는 0.99, *Asp. niger*의 opt. A_w도 약 0.98 부근이다.

이들의 opt. A_w에서 곰팡이는 보통 200~400μm/hr, 5~10mm/day 신장한다. 곰팡이의 생육속도와 A_w의 관계의 한 예를 그림 3-3에 나타냈다. 저장할 때 실용적인 것을 생각하면 opt. A_w 이하로 A_w를 내리면 곰팡이의 포자발아의 유도기가 길어지고 균사의 생육속도도 저하하나 유도기를 연장시키는 것이 실제로 이용면에서 효과가 크다.

ⅱ) 효모의 A_w - 효모는 세균보다도 건조조건에 견딜 수 있으나, 곰팡이에 비하면 많은 수분을 요구한다. 이것은 표 3-11에 표시한 것과 같이 내삼투압성효모(최저 A_w : 0.60~0.61)를 제외하고 몇 개의 종은 최저 A_w가 0.89~0.90, 그 외의 종은 최저 A_w가 0.93~0.94인 것으로 알 수 있다. 각 균의 최저 A_w는 일정하므로 배양조건을 바꾸더라도 변화하지 않는다. A_w를 저하시킴으로써 생육의 유도가 연장되며 대수증식기의 생육속도는 저하하고, 세포의 최고수도 감소한다. 또 A_w의 저하는 발효를 저해한다. 즉 당을 가하여 A_w를 0.985로부터 0.905까지 저하시킨 배지 중에서 빵효모의 발효는 직선적으로 저해된다. 같은 중량을 가한 경우 설탕은 단당보다 저해가 적으나, 같은 A_w에서는 여러 종류의 당의 상대적인 저해도는 같으며, 이로부터 발효저해가 A_w의 값에 의해 영향을 받는다는 것을 알 수 있다.

ⅲ) 세균의 A_w - 세균은 효모, 곰팡이에 비하면 수분요구도가 높고, 최저 A_w는 일부의 구균에 0.90 이하의 것이 있지만 대부분은 0.94 이상이다〔단 호염성균(halophilic bacteria)는 예외적으로 낮다〕. 또 opt. A_w는 거의 1.0에 가깝고, 0.995 이상의 값을 나타낸다. 그림 3-4에 세균의 생육속도와 A_w의 관계를 나타내었다. A_w가 낮아지면 유도기가 연장되고 세포분열의 속도가 저하된다. 예를 들면, *Staphylococcus aureus*의 생

육속도는 A_w가 0.99로부터 0.90으로 떨어지는 사이에 직선적으로 저하하고 0.90에서는 opt. A_w(0.995~0.990)의 생육속도의 1/10로 감소한다. 또 0.95 이하에서는 균체수량도 저하하고, A_w 0.86에서는 30℃에서 30일이 경과되어야 생육을 볼 수 있다. *Salmonella* 에 있어서도 opt. A_w(0.995~0.990) 이하에서는 위와 같이 직선적으로 생육속도가 감소한다(단 최저 A_w는 0.945). *Vibrio metschnikovi*(병원균)는 위의 두 균과는 다르다. 즉 A_w 0.999에서는 미약하게 생육하고 염류의 첨가로 A_w를 0.995로 하면 잘 생육한다. *Sc. faecalis*는 0.05mole의 소금을 첨가하여 A_w를 0.982로 하면 최대로 증식한다.

그 외에 세균배지에 0.5~1.0%의 염류(소금)를 가한다는 것은 잘 알려져 있으며 이는 세균생육의 opt. A_w를 만들기 위하여서이다. 생균수를 측정할 때도 낮은 A_w의 배지에서는 유도기가 연장되고, 세포 중에 사멸되는 것이 있어 집락(colony)의 형성도 늦어지므로 목적하는 균의 A_w에 따라 적당한 A_w의 배지를 이용할 필요가 있다. 세균의 염류내성과 A_w의 사이에는 밀접한 관계가 있으며, *Staphylococcus aureus*의 예를 들면 세포 내에 K^+ 함량이 많은 것은 A_w가 낮고, K^+는 진한 용액 속의 원형질분리를 보호하여 수분요구를 저하시킨다고 생각된다.

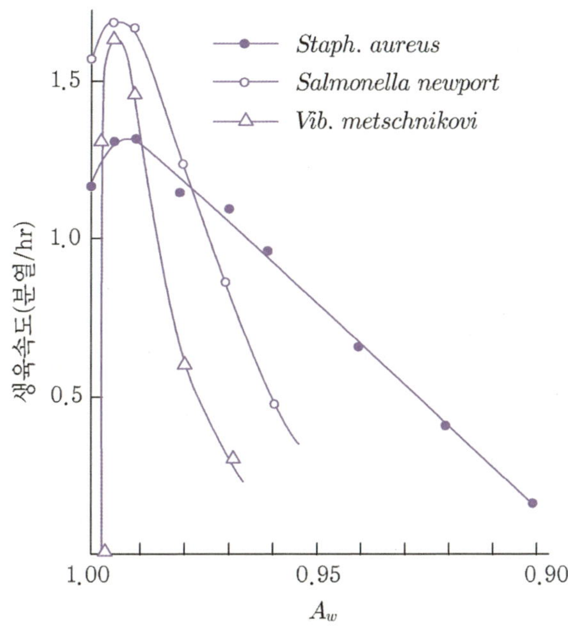

[그림 3-4] A_w와 세균의 생육속도(30℃)

ⅳ) **특수한 미생물군의** A_w - 특수한 미생물은 일반미생물이 생육할 수 없는 진한 기질 중에서도 견디면서 생육한다. 고농도의 소금농도하에서만 생육하는 것을 호염균(halophile), 고농도의 다른 용질(특히 당)에 내성이 있는 것을 내삼투압성균(osmophile)이라 부른다. 건성균(xerophile)은 낮은 A_w에서 생육하는 미생물에 이용되는 용어이다. 그러나 호염균, 내삼투압성균, 건성균을 구별하는 한계는 확실하지 않다. 다음은 A_w의 점을 생각하면서 미생물군의 특성에 대하여 설명한다.

건성곰팡이는 최저 A_w가 약 0.65이고 건조된 환경이 아니면 생육하지 않는다. *Xeromyces bisporus*, *Asp. glaucus* group의 대부분은 A_w 0.97 이상에서는 생육되지 않는다. 보통배지에서는 이들 곰팡이(*Eremascus albus*)는 생육하기 어렵고, 40 %의 sucrose를 함유한 배지에서 처음 분리할 수 있는 것도 낮은 A_w 요구성이기 때문이다. 또 *Asp. amstelodami*를 배양할 경우 몇 개의 염류로 A_w를 변화시켜 생육속도를 조사하면 어떤 염의 경우도 0.96에서 생육이 가장 좋다. 염장어를 다갈색으로 변색시키는 *Sporendonema sebi* Fr.은 전에는 호염성균으로 보았으나 소금은 $NaNO_3$, KCl 혹은 glucose로 대치할 수 있으므로 호삼투압성균으로 하는 것이 보다 적절하다. 그러나 어떠한 배지에서도 A_w 0.983 이상에서는 생육하지 않으므로 건성곰팡이라 하지 않는 것이 더 합리적이다.

ⅴ) **호삼투압성효모** - 당농도가 높은 농후시럽, 농축과즙 등에 생육하는 *Saccharomyces*(*Sacch. rouxii*, *Sacch. rosei*, *Sacch. mellis*, *Sacch. italicus*), *Hansenula*(*H. anomala*), *Debaryomyces*(*D. hansenii*), *Pichia*(*P. membranaefaciens*), *Zygopichia* 등은 내당성이나, 그들의 A_w에 대한 실험값은 아직 불충분하다. 그리고 이들의 효모에는 소금에 내성이 강한 것(*Sacch. rouxii*, *Debaryomyces* 등)이 많고, 이들을 내염성효모라 부르는 경우도 있다. 생육의 최저 A_w는 염류, 당 혹은 glycerol 용액에서도 유사하며 A_w의 중요성을 나타낸다. *Sacch. rouxii*는 pH 4.8의 과즙시럽 중에서 A_w 0.62~0.65에서도 30℃에서 2개월 내에 서서히 생육한다. 그러나 A_w 0.62에서는 처음의 2.3배의 세포수, 또 0.65에서는 13배에 지나지 않아 그 증식은 미약하다. 기타 내당성효모는 당량이 증가하면 생육의 최적온도가 25℃로부터 35℃로 변하는 등 생리적 성질이 변화한다.

ⅵ) **호염균** - 고농도의 소금에서 생육하는 특성이 소금을 특히 요구하는지, 그렇지 않으면 같은 A_w가 되도록 다른 용질로 바꿀 수 있는지에 따라 문제는 달라진다. *Mc.*

halodenitrificans 등은 소금이 최저 2.2%가 되지 않으면 생육하지 못하며 다른 염류로 대치할 수 없으나, *Vibrio consicolus* 등은 소금의 요구성은 특정된 것이 아니고 다른 염으로도 대치할 수 있으므로 염류의 주된 기능은 이 균에 적당한 A_w를 만들기 위한 것이라 생각된다. 그러나 염류에는 호흡을 증대시키는 효과도 있다. 이 점으로부터 염류는 A_w의 유지뿐만 아니라 균의 어떤 생리기능에도 관계한다고 생각된다. 호염균의 특성을 A_w만으로 설명할 수 없다.

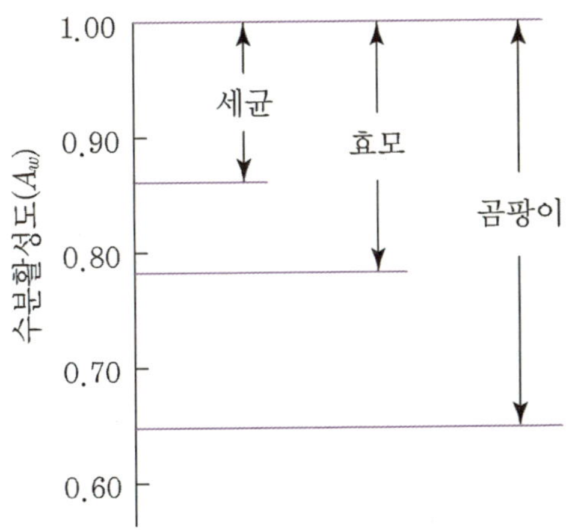

[그림 3-5] **미생물의 성장에 대한 수분활성도의 영향**
(Kaplow, M., 1970, Food Technol. 24, 890)

위에서 설명한 것을 요약하면 다음과 같다. 수분이 비교적 적어도 잘 성장할 수 있는 곰팡이(mold)에 있어서는 성장이 가능한 수분활성치는 0.7 이상 0.95 정도로 생각된다. 한편 일부 내건성곰팡이(xerophillic mold)에서는 0.64 전후의 수분활성치에서도 성장이 가능하다. 그러나 수분활성치가 0.60보다 적은 경우는 곰팡이의 성장은 가능하지 않다.

효모들이 생육할 수 있는 수분활성치는 일반적으로 곰팡이들보다는 높으며, 한편 세균들보다는 낮다. 대부분의 효모의 경우, 성장이 가능한 수분활성치의 범위는 0.88 내지 0.90이다. 그러나 일부 호염성 효모(halophilic yeasts), 또는 내삼투압성효모(osmophilic yeast)의 경우는 매우 낮은 수분활성치(0.80 이하)에서도 성장을 계속할 수 있다.

예로서, 일부의 *Zygosaccharomyces* 또는 *Saccharomyces*에 속하는 내염성 또는 내

삼투압성효모들은 0.62의 수분활성치에서 성장을 계속하였다는 보고도 있다.

대부분의 세균은 습기가 많은 상태를 좋아하는 생체로서 수분활성치가 0.95 이상이어야만 정상적인 성장을 계속할 수 있으며, 최저수분활성치도 대체로 0.94 정도이다. 그러나 극소수의 내염성세균들의 경우 그 수분활성치는 0.90 정도이며 경우에 따라서는 0.88 또는 0.86의 수분활성치에서도 성장이 계속되었다는 보고가 있다. 한편 일부세균의 최저수분활성치는 0.75이다(그림 3-5).

2) 식품의 A_w

이상의 미생물의 A_w로부터 쉽게 측정할 수 있는 것과 같이 식품의 A_w가 0.7 이하에 있으면 세균, 효모는 물론 낮은 A_w에서 자라는 곰팡이도 생육을 하지 못하므로 미생물의 변패없이 식품을 보존할 수 있다. 식품의 A_w와 이 값이 0.70 이하인 식품의 수분량을 표 3-12, 3-13, 3-14에 나타냈다. 그리고 식품의 A_w, 수분함량, 미생물증식의 상호관계를 표 3-14에 표시하였다.

① 신선식품 - 육, 생선, 과일, 야채의 A_w는 0.99인 것이 많고, 대부분 0.98 이상이므로 여러 미생물이 작용한다. 미생물에 의한 변패는 생선의 표면부터 일어나나 증발로 표면의 수분이 없어지면 내부로부터 수분이 이동하여 높은 A_w가 된다.

② 건조식품 - 건조한 정도가 낮은 A_w 0.80~0.85에서는 1~2주간 내에 여러 종류의 곰팡이에 의해 변패가 빨리 일어난다. A_w가 0.75로 되면 변패가 늦어지며, 관련미생물의 종류도 한정된다. 물론 식품성분의 구성, 오염균의 종류, 온도에 따라서 다르나, 0.70이 되면 변패는 오랜 기간 일어나지 않는다. 0.65에서는 매우 소수의 미생물만이 생육하고 변패는 1년~1년 반이 되어야 일어난다.

그러므로 3개월간 저장하려면 A_w를 0.72 이하로, 또 2~3년간 저장하기 위하여서는 0.65 이하가 요구된다. 냉온의 기후에서 수개월간 저장하는 데는 0.75의 A_w에서도 견딜 수 있으나, 식품을 고온에서 오랜 시간 저장하려면 A_w 0.70에서는 불완전하므로 위에서와 같이 낮은 A_w(0.65)가 필요하다.

수분 13~14%의 저장한 쌀은 A_w가 0.60~0.64가 되므로 어떠한 곰팡이도 자라지 못한다. 수분 14~15%는 A_w 0.64~0.70에 상당하고, *Asp. glaucus* 등 일부의 곰팡이가 발육하기 시작한다. 수분이 15~16%가 되면 A_w는 0.70~0.73으로 되고, *Asp.*

candidus, Asp. nidulans 혹은 *Pen. citreoviride*도 생육하게 된다. 흰쌀인 경우 수분 함량이 15%인 경우에는 수개월간 저장할 수 있으나, 16%에서는 2~3주 안에 변패된다. 이들 흰쌀의 A_w는 각각 0.71, 0.78을 나타내고, 수분의 차는 적으나 이들의 A_w는 곰팡이가 생육할 수 있는 한계치 부근이기 때문이다.

표 3-12 식품의 A_w	
식 품	A_w 값
생선, 과일	0.99~0.98
소시지	0.90
버찌잼	0.79
오렌지마멀레이드	0.75
케이크	0.74
밀(전립)	0.72
초콜릿캔디	0.69
밀가루	0.61
건조곡류	0.61
비스켓	0.33
초콜릿	0.32

표 3-13 A_w가 0.70 이하가 되는 식품의 수분함량	
식 품	수분함량(%)
건조과일	18~25
건조채소	14~20
탈지건조육	15
건조달걀	10~11
전분유	15
탈지분유	8
녹 말	18
밀가루	13~15
저장미	13~14
두 류	15

또 표 3-12, 3-13에 나타낸 것과 같이 건조식품에 있어서 식품의 종류에 따라 같은 A_w(0.70 이하)가 되는 수분량이 다른 것은 식품에 따라 용질량이 다르기 때문이고, 식품의 변패가 잘 되는지를 추정하는 데는 수분량으로 표시하는 것보다도 A_w값을 이용하는 것이 타당하다.

예를 들면, *Staphy. aureus*의 생육의 최저 A_w는 0.86이나, 이 A_w를 나타내는 식품의 수분은 건조육에서는 23%, 건조분유에서는 16%, 건조수프에서는 63%로 차이가 많다. 수분량으로 이 균으로 변패가 쉬운지를 추정하기는 어렵다.

또한 탈수감자로 A는 수분이 15.9%, B는 12.6%와 같이 많은 차가 있으나, 둘 모두가 안전하게 저장되는 예는 당(용질)량이 A는 9.7%, B는 9.7%로, A_w에서는 같은 0.70을 나타내기 때문이다.

A_w	왼쪽난의 A_w 이상에서 증식이 저지되는 미생물	왼쪽난의 A_w 를 갖는 식품
0.95	그람 음성간균, 아포세균의 일부, 일부의 효모	40%의 설탕 또는 7%의 식염을 함유하는 식품 (예 : 대개의 육제품)
0.91	대부분의 구균, 젖산균, 일부의 곰팡이, Bacillaceae 과의 세균	55%의 설탕 또는 12%의 식염을 함유하는 식품 (예 : 건조햄, 중 정도의 숙성치즈)
0.87	대부분의 효모	65%(포화)의 설탕 또는 15%의 식염을 함유하는 식품(예 : 자가 숙성치즈)
0.80	대부분의 곰팡이, *Staphy. aureus*	수분 15~17%의 밀가루, 쌀, 두류, fruitcake
0.75	호염세균	26%(포화)의 식염을 함유하는 식품, 15~17%의 수분을 함유하는 아몬드과자, 잼, 마멀레이드
0.65	내건성곰팡이	약 10%의 수분을 함유하는 rolled oat
0.60	호삼투압성 효모	15~20%의 수분을 함유하는 건조과일, 약 8%의 수분을 함유하는 캔디, 캐러멜
0.50	미생물은 번식하지 못함	약 12%의 수분을 함유하는 면류, 약 10%의 수분을 함유하는 향신료
0.40		약 5%의 수분을 함유하는 건조 전란분(全卵粉)
0.30		약 3~5% 수분 함유의 비스킷, 건빵
0.20		2~3% 수분의 전란분, 약 5% 수분의 건조채소 및 cornflake(사막의 습도)

③ 가염식품, 건조식품 – 용질량을 증가시키면 A_w를 저하시키게 되므로, 이 원리는 가당시럽, 과즙농축물, 잼, 과자 등의 가당식품, 혹은 염장식품 등 식품의 보존수단으로서 널리 이용된다. 그러나 용질의 증가만으로 미생물 변패를 방지할 수 있을 때까지 A_w를 낮게 하는 것은 식품의 품질면으로 볼 때 무리이다. 그림 3-6에 소금, 설탕량과 A_w의 관계를 나타냈다. 소금의 포화용액의 A_w가 0.75이므로, 먹을 수 있는 범위의 용질첨가로는 현저한 A_w 저하는 바랄 수 없으며, 가공식품, 염장식품에 있어서도 변패원인균의 오염방지, 산성화, 냉각, 보존료의 사용 등 복합적인 방법을 활용함으로써 저장의 목적을 달성할 수 있다.

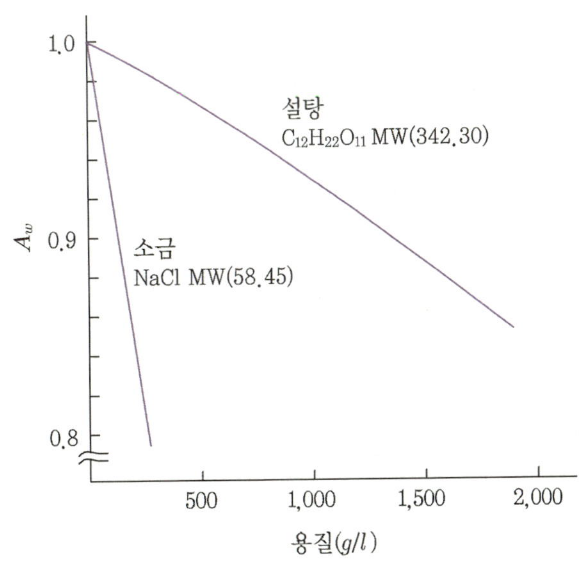

[그림 3-6] 소금, 설탕농도와 A_w(25℃)

④ 동결식품 – 냉동온도에 따라 일정한 양의 얼음과 얼지 않은 농축된 용액이 평형을 유지하므로 동결식품의 A_w는 온도를 바꾸면 변화한다. -8℃ 정도의 동결식품 중에서 저온에 견딜 수 있는 곰팡이는 A_w값으로 보아서 생육할 수 있고, 약 -5℃ 이하의 것에 세균이 발육하지 못하는 것도 부적당한 A_w에 의한 것으로 설명된다.

3) 미생물의 생육, 활동에 의한 수분의 변화

호흡작용이 왕성한 누룩곰팡이(*Aspergillus*) 등은 발열로 수분의 증발이 많아지고 식품 속의 수분은 감소하나, 동시에 미생물의 대사계에는 물의 생성을 수반하는 반응도 많다. 누룩곰팡이의 경우도 호흡작용으로 물이 생성되고 rope균(*Bacillus*)이 증식부위의 수분을 9%로부터 14%로 높일 수 있다는 보고도 있다. 수분의 확산속도가 생성속도보다 크면 식품의 A_w의 상승도 일어난다. *B. subtilis* 등은 전분을 가수분해하여 수분을 생성한다고 한다.

4) 탈수에 의한 미생물의 사멸

보통 건조에서는 결합수까지 제거할 수 없으므로 생존할 수 있으나, 세포의 결합수까지 빼앗기면 원형질의 교질상태는 불가역적으로 변화를 받아 사멸한다. 건조할 때 효소의 산화작용은 세포의 사멸을 촉진하며, 단백질, 토양 등과 같이 건조하면 저항성이 증대된다. 포자는 건조에 강하고, 미생물은 미생물이 있는 환경 중에 수분이 감소되면 포자를 형성하여 내구형이 된다고 생각된다.

(2) pH

미생물의 생육은 물론 대사작용, 화학적 활성도, pH에 따라 영향을 받는다. 식품의 pH(수소이온농도의 역수의 지수)와 완충작용(buffer action, pH 변동에 대한 저항력의 지표)은 생육하기 쉬운 미생물의 종류와 그 대사작용(식품성분의 변화)에 중요한 관계가 있다. 완충작용이 큰 식품에서는 적은 것보다 오랫동안 발효(혹은 알칼리성 물질의 생성)할 수 있으며, 그 외에 생산물과 균체도 보다 많이 얻을 수 있다. 반대로 완충력이 적을 경우는 미생물의 pH 내성에 따라 빨리 변한다. 예를 들면, 우유는 완충작용이 높으므로 *Streptococcus*의 경우 많은 균체의 생육과 젖산의 생산이 가능하다. 이는 전자의 경우이다. 후자의 경우의 예로서는 사와크라우트와 피클의 발효이며 이때 야채의 완충력이 적으므로 젖산균에 의한 산의 생성으로 pH가 빨리 낮아지고, pectin의 분해와 단백질분해를 하는 유해균이 억제된다.

1) 미생물의 생육과 pH

미생물의 생육에 미치는 pH의 영향을 보면 생육에 대한 최적 pH(optimum pH, opt. pH), 최고 pH(maximum pH, max. pH), 최저 pH(min. pH)가 있다. 생육에 제일 적합한 pH를 opt. pH, 산성측의 생육한계를 min. pH, 알칼리쪽의 생육한계를 max. pH라 한다. 식품은 산성~중성을 나타내는 것이 대부분이고 식품과의 관련을 생각하면 미생물의 opt. pH 외에 min. pH가 특히 중요하다. 미생물의 생육속도 및 생육량은 opt. pH의 양 끝쪽에서 모두 급격히 저하한다.

곰팡이는 pH 2.0~8.5의 넓은 범위에서 생육되나 대부분은 약산성 pH 4.0~4.5에서 생육이 잘된다. 효모는 알칼리배지에서는 적응되지 않으며 생육되지 않고, opt. pH는 약산성(pH 4~6)에 있다. 그리고 min. pH는 2.0~1.5의 산성쪽에 있다. 세균은 대부분이 중성(pH 7.0)에 가까운 pH에서 잘 생육하고 pH 4.5~5.0이 되면 생육이 잘되지 않는다. 부패균은 pH 5.5 이하에서 생육이 대부분 억제되나, *E. coli*는 pH 4.5~9.0 사이에서 생육하고, 강력한 단백질분해균은 알칼리성식품(저장난백)에서도 생육한다. 젖산균 등 산의 생산균은 강한 산성쪽에서 생육하는 것이 있다. 그러나 젖산균 등도 자신이 생산한 산에 의하여 pH가 저하되면서 점차적으로 생육이 정지되고, 그 후에 사멸하게 된다. 그러나 일반적으로 생육의 min. pH보다 약간 낮은 pH까지 최종 pH가 떨어진다. 이것은 생육과 산의 생성에 차가 있고, 생육이 정지된 다음에도 산의 생성이 다소 계속되기 때문이다.

2) 포자의 발아와 pH

생육과 같이 미생물의 발아도 pH에 따라 좌우된다. 곰팡이포자의 발아는 pH 3~7 범위에서 일어난다. 예를 들면, *Asp. oryzae*의 포자는 pH 4.5~7.5의 사이에서 대부분 동등하게 발아하나, 3.0 이하에서는 저해되며, 또 *Asp. niger*의 포자발아 opt. pH는 6.2이고, 7.2 이상에서는 발아하지 않는다. *Bacillus*의 포자발아는 중성~약알칼리성(pH 6.5 부근이 많다)이 최적 pH이며, pH 6.0 이하가 되면 급격히 발아가 어려워진다.

3) 균체의 pH 저항

앞에서 생육과 pH의 관계에 대하여 설명할 때 젖산균들도 pH가 어느 정도 떨어지면 생육이 정지되면서 점차로 사멸된다고 하였다. 여기서도 특히 낮은 pH에 의한 생균수의 감소 등 균체의 pH 저항성에 대한 일반적인 설명을 한다. 예를 들면, 발효유용 젖산균(혹은 된장용 첨가 젖산균) 등은 생균수를 확보하는 것이 중요하며 생균수 유지에 대한 보존온도의 영향이 크다.

같은 pH에 있을 때는 보존온도가 높을수록 사멸속도가 빠르며, 5℃ 정도의 저온에서는 낮은 pH에 두어도 사멸속도는 매우 늦다. 낮은 pH의 영향은 *L. acidophilus*, *L. bulgaricus*에서는 pH가 5.0 이하로 되면 사멸이 잘되며, 균주에 따라 차이는 있으나 보통 pH 5~6의 범위에서는 비교적 안정하다. 또 균체가 생육곡선의 정상기에 있는 균은 낮은 pH에 대한 저항성이 크다. 그리고 당류, 소금 등 삼투압을 높여 사멸을 빠르게 하는 물질의 영향도 낮은 pH에서 심하다. 그러나 배지조성에 따라 낮은 pH에 대한 균체의 저항성이 다르다는 것도 알려져 있다.

4) 내열성과 pH

세균의 영양세포와 포자는 중성 또는 그것에 가까운 pH에서 내열성이 높다. 산도와 알칼리도가 증가하면 열에 대한 사멸이 촉진되나, 특히 산성쪽은 내열성이 감소한다. *B. subtilis*의 포자의 내열성과 pH 관계를 다음에 나타냈다.

pH	4.4	5.6	6.8	7 .6	8.4
생존수	2	7	11	11	9

통조림에 함유된 산 함량으로 강산성, 산성, 약산성 식품으로 나누었을 때의 가열살균은 강산성일수록 약한 조건으로 할 수 있으나 약산성일 경우에는 강한 조건으로 처리해야 한다. 이것은 pH에 따라 균의 내열성이 다르기 때문이다.

5) 미생물의 효소계 혹은 효소생성에 대한 pH의 영향

생육한 배지의 pH에 따라 미생물의 효소계 혹은 효소생성량에 큰 변화가 있다. 예를 들면, *E. coli*가 약산성배지(pH 4.5~6.0)에서 생육하면 glutamic acid decarboxylase가 많이 만들어지며, 중성~약알칼리쪽(pH 7~8)에서는 glutamic acid deaminase가 보다 많이 생성된다. *Aerobacter aerogenes*의 phosphatase도 배지가 중성~알칼리성에서만 생산된다.

미생물균체의 효소생산 opt. pH는 그 균의 생육 opt. pH와는 다소 차이가 있다. 예를 들면, *Asp. oryzae*의 생육의 opt. pH는 5.4이나, 액화형 amylase 생산의 opt. pH는 6.0이다. 이것은 효소의 생산 자체가 pH 환경에 영향을 받고, 동시에 생성된 효소의 안정성에도 pH가 관계하기 때문이다. 균의 종류, 혹은 배양조건에 따라 생산된 효소의 pH 내성은 다르나 일반적으로 그 효소의 작용 opt. pH와 너무 떨어지 pH에서는 효소의 실활이 크다. 예를 들면, 곰팡이가 생산하는 액화형 amylase에 있어서 *Asp. awamori*는 낮은 pH에 대한 저항성이 크나, *Asp. oryzae*는 적고, 또 당화형 amylase도 *Rh. tonkinensis*는 낮은 pH에 대한 저항성이 강하나 *Asp. oryzae*형은 약하다. 이와 같이 균주에 따라 내산성이 차이가 있다. 그리고 같은 균주를 사용하더라도 낮은 pH에서 만든 amylase는 내산성이 높고, 높은 pH하에서 만들어진 것은 저항성이 약하다.

Protease에서도 *Bacillus* 등 세균의 protease는 작용 opt. pH가 중성~알칼리성쪽에 있고, *Asp. niger* 등 내산성이 강한 균주는 산성 protease(작용 opt. pH가 3.0 이하에 있다)를 생산한다. 같은 *Asp. oryzae*를 이용하더라도 쌀로 만든 입국에서는 산성 protease가 주로 만들어지고, 콩으로 제국한 입국에서는 중성~알칼리성 protease가 주로 생산되고, 산성 protease는 매우 적은 양만이 만들어진다. 또 쌀로 만든 입국에서도 pH 완충작용이 있는 물질(sodium glutamate, sodium succinate, phosphate salt 등)을 같이 사용함으로써 알칼리성~중성 protease가 현저하게 증대하는 것은 pH 환경이 미생물효소의 생성에 크게 영향을 미치는 예라고 할 수 있다.

6) 기타 pH의 영향

*Bac. circulans*의 내염성은 생육한계 pH 부근에서는 감소하며, 염장식품의 산막효모 *Mycoderma*의 생육을 저지하는 데 요구하는 소금양은 배지의 pH가 낮을수록 적어진다. 이는 pH 환경이 적당치 않아 균의 생리적 활성이 저하하기 때문이다. 또 sorbic acid 등의 보존료의 항균력은 배지 pH가 낮을수록 강하나, 이것은 pH에 따라 산성보존료의 비해리성분자의 농도가 변화하기 때문이다.

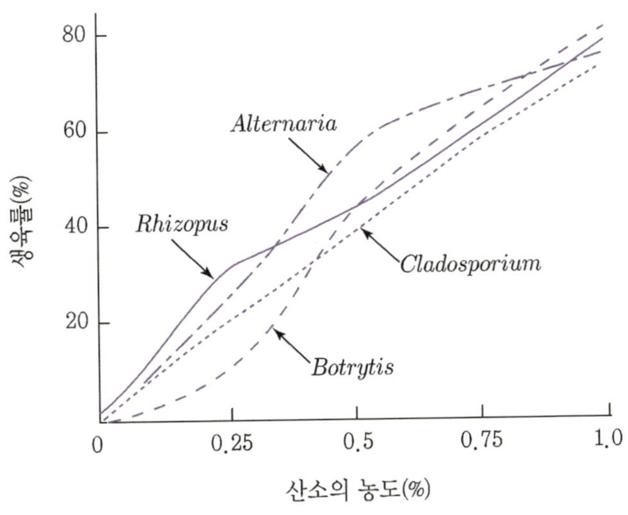

[그림 3-7] 공기 중의 산소농도와 생육 (Follestad 1966)
공기 중 (산소농도 20.93%)의 생육을 100으로 한 생육도.

(3) 산 소

1) 생육과 산소

표 3-15 산소요구성의 차이

편성호기성균 (strict aerobe) 절대 호기성균 (obligate aerobe)	통성균, 통성혐기성균 (facultatives, 혹은 facultative anaerobe)	미호기성균 (microaerophiles)	편성혐기성균 (strict anaerobe) 절대 혐기성균 (obligate anaerobe)
표면과 상층에만 생육	agar culture에서 생육 상태 배지 전체층에 균일하게 생육	표면보다 약간 하층에서 잘 생육	밑쪽에만 생육
유리상태의 산소를 필요로 하고, 에너지는 호흡과 산화로 얻는다.	유리상태의 산소가 있든 없든 관계없이 생육 가능. 산소가 있는 것이 생육이 잘된다. 산화적 대사, 혐기적 (발효적) 대사로 나눌 수 있다.	대기압력보다 낮은 산소분압이 생육에 필요	유리상태의 산소의 존재는 유해하고, 산소가 없을 경우만 생육한다. 산소를 이용할 수 없다. 산소의 존재하에서는 대사로 생긴 과산화수소가 살균적으로 작용한다. 그리고 산화-환원전위가 상승하여 생육을 불가능하게 한다.
곰팡이 산막효모 *Acetobacter* *Pseudomonas* *Micrococcus*의 대부분 *Bacillus, Sarcina* *Achromobacter* *Flavobacterium* *Brevibacterium*	대부분의 효모 대부분의 세균 대표적인 통성균은 *Enterobacteriaceae* *Staphylococcus* *Aeromonas* *Bacillus*의 일부 등	젖산균(cytochrome이 없다)	*Clostridium* *Bacteroides* *Methanococcus*

　고등식물은 호흡 때문에 분자상의 산소가 필요하나 미생물 중에는 산소가 없더라도 살아갈 수 있는 것, 그 중에는 산소가 없더라도 유해하게 작용하는 것이 있다. 이와 같이 공기, 즉 산소요구성의 차이를 이용하여 미생물을 나누면 표 3-15와 같이 4군으로 나눈다. 호기성균은 배지표면에 생육한다.

　산소농도와 곰팡이의 생육속도와의 관계를 그림 3-7에, 또 곰팡이가 생육하는 데 필요한 배지 중의 농도를 표 3-16에 표시하였다.

표 3-16 곰팡이 생육의 산소농도(배지 중)(산소의 용량 %로 표시)

	minimum	optimum
Oospora lactis	0 부근	0.03
Asp. flavus	0.002	0.038
Asp. niger	0.006	0.056
Pen. expansum	0.003	0.056
Pen. roqueforti	0.008	0.078

B. subtilis 의 포자형성을 위해서는 산소가 필요하다. 산소의 유무로 효모의 생육상태가 다르다. 예를 들면, 생맥주를 실온에 저장할 때 맥주 중에는 미량의 용존산소(633 ml 중 0.02 ml 정도)가 있고, 효모는 맥주의 알코올을 이용하여 생육하여 혼탁을 이루어 악변한다. 그때 glucose oxidase계의 효소로 용존산소를 제거하면 알코올을 이용하지 못하므로 맥주의 저장성이 좋아진다. 이 처리를 한 생맥주저장 중의 효모수(1ml 중)의 한 예를 아래에 표시한다.

$$\text{(glucose} + O_2 \longrightarrow \text{gluconic acid} + H_2O_2, \quad H_2O_2 \overset{\text{catalase}}{\longrightarrow} H_2O + \tfrac{1}{2}O_2)$$

보존일수	0	28	35	43	50
무처리	37	3,200	9,200	20,000	현탁
처 리	0	4	15	18	30

2) 산소량에 의한 미생물대사의 변화

산소량은 미생물의 생산물의 종류와 양에 중요한 역할을 한다. 산소량이 제한되는 환경에서 호기성~통성혐기성대사의 변화는 다음과 같다.

① 탄수화물의 분해 – 배양할 때 충분한 산소가 있을 경우 유기화합물을 이산화탄소와 물로 완전산화시키나 산소가 부족한 조건에서 배양할 경우에는 불완전한 산화대사물(알코올, 젖산, formic acid 등)의 생성이 많아진다. 효모로 알코올발효를 할 때 산소량이 소량 있으면 좋으나, 균체수량을 높이기 위하여서는 산소공급을 높이고 당을 완전산화하

여 고도로 에너지를 얻어야 한다. 이것을 Pasteuer 효과라 한다. Ensilage를 만들 때 silo에 엉성하게 채우면 곰팡이가 많이 번식하고 젖산은 적게 생성되며 단단하게 채우면 곰팡이의 발육은 적어지고 젖산균에 의한 젖산생성과 가스발효가 주로 일어난다.

　② 단백질의 분해 - 호기적 조건하에서는 아미노산은 산화되어 암모니아, 이산화탄소, 물로 되어 식품에 크게 유해한 생산물을 만들지 않으나, 산소압이 낮아지면 아미노산 이외에 암모니아, 황화수소, 아황산염 등을 만들고 다시 완전혐기적으로 되면 butanol, mercaptan, 황화수소 등 악취가 나는 물질이 많이 생성되어 부패를 일으킨다.

(4) 이산화탄소

1) CO_2의 생육촉진

　독립영양균(autotroph)은 동화작용에서 CO_2를 탄소원으로 이용하나, 종속영양균(heterotroph)에서도 생육을 위하여 미량의 CO_2를 필요로 한다. 종속영양균의 경우 CO_2는 탄소원으로서 이용되는 것이 아니라 균의 물질대사 중간체 화합물의 일부분으로 얻어지는 것을 이용하여, 생육이 시작되고, 지속적이고 촉진적으로 작용한다. 이때 CO_2 요구는 부분적으로는 대사과정에서 생산된 CO_2로 충족시키나, 소수의 균은 생육을 위하여 외부로부터 일정농도의 CO_2를 공급할 필요가 있다. 식품과 관련되는 세균에는 이와 같은 예가 적다. *Brucella*, *Neisseria* 혹은 *Sc. arginosus* 등의 병원균은 최초의 CO_2 방출의 대사경로가 결핍되어 있으므로 배양할 때 인위적으로 CO_2를 5~10 % 농도가 되도록 공급하지 않으면 생육되지 않는다.

　이때 단순한 배지일수록 높은 CO_2 농도가 필요하다. 종속영양균에 고정된 CO_2는 효소, 보조인자의 존재하에 대사에 들어가므로 TCA 회로의 dicarboxylic acid 혹은 아미노산, purine염기, pyrimidine염기를 배지에 가함으로써 CO_2의 대체가 된다. CO_2는 물에 녹아 탄산이 되나, 그 용해량은 온도상승과 더불어 감소하고, 또 많이 녹을수록 용액의 pH가 강하하므로 고온과 낮은 pH에서 균의 영양요구가 증가하는 경우에는 주의 깊게 CO_2 자체의 영향을 제거하고 관찰하여야 한다. 예를 들면, *L. plantarum*을 39℃에서 생육시키는 데는 phenylalanine, tyrosine을 배지에 보충하여야 하며, 그것은 이 온도에서는 배지 중에 CO_2가 결핍하기 때문이다. CO_2를 강화하면 이들 아미노산이 없더라도 잘 생육한다. 그리고 *Cl. botulinum* 등 편성혐기성균(strict anaerobe)의 포자수를 계측할 경우는 CO_2를 만드는 $NaHCO_3$를 0.05 mM 정도 배지에 가하여 두면 포자발아가 촉진되어 균의 계측수도 높게 나타나며, 이것도 CO_2가 생육을 촉진하기 때문이다. 이때 CO_2는 동화작용에만 작용하는 것이 아니고, 수소의 산화로 에너지를 얻는 편성혐기균의 수소수용체로도 될 수 있다. 그 외에 식품미생물에서는 *Propionibacterium*이 5%의 CO_2를 함유한 경우 생육이 촉진되는 것과 *Staphy. aureus*의 독소생산이 CO_2 존재하에서 촉진되는 것이 알려져 있다.

2) CO_2에 의한 저해

위에서는 소량의 CO_2가 미생물의 생육에 좋은 결과를 나타낸 예이나, CO_2 농도가 높아지면 세균의 증식이 어려워지고 살균력을 가지게 되어 식품의 저장기간을 연장할 수 있다. 신선한 식품의 가스저장 혹은 고압 CO_2를 함유시킨 병에 담은 음료가 그 예이다. 가스저장은 저장용기 내의 CO_2 양을 조절하여 보통 대기보다 습도가 높고, 고온하에서도 식품의 품질저하를 적게 하면서 보존하는 방법이다. 이때 CO_2 농도는 식품에 따라 다르나, 야채, 과일(주로 사과, 바나나, 배, 포도 등에 이용된다), 계란(CO_2 2.5% 정도), 냉장육(10~30%), 베이컨(100%), 수산연제품(75% 이상) 등으로 대부분 냉장과 병용한다. CO_2 농도가 높을수록 미생물변패를 늦출 수 있으나, 효모, 젖산균 등은 비교적 CO_2 내성이 있어 억제가 어려우며 CO_2 농도가 높으면 식품품질을 악화시키는 경우도 있으므로 저온과 CO_2를 병용한다. 이때 CO_2 효과는 혐기적인 영향 이외에 미생물이 CO_2를 방출하는 대사계를 저해하는 작용이 있다고 생각된다. 고압의 CO_2를 이용한 경우에는 미생물의 사멸이 일어나며 무포자세균은 CO_2 50기압, 1.5시간에 살균이 된다. 그러나 이러한 고압의 CO_2하에서 효모는 48시간 후에도 생존한다. 그때 균이 있는 액의 pH는 3.15로 되나, 균의 사멸은 pH에 의한 것은 아니다. 고압의 CO_2로 저장하는 예에는 포도과즙의 처리 도중 7.7기압($15\,^{\circ}\mathrm{C}$)으로 한다든지, 과즙을 병에 담은 음료의 저장성을 높이는 데 이용되나, 효모의 생육억제, 살균에는 효과가 적다.

호기적인 세균, 곰팡이는 CO_2 내성이 약하며, 양조에 사용하는 입국을 만드는 도중에 누룩균(*Asp. oryzae*)의 호흡에 의하여 생산된 CO_2가 빨리 분산되지 않고 입국기질의 주위에 축적하여 수% 이상이 되었을 경우는 protease, amylase의 생성이 현저하게 억제되는 예도 있다.

(5) 소금(염류)

1) 미생물의 생육과 소금

미생물이 생육을 하려면 K, Mg, Mn, Fe, Ca, P 등의 무기염류가 미량 필요하며, 이들 염류는 효소반응, 막평형의 유지 또는 균체 내의 삼투압의 조절에 기여한다고 생각된다. 대부분의 식품에는 미생물에 필요한 양의 염류가 함유되어 있다. 이들 염류가 고농도로 되면 그 자체의 독성과 삼투압 때문에 미생물은 생육을 잘할 수 없다.

표 3-17 식염의 감수성에 의한 미생물의 분류

Flannery(1956)	Larsen(1962)
비호염균(nonhalophiles) 　비내염균(salt-sensitive) 　　NaCl 2% 이하에서만 증식한다. 　내염균(salt-tolerant) 　　NaCl 2%에서 가장 잘 생육하나, 2% 이상 　　에서도 증식한다.	비호염균 　2% 이하에서 가장 생육이 좋다.
호염균(halophiles) 　통성호염균(facultative halophiles) 　　2% 이하에서 생육을 하지만, 2% 이상이 　　생육에 더 좋다. 　편성호염균(obligate halophiles) 　　2% 이상에서만 생육한다.	호염균 　저도호염균(slightly halophiles) 　　2~5%에서 가장 생육이 좋다. 　중도호염균(moderately halophiles) 　　5~20%에서 가장 잘 생육한다. 　고도호염균(extremely halophiles) 　　20~30%에서 가장 잘 생육한다.

미생물은 일반적으로 높은 삼투압에서는 생육하지 않고, 식품의 보존에 소금을 가하는 경우가 많으므로, 이하에서는 소금과 미생물의 관계에 대하여 설명한다. 미생물은 소금에 대한 감수성에 따라 표 3-17과 같이 분류할 수 있다. 그러나 소금농도 몇 %를 기준으로 하여 구별하는 것이 타당할 것인가에 대한 정설은 없다. 생육속도는 염농도가 높아지면 감소한다. 소금 10 % 이상을 함유한 배지에서도 잘 생육하는 것을 내염균이라 하고, 소금농도가 매우 높은 곳에서 잘 생육하고, 생육의 최적 소금농도가 매우 높은 것을 호염균이라 할 수도 있다. 일반미생물은 소금 5~10 % 혹은 그 이하에서 생육이 완전히 저지된다.

소금이 미생물의 생육을 저해하는 이유로서는 ① 삼투압 때문에 원형질이 분리된다 ② 탈수작용으로 세포 내의 수분을 뺏는다(그람 음성균의 대부분은 그람 양성균에 비교하여 세포 내로의 소금 투과량이 적고 원형질분리, 탈수가 일어나기 쉽다) ③ 효소활성의 저해, 즉 소금으로 인한 호흡의 저하는 호흡에 관계있는 어떤 종의 단백질(탈수효소의 1종)의 염석에 의해 일어난다 ④ 산소용해도의 감소 ⑤ 세포의 CO_2 감수성을 높인다[소금이 증가하면 Eh(산화환원 전위)가 떨어지며, 산소가 제거되어 CO_2 감수성에 영향을 미친다] ⑥ Cl^- 이온의 독작용 등을 들 수 있다.

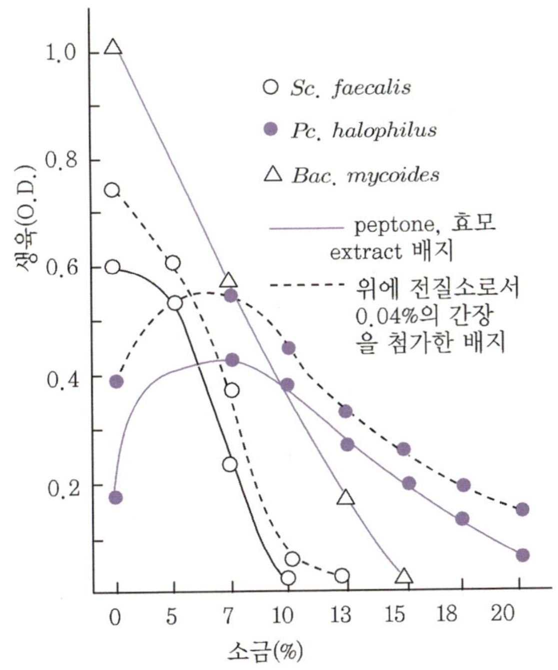

[그림 3-8] **식염농도와 된장, 간장세균의 생육곡선**

그러나 소금에 대한 저항성은 미생물의 배양조건(온도, pH, 배지성분 등)에 따라 어느 정도 변화한다. 예를 들면, 소금내성이 약한 균은 저온보다 고온에서 보다 염농도에 민감하며 묽은 용액에서만이 생육한다. 이 현상은 삼투압과 온도의 관계로 설명되나, 호염균에서는 소금의 역할이 단순하게 삼투압만이 아니므로 이러한 현상은 일어나지 않는다. 그리고 생육의 최적온도에서는 저지(inhibition)에 필요한 소금양이 많아지는 것도 알려져 있다[예, 37℃에서는 *Cl. botulinum*의 저지에 8 % 이상을 요구하며 이것은 15℃의 경우보다도 고농도이다]. pH와 소금내성의 관계도 중요하며, 생육의 최적 pH에서 내성이 가장 강하다. 또 *Bacillus subtilis*의 포자형성능력이 소금의 양과 함께 저하하는데 그 영향은 중성에 비하여 산성(pH 5.0 등)에서 현저하다.

배지성분 중의 특정한 물질에 의하여 소금에 대한 내성이 증가하는 효과에 대하여서는 아직 밝혀지지 않았으나, 된장 혹은 간장성분을 식품 중에 소량 첨가하면 세균의 내염성이 강하여지고, 생육이 촉진된다. 이 예를 그림 3-8에 나타냈다. *Sc. faecalis*는 일반세균배지에서는 10 % 이하의 소금농도에서 생육하나, 이들의 성분을 소량 첨가하면 13 % 소금농도 정도까지 생육되고, 또 호염적인 *Ps. halophilus*에 대하여서도 이 성분의 첨가로 고농도 소금하에서도 보통배지에서보다 생육이 좋아진다. 그러나 *Bac. mycoides*에는 영향이 없다. 된장, 간장으로부터 분리한 *Clostridium*도 기본배지에 된장침출액(총질소로 0.4 %)을 가하면 내염성이 증가하고, 소금이 있는 곳에서 가스발생량이 많아진다. 한편 *Cl. botulinum*의 독소생성을 억제하는 데 필요한 소금양은 $NaNO_2$(소시지), Na_2HPO_4(cheese spread)의 존재하에서는 적은 양으로 가능하다.

2) 내염성 효모(halophilic yeast)

내삼투압성 효모는 고농도의 당과 소금의 존재하에서 생육되며 내당성과는 달리 내염성은 단순하게 삼투압만이 아니라 소금 그 자체의 저해에도 견디어야 한다. 된장과 간장의 주요한 효모인 *Saccharomyces rouxii*는 내염성이 있어 18 %의 소금에서도 생육되며, 다음과 같은 특징이 있다.

① 염류에 대한 특성(내삼투압성)은 일반적으로 유전적인 것으로 생각되고 있으나, 이 효모의 각각의 세포는 염류가 있는 환경에 있어서 적응이나 순화과정을 거치는 것이 분명하다. 예를 들면, 세포를 염이 없는 곳에서부터 고농도 소금용액으로 또는 이와 반대로 고농도용액에서 낮은 용액으로 급히 옮긴다면 생균수가 많이 감소한다.

② 소금 존재하에서 세포막의 투과성이 증대되고, 대사과정이 활발하게 진행됨으로써 비로소 내염성이 유지된다. 당을 많이 함유한 배지에서는 세포막 투과성은 증대하지 않는다.

③ Glucose와 같은 에너지원이 공존하는 소금배지에서는 40℃에서도 잘 생육한다. 일반적으로 고농도액 중에서 내열성이 높아지는 것은 용질에 의하여 세포의 탈수가 일어

나 효소단백질이 건조되므로 열변성이 잘되지 않는다고 생각되고 있으나, 이 효모의 경우는 소금이 단지 고온에 의하여 효소의 불활성화를 저지할 뿐만 아니라 ②에 의하여 glucose와 같은 외부의 기질을 이용하는 대사가 활발하게 일어나 고온에 견딘다.

④ 소금의 유무로 당의 발효성과 자화성이 변하고, 대사생산물도 변화한다. 예를 들면, 18 % 소금농도하에서 발효할 수 있는 당은 glucose뿐이며, 에탄올의 생성률이 감소하고, glycerine 생산이 증가한다. 특히 호기적 조건하에서는 많은 glycerine이 생산된다.

⑤ 고농도 소금하에서는 inositol, methionine 혹은 choline의 요구성이 높아지며, choline-methionine 대사계 혹은 핵산대사계가 내염기작에 관여한다고 보고 있다. 이 효모가 된장·간장덧 속에서 잘 생육하는 이유의 하나로서 이 식품 중에 inositol이 풍부하게 포함되고 있으므로, 촉진작용을 하는 것으로 생각된다.

(6) 식품의 화학적 성분과 생육인자

식품의 화학적 성분은 미생물의 영양원이 되고 이 성분에 따라 생육하는 미생물이 달라진다. 미생물은 에너지를 얻거나 균체합성을 위하여 적당한 수분이나 pH하에서 어떤 물질을 이용하므로, 식품 중에 함유된 영양물의 종류와 함량은 어떠한 미생물이 생육하기 쉬운지를 결정하는 중요한 원인이 된다. 식품의 화학적 성분은 미생물의 에너지원으로서, 균체합성을 위한 성분으로서 그리고 이들에 필요한 비타민성분 등의 세 가지로 나눈다.

1) 미생물의 에너지원과 식품성분

탄수화물 특히 당은 가장 보편적인 에너지원이며, ester, 알코올, peptide, 아미노산, 유기산도 효소원이 될 수 있다. 셀룰로오스는 미생물이 드물게 이용하며, 전분도 일부 미생물에서 가수분해된다. 대부분의 미생물은 glucose를 이용할 수 있으나 단순한 가용성의 당일지라도 그 이용 여부는 미생물의 종류에 따라 차이가 있다. 예를 들면, lactose는 많은 균이 이용하지 못하고 maltose는 몇 종의 효모가 이용하지 못한다.

그러므로 미생물의 각종 당과 알코올의 이용성 유무를 실험하여 미생물분류에 사용하고 있다. Pectin을 가수분해하는 미생물에는 일부 세균과 많은 수의 곰팡이들이 있으며, 이 균에 의하여 야채와 과일의 연화 혹은 그들의 발효식품이 변질하게 된다. 몇 종류의 미생물(일반호기성균으로 단백질분해성인 것)은 lipase가 있고, 지방을 분해하여 에너지를 얻는다. 그러나 지방은 보다 손쉽게 에너지원으로 이용할 수 있는 당이 없을 경우에 이용된다.

미생물의 에너지원으로서 식품 속의 탄수화물을 이용할 때 그 용액 중의 농도도 중요하다. 즉 삼투압효과, 이용되는 수분의 양이 이용성에 관계하나, 이때 용질의 일정한 농도에 대한 삼투압은 그 분자량에 따라 변한다는 것을 염두에 두어야 한다. 고농도의 당에 견디는 것은 곰팡이이고 다음에 효모이다. 세균은 낮은 당농도에서만 생육이 가능하다.

미생물의 생육에 필요한 성분이 풍부하게 함유된 식품은 미생물의 에너지원으로서도 잘 이용된다는 것은 당연하며, 질소원이 적거나 그 종류가 불량한 것에 비하여 좋은 질소원을 풍부하게 함유한 식품에서는 보다 많은 탄수화물이 소비되며, 특수한 생육촉진 물질(비타민 등)이 부족하면 생육이 저해되어 탄수화물의 분해도 저하된다.

2) 미생물 생육을 위한 식품

생육을 위한 질소원으로 이용할 수 있는 질소화합물은 미생물의 종류에 따라 달라진다. 많은 미생물은 단백질을 가수분해하지 못하고 단백질분해성이 있는 미생물의 도움이 없으면 단백질로부터 N을 얻을 수 없다. Peptide, 아미노산, 요소, 암모니아 등도 이용할 수 있는 균과 못하는 균이 있고, 환경조건에 따라 이용성이 다르다. 일부의 젖산균은 polypeptide가 있어야 잘 생육하나 casein은 직접 섭취하지 못하며, 한정된 아미노산만으로서는 생육되지 않는다.

탄수화물이 있으면 발효하여 산이 생산되고, 이 산으로 단백질분해성과 세균의 생육이 저해되어 부패 등 N 화합물의 생성이 억제된다. 이 현상을 탄수화물에 의한 질소화합물의 'sparing action'이라 한다. 생육을 위한 탄소원은 대부분 유기의 탄소화합물이고 일부는 CO_2이다. 또 미생물에 필요한 무기염류(혹은 금속이온)는 일반적으로 식품 중에 충분하게 포함되어 있다. 이들 이온은 이용할 수 없는 chelate 화합물이 되거나, 특히 양적으로 부족한 경우만이 문제가 된다. 한편 토마토즙이 젖산균의 생육을 촉진하는 효과는 Mn 이온에 의한 것이라 한다. 이와 같이 식품 중의 특수한 무기이온이 중요한 관계가 있는 예도 있다.

3) 식품 중의 비타민류와 미생물의 생육

일부 미생물은 필요한 비타민을 모두 합성할 수 있으나 대부분의 균은 필요한 비타민 중 몇 개를 생산하지 못한다. 식품(동·식물원료)에는 보통 이들 비타민을 함유하고 있으므로 미생물이 생육할 때 요구를 충족할 수 있으나 때로는 그 양이 적거나 없을 경우가 있다. 특수한 미생물군의 비타민요구에 대해서는 다음 항에서 설명한다.

일반적으로 ① 식품재료에 따라 비타민의 종류와 함량이 다르다. 예를 들면, 육류에는 비타민 B 그룹이 많으나 과일에는 적다(ascorbic acid 함량은 많다). 난백에는 biotin이 있으나, avidin이 결합하고 있어 미생물이 이용할 수 없다. ② 식품제조공정에서 비타민의 함량이 감소되는 것이 많다. 가열할 때 thiamine, pantothenic acid, folic acid, ascorbic acid 등은 불안정하여 파괴되고 thiamine, carotene, ascorbic acid 등은 건조를 할 때 감소한다. ③ 오랜 기간 저장 중, 특히 고온하에서는 현저하게 비타민량이 감소한다. ④ 식품 중에서 어떤 미생물은 다른 미생물에 비타민을 주기도 하며 또 빼앗기기도 하여 미생물군(microflora)이 변하는 원인이 되기도 한다.

4) 효모의 생육인자(growth factor)

효모는 thiamine(B_1), pyridoxin(B_6), niacin, inositol, biotin, pantothenic acid 등 일곱 종류의 B군 비타민 중 몇 개를 요구한다. 내염성효모 *Sacch. rouxii*는 biotin, thiamine, pantothenic acid, inositol을 요구하나, 소금이 있는 환경에서 생육하는 데는 pantothenic acid, inositol이 내염성 부활효과를 현저하게 나타낸다. 또 유황을 갖고 있는 아미노산(methionine, cysine)은 진한 소금 중에서 현저한 생육촉진효과를 나타내고, 이들의 공급을 제한하면 inositol과 choline 등에 대한 요구성이 강해진다.

이러한 점에서 이 효모의 내염성의 기작에는 choline-methionine 대사계가 지질과 핵산계를 통하여 기여한다고 생각된다. 특히 inositol은 *Sacch. rouxii*의 내염성 증강인자로 중요하다. 간장성분 중에 있는 *Sacch. rouxii*의 내염성을 높이는 인자로서는 inositol이 중요하다. 콩 중에는 165~250mg의 inositol이 화합물의 형태로 함유되어 있으며, 제국의 과정에서 국균 속의 phytase에 의하여 유리상태의 inositol이 생성되어 된장·간장덧 중에 많이 공급된다. Inositol이 결핍하면 출아세포의 분리가 불충분하여지고 몇 개의 세포가 연쇄상으로 된다.

이와 같이 비타민이 부족할 경우 세포형태와 분열이 이상하게 되는 것은 세균에서도 나타나는 예이다. 현재 *Corynebacterium*으로 편입된 glutamic acid 생성균 *Mc. glutamicus*는 biotin이 $10\gamma/l$ 이상 있으면 완전히 분열하여 균체는 각각 분리하나, biotin이 부족하면 분열이 불완전하게 되어 균이 연쇄상으로 다세포체로 되고, 일반적으로 정상균의 4~8배인 장간균형태를 나타낸다. *L. delbrueckii*도 B_{12}가 적으면 이상한 신장형세포가 높은 비율로 발생한다.

5) 젖산균의 생육인자

간장과 된장의 양조에 중요한 젖산균 *Pc. halophilus*를 생육시키려면 일반성분 외에 특수한 peptide와 betaine(trimethyl glycine, 효모추출액, 육즙, 심장침출액, 국균 균사추출액, 생간장 등에 있다) 등의 존재가 필요하다. 이 균은 소금이 있는 곳에서 생육하려면 betaine 이외에 choline, acetyl choline이 필요하며, 내염성효모의 경우와 같이 choline-methionine 대사계가 내염성 부활에 기여한다고 생각된다. 된장·간장원료의 콩 속에는 lecithin, cephalin 등의 인지질(대두유의 약 1.8~3.2 %)이 함유되어 있으므로 choline, betaine이 상당량 공급되어, *Pc. halophilus*의 좋은 배지가 될 수 있다.

생육하는 데 특수한 peptide를 요구하는 미생물로서는 *Pc. halophilus* 이외에 *L. bulgaricus*와 같이 peptide가 없으면 생육하지 않는 젖산균, peptide로 생육이 촉진되는 젖산균(*L. casei*)이 있고, casein의 효소분해물이 이들 peptide 공급원으로 유효하다.

(7) 미생물의 생육을 저해하는 식품성분

식품 속에는 미생물의 생육저해물질과, 미생물이 생육하여 생성하는 물질이 다른 미생물의 생육을 억제하는 물질이 있다. 전자의 예로서 ① 과즙발효로 구연유의 불포화성분이 쉽게 자동산화되어 효모의 생육이 억제되고, 또 식품지질의 가열로 자동산화가 촉진되어 미생물 저해성분이 증가되는 등 지질은 산화도가 높아질수록 항균력이 강해진다. ② 고온과 고열로 갈변된 농축당시럽에서는 hydroxymethyl furfural이 생성되어 효모의 발효가 억제된다. ③ 향신료 중의 terpene류가 많은 효모의 생육을 억제한다. ④ 신선한 생유 속의 lactoperoxidase(lactenin), 응집소(agglutinin)는 항균력이 있다. ⑤ 난백 중의 lysozyme(그람 양성균의 세포벽을 용해한다), avidin(biotin을 chelate 화합물로

하여 biotin 요구균의 생육을 저지), conalbumin(Fe 이온을 봉쇄하는 단백질이며 그람
음성균의 생육을 저지) ⑥ 훈연 중에 식품에 흡착하는 phenol 화합물(세균의 증식억
제), ⑦ 식품성분 중에 함유된 benzoic acid 등의 항균성물질 등이 있다.

후자의 예로서는 ① 유기산(젖산균이 젖산을 만들어 일반세균의 생육을 억제하는 예
는 많이 볼 수 있다), ② 알코올(효모로 만든 알코올, 포도주, 청주의 잡균이 억제된다),
③ 아질산(청주발효 시 국으로부터 온 질산환원균이 담금물 속의 질산염으로부터 아질
산이 생기고, 효모의 증식을 억제한다), ④ 항생물질의 생산(*Sc. lactis*는 niacin을 만들
어 *Clostridium*을 억제한다. 그러나 치즈 숙성 중 niasin의 생성은 젖산생성에 필요한
다른 *Streptococcus*의 생육을 늦추는 경우도 있다).

위에서 설명한 것과 역으로 식품 중에 있는 미생물저해성분을 미생물이 분해시키는
경우도 있다. 어육에 훈제하여 형성된 phenol 화합물 혹은 식품에 가한 benzoic acid를
어떤 곰팡이, 세균이 분해한다든지, 포도주에 가한 아황산을 아황산에 저항성이 있는
효모로 분해하는 예, 또 niasin이 어떤 종의 *Lactobacillus* 불활성화하는 것이 있다. 미
생물의 억제, 저해를 위하여 인위적으로 식품에 가하는 화학물질(식품보존료)은 다음에
설명한다.

(8) 방부제와 살균제

미생물을 사멸시키는 작용을 가진 화합물질을 살균제(disinfectant)라 부른다. 미생물
을 사멸시키지 않고 생리적 활동을 억제하여 생육을 저해하는 물질을 방부제(antiseptics)
라 한다. 식품에 첨가하여 보존성을 높이는 방부제는 식품방부제 또는 식품보존료(chemical
preservatives)라 한다. 그러나 살균제로 알려진 benzoic acid 등도 낮은 농도에서는
미생물에 대한 살균작용(bactericidal or fungicidal action)은 없고, 다만 생육을 저지하
는 정균작용(bacteriostatic, fungisatic action)만이 있다. 따라서 살균제와 방부제의 구별
은 어려운 경우가 있다. 그리고 병원균을 사멸하는 경우를 소독이라 한다.

1) 살균제

각종 살균제의 작용메커니즘은 다양하며 분명치 않은 것도 많으나 다음과 같이 나눌
수 있다.

① 산화작용 - 과산화수소, 과망강산칼리염소제

② 환원작용 - 아황산, formaldehyde(이것은 단백질의 변성도 강하다)

③ 단백질변성작용 - 승홍($HgCl_2$), 질산은, 황산동, 석탄산, formaldehyde(formalin), alcohol

④ 표면장력저하 - 담즙산, 계면활성제(그람 양성세균은 외계의 표면장력의 저하로 세포막이 파괴되어 사멸하기 쉽다)

살균제의 작용은 미생물을 현탁한 액 중에 공존하는 물질, 특히 단백질에 영향을 미친다. 예를 들면 승홍, 양성비누 등의 살균효력은 혈청, 우유 등의 가용성 단백질이 존재하면 매우 약하다.

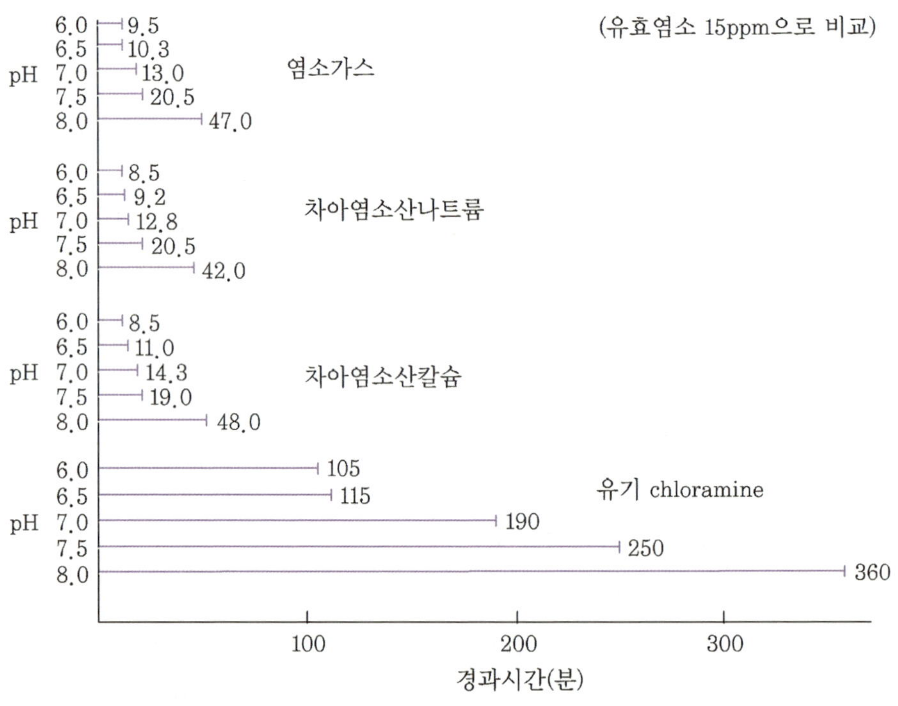

[그림 3-9] *Bac. macerans* 포자를 99% 사멸시키는 데 필요한 시간

ⅰ) 염소제 - 염소제는 유기물과 결합하기 쉬우므로 우유와 같은 것은 단백질과 결합하여 살균효과가 격감된다. 기구나 용기 등을 소독할 때는 미리 잘 세척한 후 사용하는

것이 좋다. 공장에 우물물을 쓸 때는 염소제를 가하여 살균하는 것이 좋으며 이때는 수질을 고려하여 잔류염소가 0.5~1.0ppm이 되게 사용한다. 물속에 0.2ppm의 염소가 있으면 대장균 등의 무포자세균은 30초 이내에 사멸되나 저농도일 때 세균포자에는 거의 효과가 없으며 결핵균에도 효과가 별로 없다. 바이러스는 비교적 저농도에서 불활성화된다.

식품공장에서 용기 등을 염소 50~100ppm의 차아염소산용액에 침지하거나 200ppm의 액을 분무하여 소독한다.

염소제는 금속을 부식하므로 소독 후에는 잘 수세하여야 하고 이것은 빛에 의하여 분해되므로 냉암소에 보조하며 또 진한 액은 피부와 점막을 손상시킨다. 염소제의 효력은 물의 pH에 따라 다르다. *Bac. macerans*의 포자에 대한 효과를 보면 그림 3-9와 같다.

ⅱ) 계면활성제 - 비누, 세제, 유화제 등을 전부 합쳐 계면활성제라 하며, 다음과 같이 분류한다.

$$
계면활성제 \begin{cases} 이온형 \begin{cases} 양이온계면활성제 \\ 양성계면활성제 \\ 음이온계면활성제 \end{cases} 살균력이\ 있는\ 것이\ 있다. \\ 비이온형\ \cdots\ 비이온계면활성제 \end{cases}
$$

⑤ 양이온계면활성제 - 아래 구조와 같이 + 이온을 가진 부분의 계면활성을 나타낸다. 보통 비누나, 음이온계면활성제와 반대이므로 역성비누라고 한다.

$$
\left[\begin{array}{c} R_1 \quad\ \ CH_3 \\ N \\ R_1 \quad\ \ CH_3 \end{array} \right]^{\oplus} X^{\ominus}
$$

$R_1,\ R_1 = C_{12}$ 또는 ⬡$-CH_2$

X : CL, Br, 황산, 질산기

이것은 무색·무취의 액상이며 독성은 적다. 세정력은 거의 없으나 강한 살균력이 있다. 경수나 산에는 안정하지만 강알칼리에는 불안정하다. 비누, 중성세제와 같이 사용하면 활성부분이 ⊕, ⊖로 상쇄되어 소실되며 역시 유기물이 존재하면 효과는 크게 감소된다. 식품공장 종업원의 손소독에 이용하면 좋다.

⑥ 양성계면활성제 – 다음의 구조와 같이 분자 중에 양이온과 음이온기의 두 가지를 가지고 있어서 물에 녹였을 때 액이 알칼리성일 때는 (−)의 성질을, 산성일 때는 (+)의 성질을 나타내므로 양성계면활성제라 한다.

$$R - N - CH_3COO^{\ominus}$$

R_1, R_2 (위)

R : C_{12} 이상

R_1, R_2 : 저급 알킬기

살균력은 역성비누에 비하여 약하나 취기와 독성이 적고 상당한 세정력이 있으며 비누와 같은 음이온계면활성제와 혼용할 수 있는 특징이 있다. 식품공장 종업원의 손, 용기, 기구의 소독에 사용된다.

⑦ 알코올 – 50~70 %의 농도에서 살균력이 강하고 무수알코올은 별로 효과가 없다. 손가락, 피부, 기구류 등의 소독에 사용한다.

차아염소산소오다의 사용예를 표 3-18에, 식품방부제와 화학약품의 항균기작을 표 3-19에 표시하였다. 그리고 방부제화학구조를 그림 3-10에 나타냈다.

표 3-18　차아염소산소다의 용도와 사용법 예

용 도	용 도 예	희석배수	희 석 예		소요시간
			물	NaClO	
살균소독	음료수, 채소, 과일	6,000 500	1.8 *l*	1방울 4*ml*	1분 이상 5분 이상
의료소독	법정전염병의 소독, 양치질, 국부의 세정	4 1,000	1.8 *l*	0.6 *l* 2*ml*	
가축가금	낙농, 우유처리기구, 축사의 소독 탈취	250 100~200	1.8 *l*	8*ml* 9~18*ml*	1분 이상 1분 이상
세탁표백	무명, 흰 삼베의 세탁 후 침지, 가제나 붕대의 소독표백	200 60~200	1.8 *l*	9*ml* 9~30*ml*	15분 이상 15분 이상

약 품	추정되는 작용
cationic and anionic surface active agent	세포막의 파괴, 효소단백의 변성(?)
phenols, chlorophenols, naphthols	세포막의 파괴
sulfonates, cinnamic acid	유전형질 중의 단백질과의 반응
fatty acids, alcohols, long chain aldehyde	세포막의 파괴, 저급지방산에 관계있는 효소에 대한 길항적 저해
chloracetic acid	세포막에 대한 작용, 길항적 저해(?)
benzoate, chlorbenzoate, hydroxybenzoate and its esters	세포막에 대한 작용, 조효소와의 길항
salicylate	세포막에 대한 작용, cozymase에 대한 길항작용, 마이노산의 효소적 이용에 대한 길항적 저해
borates	인산대사에 관여하는 효소와의 반응
sulfar dioxide, sodium sulfite or persulfite	탄수화물의 이화작용으로 형성되는 aldehyde와의 반응, 효소단백 중의 S-S 결합의 환원
chlorine, chloramine, nitrogen trichloride peroxides, nitrates and other oxidizing agents	효소단백 중의 SH기의 파괴
ethylene oxide and other epoxides	효소단백 중의 carboxyl기나 다른 활성기화의 반응, 산화작용
fluoride, gluosilicates an fluoborates	효소의 작용기 prostetic group 저해효소 단백 중의 활성기와 반응
formaldehyde	효소단백의 활성기와 반응
salt	효소단백의 침전

2) 식품방부제

방부제는 고농도에서는 인체에 유해하므로 식품에 이용하는 방부제는 각 국가별로 식품위생법에 따라 식품방부제의 종류와 그 사용기준을 규정하고, 그 범위 내에서만 사용이 허가된다. 이들 사용기준은 독성시험, 식품에 대한 영향, 화학적 성질, 대상미생물의 범위, 사용법, 가격 등을 고려하여 규정된다.

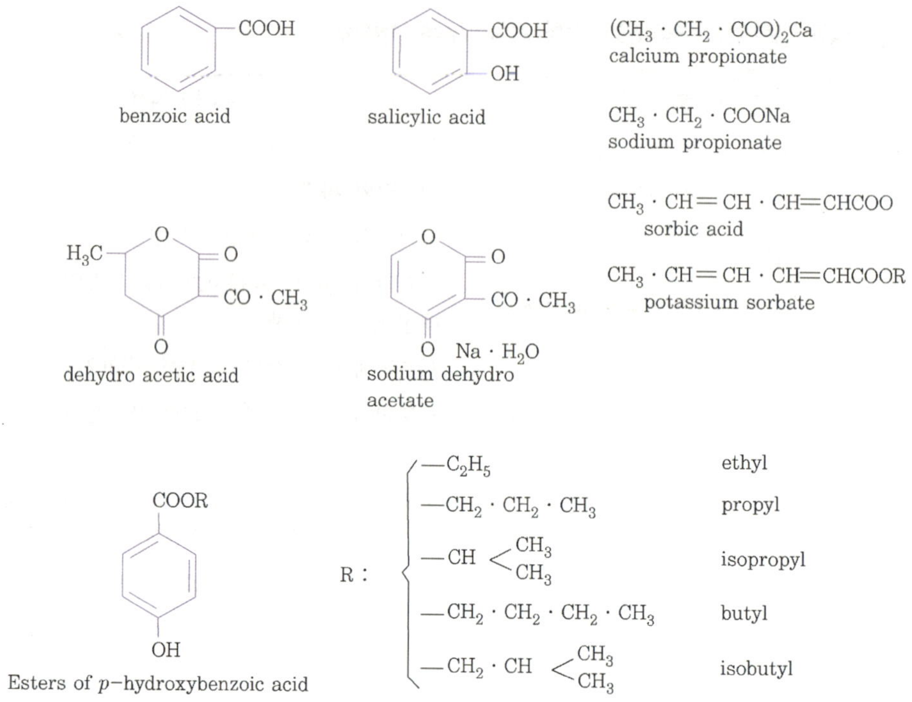

benzoic acid

salicylic acid

$(CH_3 \cdot CH_2 \cdot COO)_2Ca$
calcium propionate

$CH_3 \cdot CH_2 \cdot COONa$
sodium propionate

$CH_3 \cdot CH = CH \cdot CH = CHCOO$
sorbic acid

$CH_3 \cdot CH = CH \cdot CH = CHCOOR$
potassium sorbate

dehydro acetic acid

sodium dehydro acetate

Esters of *p*-hydroxybenzoic acid

$R :$
$-C_2H_5$ ethyl
$-CH_2 \cdot CH_2 \cdot CH_3$ propyl
$-CH < {}^{CH_3}_{CH_3}$ isopropyl
$-CH_2 \cdot CH_2 \cdot CH_2 \cdot CH_3$ butyl
$-CH_2 \cdot CH < {}^{CH_3}_{CH_3}$ isobutyl

[그림 3-10] 방부제의 화학구조

① 방부제의 항균성 – 허용된 방부제의 일반적인 항균력을 표 3-20에 표시한다.

안식향산에스테르류의 항균작용기작은 비선택적으로 널리 미생물세포의 호흡계 효소군의 활성을 저해하고 특히 acetyl CoA에서 acetoacetic acid로 또 oxaloacetic acid에서 citric acid에 이르는 aceyl CoA에 의한 축합을 크게 저해한다고 한다.

Sorbic acid의 기작은 지방대사에서 그 중간대사산물이 세포 내에 이상적으로 다량 축적하여 탈수소효소계의 작용을 저해한다고 한다. Dehydroacetic acid의 효과는 그 tricarbonyl methane형의 구조가 중요한 작용단이 되어 금속이온의 chelate 작용에 의한 효소작용의 저해와 적응효소의 생산(단백질합성)을 저해하는 까닭이라 한다. 또한 이들 방부제의 효과는 배지의 pH와 큰 관계가 있다. 즉 그 항균작용은 우선 첨가한 방부제가 미생물세포 내로 들어가야 하고 또 들어간 항균제는 다시 세포액상 내에 용존하는 양, 세포고상에 분배되는 양 등으로 나누어질 것이므로 세포막의 투과와 분배에 pH가 큰 영향을 준다.

보존료	곰팡이	효모	호기성 포자형 성세균	혐기성 포자형 성세균	젖산균	그람 (+)균 무포자	그람 (−)균 무포자	비고
benzoic acid	○	○	○	○	○	○	○	산성일수록 유효 pH 6 이상에서는 실용성 없음
sorbic acid	◎	◎	○	×	×	○	○	산성일수록 유효 pH 7 이상에서는 실용성 없음
dehydroa-cetic acid	◎	◎	○	△	△	○	○	산성일수록 유효 곰팡이 효모에 강력
p-hydroxy benzoic acid ester	◎	◎	◎	○	○	◎	○	pH의 영향이 없음 고형물의 존재로 효력 저하
propionic acid	○	×	○	×	×	○	○	산성일수록 유효 효력은 대체로 약함

◎ : 강력, ○ : 보통, △ : 미약, × : 무효

② 방부제의 사용상 주의

ⅰ) 방부제는 보통 식품성분에 의하여 효력이 현저히 저하되는 일은 적으나 *p*-hydro-xybenzoate류는 전분에 의하여 작용력이 저하된다.

ⅱ) 방부제의 효력은 균수의 영향을 받으므로 가공공정에서 오염을 최대한 방지하여야 한다.

ⅲ) 허용되는 범위 내에서 가급적 식품을 낮은 pH로 하여 방부제를 사용하는 것이 효과적이다.

ⅳ) 방부제의 용해와 분산을 균일하게 해야 한다. 산형의 방부제는 그 염류의 형은 물에 잘 녹지만 유리형 또는 에스테르는 잘 녹지 않는다.

ⅴ) 방부제의 사용은 물리적인 처리법을 병용하면 효과적이다. 다소 낮은 가온처리로도 미생물은 상당히 사멸되므로 이때 방부제를 병용하면 소량의 약제 사용으로도 보존기간이 현저히 연장되는 것이 알려져 있다.

그러나 저온유통체계(cold chain system)가 확립되면 당연히 현재의 방부제에 대한 재검토가 필요할 것이다.

2-2. 물리적 환경

(1) 온 도

온도는 미생물의 생육속도, 세포의 효소조성, 화학적 조성, 영양요구 등에 영향을 미치는 중요한 물리적 인자이다.

1) 미생물의 생육과 온도

미생물이 생육할 수 있는 온도의 범위는 −7~75℃이나 각 미생물은 각각 생육의 최저(minimum, min.), 최적(optimum, opt.), 최고(maximum, max.) 온도가 있다. 미생물의 생육최적온도에 따라 다음과 같이 3그룹으로 나눈다. 최적온도가 25℃ 이하의 미생물을 저온균(호냉균, psychrophiles), 25~40℃(대부분은 37℃ 부근)인 것은 중온균(mesophiles), 45℃ 이상인 것을 고온균(호열균, thermophiles)이라 한다.

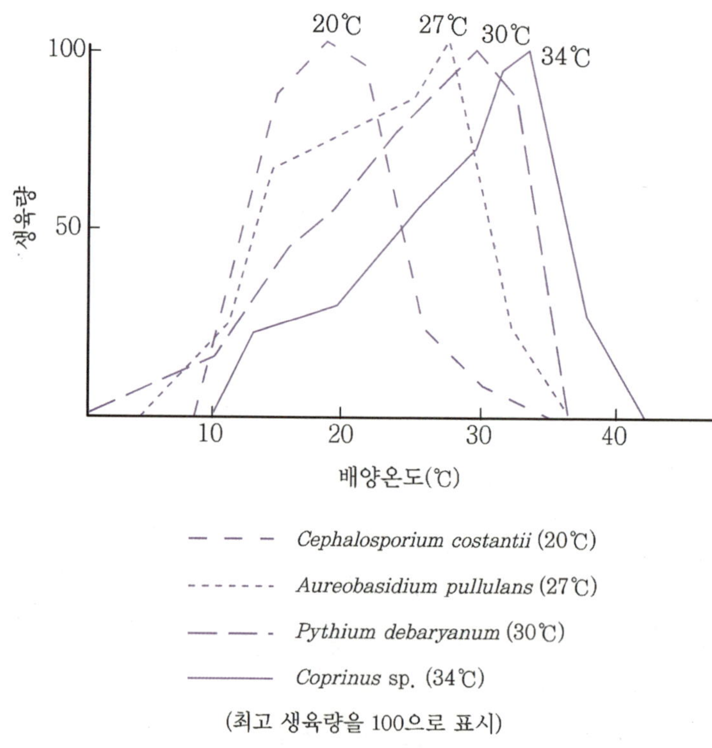

[그림 3-11] **미생물의 생육온도와 생육량과의 관계**

　그리고 중온균이지만 어느 정도 고온하에서도 생육하는 균을 편성호열균(facultative thermophiles), 고온에서 견디고 생존할 수 있는 균을 내열성균(thermoduric microorganisms), 고온에서만 생육하는 균은 절대호열성균(obligate thermophiles)이라 칭한다. 저온에 대하여서도 위와 같이 편성저온균, 저온균, 절대냉온균이 있다(그림 3-11, 표 3-21).

표 3-21 미생물의 생육온도(℃)

생육온도	저온균(호냉균) psychrophile	중온균 mesophile	고온균(호열균) thermophile
최　저	0 또는 그 이하	15	40
최　적	12~18	25~40	50~60
최　고	25	45~55	75

표 3-22 호냉균의 생육 최저 온도(℃)

℃	세　균	곰팡이, 효모
−7 ~ −5	*Ps. fluorescens, Ps. fragi, Ps. putrefaciens Alcaligenes metalcaligenes, Flavobacterium*	*Cladosporium, Sporotrichum, Thamnidium elegans, Oospora, Botrytis cinerea, Monilia nigra*
−2 ~ 0	*Achromobacter delmarvae, Mc. cryophilus, Mc. halodenitrificans, Sarcia, Proteus, Brevibacterium fuscum* 등. *Aerobacter cloaceae, Lactobacillus*의 일부, *Streptococus*의 일부	*Pen. digitatum, Pen. expansum, Penruglosum* 등, *M. racemousus, Phycomyces, Candida scottii, C. lypolytica, C. curiosa* 등, *Cryptococcus laurentii, C. albidus, Rhodotorula glutinis, R. minuta, Sacch. williams, Torulopsis candida, Trichosporon pullurans, Nadosonia elongata, Hanseniaspora, Debaryomyces hansenii*

　미생물의 생육속도는 최적온도와 최저온도 사이에서는 다른 화학반응과 마찬가지로 온도가 상승하면 촉진되고, 최적온도보다 고온이 되면 감소한다. 더 고온이 되면 효소단백질이 열변성이 일어나 저해된다. 이 효소단백질의 열변성은 생육의 최적온도보다

약간 높은 온도에서는 가역적이나, 보다 높은 온도에서는 단백질은 응고하여 효소는 비가역적으로 파괴된다. 생육의 최적온도는 그 기준이 생육대수기의 생육속도를 측정하거나, 균체의 최고수율, 혹은 생산물의 양으로 하느냐에 따라 다소 다르다. 몇 개의 균에서는 균체수량에 의한 최적온도는 대수기의 생육속도에 의한 최적온도보다 약간 낮다. *Streptococcus*에 대한 예를 표 3-23에 나타냈다. 미생물학에서 생육의 최적온도는 일반적으로 대수기의 생육속도가 제일 빠른 온도를 말한다.

표 3-23 *Streptococcus*의 생육온도(℃)

균 명	*Sc. lactis*	*Sc. thermophilus*
생육속도(대수기)	34	37
최고 균체량(탁도)	25~30	37
발효속도	40	47
최대 산생산량	30	37

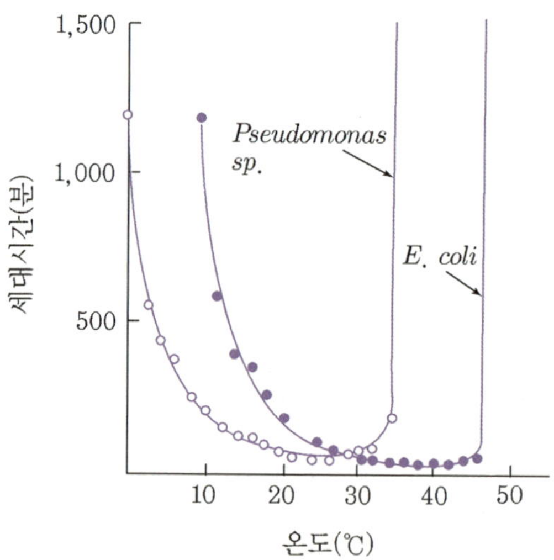

[그림 3-12] 미생물의 생육온도와 세대시간

미생물의 생육의 최저·최적·최고온도는 영양조건, 환경조건에 따라서 다소 다르므로 주의하여야 한다. 그림 3-12에 중온·호냉균의 생육속도[세대시간(generation time)

으로 표시]를 나타냈다. 온도가 낮아질수록 점차적으로 세대시간이 길어지는(33시간 또는 103시간 연장된다는 보고가 있다) 것은 저온에서 세포의 생합성속도가 느려지기 때문이다. 최적온도보다 높은 온도에서는 효소의 변성(denaturation) 외에 핵산(DNA, RNA) 지질의 구조와 활성도가 변화하므로 세대시간이 연장되어 생육속도가 저하한다.

표 3-24 중온균의 생육속도(℃)

곰팡이, 효모	min.	opt.	max.	세 균	min.	opt.	max.
Asp. candidus	3~4	20~24	42	Leuc. mesenteroides	5	21~35	40
Asp. flavus	6~8	36~38	44~46	Sc. faecalis	5~8	30~35	45
Asp. niger	6~8	35~37	46~48	Sc. lactis	5~8	30	< 45
Asp. oryzae	7~9	35~37	45~47	Sc. uberis	10	30~35	45
R. nigricans	5~6	26~29	32~34	Sc. mitis	15	37	45~40
R. oryzae	7~9	36~38	43~45	Pc. cerevisiae	7	25~30	32
Monilia candida	4~6		42~43	Pc. pentosaceus	5	35	42~45
Oidium lactis	0.5		37.5	Pc. urinaeequi	10	25~30	40~45
Sacch. cerevisiae	1~3	30	40	Pc. halophilus	10	25~30	37~42
대부분의 효모		25~30	35~37	Pc. acidilactici	5	40	52~55
세 균	min.	opt.	max.	L. plantarum	5~10	25~30	37~40
Pseudomonas	410	20~25	33~35	L. brevis	8~10	30	37(미약)
Alcaligenes	10	20~25	37~40	Bac. subtilis	6	28~40	50
Achromobacter	4~6	20~25	<37	Bac. cereus	10~12	28~35	45
Serratia		25~30	<37	Bac. pantothenticus	28(미약)	33~40	
Brevibacterium	8	20~25	37	Cl. acetobutylicum	20	37	45~50
Micrococcus	10	25~35	45	Cl. sporogenes		37	50

　　가장 많은 미생물이 중온균에 속하나, 중온균 생육최적온도는 그 미생물이 자연 중에 존재하고 있던 장소에도 관계가 있다. 인간의 병원균 등은 37℃, 토양과 식물에 살았던 균들은 보다 낮은 온도를 갖는다. 저온균이 해양, 흙 속 혹은 냉장·동결식품에 많은 것도 이와 같은 이유이다. 표 3-24, 표 3-25에 식품미생물의 종류와 생육온도와의 관계를 정리하였다.

　　저온균(호냉균, psychrophile)이라는 것은 cold-loving이라는 뜻으로, 1902년에 Schmidt Nielson이 0℃에서 생육하는 미생물에 최초로 붙인 이름이다. 일반적으로 20℃ 이하의 생육최적온도를 가지고 있는 미생물을 말하고 있다. 그러나 0℃에서 2주간 이내에 생육하는 미생물, 혹은 생육에 적당한 온도에 관계없이 5℃ 이하에서 생육하는 미생물을 저온균(psychrophile)이라고 하는 사람도 있다. 한편 유제품과 냉동식품의 분야에서는 실용상으로 생각하여 식품의 냉보존온도 부근에서 생육하며 식품에 유해한 미생물을 저온균이라 칭하여 그 정의가 대상식품에 따라 다르게 결정되어 있다.

표 3-25 고온균의 생육온도(℃)

세 균	min.	opt.	max.
Bac. stearothermophilus	28-, 37+, -	50~65	70~77
Bac. coagulans	28(미약)	33~45	55~60
Bac. licheniformis		32~45	50~56
Cl. thermosaccharolyticum	43	55~62	71
Cl. nigrificans	27	55	65~70
L. thermophilus	30	55~63	65
L. bulgaricus	22~25	45~50	60
L. delbrueckii	20	45	60
L. lactis	20	40	50
L. helveticus	18~22	40~42	50
L. fermenti	20~22	41~42	48~50
Sc. thermophilus	15~18	49	60
Streptomyces thermophilus	25	50	62~65

　Stokes는 0℃에서 1주간 이내에 눈으로 관찰할 수 있을 정도까지 생육하는 미생물을 저온균이라 정의하고, 호냉균 중에서 20℃ 이하에서 가장 빨리 생육하는 것을 편성호냉균(obligate psychrophile), 20℃ 이상에서 가장 빨리 생육하는 것을 통성호냉균(facultative psychrophile)으로 나누고 있다.

　Stakes의 정의로 편성호냉균에 속하는 것을 저온균이라 하고, 통성호냉균에 상당하는 것은 본질적으로 중온균이므로 내냉성중온균(psychrotolerant mesophile)으로서 중온균, 고온균에 대응하여 구별하자는 제안도 있다. 이 분류법에 따른 미생물의 생육과 온도의 관계를 그림 3-13에 나타냈다.

　원래 '호(phile)'는 그쪽이 보다 잘 생육한다는 의미이므로 매우 높은 온도에서도 잘 생육하는 미생물의 군을 호냉균이라 부르는 것은 무리이다. 그러나 이 언어는 이들 미생물의 생태를 취급하는 데 편리하다.

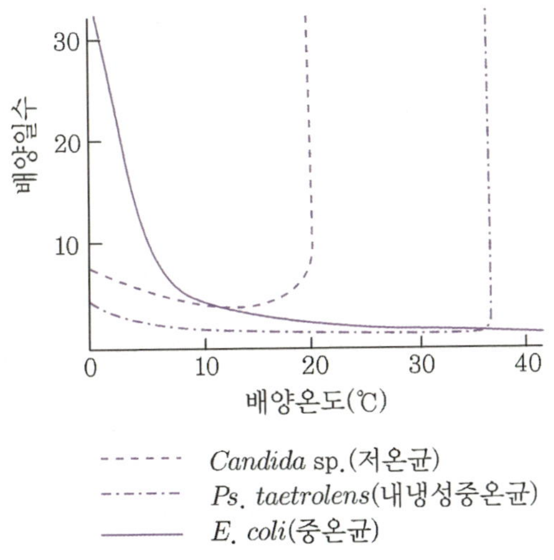

[그림 3-13] 미생물의 생육과 온도의 관계(배양일수는 생육이 최고에 달하는 일수)

2) 세포성분과 효소에 미치는 온도의 영향

배양조건, 환경조건에서 온도가 높고 낮은 것이 세포성분에 미치는 영향은 적으나, 지질 혹은 효소에 미치는 변화는 크다. 중온균을 고온에서 배양하면 전체의 지질함량이 감소하며, 지질 그 자체의 포화도는 높아진다. 고온균에서는 지질의 양, 포화도 모두 온도와 무관하며, 원래부터 포화도가 높다. 포화된 지질은 저온에서 응고되므로 이 지질의 고체화를 방지하기 위하여서도 고온균의 최저생육온도는 비교적 높다.

온도에 따라 세포의 효소조성이 변화하는 예가 많으며, 이는 열에 대한 효소의 안정성이 다르기 때문이다. 그리고 표 3-26과 같이 일반적으로 호열성균의 효소는 중온균에 비하여 효소불활성화의 온도가 높고 또 효소작용의 최적온도가 높다고 한다. 예를 들면, *Bac. stearothermophilus*의 pyrophosphatase의 열안정성은 배양온도에 의존한다. *Bacillus*의 액화형 amylase도 배양온도에 따라 그 작용 최적온도와 열안정성이 다르다. 그 외에 미생물의 색소생산, 생화학적 반응의 속도가 생육온도에 따라서 다른 것도 세포 내의 효소조성변화가 원인이 된다.

특히 생화학적 반응은 그 균의 최저온도에 가까운 곳에서 생육한 것은 약화되거나, 소실되는 것도 있다. *Pseudomonas, Achromobacter*가 고온에서 생육한 경우는 citric acid의 이용성, 지질분해, gelatin 액화, 특수당의 이용성이 현저하게 약화하는 경우가 있다. 국균(*Aspergillus*)의 protease 생성은 저온에서 제국하는 것이 유리하다고 알려지고 있으므로 실제로 이러한 원리를 활용하여 간장원료 대두박의 이용률을 높이고 있다. 이것은 저온제국과정을 택함으로써 protease의 온도에 의한 실활이 적어지고, 대두단백질을 잘 분해한다는 장점을 이용한 것이다.

표 3-26 유포자세균의 최고생육온도와 효소불활성화온도(℃)

세 균	최고생육온도	효소불활성화온도		
		indophenol 산화요소	catalase	호박산탈수소효소
Bac. mycoides	40	41	41	40
Bac. subtilis	54	60	56	51
호열성균	76	65	67	59

3) 온도에 따른 미생물의 영양요구의 변화

고온에서는 표 3-27과 같이 영양요구성이 증가한다. 이것은 균체 내에 있는 효소의 일부가 열에 의해 불활성화하여 필요한 대사물질을 합성하지 못하기 때문에 이들을 외부로부터 공급하여야 한다. 그러나 고온균에서 영양요구성 증대가 이러한 이유에 의한 것만은 아니며, 이산화탄소의 결핍에 의한 영향도 생각해야 한다(앞에서 설명). 또 온도의 상승으로 반드시 영양요구가 증가하지 않으며, 어떤 경우는 저온보다 요구성이 감소하는 경우도 있다(예, *Neurospora* 변이주의 riboflavin 요구). 내염성효모 *Sacch. rouxii*가 소금이 함유된 조건하에서 무염 시보다 고온인 40~42.5℃에서 생육하는 것은 단순히 소금에 의하여 세포의 탈수가 일어나 효소단백질이 열에 의하여 불활성화되는 것을 저지하는 것만이 아니고, 소금이 있을 때는 세포막의 투과성이 증대하여 외부 기질(glucose 등)을 활발히 섭취할 수 있기 때문이다.

반대로 저온에서 미생물의 영양요구가 높아지는 예도 있으나, 그 이유는 몇 개의 효소가 활성화에 어떤 온도를 필요로 하여 높은 온도에서만 작용한다든지, 생육에 필요한 영양소가 저온에서는 생합성되지 못하기 때문이다.

표 3-27 *Lactobacillus arabinosus*의 생육온도와 영양요구성

아미노산		26℃	37℃	39℃
phenylalanine	없음	+	−	
	있음	+	+	
tyrosine	없음	+	−	
	있음	+	+	
aspartic acid	없음	+	+	−
	있음	+	+	+

+ : 생육한다.   − : 생육하지 못한다.

4) 미생물의 포자발아와 온도

곰팡이와 세균에 있어서 각 균의 생육최적온도와 포자발아의 최적온도는 일치한다. 미생물의 포자를 단시간 가열처리하여 휴면상태에 있는 포자를 활성화시키면 발아율이 증대한다. 이 가열처리를 heat-shock 또는 heat acivation 이라 한다. *Bacillus* 등 세균의 heat-shock는 60℃, 30분 정도, 곰팡이(*Neurospora tetrasperma* 등)의 포자는 50℃에서 수분간 처리함으로써 활성화되며, 이 경우는 가열에 의해 co-carboxylase가 활성화된다고 생각된다.

5) 고온균, 호냉균의 온도특성의 원인

고온균이 고온에서 생육하는 것은 주로 다음 요인이 서로 관여하기 때문이다.

① 세포성분, 특히 단백질(효소)의 열에 대한 안정성이 높기 때문이다. 예를 들면, 중온균의 malate degydrogenase는 65℃에서 10분간으로 처리하면 불활성화되나, *Bac. stearothermophilus*에서는 65℃에서 안정하다. 이와 같은 차이를 cytochrome의 열안전성에서도 볼 수 있다. 또 고온균의 amylase처럼 85℃에서 30분간 가열한 다음에도 활성이 남아 있는 예외적인 내열성 효소의 존재도 알려지고 있다. 고온균의 단백질도 열안전성이 중온균보다 높다. ② 생육이 양호한 온도범위에서도 어느 정도의 열변성이 일

어나나, 세포는 재빨리 재합성 및 불합성화된 단백질을 보충함으로써 활성을 유지한다. 이 기능은 생육 중에 있는 고온균의 세포에서만 볼 수 있고, 휴지세포, 생육완료세포에서는 볼 수 없다. ③ 내열성효소에 대한 2가이온의 보호효과, 즉 고온 *Bacillus*는 Ca^{++}, Mg^{++}를 고농도로 함유한 배지에서는 영양요구성이 감소하며 그것은 이들 이온이 어떤 종류의 합성효소에 대하여 보호효과를 나타내기 때문이다. 또 *Bacillus*의 포자에는 Ca^{++}함량이 많아 균체 내 효소에 대하여 내열보호효과가 있다. ④ 돌연변이에 의하여 중온균으로부터 고온균이 나타난다.

일반적으로는 어떤 미생물을 생육온도 범위의 한계에서 되풀이하면서 이식한다든지 이 범위를 넘는 고온이나 저온으로 처리하더라도 그 생육온도범위는 변화하지 않고, 세대시간도 변동하지 않는다. 그러나 중온균 중에서 *Bacillus*(*subtilis, cereus, megaterium, circulans, pumilus*)만은 변이에 따라 고온균으로 변하는 것이 알려졌다. 이 고온변이주는 영양세포뿐만 아니라 포자로부터도 같은 빈도(*Bac. circulans*에서는 $1/10^6$)로 분리된다.

6) 미생물의 온도요구의 실용화

미생물의 활성은 환경의 온도에 따라 크게 지배되므로 활성을 높이기 위해서는 환경온도를 그 미생물의 최적온도로 조절하고(균체, 대사물질을 얻는 경우), 반대로 미생물 활동을 억제하고자 할 때에는 온도를 미생물이 불활성화될 때까지 높이거나, 활성이 억제될 때까지 내리는(식품을 저장할 경우의 냉장) 방법을 택한다. 발효공업의 대부분은 대사물질(알코올, 유기산, 효소, 항생물질 등) 생성에 최적온도를 택하나, 때로는 생육의 최고(혹은 최적) 온도와는 매우 다른 경우가 있다. 고온젖산균(*Lactobacillus*)에 의한 젖산의 생산은 40~45℃에서 하며, 고온이므로 유해미생물의 오염이 방지되는 이점이 있다. 알코올음료의 발효에 이용되는 온도는 그런 관점에서는 적합하지 않다. 그것은 품질이 화학적 성분 외에 관능검사적으로도 좋아야 하기 때문이다. 예를 들면, *Sach. cerevisiae* 균주의 알코올발효는 대부분 25~30℃에서 잘되나, 맥주양조에서는 5~16℃에서 발효한 다음 0~2℃의 후숙기간을 두는 것이 일반적인 방법이다. 이와 같은 저온발효는 발효를 완료하기까지에는 오랜 시간을 요구하나 발효온도가 저온이기 때문에 휘발성의 알코올, 에스테르 등 풍미·방향성분을 유지하는 데 좋은 조건이다. 즉 저온발효가 품질과 풍미가 좋은 맥주를 만들 수 있다는 것은 양조가가 오랜 경험을 통하여 얻은 기술이다. 식품제조에서 온도가 미생물생태계를 지배하며 발효식품의 품질에 차이가 생기는 예가 많다.

식품저장에 있어서의 냉장의 원리는 저온이 될수록 미생물의 세대시간이 연장되며 온도가 10℃ 저하되면 일반적으로 분열속도가 1/2~1/3로 되고, 다시 어떤 온도 이하에서는 생육이 정지되는 것을 이용하는 것이다. 알기 쉬운 예를 나타내면 세포분열시간 20분인 세균이 식품 중에 100개 함유된 경우 35℃에서는 6시간으로 이미 2,400만 개에 달하나, 15℃에서는 24시간에서 20만 개, 또 5℃에서는 24시간에 600개, 4일 후에는 처음 10만 개에 달한다. 이 예로도 식품을 저장할 때 온도의 영향이 얼마나 중요한지, 또 저온 혹은 냉장의 효과가 어떠한지를 알 수 있다.

(2) 내열성

미생물의 내열성은 적용온도와 시간으로 나타낸다. 이 표현법으로는 미생물을 일정시간(일반적으로 1분 또 10분간) 처리하여 사멸시킬 수 있는 최저온도를 가열치사온도(thermal death point)라 칭하나, 최근에는 거의 사용하지 않는다. 가열치사시간(thermal death time)은 어느 일정한 온도조건하에서 미생물을 사멸시키는 데 요하는 시간을 나타낸다. 미생물을 가열처리할 때의 사멸속도는 대수법칙에 따르며, 이는 치사속도(thermal death rate) 혹은 90 % 사멸에 요하는 시간(decimal reduction time)으로 표시하는 경우가 많다.

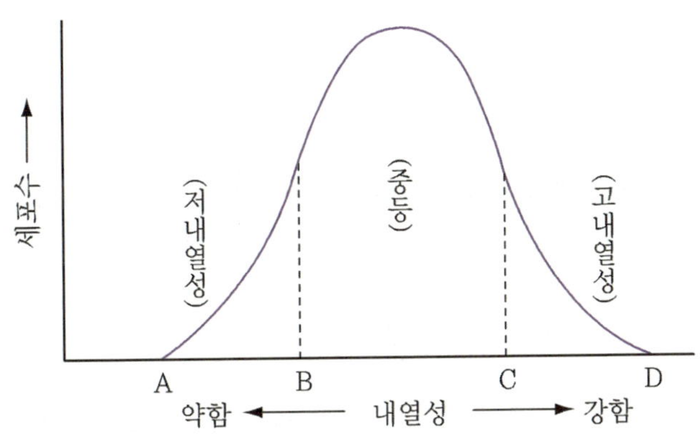

[그림 3-14] 배지 중에 있는 세포의 내열성의 빈도분포

미생물의 내열성은 균종, 균주, 환경의 여러 조건에 따라 많이 변동하며, 일반적인 미생물의 열저항성은 습열조건과 건열조건에 따라 다르다. 건열에 의한 살균력은 습열보다 떨어진다. 예를 들면, *Bacillus sp.* ATCC 27380은 습온에서는 100℃이하에서 영양세포와 포자가 사멸하나 건열살균을 할 경우에는 100℃ 부근에서 혹은 그 이상의 온도에서 처리하여야 단시간에 사멸시킬 수 있다.

한 종류 균의 세포집단 중에서도 내열성이 서로 다른 세포가 분포되어 있고(그림 3-14), 이들의 분포는 생육조건에 따라서 차이가 생긴다. 따라서 균의 선택방법에 따라 내열성이 강한 것과 약한 것을 선택할 수 있다.

1) 내열성에 영향을 주는 인자

미생물의 내열성을 비교하거나 혹은 가열살균조건을 설정할 때 다음과 같은 것에 대하여 주의하여야 한다.

표 3-28 Flat-sour 원인균 포자의 사멸시간과 온도

온도(℃)	100	105	110	115	120	125	130	135
시간(분)	1,200	600	190	70	19	7	3	1

표 3-29 포자수와 살균시간

포자수(No/*ml*)	50,000	5,000	500	50
시간(분)	14	10,500	9	8

표 3-30 *Bac. subtillis* 포자형성온도와 살균시간

포자형성온도(℃)	21~23	37(opt.)	41
살균시간(분)	11	16	18

① 살균온도 - 같은 조건에서는 처리온도가 높을수록 살균시간이 짧아진다. Flat-sour 원인균의 포자를 사멸시키기 위한 온도와 시간과의 관계는 표 3-28과 같다.

② 세포(또는 포자)의 농도 - 세포와 포자의 농도가 높을수록 내열성이 커지며, 특히 균체덩어리가 있으면 내열성이 매우 높아진다. 변패통조림의 고온균포자의 농도와 살균에 필요한 시간의 관계는 표 3-29와 같다.

③ 생육 혹은 포자를 형성하는 환경조건 및 그 후의 취급법

ⅰ) 배지 - 생육에 적합한 배지에서 생육한 것일수록 내열성이 크고, 생육촉진물질을 적당히 가하면 내열성이 강한 세포나 포자의 생성이 증가한다. 그러나 균 자체의 대사산물에 오랫동안 두면 내열성이 저하한다.

ⅱ) 배양온도 - 일반적으로는 생육최적온도에 가까운 온도에서 배양할수록 내열성이 높아지며, 대부분의 미생물은 상한온도에 가깝게 배양하면 내열성이 더 증가한다. 즉 *E. coli*는 28℃보다도 최적온도에 가까운 38.5℃에서 생육하는 것이 보다 내열성이 있다. *Bac. sutilis*의 포자형성온도와 내열성의 관계는 표 3-30과 같다.

ⅲ) 생육기, 포자의 젊음 - 세균의 세포는 유도기의 후반에 내열성이 가장 강하고, 정상기 중에는 거의 동등한 내열성을 나타내며, 그 이후는 저하한다. 한편 대수기에 있는 균체가 내열성이 가장 약하며, 미숙한 젊은 포자는 성숙한 포자보다 내열성이 약하다. 어떤 종류의 포자는 저장 초기 1주간의 사이에 내열성이 높아지나 이후는 저하되기도 한다.

ⅳ) 건조의 영향 - 건조상태에 있는 포자가 습한 상태의 포자에 비해 내열성이 큰 것이 있으나 모든 세균세포가 그런 것은 아니다.

④ 가열할 경우의 기질의 영향 -영양세포(또는 포자)를 어떠한 기질 중에서 가열하느냐에 따라 사멸시간은 큰 영향을 받으므로 그 조성을 정확히 할 필요가 있다. 가열살균의 효과에 관계하는 기질의 주요조건은 다음과 같다.

ⅰ) 수분 - 습열이 건열보다 살균효과가 큰 것은 잘 알려져 있다(실험실에서는 증기살균에 120℃, 20~30분간 autoclave를 이용하나, 건열살균은 160~180℃에서 3~4시간 가열해야 한다). 건조한 기질은 수분이 많은 경우보다 살균에 많은 열이 필요하다.

ⅱ) pH - 세균의 영양세포와 포자는 중성에 가까운 기질 중에 내열성이 있고, 산성이나 알칼리성 쪽, 특히 산성 쪽에서는 살균력이 강해진다. 그러므로 산의 함량이 많은 통조림일수록 가벼운 가열처리로서도 살균이 가능하다.

ⅲ) 다른 기질성분의 영향 - 소금은 저농도(0.5~3.0 %)에서는 일부 저온세균의 포자의 내열성에 보호효과를 나타내나, 보다 고농도가 되면 열에 의한 살균을 촉진한다. 당

은 미생물의 종류에 따라 내열성을 보호하는 경우와 그렇지 않은 것이 있고, 또 보호의 최적온도는 호삼투압성인 것이 일반적으로 높으나, 최적온도를 넘으면 가열치사를 촉진한다.

표 3-31   내열성 보호성분의 감소와 세균의 사멸온도(℃)

	Sc. lactis	E. coli	L. bulgaricus
크 림	69~71	73	95
전지우유	63~65	69	91
탈지유	59~63	65	89
whey(유장)	57~61	63	83

우유의 각 성분과 일정한 농도의 각 균의 현탁액을 혼합하고, 10분간 사멸시키는 데 필요한 온도

표 3-32   식품미생물의 내열성

곰팡이	온도(℃)	치사시간(분)	세 균	온도(℃)	치사시간(분)
곰 팡 이	60	5~10	Salmonella typhosa	60	59~63
무성포자	65~70	5~10	E. coli	57	20~30
			Staphy. aureus	60	18.8
			Micrococcus sp.	61~65	>30
			Sc. faecalis	65	>30
			Sc. thermophilus	70~75	15
			L. bulgaricus	71	30
			Microbacterium sp.	80~85	>10
			Bac. anthracis	100	1.7
			Bac. subtilis	100	15~20
			Flat-sour bacteria	100	>1,030
			(Bac. stearothermophilus 등)	110	35
			Cl. botulinum	100	330
			Cl. caloritolerans	100	520

곰팡이의 균핵은 90~100℃에서도 짧은 시간에서는 살아남는다. 과실통조림의 변패의 원인이 되는 *Penicillium* 속의 어떤 균핵은 82℃, 1,000분, 85℃, 300분에서 겨우 사멸한다. 곰팡이 포자는 건열에서 120℃, 30분에서도 살아남는 경우가 있다.

효 모	온도(℃)	치사시간(분)
영양세포	50~58	10~15
	보통 55~65	2~3
포 자	60	10~15

Torula(*Candida*) *monosa*는 우유 중에서 98℃, 10분으로 사멸

*Aspergillus, Mucor, Penicillium*은 다른 곰팡이보다 내열성이 강하다. *Byssochlamys fuloa*의 자낭포자는 더 강하다.

단백질, 지질, 콜로이드물질은 가열에 대하여 보호적으로 작용한다. 내열성을 보호하는 이들의 성분이 제거되면 세균의 가열살균온도가 저하하는 예를 표 3-31에 나타냈다. 방부제, 살균제가 공존하면 가열살균효과가 상승한다. 식품미생물의 내열성은 표 3-32와 같다.

(3) 압 력

1) 수압(hydrostatic pressure)

해저 10,000m의 깊이에 있는 해저퇴적물과 땅속 깊이 있는 원유광상으로부터 미생물이 분리된다. 즉 어떤 미생물은 1,000기압 정도에서도 견딜 수 있다는 것을 알 수 있다. 이들 미생물 중에는 상압하에서 배양하는 것보다 1,000기압하에서 잘 자라는 것이 있다. 이와 같이 상압보다 고압하에서 생육이 잘되는 미생물을 호압균(내압균, barophile)이라 한다. 내압균으로서는 무포자간균, 유포자간균, 구균, *Mycobacerium* 등의 세균, *Aspergillus*, *Trichoderma* 등의 곰팡이 및 효모 등이 보고되어 있다.

대표적인 해수세균 30종을 가압배양 시험한 결과는 300기압까지는 모두 생육하나, 400기압에서는 21종, 600기압에서 11종, 1,000기압에서는 8종만 생육하였다는 보고도 있다. 일반적으로 깊은 바다로부터 분리한 미생물들은 다른 것에 비하여 압력에 대한 저항성이 높다.

어떤 미생물이 어느 정도의 압력에서 견디며 생육하는가 하는 것은 그 생육온도에 의해서도 영향을 받는다. 표 3-33에 나타낸 것과 같이 고압하에서는 생육의 최적온도가 고온쪽으로 옮겨져, 보다 높은 온도에서만 생육하게 된다. 최근 가압배양을 이용하여 고압과 미생물생리에 대한 연구가 보고되어 있다. Haden 등에 의해 형질전환의 활성변화로 나타낸 핵산(DNA)의 열안정성과 압력과의 관계는 그림 3-15와 같으며 2,700기압의 압력은 열변성을 억제하고, 약 6℃까지 열변성온도를 높였다. Budge는 질산염환원력으로 나타낸 단백질(효소)에 대한 압력의 영향을 조사하고 있으나, 그림 3-16과 같이 고압하에서 24시간 방치하면 효소는 불가역적으로 불활성화된다.

형태적으로는 고압하에서는 세포분열을 하지 못하고 선상을 나타내나, 상압하에 두면 세포분열이 일어나 일반단간균상으로 복귀된다. 그리고 우주 미생물을 분리하고 연구할 때는 무압상태로 해야 좋을 것이다.

표 3-33 세균생육에 대한 압력과 온도(Zobell 등)

균 명		300기압			400기압			500기압			600기압		
		20℃	30℃	40℃	20℃	30℃	40℃	20℃	30℃	40℃	20℃	30℃	40℃
육상균	*Clostridium sporogenes*	−	+++	+++	−	++	+++	−	−	−	−	−	−
	Bacillus subtitlis	−	+++	+++	−	++	+++	−	−	+++	−	−	++
	Pseudomones fluorescens	++	+++	+++	−	++	+++	−	−	+++	−	−	−
해상균	*Achromobacter thalassius*	−	+++	++	−	−	+++	−	−	−	−	−	−
	Bacillus submarinus	++	+++	+++	+	+++	+++	−	+++	+++	−	+++	+++
	Pseudomonas xanthocrus	+++	+++	−	+++	+++	+	++	++	++	+	+	−

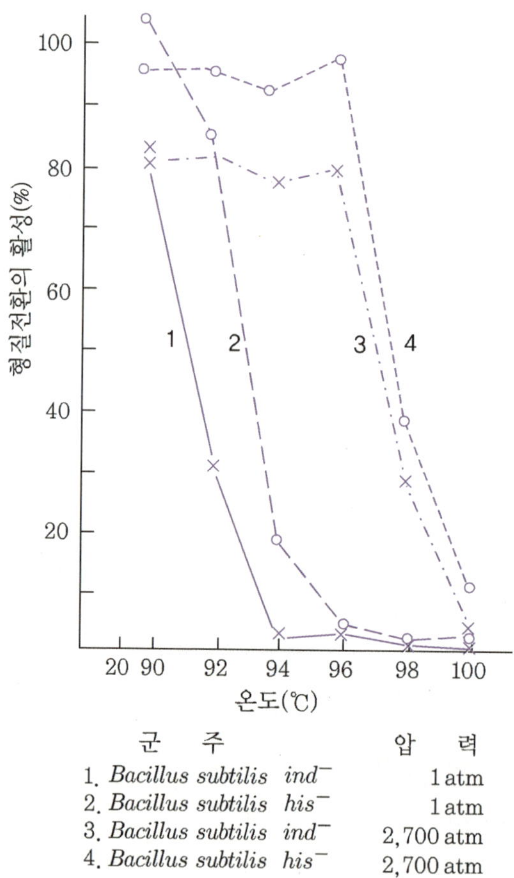

군 주	압 력
1. *Bacillus subtilis ind⁻*	1 atm
2. *Bacillus subtilis his⁻*	1 atm
3. *Bacillus subtilis ind⁻*	2,700 atm
4. *Bacillus subtilis his⁻*	2,700 atm

[그림 3-15] DNA의 열변성에 대한 압력의 영향(Heden 등)

2) 삼투압(osmotic pressure)

Knaysi는 *Esherichia coli*를 peptone 및 glucose를 각각 1 %를 함유한 meat extract에 배양한 경우 그 배지(P_m) 및 세포 내(P_c)의 삼투압의 변화를 그림 3-17과 같이 나타내었다. 여기에서 $P_c - P_m = \theta$를 팽압(turgo pressure)이라 한다.

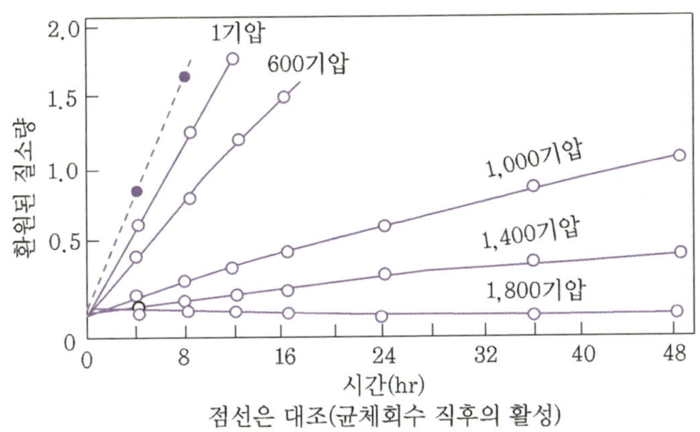

[그림 3-16] 각 압력하에 10℃에서 24시간 방치한 다음 *Pseudomonas perfectomarinus*의 질산염 환원력(10℃, 1기압하)(Zobell and Budge)

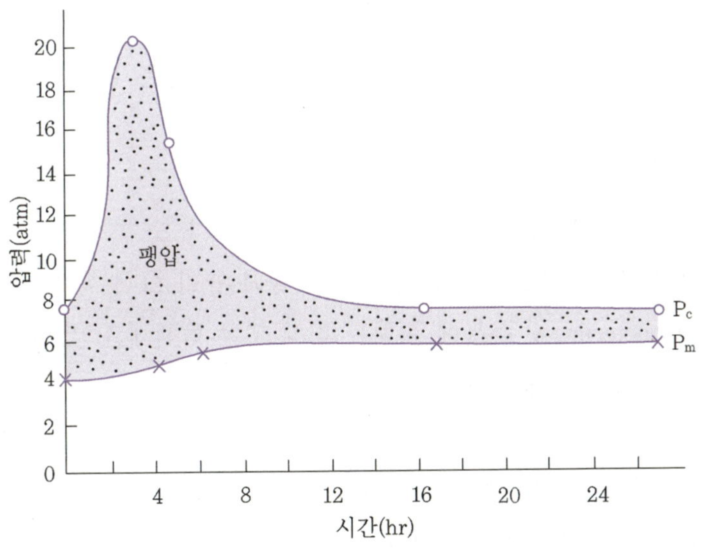

[그림 3-17] *E. coli* 배양 중에 팽압 $P_c - P_m$의 변화

세포는 유도기에서 외계로부터 가용성 영양분을 흡수하고, 급속히 그 세포 내의 삼투압을 증가시킨다. 대수기의 초기에는 팽압이 최고가 되어 15기압에 달한다. 팽압 1기압 $=0.01\text{mg}/\mu^2$의 신장력이 세포벽에 작용하는 것으로 된다. 어떤 균주의 세포 내부의 삼투압은 그것을 둘러싼 배지의 삼투압의 차에 의하여 영향을 미치나 그 정도는 많지 않고 또 팽압의 차는 그보다 훨씬 적다.

미생물의 종류에 따라 그 세포 내의 삼투압이 다르며, 그리고 외부의 삼투압에 대한 저항성 혹은 적응성이 다르다. 미생물에는 바다와 소금물에 생육하는 것과 강물에 생육하는 것 또는 50% 당용액에 생육하는 것 등 여러 종류가 있다. 절대호삼투압균(obligate osmophiles), 호삼투압균, 내삼투압균 및 기타 균으로 나누고 있다. 호염균 중에서도 12~15% 소금 존재하에서만 생육하고, 저농도소금(예 4%)에서는 생육하지 못하는 절대호염균이 있다. 절대호삼투압균에는 렌즈에 자라는 곰팡이인 *Asp. glaucs var. tonophilus*와 양갱에 자라는 곰팡이가 있고, 절대호염균에는 소금절임 식품을 오염시키는 세균인 *Halobacterium*과 간장덧 중에 있는 *Sacch. marxianus*(*Zygosacch. sojae*), *Pediococcus sojae* 등이 있다. 호삼투압균에서도 원형질의 삼투압은 배지의 그것보다 높고, 세포 내에 있는 물은 결합수상태로 있는 것이 많다. *Asp. glaucus var. tonophilus*의 세포 내 삼투압은 약 250기압이고 이 균의 빙점은 −21℃라 한다. 또 Thatcher는 식물병원성 곰팡이의 삼투압은 숙주의 그것보다도 높고, 그것이 병원성의 원인이라 생각하고 있다. 그 결과에 의하면 균사의 삼투압은 15.5~41.3기압이다.

(4) 광선과 방사선

1) 광선, 자외선, 가시광선

미생물은 일부를 제외하고는 엽록소가 있는 식물과 달리 그 생육에 광선을 필요로 하지 않는다. Rhodobacteriineae 아목에 속하는 적색 또는 녹색세균 및 녹조류의 Chlorella 등은 빛에너지를 이용하여 생육한다.

미생물은 밝은 장소보다 어두운 장소에서 잘 생육하고, 햇빛은 오히려 유해하다. 그러나 곰팡이류의 포자형성에는 약간의 빛이 필요하고, 포자형성기관은 빛방향으로 뻗고 성숙한 포자는 빛을 향하여 방출된다.

직사일광은 살균력이 매우 강하여 일반세균은 수분 내에 사멸하고, 포자도 수시간에 사멸된다. 햇빛의 광선 중에 실제로 살균력이 있는 것은 단파장의 자외선(2,000~3,000 Å, Å은 1cm의 1억분의 1) 부분이고, 가시광선(4,000~7,000Å)과 적외선(7,500Å 이상)은 살균력이 없다(그림 3-18).

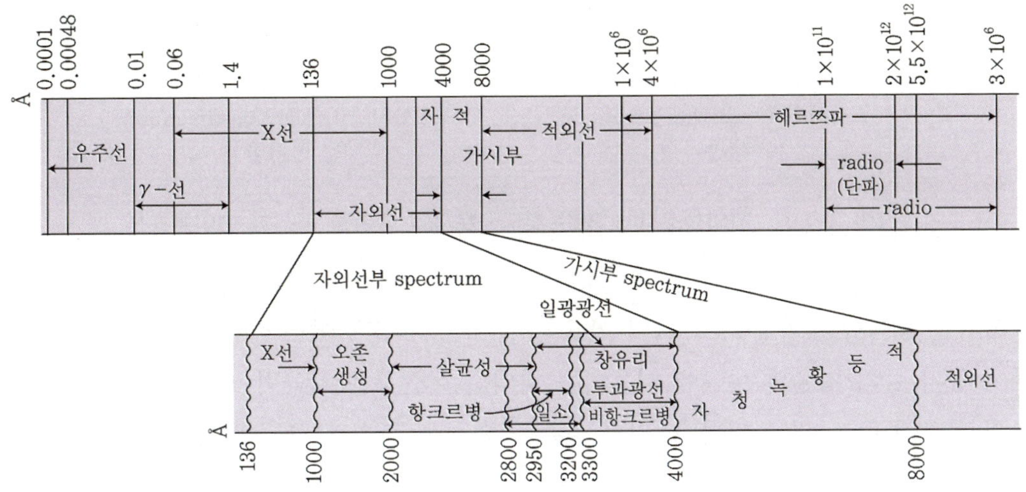

[그림 3-18] **방사선 및 광선의 spectrum**

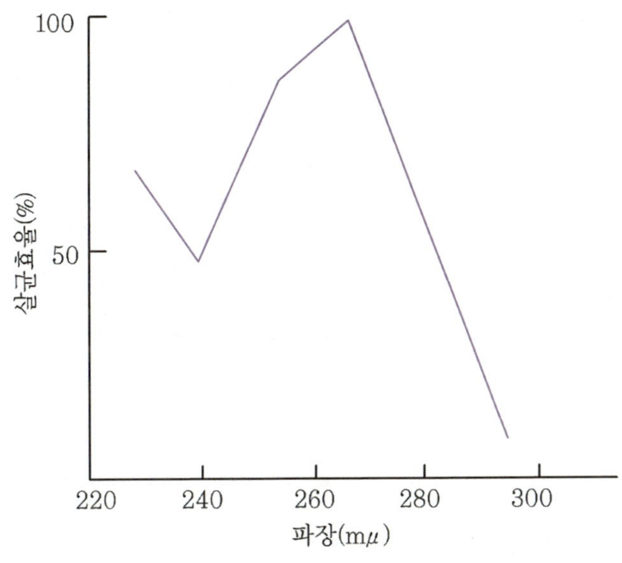

[그림 3-19] **포자의 사멸에 대한 자외선의 작용곡선**

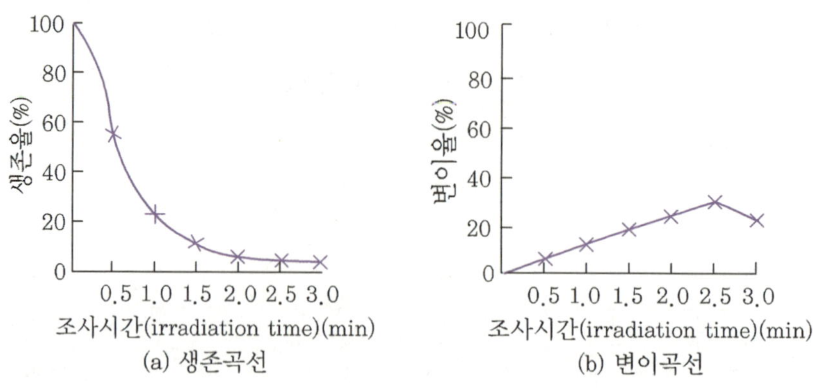

[그림 3-20] 자외선조사에 의한 흑국균포자의 생존율 곡선과 변이율곡선

자외선 중에서도 파장 2,600Å이 살균력이 제일 강하다. 최근 식품가공공장과 실험실에서 공기 중의 잡균의 살균에 이용되는 자외선 살균등은 살균력이 강한 2,500~2,800Å의 파장이 주로 되어 있다. 유리와 물은 자외선을 흡수하므로 유리를 통과한 햇빛의 살균력은 약하다. 같은 이유로 자외선을 물과 식품 등의 물질에 조사한 경우는 표면층 부분만 살균된다.

자외선 살균등에서 나오는 자외선도 살균작용이 있으며 그 파장에 따른 action spectrum은 그림 3-19와 같다. 핵산의 흡수대는(λ_{max}) 260~280nm에 최대치를 갖고 있다.

자외선은 살균작용과 동시에 변이를 일으키는 작용이 있고, 자외선 조사 후에 살아남은 생존균주 중에는 변이주(mutant)가 높은 비율로 존재한다. 그림 3-20에는 흑국균포자에 대한 자외선의 작용을 나타냈다. 변이주가 나타나는 비율(변이율)은 조사 전후의 처리조건에 따라 다르다. 예를 들면, 조사 전에 2,4-dinitrophenol 혹은 nitrogen mustard 처리 등을 하면 변이주가 나타나는 비율이 증가한다. 한편 살균작용에 대하여도 광재부활(photoreactivation)이라는 현상이 있다. 자외선조사한 세균에 다시 365~450nm의 가시광선을 조사하면 조사하지 않은 것에 비하여 매우 높은 비율로 생존균주가 남는 경우가 있다. 이러한 사실은 자외선이 미생물세포를 죽이거나 혹은 가역적인 불안전한 상태로 되고, 후자의 경우 세포는 그 후의 처리에 의하여 사멸하거나, 혹은 2차적으로 변이를 일으키거나 또는 다시 조사 전의 상태로 회복되기 때문이다. 자세한 것은 변이의 장에서 설명한다.

2) 방사선

위에서 설명한 햇빛을 포함하여 에너지가 공간을 통하여 전달되는 것을 방사(radiation)라 하며, 방사에너지가 물질에 도달하면 에너지와 물질 간에 상호작용이 일어난다. 이와 같이 하여 방사선은 모든 생체세포에 치사작용 및 변이유기작용을 일으킨다. 자외선보다 파장이 짧은 X선($0.5 \sim 10 \text{Å}$, 전자파), γ선(X선보다 파장이 짧다), β선(고속전자) 및 α선(고속 helium 핵), 중성자 등의 방사선은 어느 것이나 직접·간접으로 미생물에 영향을 미친다.

제2차대전 중 미국에서 고에너지, 고속도의 전자발생장치가 발명되어 암의 치료에 이용되었으며, 그 후에 식품의 살균에 방사성동위원소(isotope) 및 방사선을 이용하고자 하는 많은 연구가 진행되어 왔다.

표 3-34 내열성 보호성분의 감소와 세균의 사멸온도

생 물 명	반수가 죽는 X선량(rad)
(바이러스)	
Tabacco mosaic 바이러스	200,000
(세 균)	
Escherichia coli	5,000
Bacillus mesentericus	130,000
(곰팡이)*	
Aspergillus	400,000
Penicillium	200,000~250,000
Botrytis	540,000~970,000
(조 류)	
Pandroina	4,000
(원생동물)	
Paramecium	300,000
(척추동물)	
금붕어	750
쥐	450
원숭이	450
사람	400 (?)

*치사량을 나타냄.

식품의 조사용으로서는 조사된 식품에 방사능이 유기되지 않는 것이 필요하고, 현재 공업적으로 이용 가능한 것은 Co^{60}, Cs^{137} 등의 γ선과 β선이다.

방사선의 물질투과작용을 응용하여 살균하는 방법을 'Cold sterilization, 냉살균'이라 한다. 이 방법은 가열하지 않고 용기에 담은 채 살균할 수 있다. 단 조사량이 많으면 물질을 변질시키거나 갈변시키는 결점이 있다.

방사선의 살균메커니즘은 ① 미생물의 핵과 같은 중요한 타깃의 분자를 변화시킨다. 즉 DNA를 저분자화시켜 그 점도를 저하시킨다든지 혹은 염색체를 절단한다. ② 세포 내의 물, 산소를 이온화하고, 이때 생긴 H·OH기와 유기과산화물이 세포 안의 다른 분자에 작용한다. 이 외에 여러 설이 있다.

X선에 대한 각종 생물의 감수성을 표 3-34에 나타냈다.

3. 생물적 인자

식품의 발효 변패에는 몇 개의 균국을 볼 수 있고 단일한 미생물군에 의하는 경우보다 여러 가지 미생물이 같이 있으면서 서로 영향을 주고받고 있다.

이와 같이 미생물이 혼합된 곳에서는 각 미생물 간에 영양물질, 산소, 생활공간 등의 경쟁적 섭취 혹은 그중 어떤 대사산물(때로는 항생물질)이 다른 균의 생육을 억제하는 현상, 즉 길항(antagonism) 현상 등을 볼 수 있다.

그러나 때로는 미생물은 혼합계에서 서로가 전혀 관계하지 않고 생육하는 경우(불편공생, neutralism, neutralistic symbiosis) 혹은 한쪽 혹은 양자가 서로 이익이 되는 경우(편리공생, commensalism, metabiosis), 그 외에 종류가 다른 미생물이 공동으로 새로운 기능을 나타내는 경우(공동작용, synergism) 등이 있다. 이하에 주로 식품에서 볼 수 있는 미생물의 상호관계를 설명한다.

(1) 상호공생

공존하고 있는 각 미생물의 생장·생존에 서로 유익하게 영향을 주면서 생활하는 것을 공생(mutalistic symbiosis, mutalism)이라 한다.

예를 들면, 해조는 대사에 비타민 B_{12}를 필요로 하나 합성능력이 없어, *Pseudomonas*, *Achromobacter*, *Bacillus*, *Erwinia* 등의 세균이 해조표면의 점질물 중에 생존하여 비타민 B_{12}를 공여하고 생육인자, 영양소를 서로 교환한다. 또 콩과식물과 근류균 (*Rhizobium*)과의 사이도 공생인 경우이다.

(2) 공동작용

두 종류 이상의 균이 공존함으로써 그중 어느 균도 갖지 못한 기능을 나타내는 경우를 공동작용, 공력(synergism)이라 한다. 예를 들면, ① 우유제품 중에서 *Ps. syncyanea* 단독으로 생육할 경우는 담갈색을 나타내나, *Sc. lactis*만으로는 색의 변화가 없다. 이 두 균을 같이 생육하면 신선한 청색을 나타낸다. ② *Pen. verruculosum*의 균체 내에 생성한 전구물질이 *Trichoderma*의 작용으로 변화를 받아 적색 색소를 균체 내와 배지 중에 생성한다.

(3) 편리공생

공존하는 미생물의 한쪽에 대하여 다른 쪽이 유리하게 작용할 경우를 편리공생 (commensalism, metaiosis)이라 한다. 예를 들면, ① 편성혐기성균을 호기성균 *Serratia marcescens*와 같이 배양하고, 호기성균이 배양환경에 있는 산소를 소비하면 그 다음에 편성혐기성균의 생육이 가능하게 된다. ② 사과 과즙의 발효 후기에는 효모 균체로부터 유리한 아미노산, purine 염기 등이 젖산균의 생육인자로서 작용한다. 자기소화가 일어나기 전에 효모를 제거하면 젖산균의 생육은 정지된다. ③ 토양 중의 섬유소분해균이 섬유소를 분해하여 glucose를 만들면 공존하는 섬유소비분해성의 여러 세균이 생육 가능하게 된다. ④ *L. bulgaricus*에 의한 glycine, histidine 혹은 valine이 축적되면 *Sc. thermophilus*의 산생성을 촉진한다.

(4) 길항, 경합

미생물의 혼합계에서 영양분, 사소, 생활공간 등의 경합적 섭취 혹은 어떤 균의 대사생산물에 따라 다른 균의 생육이 억제되는 현상을 길항(antagonism), 경합(competition)이라 한다.

1) 효모의 길항

효모에 의하여 pH가 5.0 이하로 떨어지면 일반세균은 생육하지 못하게 되고, 알코올에 의하여 곰팡이의 생육이 저해된다. 산막효모는 알코올발효 중에 CO_2를 발생하여 혐기적 조건이 되므로 없어진다.

2) *Aerobater aerogenes*와 *Bac. subtilis*의 길항

Bouilon 배지에서는 후자가 산화-환원전위를 상승시켜 *Aerobacter aerogenase*의 증식에 적당치 않은 pH가 형성된다. 가당 Bouilon에서는 pH가 저하하고, 양자는 다같이 생육되어 오히려 공생적이다. 또 그 양자간에 Mg^{2+}의 경합도 일어나고, Mg^{2+} 이온의 흡수속도가 보다 빠른 *Aerobacter aerogenes*가 압도적으로 우세하게 된다.

(5) 항 생

폭넓게 길항현상 그 자체를 항생(antibiosis)이라 하나, 항생물질생산 등을 위하여 각 균이 해로운 작용을 받는 예를 설명한다. Fleming의 penicillin 발견 이후 많은 항생물질이 방선균 등에서 발견되어 이용되고 있는 것은 다시금 말할 필요가 없다. 그러나 한 번 균이 생육한 배지에서 그 균은 다시 생육하지 못하며, 이 현상을 *autoantibiosis*라 한다.

식품미생물 중 항생적인 것은 *Sc. lactis*에 의한 niasin의 생산, 어떤 종의 효모에 의하여 곰팡이와 그람 양성세균에 항생작용이 있는 불포화지방산의 생성, *Candida pulcherrima*가 배지에 pulcherrimin 같은 색소를 생산하여 세균과 곰팡이에 대하여 경합, 억제하는 예가 있다.

제 04 장

|미생물의 대사와 효소|

1. 미생물에 있어서의 대사

　미생물세포는 영양분을 외계로부터 섭취하여 생육하며 여러 종류의 기능을 수행한다. 이러한 균체 내에서 일어나는 세포 내 물질의 화학적 변화를 대사(metabolism)라고 한다. 일반적으로 영양분은 균체 내에서 여러 종류의 효소(enzyme)의 작용에 의하여 분해(catabolism)된다. 대사에 있어 분해 반응은 생물학적 산화(biological oxidation)에 의해 분해산물이 형성되면서 그 결과 에너지가 생기고, 일부의 분해 중간생성물은 그 에너지를 이용한 동화작용(anabolism)에 의하여 균체의 여러 성분으로 재합성된다. 포도당과 같은 탄수화물을 이산화탄소와 물로 완전히 산화하는 반응에 의한 에너지의 발생은 다음과 같다.

$$C_6H_{12}O_6 + 6O_2 \rightarrow 6CO_2 + 6H_2O + 673\,kcal$$

　그리고 일부의 분해생성물은 대사산물(metabolite)로서 균체 밖으로 배출된다. 앞에서 기술한 바와 같이 미생물은 그 종류에 따라 영양분으로 사용되는 에너지원, 탄소원, 질소원 등이 단순한 것으로부터 복잡한 것까지 혹은 광합성균, 화학합성균, 질소고정균 등 여러 가지가 있으나, 그 대사, 에너지이용형식 혹은 균체성분 중에서 기본적인 것은 매우 유사하며 동식물의 경우와 같다.

　예를 들면, 혐기적 조건하에서는 효모세포는 포도당(glucose)을 분해하여 pyruvic acid를 거쳐서 CO_2와 알코올로 발효되며, 동물조직세포도 포도당을 같은 경로로 분해하여 pyruvic acid를 거쳐서 lactic acid를 생성한다.

　대사는 생체촉매로서 기능을 가지는 효소의 작용에 의하여 일어난다. 그러나 이들 반응도 근본적으로 화학열역학(chemical thermodynamics)의 법칙에 따르는 것에 주의해야 한다. 또 생화학적 변이주를 사용한 유전생화학(biochemical genetics)적 연구에 의하여 세포 내에서의 대사기작이 밝혀지고, 이러한 지식을 이용하여 특이한 대사산물을 미생물에서 축적되게 하거나 또는 효소의 생산 혹은 그 제어를 유전자 수준에서 논할 수 있게 된 것은 최근의 생화학 분야의 발전으로 이는 대부분이 미생물 세포를 대상으로 연구되어진 것으로 이들 분야에서 미생물의 공헌이 매우 크다.

그리고 미생물은 조직분화의 정도가 매우 적은 것이 특징으로 된 생물군이므로 대사 조절 메커니즘과 그에 관련된 세포분화 형태형성 등의 좋은 연구 자료라 할 수 있다.

대사 연구에 미생물을 사용하는 경우는 단순히 습한 균체, 동결 건조한 균체 혹은 acetone 건조균체를 이용하는 경우와 균체파괴방법으로 균체를 파괴한 다음 원심분리하여 무세포 추출액(cell free extract)을 사용하는 경우, 혹은 다시 그것을 정제한 단일 효소제품을 이용하는 경우 등 여러 가지가 있으나 가끔 효소를 작용시키는 기질을 동위원소로 표지하여 실험하기도 한다. 따라서 동위원소실험법도 미생물대사연구의 중요한 기본방법의 하나이다,

2. 효 소

효소는 단백질로서 생물학적 반응(biological reaction)을 촉매한다. 살아 있는 세포 안에서 일어나는 모든 반응은 대부분 효소에 의하여 촉매되어 일어난다. 만일 효소가 없으면 반응은 대단히 느리기 때문에 거의 일어나지 않는 것과 다름이 없다. 하나의 효소는 다만 한 가지 혹은 몇 가지 반응만을 촉매한다.

그렇기 때문에 세포 안에서 일어나는 수많은 반응을 위하여 세포 안에는 수많은 종류의 효소들이 들어 있으며, 이 모든 효소들은 특이성(specificity)을 가지고 있다. 효소는 화학적으로 ① 단백질 성분만으로 구성된 것(단순 단백질 효소, simple protein enzyme) 과 ② 단백질 외에 단백질 아닌 다른 물질이 결합되어 구성된 것(복합 단백질 효소, complex protein enzyme)이 있다. 복합 단백질 효소 에서 단백질이 아닌 부분 (prosthetic group)을 조효소(coenzyme)라고 한다.

예를 들면, carboxylase 혹은 decarboxylase는 coenzyme인 thiamine pyrophosphate가 효소 단백질과 결합된 것이다. 복합 단백질 효소에서 이 두 결합을 분리시키면 효소로 서의 촉매작용을 못하게 된다. 복합 단백질 효소에서 단백질 부분을 apoenzyme이라 부르며 coenzyme이 결합되어 있는 것을 holoenzyme이라고 한다.

2-1. 조효소

조효소(coenzyme)는 일반적으로 단백질과 약하게 결합되어 있어서 쉽게 분리되고 또 분자의 크기가 단백질에 비하여 비교적 작아서 투과성(dialyzable)을 가지고 있다. 한 가지 물질이 여러 종류의 효소에 조효소로 작용하기도 한다. 조효소로 알려진 것들 중에는 다음과 같은 것들이 있다.

(1) Thiamine pyrophosphate

α-Keto acid의 비산화적(nonoxidative) 또는 산화적(oxidative) 탈탄산(decarboxylation) 반응에 조효소로 참여한다(예 : pyruvate dehydrogenase, α-ketoglutarate dehydrogenase).

$$CH_3 \cdot CO \cdot COOH \ \rightarrow \ CH_3CHO + CO_2$$
pyruvic acid $\qquad\qquad$ acetaldehyde

$$R \cdot CO \cdot COOH + \tfrac{1}{2}O_2 \ \rightarrow \ RCOOH + CO_2$$
α-keto acid

α-Ketol 형성에도 조효소로 사용되어진다(예 : hexose monophosphate shunt에 있어서 transketolase).

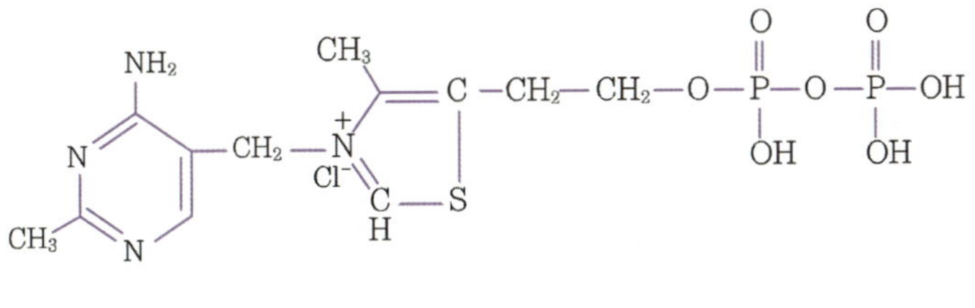

[그림 4-1] **Thiamine pyrophosphate**

(2) Nicotinamide adenine dinucleotide(NAD), nicotinamide adenine dinucleotide phosphate(NADP)

NAD와 NADP는 세포 안에서 일어나는 많은 dehydrogenase의 조효소로 들어가서 여러 가지 물질의 산화와 환원을 일으킨다.

NAD(NADP)가 알코올을 산화하는 모양은 다음과 같다. 알코올에 중수소가 들어가면 CH_3-CD_2OH로 표시되며 어떤 수소가 이동되는가를 알 수 있다.

$$CH_3CH2OH + NAD \leftrightharpoons CH_3CHO + NADH + H^+$$

NAD(NADP)의 산화환원은 그림 4-2와 같다.

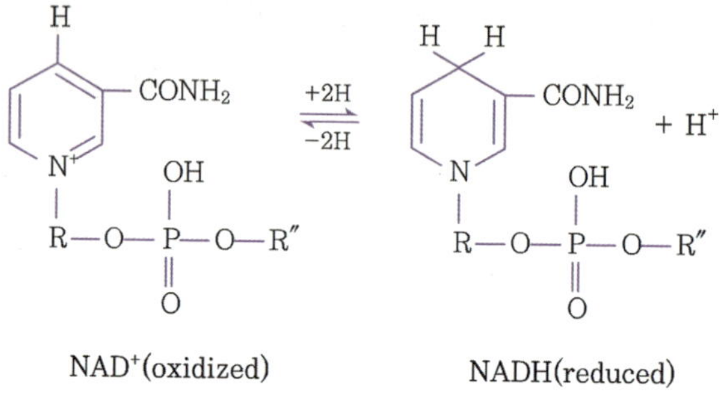

[그림 4-2] **NAD(NADP)의 산화환원**

(3) Flavin mononucleotide(FMN), flavin adenine dinucleotide(FAD)

FMN와 FAD는 조직에서 여러 가지 물질들의 산화 환원에 조효소로 참여한다. FMN(FAD)의 산화(oxidized from)·환원(reduced from)된 형태는 그림 4-3과 같다.

(4) Pyridoxal phosphate

아미노산들의 decarboxylation, transamination, trans-sulfuration, hydroxyamine acid의 dehydration 등의 효소에 조효소로 참여한다.

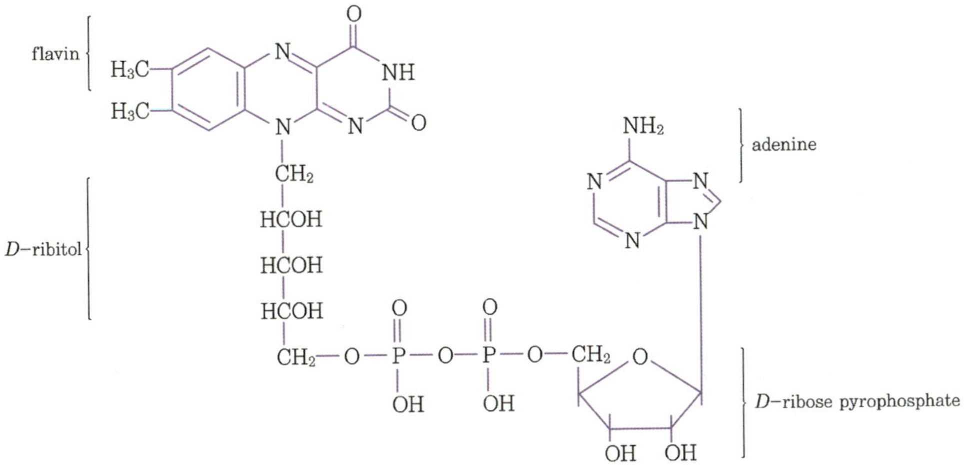

$C_{27}H_{33}N_3O_{15}P_2$(M.W. 785.6)
Flavin adenine dinucleotide(FAD)

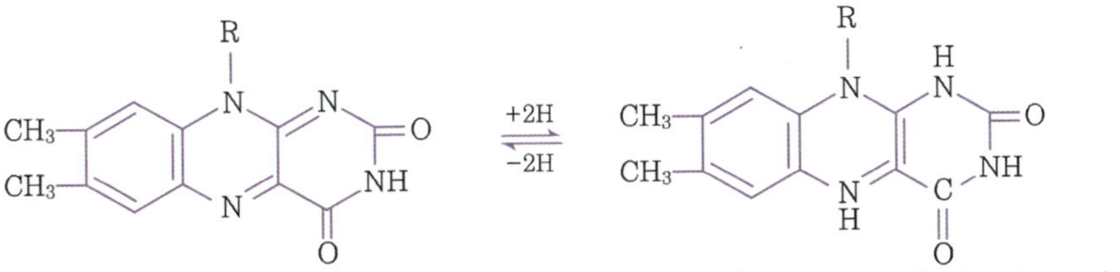

FMN 혹은 FAD(oxidized form)　　FMN · H_2 혹은 FAD · H_2(reduced form)

[그림 4-3] FAD의 구조와 산화 환원상태

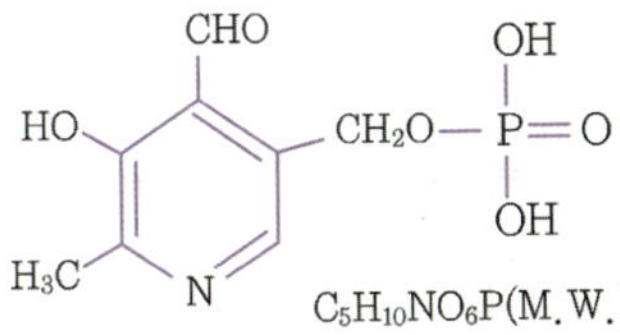

$C_5H_{10}NO_6P$(M.W. 247)

[그림 4-4] Pyridoxal phosphate의 분자구조

(5) Uridine diphosphate gluose(UDPG, UDP-glucose)

UDPG는 galactose 형성에 조효소로 작용한다.

UDGP는 UDP-glucuronic acid로 산화되고 후자는 glucuronide 형성에 관계한다.

UDP-glucose는 polysaccharide(glycogen, starch) 형성에 작용하며 UDP-glucuronic acid, UDP-acetylglucosamine 등은 mucopolysaccharide 형성에 관계한다.

$$\text{UDP-glucose} \xrightarrow[\text{epimerase}]{\text{UDP-galactose}} \text{UDP-galactose}$$

(6) Coenzyme A(CoA, Co-acetylase)

식초산과 지방산을 활성화(activation)하는 데 조효소로 참여한다.

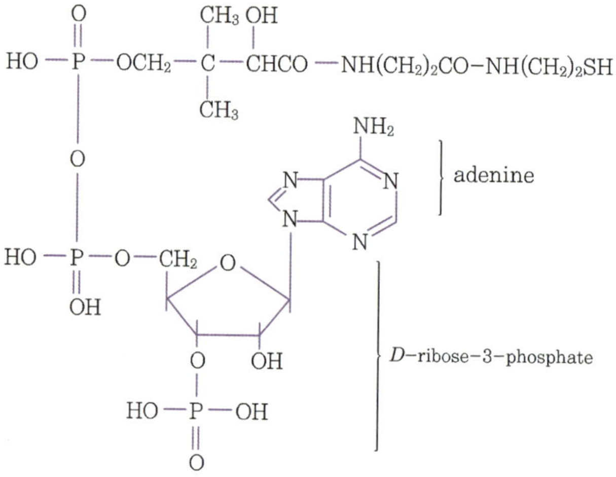

$$\text{HO}-\overset{\overset{\text{O}}{\|}}{\text{P}}-\text{OCH}_2-\overset{\overset{\text{CH}_3}{|}}{\underset{\underset{\text{CH}_3}{|}}{\text{C}}}-\overset{\overset{\text{OH}}{|}}{\text{CH}}\text{CO}-\text{NH(CH}_2)_2\text{CO}-\text{NH(CH}_2)_2\text{SH}$$

$C_{21}H_{36}N_7O_{16}P_3S$(M.W. 767.4)

Pantothenic aced(pantoic acid-β-alanine)-thioethanolamine-pyrophosphate-adenine D-ribose-3-phosphate

[그림 4-5] Coenzyme A의 구조

(7) S-Adenosyl methionine

S-Adenosyl methionine은 methionine의 활성화된 형태이다. Transmethylation 반응에 있어서 methionine은 활성형(active form)이 된 이후에 작용하며 choline, creatine 형성에 서도 active methionine이 작용한다.

이외에 다음과 같은 물질들도 coenzyme으로 알려져 있다. Adenosine triphosphate, cytidine nucleotide, guanosine(inosine) nucleotide, lipoic acid, glutathione, tetrahydro-folic acid, heme coenzyme, biotin, B_{12} coenzyme, coenzyme Q.

2-2. 효소의 명명과 분류

효소들의 명칭들은 일반적으로 효소가 작용하는 기질(substrate)의 명칭 끝에 -ase를 붙인다. 예를 들면, 전분(starch, amylase)을 분해하는 효소의 명칭은 amylase, 지방(fat, lipid)을 분해하는 효소는 lipase, 단백질을 분해하는 효소는 protease 등으로 불린다. 그러나 pepsin, trypsin 등의 명칭은 이런 원칙이 생기기 전에 만들어진 것으로 이와 같은 예외도 있다.

한편으로 생화학의 발전으로 많은 종류의 효소가 알려지게 되어, 1961년에 국제생화학회(International Union of Biochemistry, IUB)에서 합리적으로 효소를 다음과 같이 크게 6그룹으로 분류하기로 약속하였다.

① oxidoreductase - 산화-환원을 촉매한다.

② transferase - 어떤 원자단을 전위시키는 반응을 촉매한다.

③ hydrolase - 가수분해반응을 촉매한다.

④ lyase - 어떤 원자단을 제거하여 이중결합을 남긴다. 혹은 그 역방향을 촉매한다.

⑤ isomerase - 이성질체화(somerization)에 관계한다.

⑥ ligase(synthetase) - 고에너지 결합(high energy bond)을 이용하여 두 분자를 결합시킨다.

이와 같이 효소를 6그룹으로 크게 분류하고 그 다음에 다시 소분류한다. 그래서 각 효소들은 조직적 법전 번호(systematic code number)를 갖게 된다.

예를 들면 2, 3, 1, 6이라고 하면 '2'는 class number로서 transferase에 속한다는 것을 의미하고 '3'은 subclass number로서 acetyltransferase를 의미하고, '1'은 sub-sub class number로서 acetyl acceptor로 알코올을 의미하며, 마지막으로 '6'은 choline acetyl transferase(acetyl-CoA : choline O-acetyl transferase)를 의미한다. 또 효소가 세포 내에 있는 경우는 세포내효소(intracellular enzyme), 세포 외로 분비하는 것은 세포외효소(extracellular enzyme)라 부른다. 어떤 효소가 세포가 있는 환경조건에 관계없이 세포

내에서 생성되는 경우는 그 효소를 구성효소(constitutive enzyme)라 하며, 그렇지 않고 효소의 기질 등이 존재하는 특정한 조건에서 생성되는 경우는 유도효소(induced enzyme, adaptive enzyme)라 한다.

2-3. 기질 특이성(substrate specificity)

효소는 이들이 작용하는 기질에 대하여 고도의 특이성을 가지고 있어서 독특한 물질에만 작용한다. 예로서 galactokinase는 galactose에만 작용한다. 그러나 hexokinase는 glucose 외에 다른 hexose에도 작용한다. 이와 같이 효소의 특이성은 효소마다 그 정도가 다르다. Maltase는 α-glucoside를 가수분해는 하여도 β-glucoside는 가수분해하지 못한다. 이와 같이 효소는 광학적인 특이성(optical specificity)도 가지고 있다.

효소와 기질은 일반적으로 세 곳에서 결합하는 것으로 생각된다. 그렇기 때문에 대칭성(symmetric) 분자도 효소와 결합하면 비대칭성(asymmetric)이 되기도 한다.

TCA cycle에 있어서 citric acid는 대칭성 분자이지만 효소, aconitase는 비대칭성 분자와 같이 취급한다.

2-4. 효소의 작용기작

효소는 기질과 복합체(enzyme-substrate complex)를 형성하며, 이때 기질은 효소의 활성중심(active center)에 결합한다. 결합된 기질은 효소-기질 복합체상태에서 효소의 작용에 의해 생산물로 전환되어 효소로부터 떨어진다.

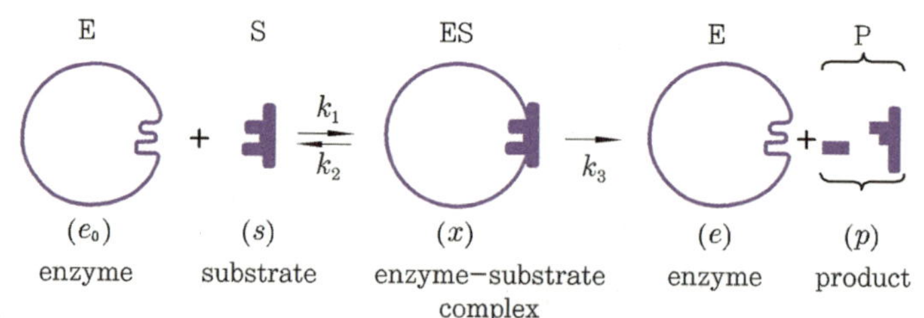

(e_0) : 효소의 전체량 (e) : 유리상태에 있는 효소의 농도
(s) : 기질농도 (x) : 효소와 기질의 복합체(ES)로서 결합된 효소량

[그림 4-6] 효소반응의 모형

$$\text{enzyme} + \text{substrate} \rightleftharpoons \text{enzyme} - \text{substrate} - \text{complex}$$
$$\text{enzyme} - \text{substrate} - \text{complex} \rightleftharpoons \text{enzyme} + \text{products}$$

3-Phosphoglyceraldehyde dehydrogenase의 활성중심에는 HS기가 있고 이 HS기에 기질이 붙는 것으로 보고 있다.

2-5. 효소와 에너지 장벽

어떤 화학반응이 일어나면 반응에 관계하는 분자들이 서로 충돌하여야 한다. 그리고 각 분자는 충분한 에너지(kinetic energy)를 가지고 있어서 그 반응을 방해하는 장벽을 넘어가야 한다. 분자의 운동에너지를 증가시키는 모든 조건은 반응을 촉진시킨다. 온도를 올리면 분자의 운동에너지는 증가하여 반응은 빨라진다.

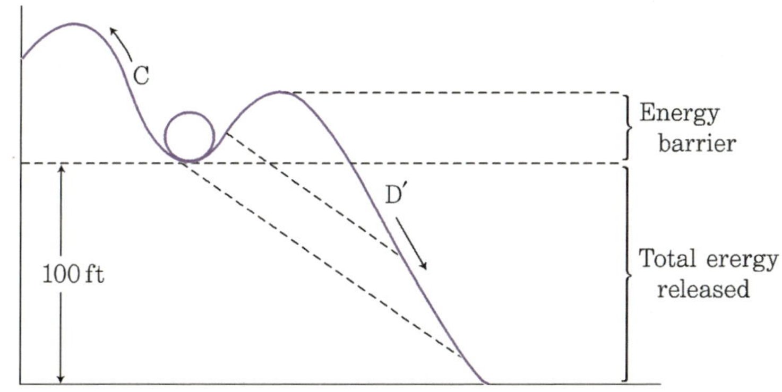

[그림 4-7] 화학반응을 언덕에 있는 돌을 굴려 내리는 데 비교하여 본 것이다. 에너지 장벽을 넘기 위하여 kinetic energy를 올려 주어야 한다. 촉매는 옆에 굴을 파주어 에너지장벽을 없이 하는 것과 같다.

온도가 떨어지면 반응속도는 느려지고 상온에서는 반응하지 않는 것이 많다. 그러나 분자들은 이 온도에서도 충돌하고 있다. 다만 분자가 반응을 방해하는 장벽을 넘어갈 만한 충분한 운동에너지를 갖지 못하고 있다. 효소는 생물세포 안의 비교적 낮은 온도에서도 화학반응이 일어나도록 촉매하는 것이다. 촉매란 그림 4-7에서 보는 것과 같이 돌을 굴려 내리는데, 그 장벽 옆에 길을 내서 돌이 쉽게 굴러 가게 하는 것과 같다. 이 돌이 장벽을 넘어가게 하려면 상당한 운동에너지를 가해 주어야 하지만 동굴을 만들어 주면 돌은 작은 운동에너지를 가지고도 그 길을 통하여 굴러 갈 수 있는 것과 같은 이치이다.

2-6. 효소의 변성

단백질의 활성은 각 단백질의 고유한 형태인 3차구조를 형성함으로써 나타난다. 그러나 효소단백질의 2차 혹은 3차구조가 달라지면, 즉 변성(denaturation)되면 생물학적 활성(biological activity)을 잃게 된다. 단백질의 변성은 고열, 강산, 강알칼리, 중금속 등에 의하여 일어나며 이들에 의하여 단백질 내부의 구조적 변화를 일으키게 된다.

(1) pH

용액의 pH 변화는 효소와 기질의 하전상태를 변화시키며, 따라서 반응속도도 달라진다. 효소에 따라 반응의 최적 pH는 다르며, 일반적으로 pH 5.0~9.0에 최적 pH를 갖고 있다. 효소는 pH가 강산, 강알칼리, 즉 극단으로 가면 쉽게 변성한다. 효소와 기질은 서로 반대로 되었을 때 쉽게 접촉하여 반응한다. 만일 효소는 음성(E^-)으로 대전하고 기질은 양성(S^+)으로 대전하였다면

$$E^- + S^+ \rightarrow ES$$

pH가 낮아지면 E^-은 전기를 잃게 된다.

$$E^- + H^+ \rightarrow E$$

이때에는 ES 복합체가 잘 형성되지 않아 반응은 느리게 된다. pH가 높아지면 반대로 S^+는 전기를 잃게 된다.

$$S^+ \rightarrow S + H^+$$

이때에도 ES 복합체는 잘 형성되지 않아 반응은 느리게 된다.

(2) 온 도

효소의 촉매작용은 온도가 올라가면 어느 범위까지는 증가하며, 온도 10℃ 증가(혹은 감소)에 따라 변하는 반응속도를 Q_{10} 혹은 온도계수로 표시한다. 대략 온도가 10℃ 올라가면 반응속도는 배로 빨라진다($Q_{10}=2$). 여러 온도에서 효소에 의한 반응속도를 그래프로 그리면 그림 4-8과 같이 최적온도(optimal temperature)가 있다. 최적온도를 넘으면 반응속도는 낮아지게 되며, 최적온도까지는 반응하는 분자의 운동에너지가 증가하기 때문에 반응속도가 빨라진다. 그러나 이보다 온도가 더 올라가면 효소가 변성되기 때문에 촉매작용이 약해진다.

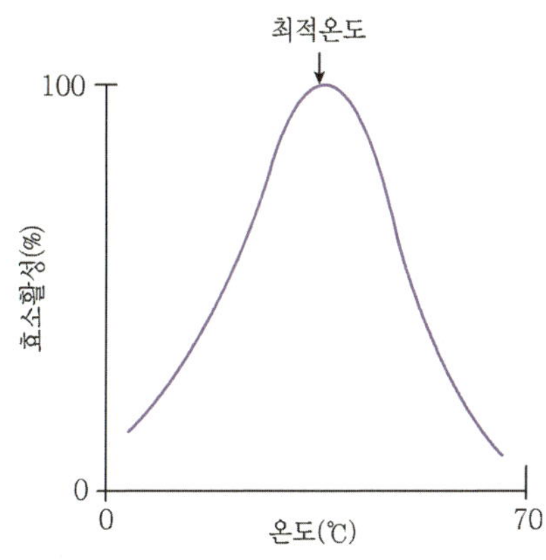

[그림 4-8] **온도와 효소작용과의 관계**

(3) 금속이온

많은 효소들은 작용에 어떤 특수한 금속이온(metal ion)을 필요로 한다. 여러 효소에 요구되는 금속이온들은 Fe^{++}, Fe^{+++}, Cu^{++}, Mo^{++}, Mo^{+++}, Zn^{++}, Mn^{++}, Mg^{++}, Ca^{++}, K^+ 등이 있다. Carbonic anhydrase는 아연 이온이 필요하고 아연 이온을 제거하면 작용은 없어지며, 다른 이온들은 carbonic anhydrase를 활성화하지 못한다. 어떤 효소는 하나 이상의 금속에 의하여 활성화된다.

Enolase(2-phosphoglycerate→phosphoenolpyruvate)는 Mg^{++}, 혹은 Mn^{++} 혹은 Zn^{++} 이온에 의하여 활성화된다. 어떤 효소는 활성화되려면 두 가지 금속이온을 필요로 한다. 예로서 pyruvic acid phosphokinase는 Mg^{++}와 K^+가 필요하다.

표 4-1 효소를 활성화하는 금속들

금속	효 소 들	금속	효 소 들
Mo	Xamthine oxidase Nitrate reductase	Zn	Carbonic anhydrase, Lactic dehydrogenase
Cu	Tyrosinase, Phenolase Ascorbic acid oxidase	Mg	Peptidase, Phosphatase ATP-emzymes
Re	Cytochrome enzymes, Catalase, Peroxidase, Tryptophan oxidase Homogentisicase	Mn	Arginase, Phosphoglucomutase Dipetidases
Ca	Lecithinases A and C, Lipases	Co	Peptidase

(4) Preenzyme(zymogen)

어떤 단백질효소는 효소전구체(precursor, preenzyme)로서 분비되며 이 preenzyme은 효소로서 작용을 하지 못하고 다음과 같이 활성화되어야 비로소 효소로서 작용을 하게 된다.

Pepsinogen과 trypsinogen은 각각 활성화된 pepsin과 trypsin에 의하여 활성화된다. (autocatalyzation). 효소 전구체는 그 active center가 peptide에 의하여 가리워져 있다. 따라서 활성화될 때에는 효소의 상당한 부분이 제거되기도 한다. Pepsinogen(분자량 42,500)은 그 분자의 약 1/5을 잃어 활성 pepsin(분자량 34,000)이 되며, procarboxypeptidase(96,000)는 carboxypeptidase(34,000)가 될 때 2/3를 잃는다. 그러나 trypsinogen은 6개의 아미노산만을 잃고 활성화된 trypsin이 된다.

$$\text{pepsinongen} \xrightarrow[\text{혹은 pepsin}]{\text{H}^+} \text{pepsin}$$

$$\text{trypsinogen} \xrightarrow[\text{혹은 trypsin}]{\text{enterokinase}} \text{trypsin}$$

$$\text{chymotrypsinogen} \xrightarrow{\text{trypsin}} \text{chymotrypsin}$$

2-7. 효소작용의 조절

효소의 활성(activity)은 어떤 작은 분자에 의하여 가역적으로 증가하기도 하고 감소되기도 한다. 이런 작은 분자를 조절인자(modifier)라고 한다(positive 혹은 negative modifier). 대개 금속이온은 positive modifier이며, chelating agent인 EDTA(ethylene diamine tetraacetate)는 금속이온과 복합체를 이루어 효소작용은 감소시키므로 negative modifier로 작용한다. 세포 내에는 정상적으로 효소작용을 조절하는 유기물질로서 구성된 조절인자들이 많이 존재한다.

2-8. 저해제(inhibitor, negative modifier)

효소저해제는 경쟁적 저해제(competitive inhibitor)와 비경쟁적 저해제(noncompetitive inhibitor)로 나뉘는데 실제로 순수한 competitive와 noncompetitive inhibitor는 많지 않다. 일반적으로 경쟁적 저해제는 효소의 활성중심(active center)에서 결합하고 비경쟁적 저해제는 효소의 활성중심부위 이외의 allosteric site에서 결합한다. 경쟁적 저해제는 그 구조가 기질과 비슷하여 기질과 경쟁적으로 효소의 활성중심에 결합한다. 그리고 그 결합은 가역적이다. 예로서 malonate는 그 구조식이 succinate와 비슷하여 succinate dehydrogenase의 활성부위에 대하여 경쟁적으로 결합하여 succinate가 fumarate로 되는 것을 방해하며, sulfonamide는 p-aminobenzoic acid(PABA)와 그 구조식이 비슷하여 이 물질은 PABA의 방해자로 작용한다.

비경쟁적 저해제는 경쟁적 저해제와는 달리 기질과 구조적인 유사성이 없으나 효소의 활성부위 이외의 위치(allosteric site)에 결합하여 효소 활성을 저해시킨다. 이들은 효소와 기질의 결합기작에는 영향을 미치지 않으나 그 결합으로 인하여 효소의 구조 변화를 유도하여 효소와 기질 복합체(ES complex)가 다음 단계인 기질과 생산물로 변화하는 단계를 저해하는 것이다. 그러나 이러한 저해제 중 그 활성이 매우 강한 것은 효소와 기질의 결합과 결합된 기질의 반응산물로의 전환 모두에 영향을 주는 것도 있다. Cytidine triphosphate(CTP)는 aspartate transcarbamylase의 비경쟁적 저해제이다. CTP는 이 효소의 allosteric site에 결합한다. Aspartate의 농도가 낮을 때 CTP는 상당히 강하게 효소작용을 방해한다. 그러나 aspartate의 농도를 점차 올리면 CTP의 방해작용은 약해진다. 이것은 CTP가 aspartate를 경쟁적으로 방해하기 때문은 아니다. Aspartate 농도가 낮을 때는 CTP가 효소의 allosteric site에 결합하여 활성중심의 모양을 변형시켜 aspartate가 활성 중심에 결합하는 것을 방해한다. 그러나 aspartate 농도가 높아지면 aspartate가 활성중심에 먼저 결합하여 allosteric site의 모양을 변형시킨다. 그리하여 CTP가 결합하는 것을 방해한다. 이리하여 CTP는 aspartate가 효소와 결합하는 것을 방해하지 못한다. Aspartate transcarbamylase는 6개의 subunit(6개의 polypeptide)로 되어 있다. 2개는 catalytic subunit이고 4개는 allosteric site가 있는 regulatory subunit이다. CTP에 의하여 방해를 받는 이 효소를 적당히 처리하면 catalytic subunit와 regulatory subunit로 분리된다. 이때 catalytic subunit는 CTP의 방해를 받지 않고 여전히 촉매작용을 한다. 이처럼 allosteric effect에 의하여 효소작용이 방해가 되기도 하지만 allosteric effector가 효소작용을 활성화하기도 한다. 이때에는 activator가 allosteric site에 결합하여 substrate 결합을 더 쉽게 하기 때문이다.

2-9. 효소의 반응속도

기질농도에 따른 효소의 반응속도는 낮은 기질의 농도의 범위에서는 기질농도에 비례하여 반응속도가 일차적으로 증가한다(first order reaction). 그러나 기질의 농도가 더욱 증가하면 그 반응속도의 증가도는 점차 감소하며(mixed order reaction) 높은 농도가 높아지면 반응속도는 최대로 되어 일정하게 된다(zero order reaction, 그림 4-9).

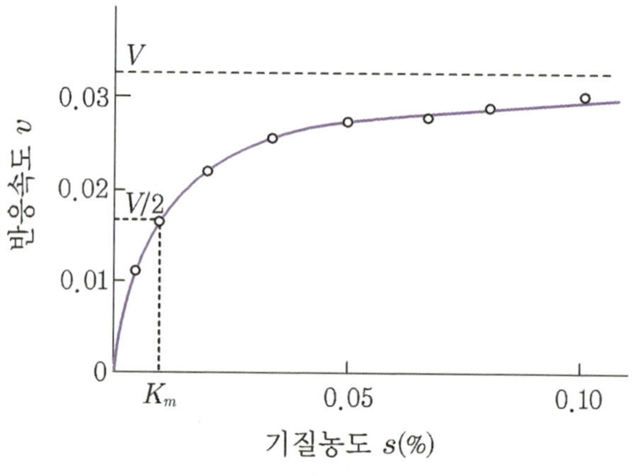

[그림 4-9] 반응속도와 기질농도와의 관계

Michaelis와 Menten은 효모의 invertase에 의한 sucrose의 가수분해 반응의 속도를 여러 효소농도 및 기질 농도에 대하여 측정하여 다음과 같은 결과를 얻었다.

$$V_0 = V_{max}\,[S]/K_m + [S]$$

V_0 = 기질농도에 의한 초기속도 V_{max} = 최대속도 K_m = 미카엘리스 상수

3. 탄수화물의 대사

대부분의 세균은 탄소원으로서 많은 화합물을 이용할 수 있다. 예를 들면, 유사단세포생물(*Pseudomonas*)은 여러 가지 탄화수소류, 페놀류, 알리파틱류, 아마이드류 등에서 생육할 수 있다. 그러나 다른 종류의 대부분의 세균은 생화학적인 잠재능력에서 다소 제한되어 있다. 그러나 거의 모든 세균은 포도당에서 생육가능하고, 이러한 물질이 탄소골격과 생합성을 위한 에너지를 만들기 위하여 대사된다고 생각하는 것이 바람직하다. 일련의 효소적인 촉매반응에 의하여 6탄당은 무기인산으로 처리된 후 분해되어 새로운 세포물질을 합성하기 위한 building block들로 이용될 수가 있다. 이들 반응과정에서 ATP 형태로 에너지가 생성되어 에너지가 요구되는 다른 합성반응에 이용된다. 현재 포도당의 대사에 대한 네 개의 주대사경로가 알려져 있다. 보통 이들은 관련생물의 특수한 생활양식과 관계된다. 이들 대사계통의 차이점은 특정한 반응계통에서 촉매작용을 하는 특정한 효소들이 존재하는가 또는 존재하지 않는가의 차이이다. 사실상 네 개의 모든 경로는 triose-phosphate를 pyruvate 대사경로에 공통된 대사영역과 이 영역 밖에서의 특징적인 차이를 볼 수 있다.

한편, 종류에 따라서 세균은 산소가 존재하거나 또는 없는 곳에서 생활할 수 있다. 즉, 일부는 이들 조건의 어느 한 경우만을 허용하는데 이들을 절대호기성균(obligate aerobe) 또는 절대혐기성균(obligate anaerobe)으로 분류한다. 그러나 많은 세균은 양쪽 조건들을 허용하며 이들을 통성혐기성균(facultative anaerobe)이라고 한다.

그러므로 세균에서 나타나는 glucose 대사경로는 생물이 존재할 수 있는 생활 조건과 관계된다. 호기조건(aerobic condition)하에서는 산소가 근본적인 수소수용체로 작용하며 혐기조건하에서 glucose 분해가 일어나려면 일련의 평형에 도달한 산화-환원반응에서 glucose 대사생성물들이 수소수용체로서 작용하여야만 한다. 이러한 차이로 인하여 호기성 미생물과 혐기성 미생물의 glucose 대사는 다음에 검토될 대사경로로 명백하게 될 것이다.

3-1. Glucose 대사경로

현재 알려진 네 가지 glucose 대사경로는 ① EMP(Embden-Meyerhof-Parnas) 경로

② pentose phosphate cycle ③ Entner-Doudoroff pathway ④ phosphoketolase pathway 등이다. 이들 대사경로의 특징을 살펴보기로 하자.

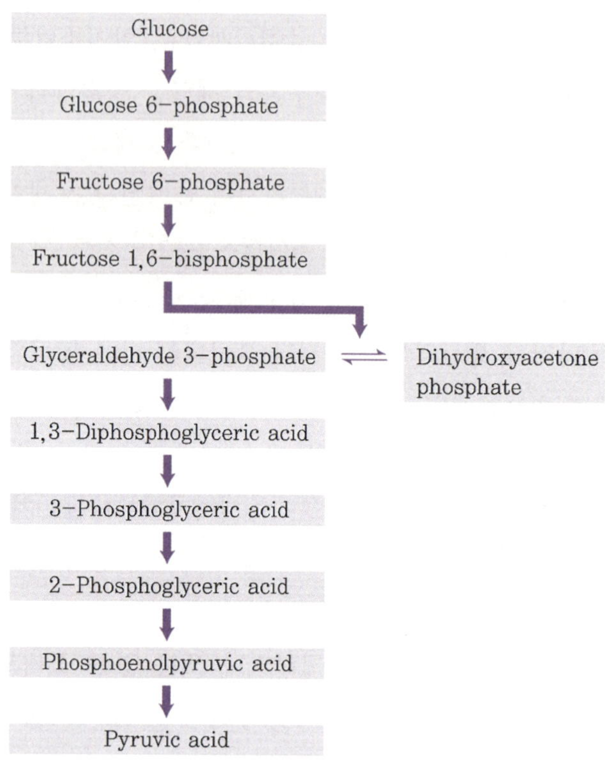

[그림 4-10] Glucose 분해의 Embden-Meyerhof glycolytic pathway

(1) Embden-Meyerhof-Parnas 대사경로

EMP 경로(그림 4-10)는 glucose가 혐기적으로 분해되어 pyruvic acid로 전환되는 과정을 연구한 연구자들의 이름을 따서 Embden-Meyerhof-Parnas 경로라 부르고 있으며 이를 해당과정(glycolysis)이라고 일컫는다. Glucose(C6)를 pyruvate(C3)로 전환시키는 데에는 약 열 개의 효소들이 관여한다. 이러한 과정은 크게는 ① ATP이 의한 glucose의 인산화 ② 3탄당 인산으로의 분해 ③ 3탄 인산의 산화 ④ pyruvic acid의 생성 단계로 나누어질 수 있다. 이 과정은 혐기적 조건하에서 이루어지며 생성된 pyruvic acid는 이후 tricarboxylic acid(TCA) cycle을 거치게 되면 CO_2 분해되게 된다. 혐기적

조건에서 pyruvate는 더욱 환원되어 lactose나 에탄올을 형성하고 또한 pyruvic acid는 아미노산과 같은 물질의 대사 중간 산물로서 사용되기도 한다.

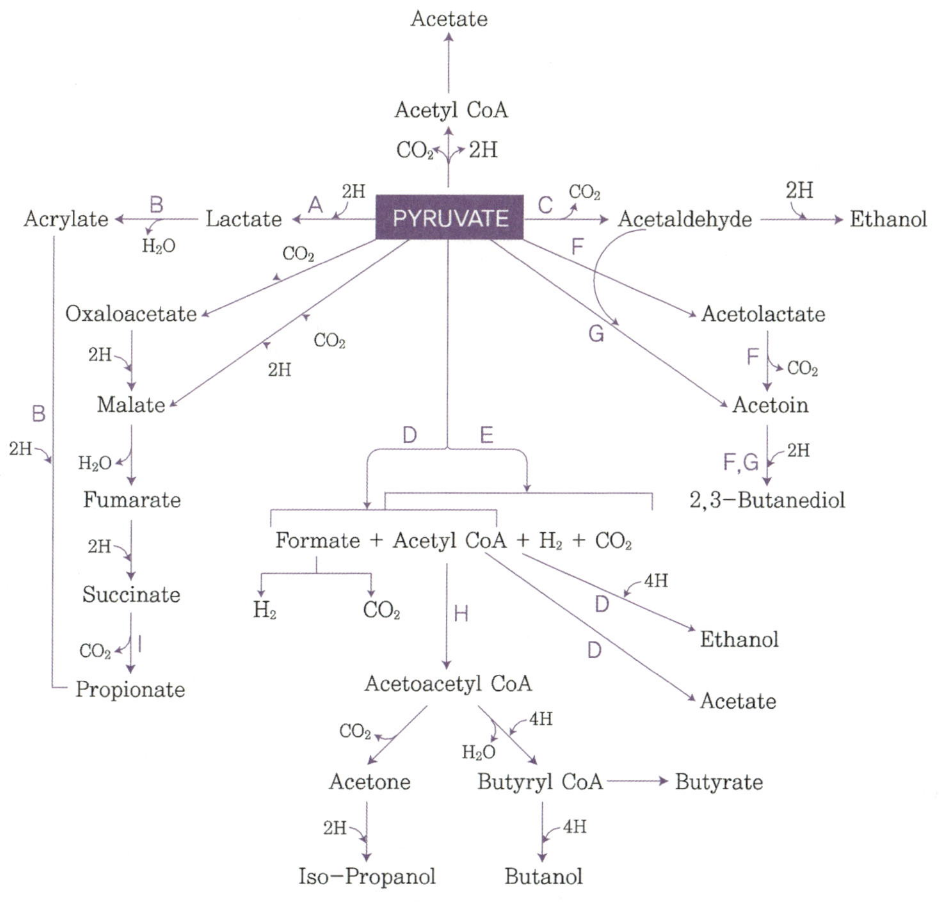

A. Lactic acid bacteria(*Streptococcus*, *Lactobacillus*)
B. *Clostridium propionicum*
C. Yeast, *Acetobacter* *Zymomonas*, *Sarcina ventriculi*, *Erwinia amylovora*
D. Enterobacteriaceae(coli-aerogenes)
E. Clostridia
F. Klebsiella
G. Yeast
H. Clostridia(butyric, butylic organisms)
I. Propionic acid bacteria

[그림 4-11] **Pyruvate의 세균에 의한 발효생산물. Glucose의 이화작용에 의해 생산된 pyruvate는 특정미생물의 특징이며 동정에 생화학적으로 도움을 주는 pathway에 의해 더욱 대사작용이 진행된다.**

(2) 세균에서의 pyruvate의 대사

세균은 효모와는 달리 대다수가 pyruvate 대사가 더욱 진행됨에 따라 다양한 생성물들을 나타낸다. 이들 반응들은 모든 산화-환원평형을 혐기적 조건에서 유지하며 생성물들은 세균의 종류에 따라 여러 가지 특징을 나타낸다. 이들 반응의 일부는 기질수준 인산화반응, 예를 들면, acyl coenzyme A가 free acid로 전환됨에 의하여 에너지를 추가적으로 생성할 수 있다.

$$acetyl\ CoA + ADP + P_i \rightleftharpoons acetate + ATP + CoA$$
$$butyryl\ CoA + ADP + P_i \rightleftharpoons butyrate + ATP + CoA$$

그러나 일반적으로 에너지 수율은 glucose에서 pyruvate로 전환될 때의 수율보다는 작다. 여러 가지 미생물에 의한 pyruvate의 발효반응은 그림 4-11로 요약하였다. 한 분자의 fructose 1,6-bisphophate는 두 분자의 triose phosphate로 되고 발효된 fructose bisphosphate의 1몰당 4몰의 ATP가 생성된다. Glucose의 인산화와 fructose 6-phosphate의 인산화에 각각 1몰의 ATP가 이용되기 때문에 실수율은 glucose 1몰당 2몰의 ATP가 된다. 세균에 의해서 생성된 pyruvate의 양은 미생물의 종류와 pH와 같은 환경조건에 따라 크게 달라진다. 그러므로 pyruvate 대사의 생성물들은 분류상 도움이 될 수 있다.

(3) Pentose phosphate cycle

여러 해 동안 EMP 경로는 유일한 포도당대사로 생각되었지만 pentose phosphate cycle 과정은 현재 여러 종의 세균을 포함한 생물체에 중요한 과정으로 알려지고 있다. 그러나 최근에 B.L. Horeker에 의해 처음 알려진 이 pentose cycle은 지방조직에서만 일어나는 것으로 알려졌다. J.F. Williams 등은 8탄당, 즉 octulose가 관여하는 더 복잡한 과정이 어떤 포유류조직에서 일어나고 있다는 것을 밝혔다. 현재 소위 이러한 new pentose cycle이 세균에서도 발견되었다는 보고는 없다. 전체적인 과정은 다음과 같이 요약할 수 있다.

$$6\ Glucose\ 6-\text{(P)} + 12NADP^+ + 6H_2O \rightarrow 5\ Glucose\ 6-\text{(P)} + 6CO_2 + 12NADPH_2 + 12H^+ + P_i$$

이것은 그림 4-12에서 도식적으로 설명되어 있고 6분자의 glucose 6-phosphate 분자가 이 cycle에서 관여하여 그들 중 한 분자가 CO_2와 H_2O로 완전 산화되고 5분자의 glucose 6-phosphate가 재생되는 것으로 생각된다. 이 과정은 hexose의 산화적 탈탄산에 의한 pentose의 생성과정이며 이렇게 생성된 pentose의 탄소골격의 혐기적 재배열에 의하여 이루어진다.

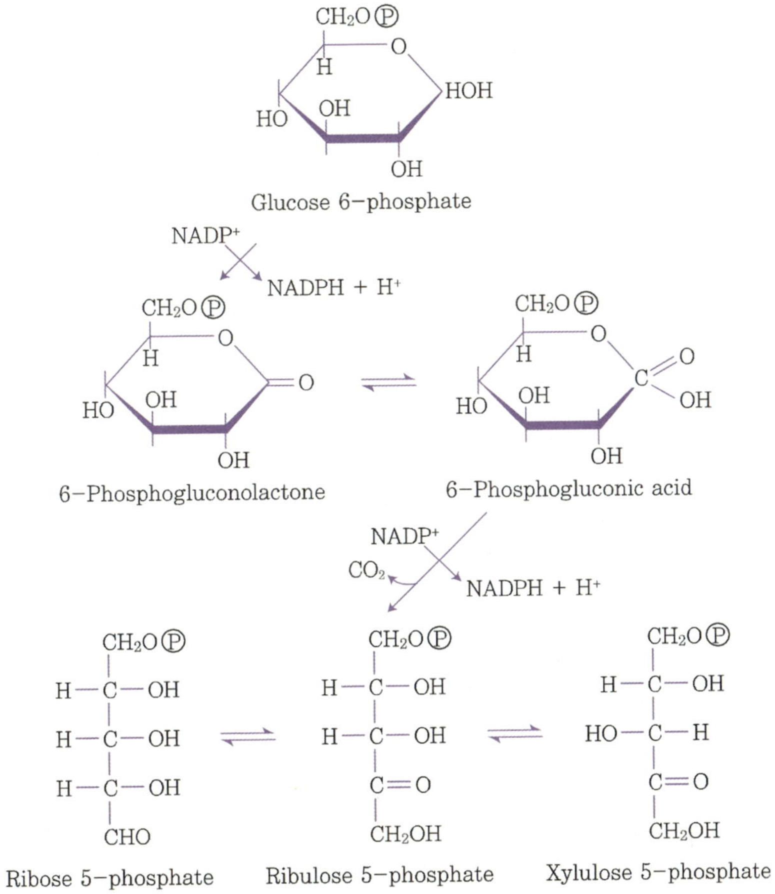

[그림 4-12] **Glucose 6-phosphate의 산화적 decarboxylation**

Pentose cycle에서 중요한 것은 NADPH의 생성이며, 이것이 acetate units의 축합과 환원으로 long chain fatty acids를 생성하는 일련의 지방산 생합성 반응에서 주요한 환원력의 원천이 될 수 있다. 이러한 의미에서 NADPH는 대체적인 에너지 형태로 생각할 수 있고 한 분자가 지방산합성에 이용된다. 그러나 생합성반응과 세포유지를 위한 에너지생성은 제외하고, pentose cycle은 또한 생합성에 필요한 중간물질을 생성하기 위하여 이용될 수 있다. 그리고 pentose, erythrose와 triose phosphate와 같은 화합물들이 이러한 목적을 위하여 이 cycle에서 소모된다.

(4) Entner-Doudoroff pathway

Entner와 Doudoroff는 *Pseudomonas saccarophila*를 사용하여 glucose 대사의 새로운 경로를 발견하였다. 이들은 [1-^{14}C]는 glucose로부터 선호적으로 $^{14}CO_2$를 방출하고 생성된 pyruvate는 Entner-Doudoroff 경로의 특징과는 다른 방식으로 표지된다는 것을 관찰하였다. 즉 하나의 pyruvate는 1-C로부터 유래되며 또 다른 pyruvate는 4-C로부터 유래됨을 관찰하였다.

새로운 중간생성물, 2-oxo-3-deoxy-6-phosphogluconate의 분리와 6-phosphogluconate에 대하여 특이한 dehydratase와 새로운 중간생성물에 특이한 aldose의 발견은 그림 4-13에서 보여준 대사과정을 형성할 수 있게 하였다.

Entner-Doudoroff pathway라고 하는 이 반응과정은 많은 그람 음성세균들, 특히 *Pseudofirmus*와 *Azotobacter*종에서 일어난다. 그러나 또한 이것은 그람양성이고 젖산 생성미생물인 *Streptococcus faecalis*를 gluconate에서 생육시킴으로써 일어날 수도 있다.

*Pseudomonas saccarophila, Zymomonas mobilis (Pseudomonas sindneri)*와

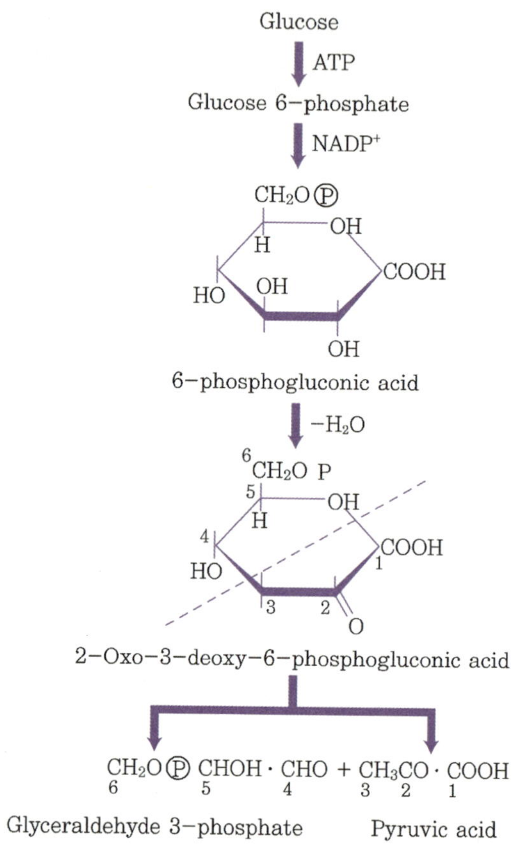

[그림 4-13] Glucose 분해의 Entner-Doudoroff pathway

*Zymomonas anaerobia*에서는 glucose는 오로지 Entner-Doudoroff pathway에 의하여 대사된다는 것을 기질 표지의 연구로 밝혀졌다. 그리고 이 대사경로는 다른 Pseudomonads 에서도 주요한 경로이다. 에너지학상으로 Entner-Doudoroff pathway의 혐기적 조작은 glucose 1몰당 ATP 실수율이 1몰이기 때문에 해당과정과 비교하면 절반 효과를 나타낸다. 왜냐하면, triose phosphate 1몰만이 생성되어 산화되기 때문이다. 이 과정은 2몰의 ATP를 생성하지만 1몰이 glucose 인산화에 사용되기 때문에 실수율이 1몰이 되는 것이다.

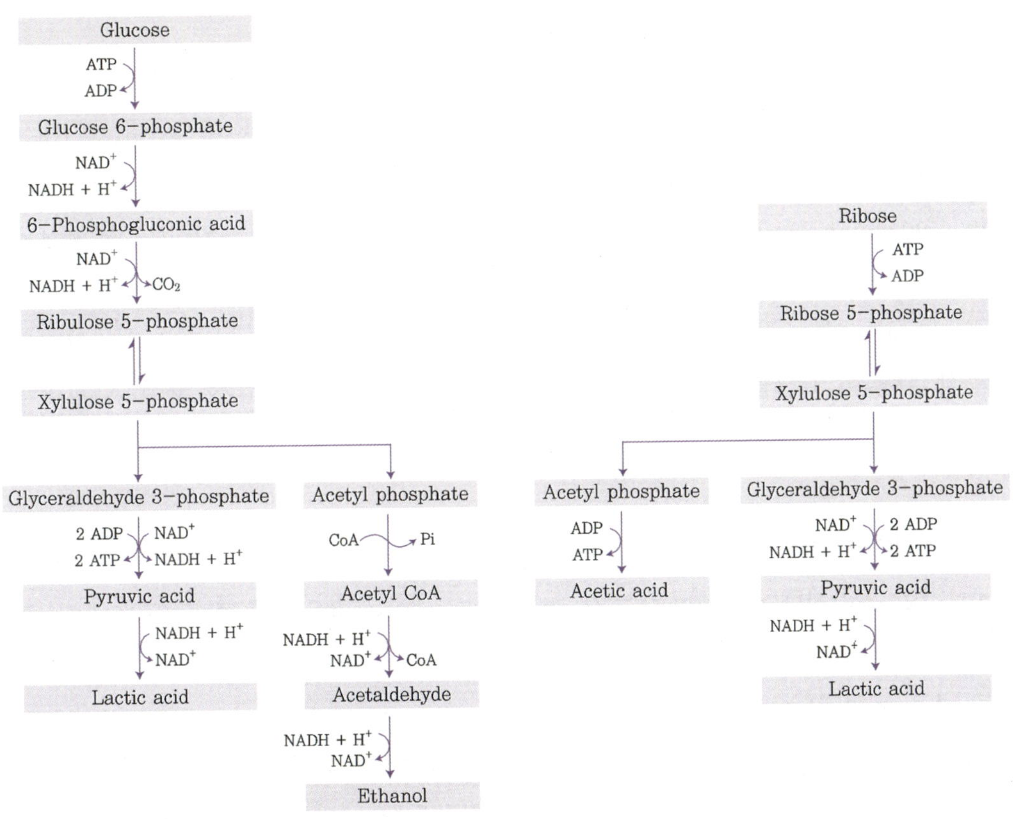

Glucose + ADP + P$_i$ → Lactic acid + ehtanol + CO$_2$ + ATP

Ribose + 2ADP + 2P$_i$ → Lactic acid + acetic acid + 2ATP

[그림 4-14] Phosphoketolase pathway. Glucose가 lactic acid, ethanol 그리고 CO$_2$로 되는 발효와 ribose가 lactic acid와 acetic acid로 되는 발효

(5) Phosphoketolase pathway

어떤 종류의 세균은 glucose를 발효시켜서 lactate를 만들어 내고 동시에 CO_2, acetate 또는 에탄올 같은 다른 산물을 만든다. 이 세균들은 또한 pentose를 발효하여 lactate와 acetate를 생성한다. 한 예가 다음 반응식처럼 glucose를 발효하는 *Leuconostoc mesenteroides*이다.

$$Glucose \rightarrow Lactate + Ethanol + CO_2$$

이 경우 posphofructokinase, aldolase와 triose phosphate isomerase와 같은 효소가 결핍되므로 Embden–Meyerhorf–Parnas 경로와는 다르게 glucose를 대사한다. 이 대사에서는 그림 4-14에서 보이는 바와 같이 glucose 6-phosphate가 glucose 6-phosphate dehydrogenase와 6-phosphogluconate dehydrogenase의 작용에 의하여 탈탄산되어 ribulose 5-phosphate로 전환되며 그 결과로 xylulose 5-phosphate가 생성되며 phosphoketolase는 이 pentose phosphate를 acetyl phosphate와 glyceraldehyde 3-phosphate 로 분해한다. 이 효소를 활성화시키기 위해서는 TPP, 무기 인산, Mg^+와 thiol 화합물이 필요하다.

3-2. Tricarboxylic acid 회로(Krebs cycle)

호기적인 조건하에서 pyruvate는 tricarboxylic acid cycle이라고 하는 cycle process에 의해 산화된다. 이때에 pyruvate는 carbon dioxide를 방출하고 C_2 단위로 전환된 후에 회로 내로 유입된다(그림 4-15).

Tricarboxylic acid cycle은 C_2 단위를 이산화탄소와 물로 산화시키며 호기성 미생물에서 ATP를 생산해 내는 가장 중요한 단일기작으로 구성되어 있다. 더불어 aspartic acid, glutamic acid 같은 아미노산의 생합성을 위한 탄소골격을 생산하는 데에 중요하다. 이 회로의 두 가지 역할의 상대적인 중요성은 세포가 성장하고 있는지 아닌지에 크게 달려 있다. Tricarboxylic acid cycle로 유입하기 전에 pyruvate는 acetyl coenzyme A 로 전환된다. Pyruvate의 oxidative decarboxylation의 처음 단계는 TPP와 Mg^{2+}를 조효소로 필요로 하는 pyruvate dehydrogenase에 의해 진행된다. 이렇게 형성된 acetyl CoA

는 oxaloacetate와 축합되어 citrate로 되어 tricarboxylic acid cycle로 유입된다.

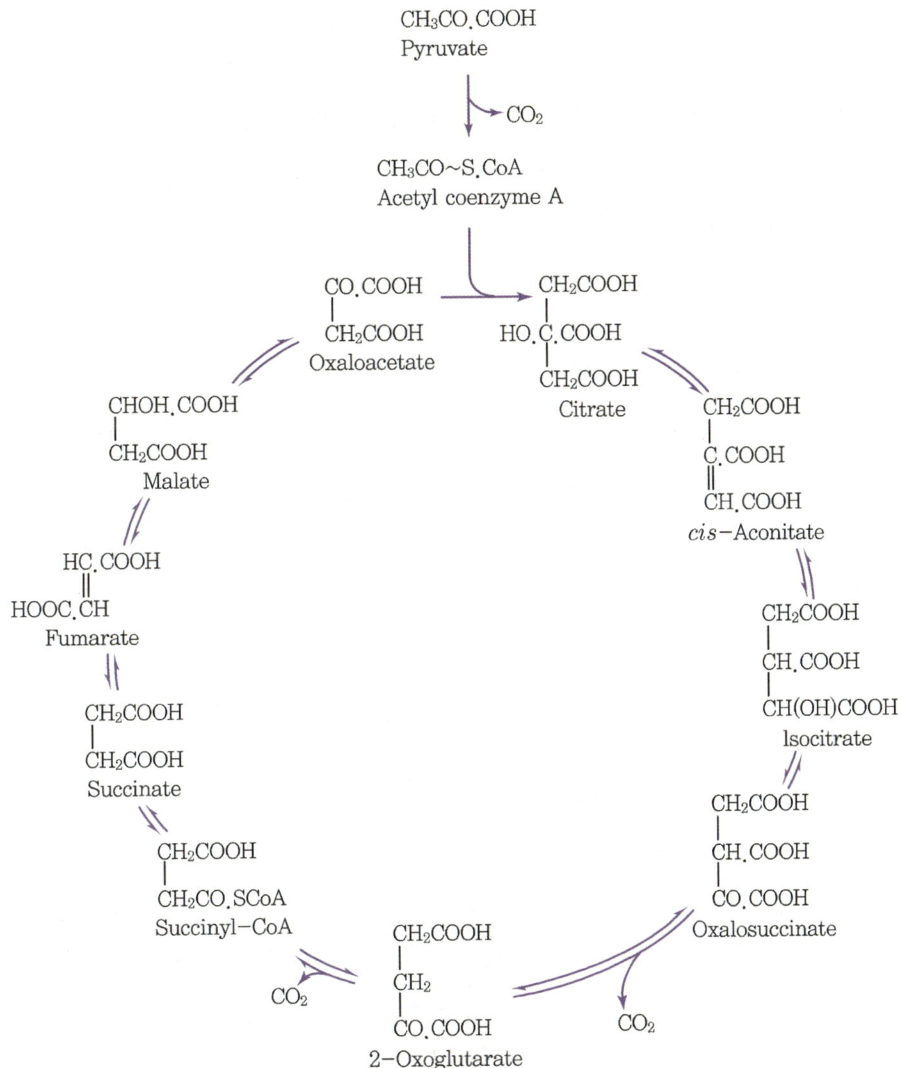

[그림 4-15] Tricatboxylic acid 회로

이 대사과정의 중간 생성물로 isocitrate, α-ketoglutarate, fumarate 등이 생성되나 결국에는 이들은 oxaloacetate되어 새로운 acetyl CoA와 축합되는 과정을 반복하게 되

는 것이다. 그 과정에서 생성된 NADH와 $FADH_2$는 전자전달계반응과 연계되어 ATP를 생성하는 데 사용되며 대사 중간 생성물들은 아미노산이나 지방산 및 nuclotide 생합성에 필요한 중간대사산물의 공급자로서의 역할을 하게 된다.

3-3. 세균에 있어서의 호흡 및 oxidative phosphorylation

최근 몇 년 동안 bacterial respiration과 oxidative phosphorylation에 대한 관심이 고조되기 시작하였다. 세균은 mitochondria와 유사한 전자 전달과정과 양자이탈과정을 가지고 있으며 그 과정은 상당히 다양하다. 이는 사용된 산화제와 환원제의 특성, 세포의 세포질막에서 발견되는 여러 산화-환원성분 그리고 지니고 있는 에너지보존자리수에 따라 다양하다.

결과적으로 포도당과 같은 에너지원을 이용할 수 있는 호기성세균에 대해 전반적으로 적용할 수 있는 에너지생성도표를 도식화하는 것은 불가능하다. 왜냐하면, 일부 미생물들은 3개의 energy-transduction sites를 가지고 있으며 다른 대부분의 미생물들은 2개의 site만을 가지고 있기 때문이다.

Mitochondria와 세균의 호흡사슬의 주된 차이는 세균들에서 발견되는 cytochrome의 형태가 다르다는 데 있다. 즉 모든 mitochondria는 동일한 cytochrome(b, c, c1, aa₃)을 가지는 반면 *E. coli*는 적어도 9개의 cytochrome을 가진다.

이들이 전부 세포막과 연결되어 있지는 않고 산화적 인산화에 관여하기도 한다. 즉 mitochondria의 cytochrome oxidase(aa₃)는 일산화탄소와 결합하는 cytochrome o, a, d, c(co)로 대치되었으며 이것은 oxidase 역할을 한다. 더구나 대장균에 의해 합성된 산화-환원운반체는 성장기, 탄소원, 최종전자수용체, 균주에 크게 영향을 받는다.

Mitochondria와 세균의 전자전달계는 이들의 quinonoid 성분에 있어서 차이가 나타난다. 어떤 세균은 ubiquinone(coenzyme Q)를 가진다는 점에서 mitochondria와 유사성을 가지며 그람 양성세균은 주로 naphthaquinone을 가지고(menaquinones), 통성혐기성세균의 경우 두 가지를 동시에 가지고 있다.

그러나 *Paracocus denitrificans*의 경우에는 mitochondria의 전자전달계(그림 4-16)와 매우 유사한 전자전달계를 가지는 것으로 관찰되었다. 이러한 관찰결과는 mitochondria의 내막이 원시의 숙주세포와 endosymbiosis에 의해 *P. denitrificans*의 원시형태의 원형질막으로부터 진화되었다는 증거를 제시해 주고 있다. 전자전달계에서의 최종전자수용체로서 사용되는 산소는 fumarate와 nitrate로서 대치될 수 있다.

이런 상황하에서 혐기적 생육은 발효할 수 있는 기질이 없어도 일어날 수 있다. Fumarate는 미생물이 탄소원으로서 glycerol을 이용하여 혐기적으로 생육하게 한다는 것이 많은 연구결과로 밝혀졌다. 특히 이러한 조건하에서 두 효소가 거론되는데 이들은 혐기적 L-α-glycerophosphate dehydrogenase와 succinate dehydrogenase와는 성질이 다른 fumarate dehydrogenase이다.

그리고 nitrate를 이용한 대장균의 혐기적 생육은 D-lactate와 같은 여러 가지 비발효성물질을 유일한 탄소원으로 역할을 하게 하는 세포막에 결합된 성분인 cytochrome $b_{556}{}^{NH_3^-}$와 nitrate reductase의 유도 여부에 따라 달라진다. *Pseudonas aeruginasa*와 같은 일부 호기성 박테리아는 nitrate를 배지에 첨가시키면 생육이 가능하다.

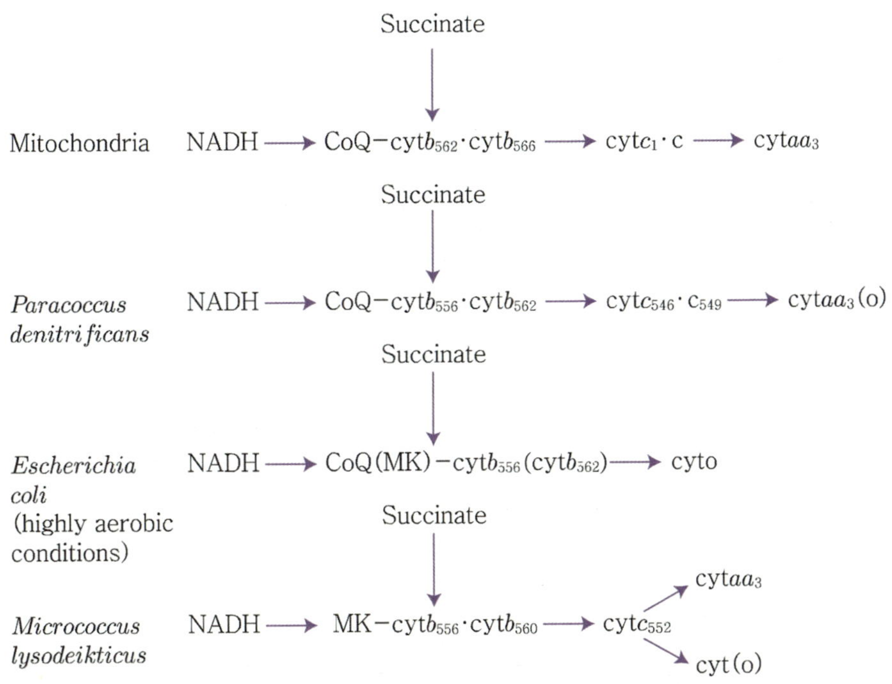

[그림 4-16] **Mitochondria와 세균의 전자전달사슬의 비교. 저농도로 존재하는 성분이나 비활성인 성분은 괄호로 나타내었다. MK는 menaquinone이다.**

3-4. Glyoxylate

Tricarboxylic acid cycle의 중간산물은 계속해서 아미노산 등의 전구물질로 소비되므로 회로가 계속 작용하려면 중간산물은 다시 채워져야 한다. 이것은 보통 pyruvate나 phosphoenolpyruvate(PEP)가 carboxylation되어 oxaloacetate가 된다. 다음 반응은 이것을 나타낸다.

$$CH_3CO \cdot COOH + CO_2 + ATP \xrightarrow{\text{pyruvate carboxylase}} HOOC.CH_2CO.COOH + ADP + P_i$$

$$CH_2 : CO \sim \textcircled{P} \cdot COOH + CO_2 + H_2O \xrightarrow{\text{PEP-carboxylase}} HOOC.CH_2CO.COOH + P_i$$

PEP-carboxylase에 의한 PEP의 carboxylation은 *E. coli*에 있어서 필수적이다. 왜냐하면, 이 효소를 지니지 못한 변이주만이 tricarboxylic acid cycle의 중간산물이 배지에 첨가되지 않는 한 pyruvate나 그 전구체를 이용하지 못하기 때문이다. 그러나 ATP에 영향받는 pyruvate carboxylase를 이용해 oxaloacetate를 만들어 내는 *Pseudomonads*나 *Arthrobacter*에는 PEP-carboxylase가 없다.

그러나 많은 미생물이 acetate를 유일한 탄소원으로 이용할 수 있는데, 만일 이런 조건하에서는 tricarboxylic acid cycle이 계속 에너지와 생합성하기 위해 필요한 중간물질을 만드는 다른 경로가 있어야 한다. 이런 경로가 glyoxylate cycle이며(그림 4-17) 때로는 anaplerotic이라 한다(희랍말의 '채우다'에서 유래). 왜냐하면, 이것들은 생합성을 위해서 소비된 중간물질을 새로 채워넣기 때문이다. 이 경로의 결과는 2분자의 acetate를 1분자의 succinate로 만든다.

이 반응에는 두 개의 효소가 관여하며, 그중 하나는 isocitrate로 만드는 것이다. 여기에는 두 개의 효소가 관여하며, 그중 하나는 isocitrate lyase이고 다른 하나는 malate synthase이다. Accetate에서 생육하는 세균은 이들 효소가 많다. 이 반응은 다음과 같다.

$$\text{(1)} \quad acetyl\ CoA + oxaloacetate + H_2O \xrightarrow{\text{citrate synthase}} citrate + CoA$$

$$\text{(2)} \quad citrate \underset{\text{aconitate hydratase}}{\rightleftharpoons} isocitrate$$

$$\text{(3)} \quad isocitrate \underset{\text{isocitrate lyase}}{\rightleftharpoons} succinate + glyoxylate$$

$$\text{(4)} \quad acetyl\ CoA + glyoxylate + H_2O \xrightarrow{\text{malate synthase}} malate + CoA$$

$$\text{(5)} \quad malate + \tfrac{1}{2}O_2 \xrightarrow{\text{malate dehydrogenase}} oxaloacetatee + H_2O$$

$$2acetyl\ CoA + \tfrac{1}{2}O_2 + H_2O \longrightarrow succinate + 2CoA$$

그러므로 glyoxylate cycle과 tricarboxylic acid cycle은 연결됨을 알 수 있고 효소와 중간물질 중 일부는 서로 공통으로 지닌다. Tricarboxylic acid cycle은 glyoxylate cycle을 통해 만들어진 succinate를 새로 공급하여 acetate의 산화와 생합성 중간물질을 정상적으로 만들어 낸다.

Acetate를 탄소원으로 하여 생육하기 위한 isocitrate lyase의 필요량은 비록 acetate를 산화할 수는 있으나 효소가 없어서 자랄 수 없는 변이주를 통해 결정한다. 이런 변이주는 20~30 %의 탄소를 동화할 수 있는 야생주와는 반대로 acetate로부터 생합성하는 데의 anaplerotic 효소의 역할과 이 효소가 에너지 제공 효소와는 무관함을 알 수 있다.

Glyoxylate cycle은 isocitrate lyase의 억제에 의해 조절된다. *E. coli*에서 이 효소는 phosphoenol pyruvate의 축적은 phosphoenol pyruvate를 형성하게 하는 anaplerotic의 key enzyme을 억제한다.

이 기작은 phosphoenol pyruvate carboxylase가 없어서 비록 synthase를 통해 phosphoenol pyruvate를 만들 수 있으나 제거할 수는 없는 *E. coli*의 변이주를 이용하여 밝혀졌다.

변이주의 배양액에 pyruvate를 첨가하면 phosphoenol pyruvate를 축적시키므로 acetate에서 생육할 수 없게 된다. 다른 미생물에서는 succinate, glycollate, pyruvate 같은 화합물이 isocitrate lyase를 억제하는 것으로 알려졌다.

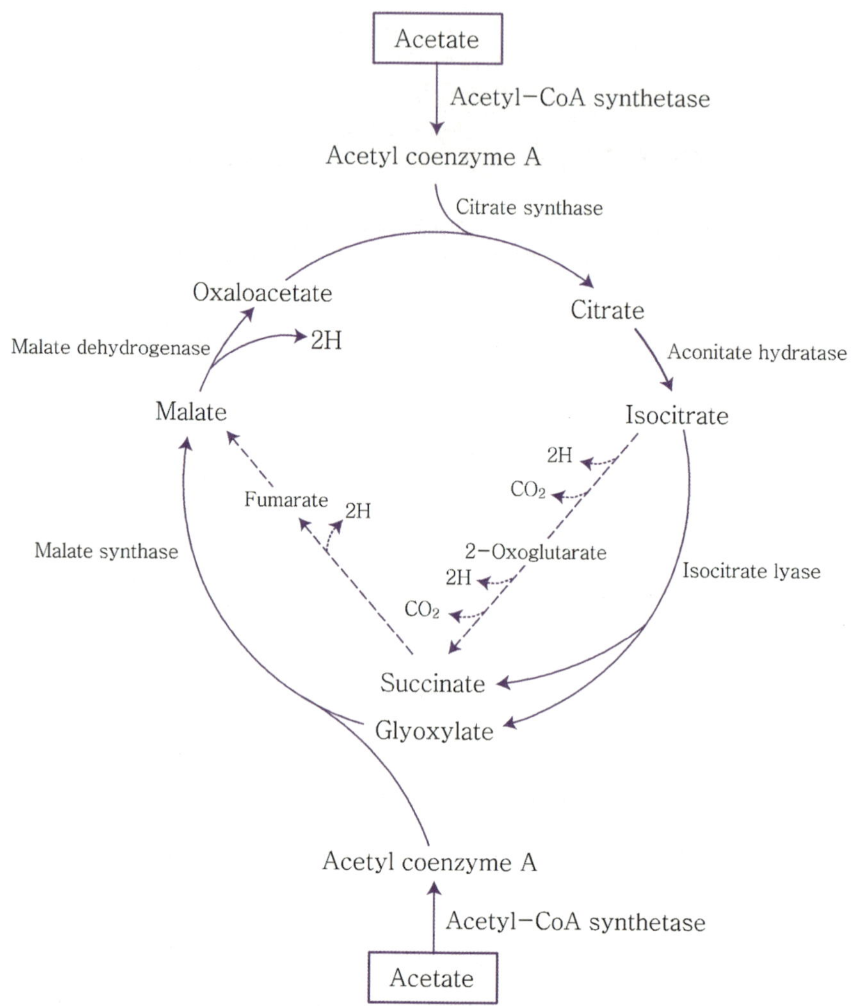

[그림 4-17] Glyoxylate 회로. 점선은 tricarboxylic acid cycle의 반응을 나타낸다.

4. 아미노산과 핵산 염기의 생합성

4-1. 아미노산들의 합성

미생물은 암모니아와 같은 무기질의 질소원과 glucose 대사의 중간산물들을 이용하여 단백질 합성에 필요한 20종의 아미노산들을 합성한다. 20종의 아미노산들은 이들의 생합성원에 따라 일련의 계열로 서로 연관이 되어 있다.

이 계열들은 다음과 같이 ① 3개 아미노산이 속해 있는 방향족계열, ② 6개 아미노산이 속해 있는 aspartate 계열, ③ 4개 아미노산이 속해 있는 glutamate 계열, ④ 3개 아미노산이 속해 있는 serine 계열, ⑤ 3개 아미노산이 속해 있는 pyruvate 계열로 구성되어 있으며 ⑥ histidine만이 다른 어떤 아미노산들과도 연관되어 있지 않지만 이 아미노산의 합성은 purines의 합성과 연관되어 있다. 이들의 생합성 경로를 간략하게 그림 4-18에 표시하였다.

방향족아미노산계열의 phenylalanine, tyrosine, tryptophan은 C_4화합물인 D-erythrose-4-phosphate와 C_3화합물인 phosphoenol pyruvate로부터 생성되나 cyanobacteria(녹조류, blue-green algae)에서는 pretyrosine(8a)을 포함한 다른 반응경로에 의해 합성되며 이 반응경로는 Pseudomonads(유사단세포생물)와 같은 다른 생물들에서의 합성과정이 되기도 한다.

Aspartate 계열의 아미노산은 TCA 회로의 중간 대사산물인 oxaloacetate로부터 생성되며 이와 함께 단백질에서는 발견되지 않으나 세포벽의 peptidoglycans의 구성성분인 diaminopimelic acid도 제공한다. 한편으로 glutamine, proline, arginine은 glutamic acid로부터 자신들의 탄소골격(carbon skeletons)을 형성한다.

Glutamate(1)는 NADH나 NADPH 의존 효소인 glutamate dehydrogenase에 의해서 구연산회로의 중간대사물인 2-oxoglutarate로부터 transamination(2-oxoglutarate는 거의 모든 L-아미노산들에 특이성이 있는 aminotransferase에 의한 반응에서 amino acceptor로 작용할 수 있다)되거나 직접적으로 암모니아의 환원적 고정(reductive fixation)에 의하여 생성된다.

대부분의 세균에 있어서 이 효소는 free ammonia가 아미노산으로 전환되는 반응에 중요한 것으로 생각되어진다. Glutamine은 glutamate와 암모니아로부터 만들어진다.

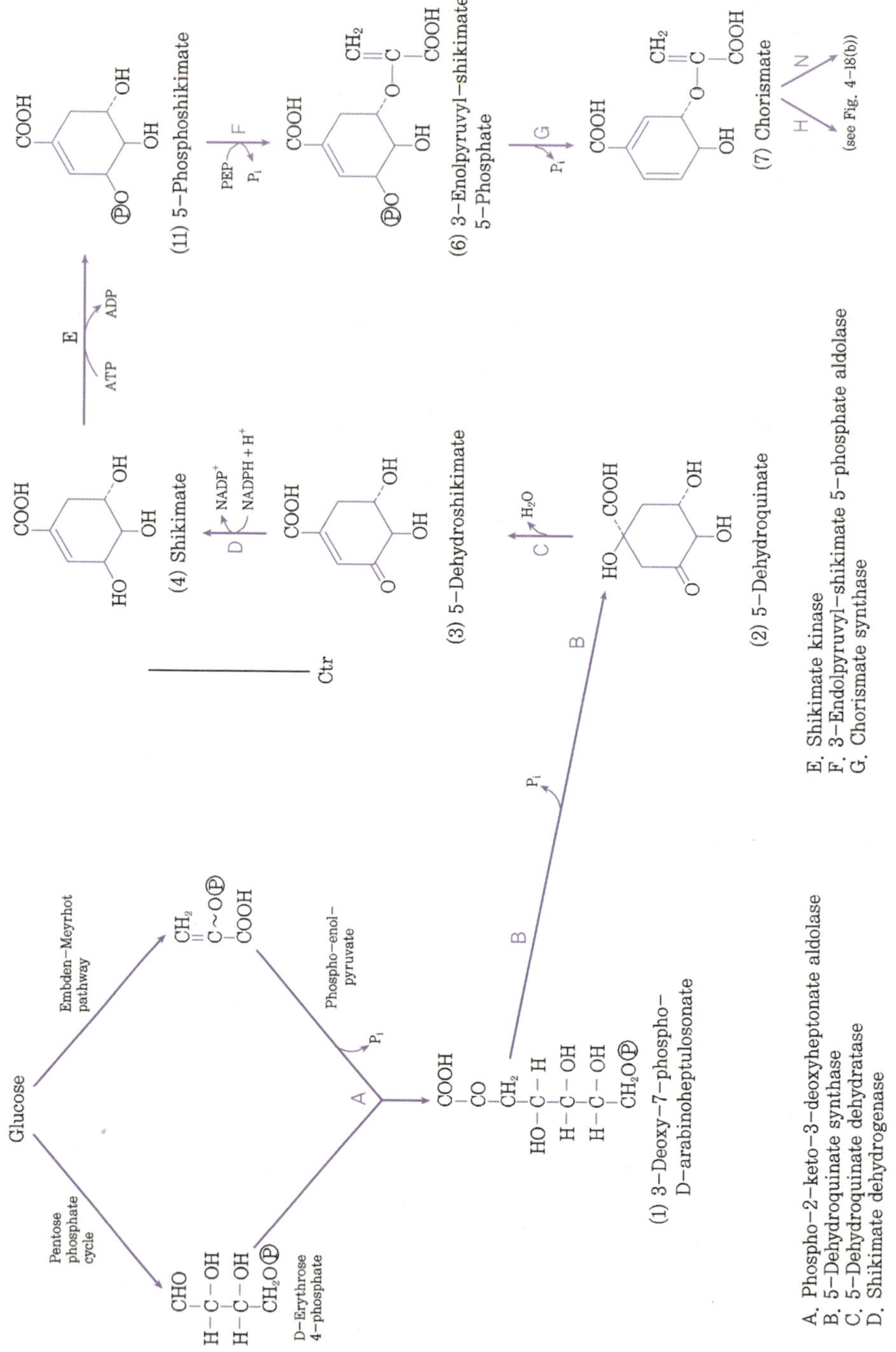

[그림 4-18(a)] 방향족 아미노산 계열 ; enzymes A~G.

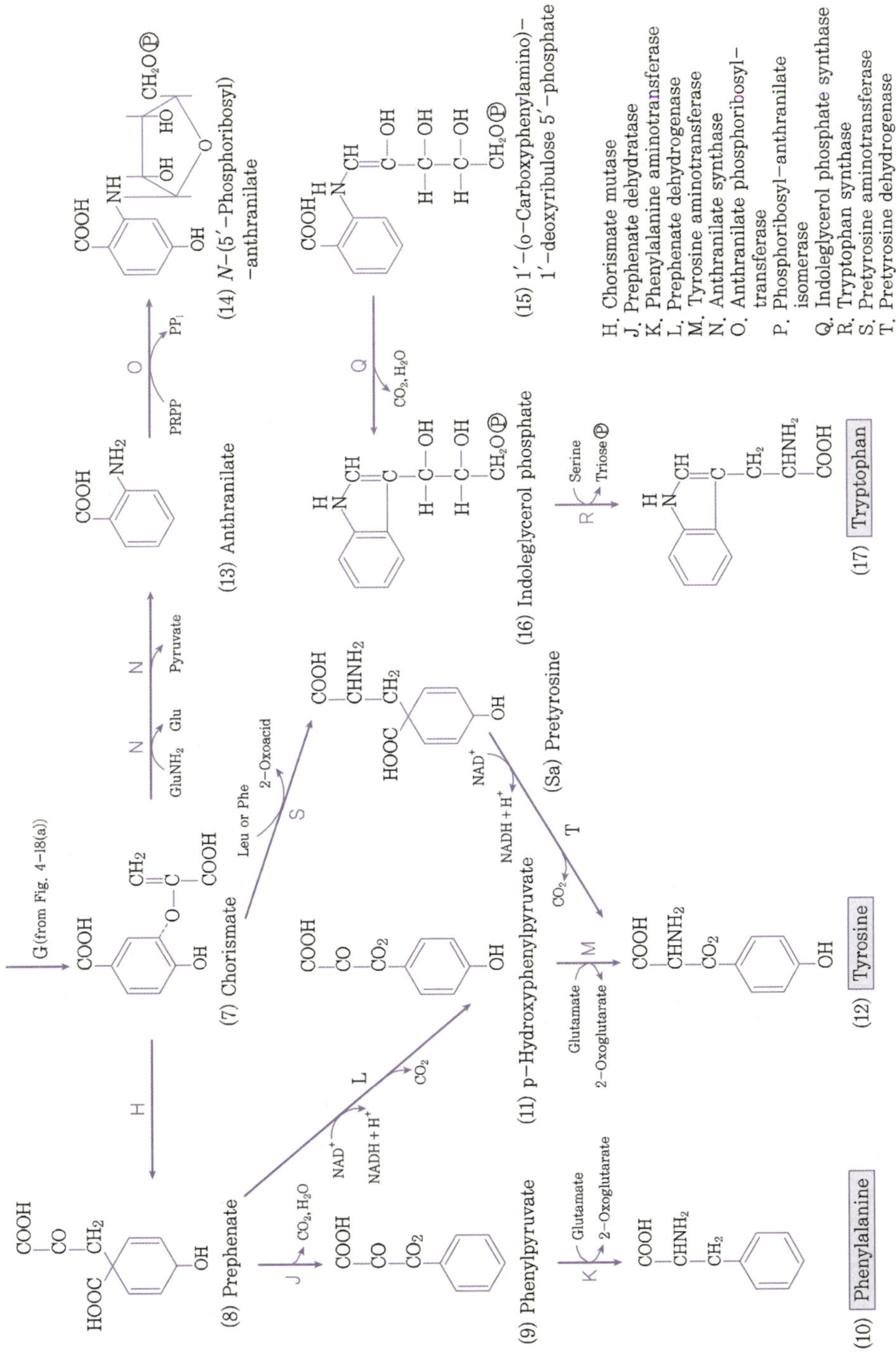

[그림 4-18(b)] 방향족 아미노산 계열 ; enzymes H~T.

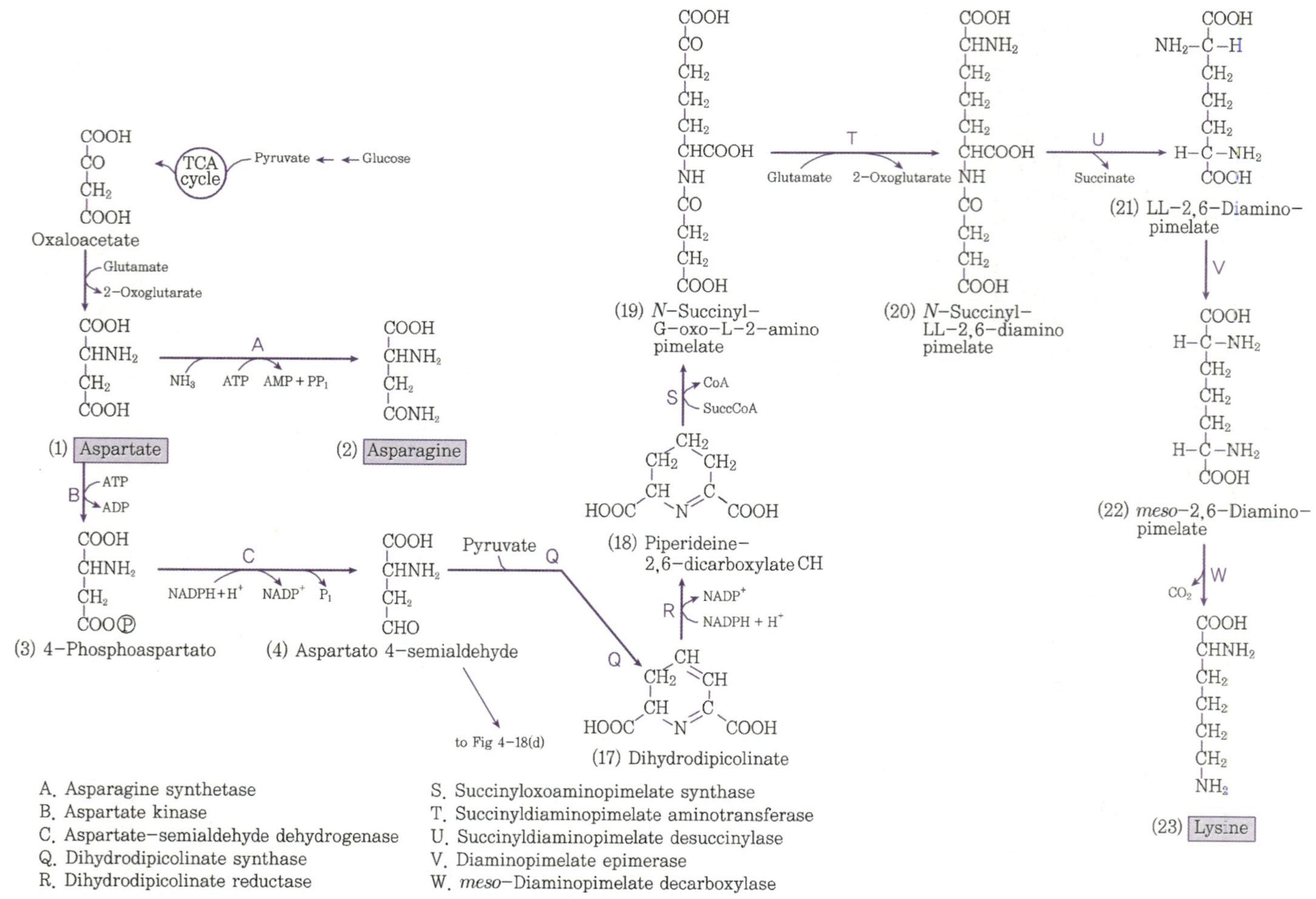

[그림 4-18(c)] Aspartate 계열 ; enzymes A, B, C and Q~W.

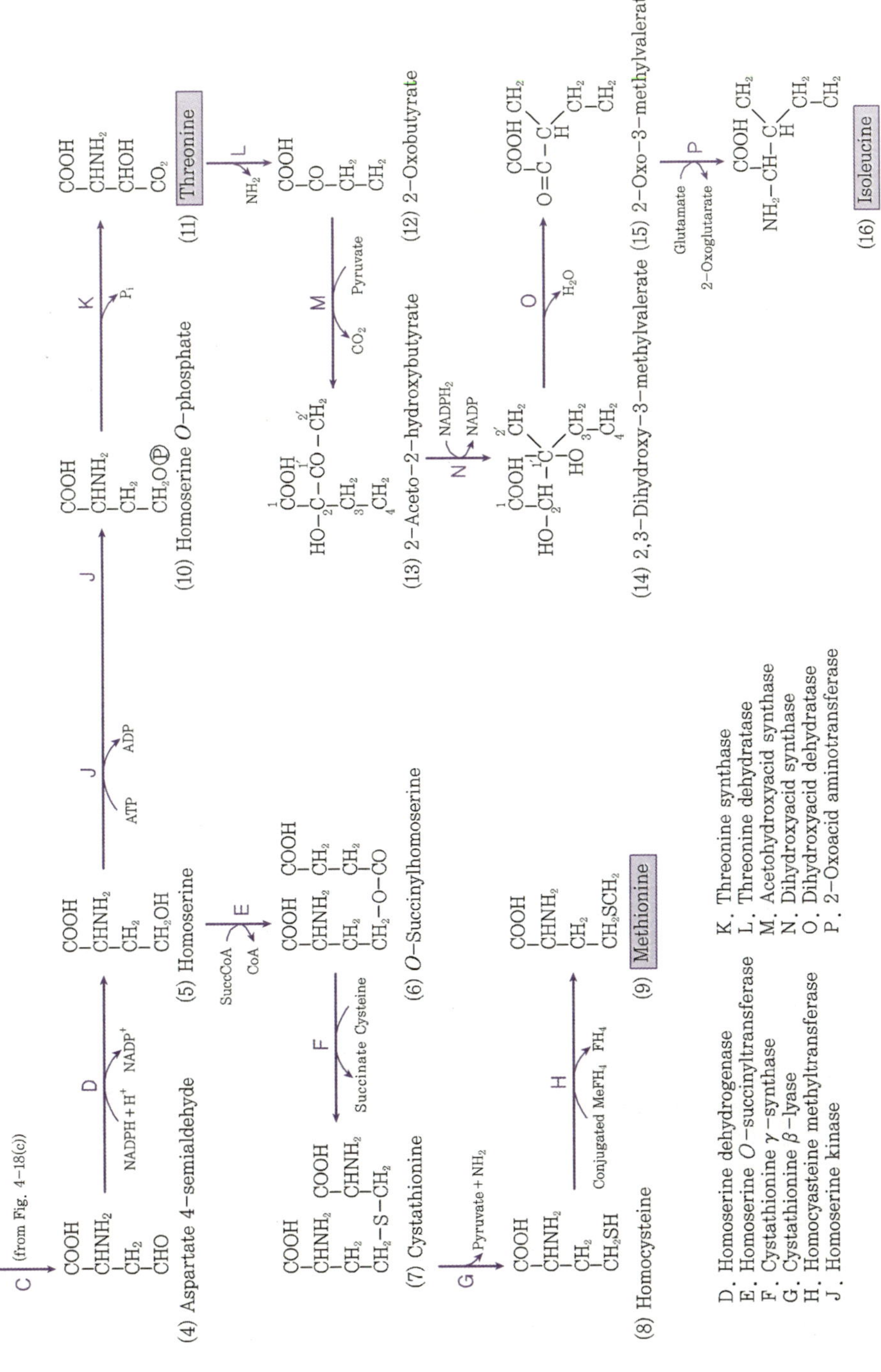

[그림 4-18(d)] Aspartate 계열 ; enzymes D~P.

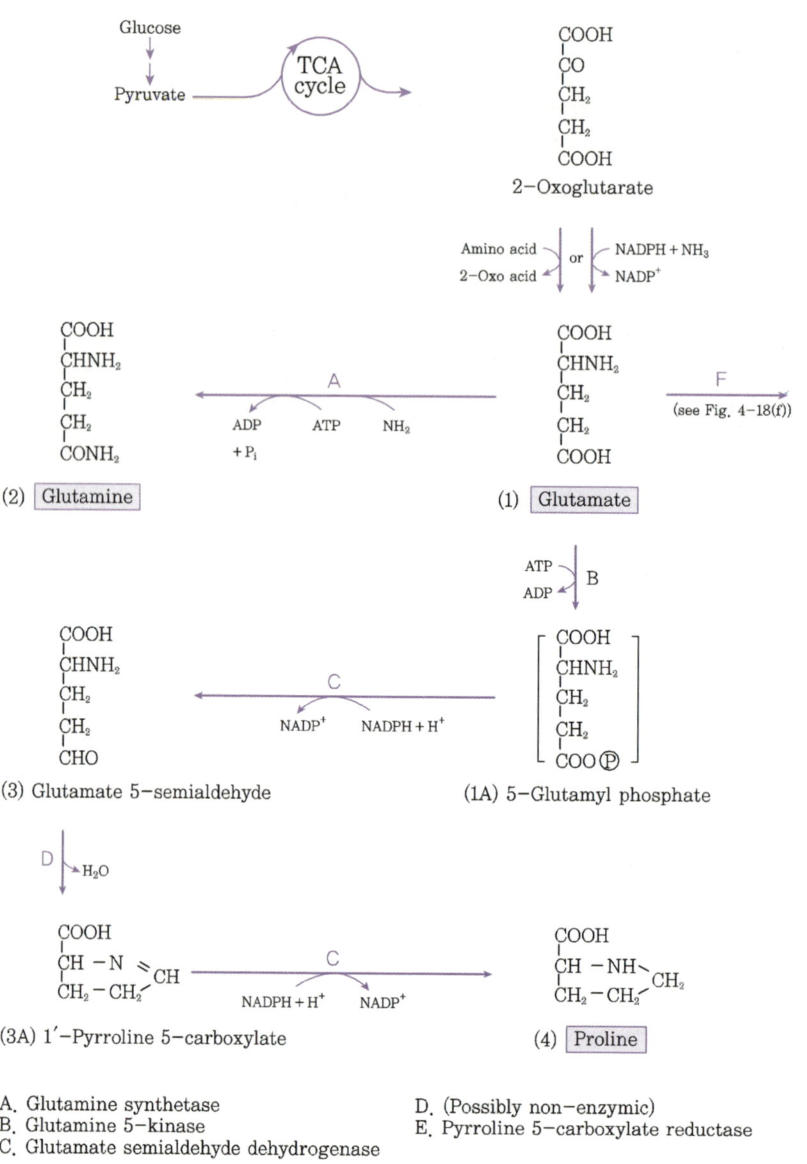

[그림 4-18(e)] **Glutamate 계열; enzymes A~E.**

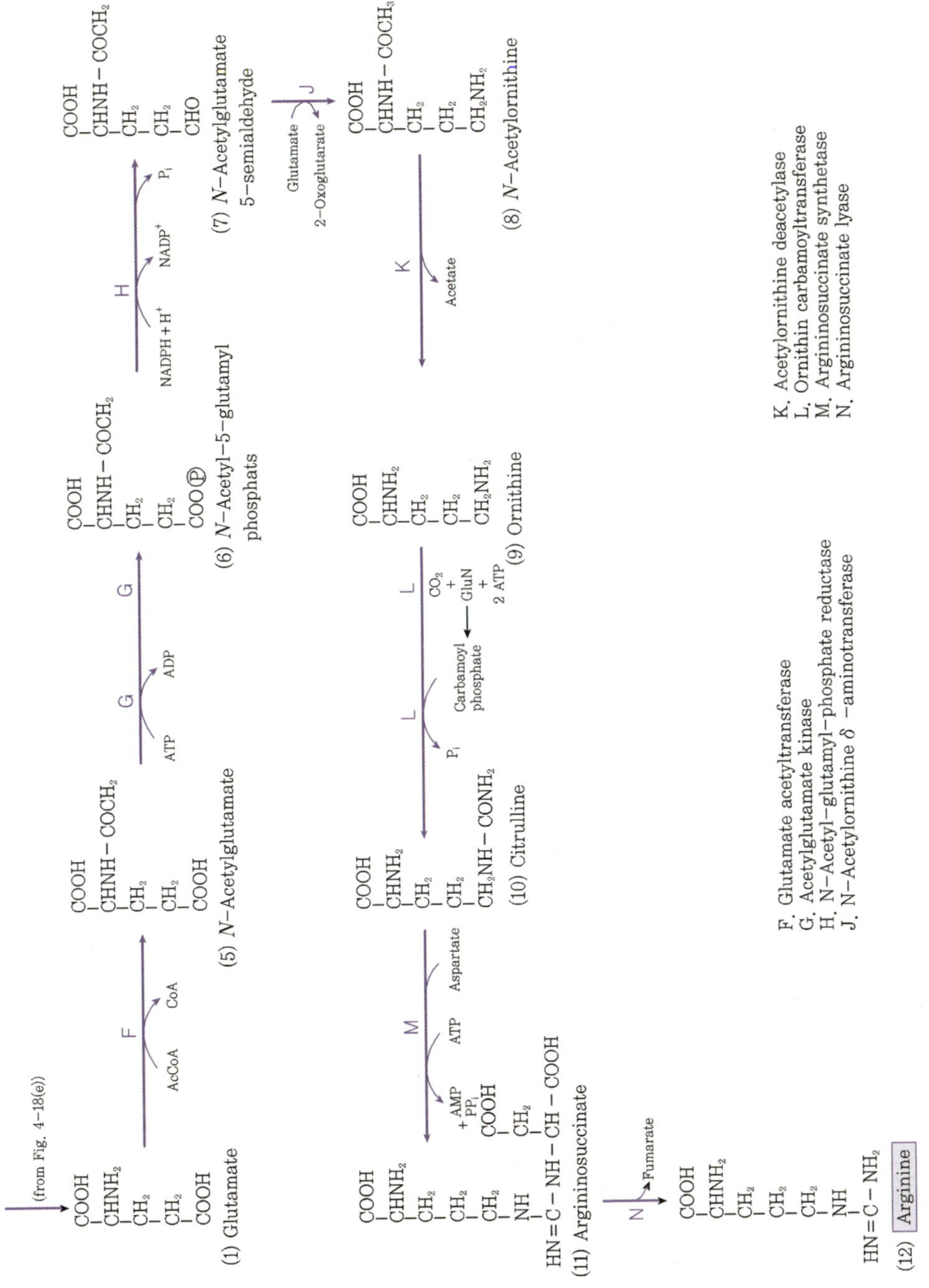

[그림 4-18(f)] **Glutamate 계열 ; enzymes F~N.**

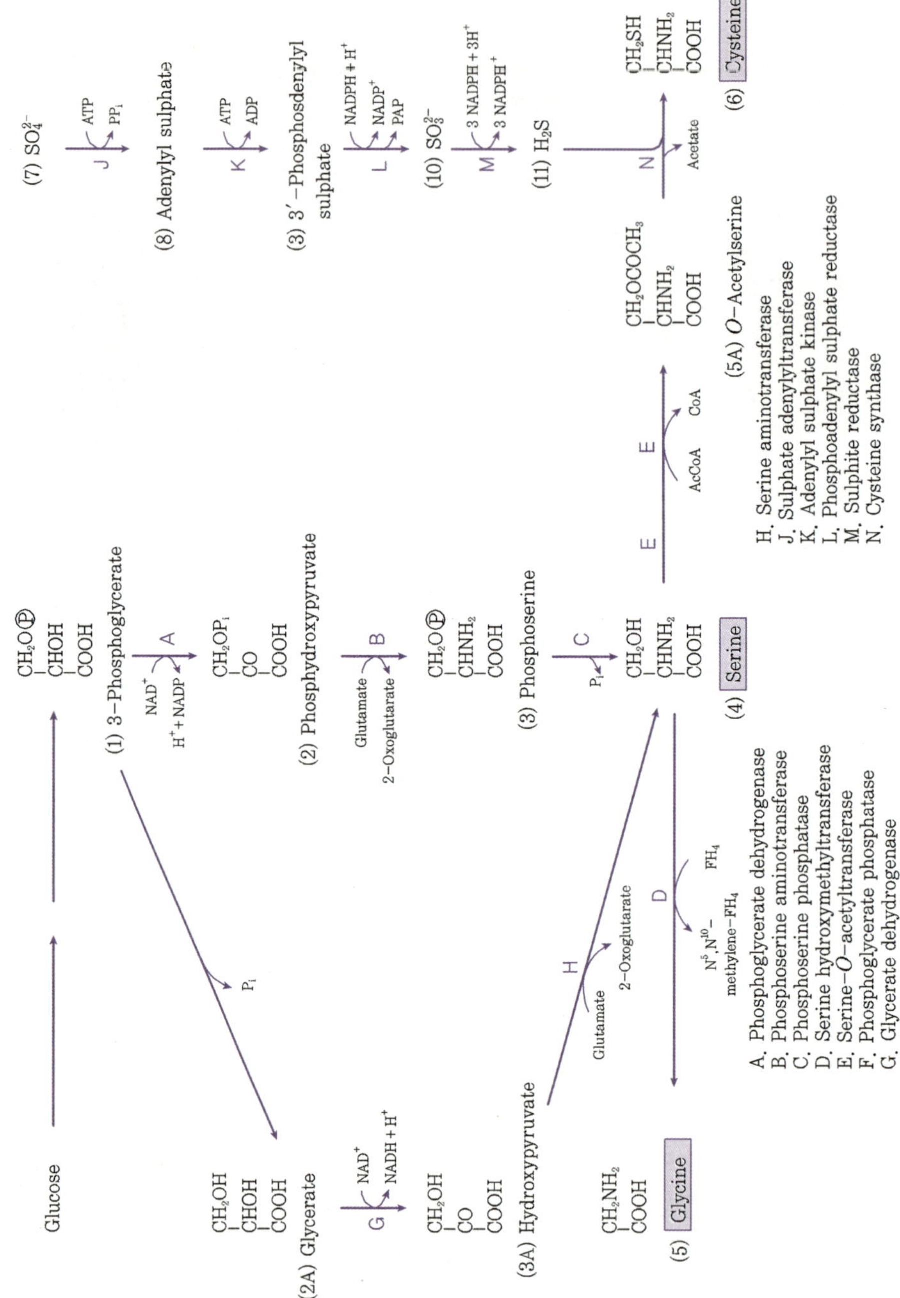

[그림 4-18(g)] Serine 계열 ; enzymes A~N.

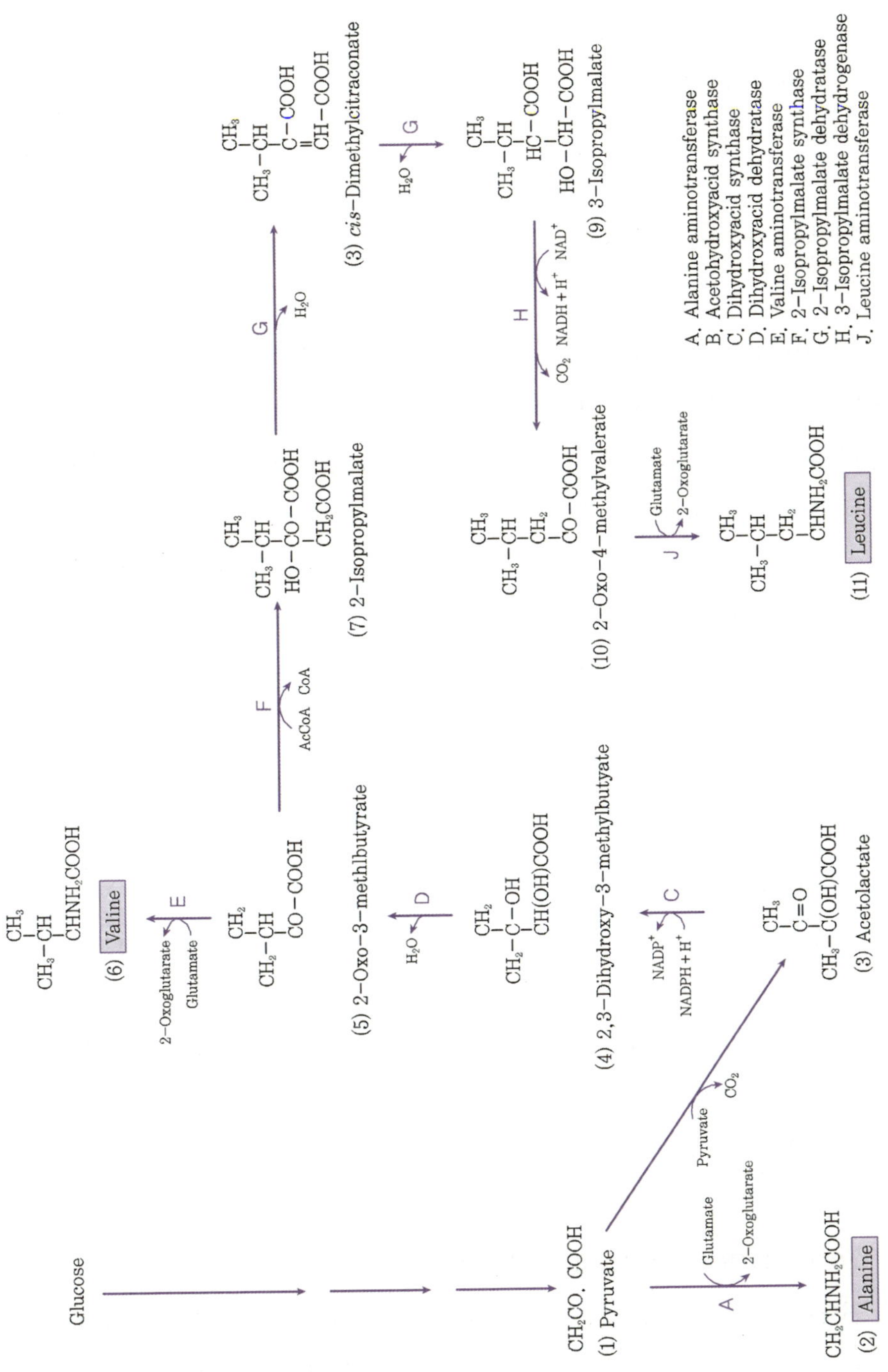

[그림 4-18(h)] Pyruvate 계열 ; enzymes A~J.

Glutamate synthase는 NADPH 존재하에서 2-oxoglutarate와 glutamine을 반응시켜 두 분자의 glutamate를 만든다.

Glucose 분해과정의 중간대사물인 3-phosphoglycerate로부터 serine이 형성되는 반응경로에는 어느 정도의 변형이 있다. Serine은 glycine과 유황을 함유하는 아미노산인 cysteine의 전구체이다. Pyruvate는 valine과 leucine의 전구체이기도 하다.

4-2. Histidine과 그에 관련된 purine의 생합성

동위원소를 이용한 연구에 의하여 histidine은 ribose로부터 자신의 다섯 개 탄소골격을 형성하며 purine ring의 C-2와 N-1과 같은 source로부터 자신의 C-2와 N-3를 합성하는 데 사용하며 glutamine의 amide로부터 자신의 N-1을 만든다. Histidine과 purine은 pentose phoshate cyclase(G)에 의해서 분해되어 histidine의 전구체인 D-erythro-imidazole glycerol phosphate(8)와 5-amino-1(5′-(phosphoribosyl)-imidazole-4-carboxamide(20)로 된다. 후자는 purine 핵의 전구체인데 별개의 반응경로에 의해 phosphoribosyl pyrophosphate로부터 만들어질 수 있다. 따라서 purine 전구체가 ATP로 다시 전환된다면 histidine 형성에 대해 cyclic system을 나타낼 수 있다.

4-3. Pyrimidine nucleotide의 생합성

Pyrimidine nucleotide의 전구체들을 그림 4-20에 나타내었다. Pyrimidine은 aspartic acid와 carbamoyl phosphate로부터 합성이 된다. 이 화합물은 arginine의 전구체가 되기도 한다. Aspartate는 oxaloacetate의 transamination에 의해서 구연산회로로부터 생성되며 반면 carbamoyl phosphate는 glutamine 의존 carbamoyl phosphate synthase의 작용에 의해서 형성된다.

4-4. Deoxyribonucleotide의 생성

Deoxyribonucleotide는 염기(base)와 당(sugar)들 사이의 결합이 파괴되지 않으면서 대응하는 ribonucleotide로부터 생성이 되는데 coliform 세균에서는 dUTP는 dCTP를 deamination시킴으로써 만들어진다. 그림 4-19에 중간대사산물들을 표시하였다. Nucleotide reductase는 복잡한 feedback inhibition을 받으며 DNA 합성에 전구체들을 균형 있게 공급하기 위하여 여러 deoxyribonucleotide에 의해서 활성화되어진다. 이 효소는 또한 deoxyribonucleotide에 의해 효소 생합성이 억제된다.

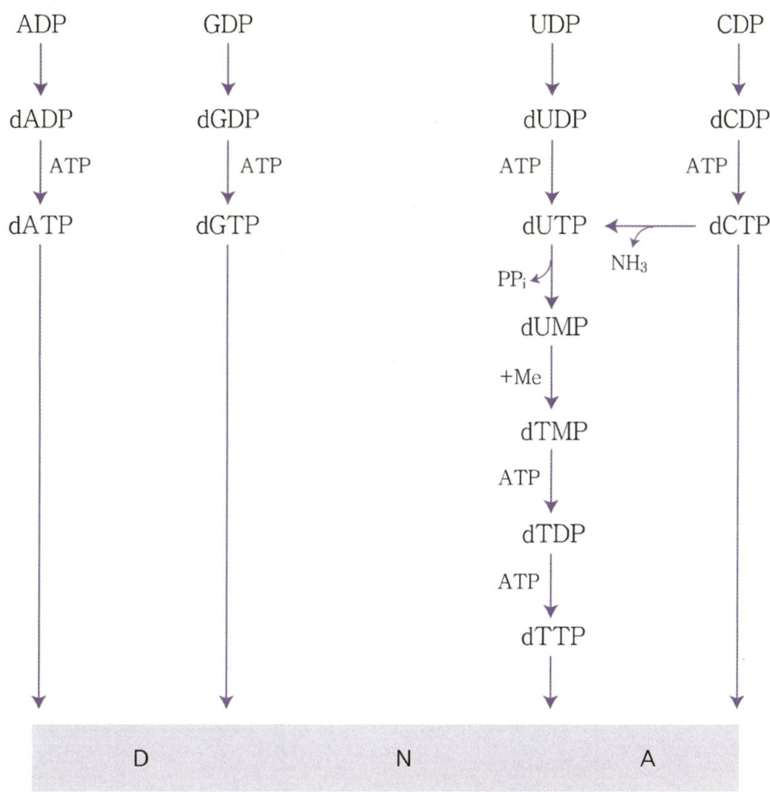

[그림 4-19] **Deoxyribonucleotide**

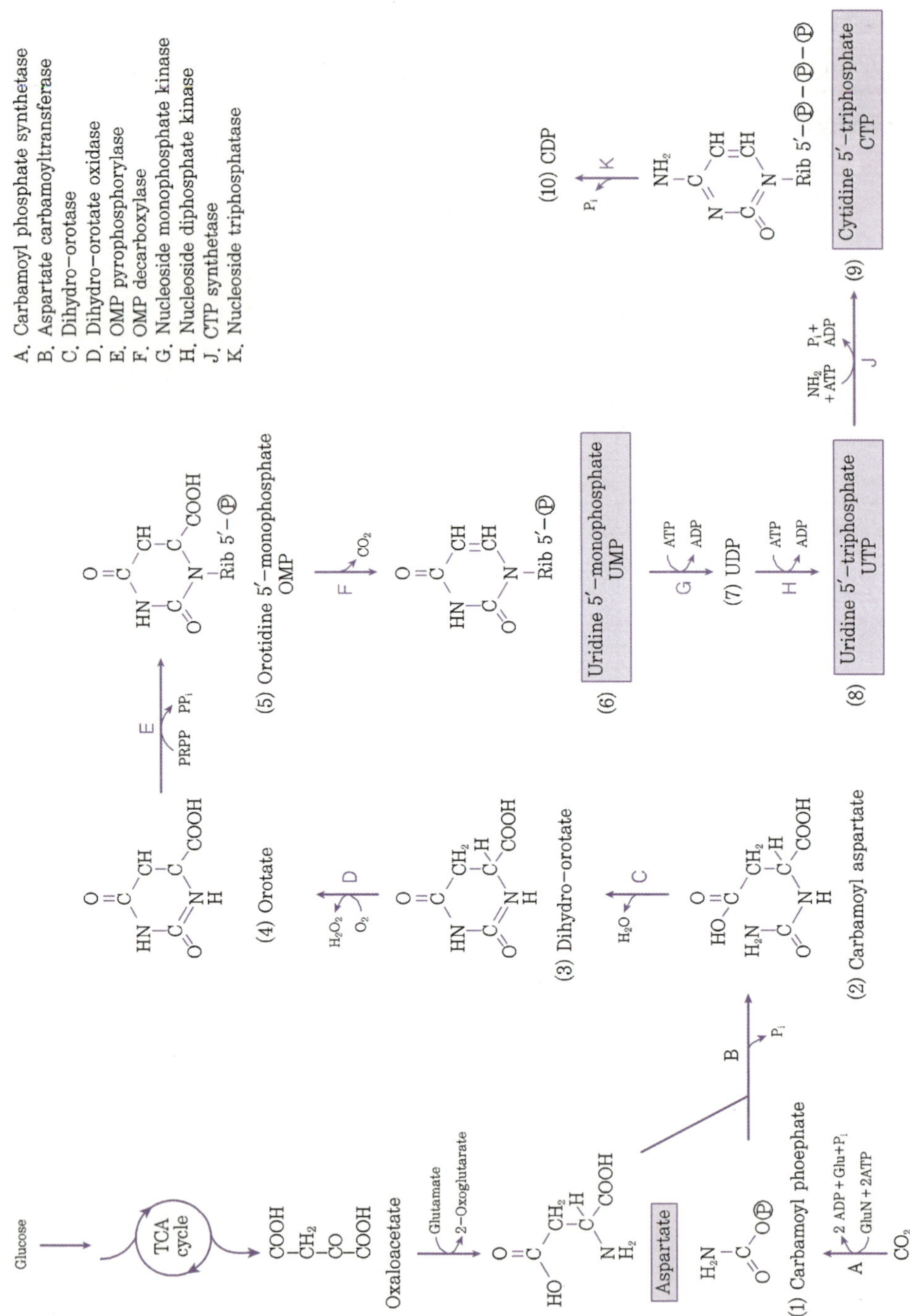

[그림 4-20] **Pyrimidine nucleotide의 생합성**

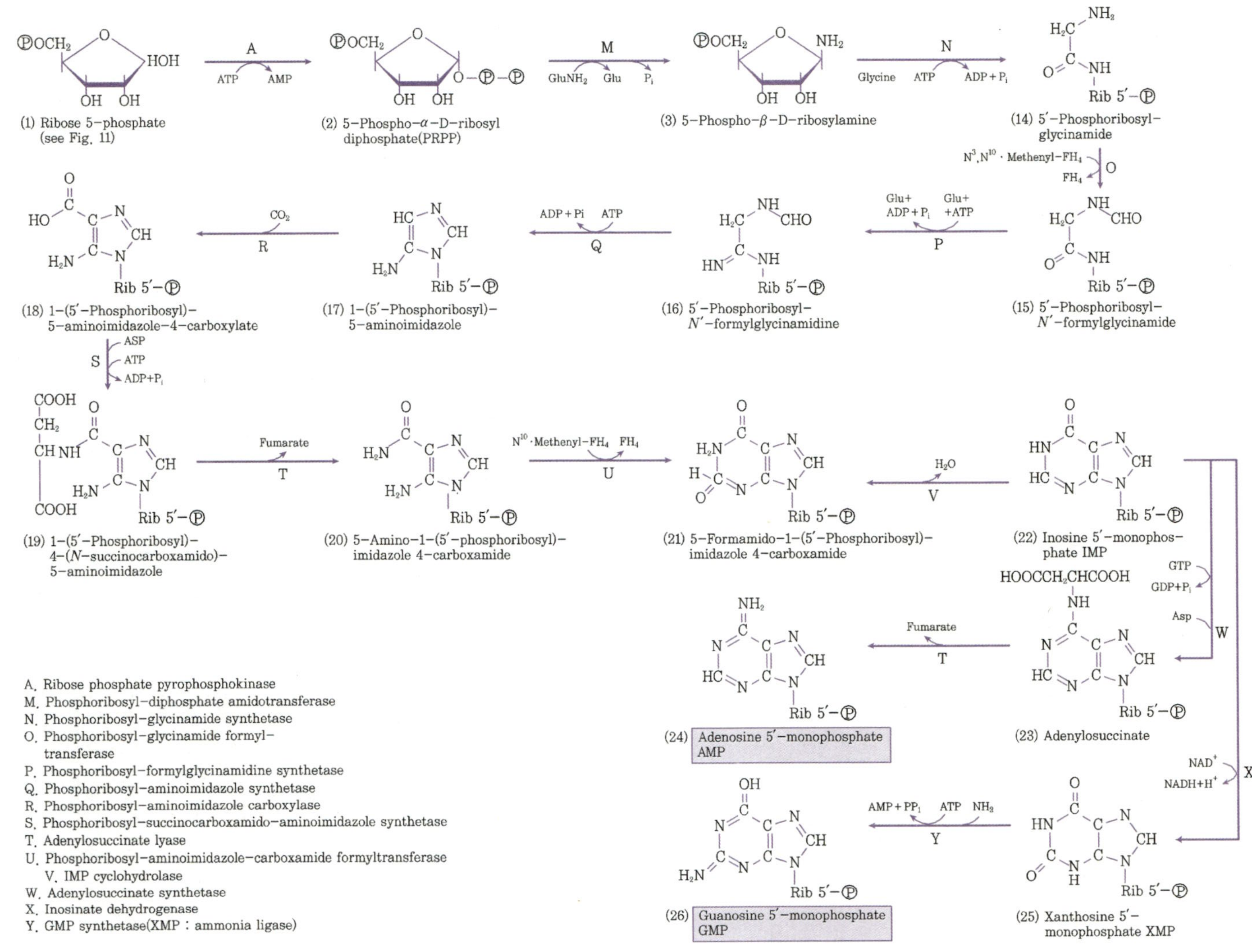

[그림 4-21] Purine nucleotide의 생합성. IMP, AMP and GMP.

5. 지방의 대사

5-1. 지질과 인지질의 생합성

세균의 지방함량은 균체건조무게의 2~3%에서 지방을 저장물질로 보관하는 생물들에 있어서는 50% 이상까지 차지하며 지방의 대부분은 원형질막의 lipoprotein과 결합되어 있다. 지방의 종류는 생물에 따라 다르며 먼저 glucose로부터 glycerol과 긴 사슬을 갖는 지방산들의 합성을 생각하기로 하겠다.

sn-Glycerol 3-phosphate와 glycerol이 지방생합성에 관여하는데 화합물들은 glycolysis의 중간대사물질인 dihydroxyacetone phosphate가 NAD 의존효소인 glycerol-3-phosphate dehydrogenase의 작용을 받아 환원됨으로써 생성된다.

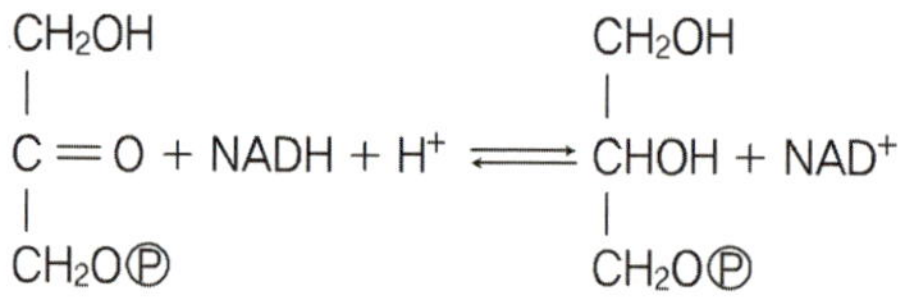

$$
\begin{array}{ll}
CH_2OH & CH_2OH \\
| & | \\
C=O + NADH + H^+ \rightleftharpoons CHOH + NAD^+ \\
| & | \\
CH_2O\text{\textcircled{P}} & CH_2O\text{\textcircled{P}}
\end{array}
$$

긴 사슬을 가지는 지방산합성은 복잡하여 acetyl coenzyme A를 시초로 하는 일련의 반응을 거쳐 완전히 합성된다. 지방산의 산화와는 달리 coenzyme A의 thioester를 중간대사물질로 생성하지는 않는다. 대신 acyl carrier protein(ACP)이라 불리는 저분자단백질의 thioester가 작용한다.

(1) $CH_3CO{\sim}S.CoA + CO_2 \longrightarrow COOH.CH_2CO{\sim}S.CoA$

(2) $CH_3CO{\sim}S.CoA + ACP.SH \longrightarrow CH_3CO{\sim}S.ACP + CoA.SH$

(3) $COOH.CH_2CO{\sim}S.CoA + ACP.SH \longrightarrow COOH.CH_2CO{\sim}S.ACP + CoA.SH$

(4) $CH_3CO{\sim}S.ACP + COOH.CH_2CO_2{\sim}S.ACP \longrightarrow CH_3CO.CH_2CO{\sim}S.ACP + CO_2 + ACP.SH$

(5) $CH_3CO.CH_2CO{\sim}S.ACP + NADPH + H^+ \longrightarrow CH_3CHOH.CH_2CO{\sim}S.ACP + NADP$

(6) $CH_3CHOH.CH_2CO{\sim}S.ACP \longrightarrow CH_3CH{=}CH.CO{\sim}S.ACP + H_2O$

(7) $CH_3CH{=}CH.CO{\sim}S.ACP + NADPH + H^+ \longrightarrow CH_3CH_2CH_2CO{\sim}S.ACP + NADP^+$

$CH_3CH_2CH_2CO{\sim}S.ACP + COOH.CH_2CO{\sim}S.ACP \rightarrow CH_3CH_2CH_2CO.CH_2CO{\sim}S.ACP + CO_2 + ACP.SH$

etc.

[그림 4-22] 지방산의 생합성

　그림 4-22에 일련의 반응을 간단히 개괄해 놓았다. 그림 4-22의 회로(cycle)는 요구되는 지방산사슬이 완성될 때까지 계속되어지며 합성된 지방산은 hydrolytic deacylase에 의해 acyl carrier protein으로부터 떨어져 나온다. Acetyl~S. CoA는 지방산사슬의 methyl end에 두 개의 탄소원자를 제공하며 malonyl~S. CoA는 나머지 탄소원자들을 만드는 데 기여한다. Palmitic acid(C_{16})의 전생합성반응을 요약하면 다음 그림 4-23과 같다.

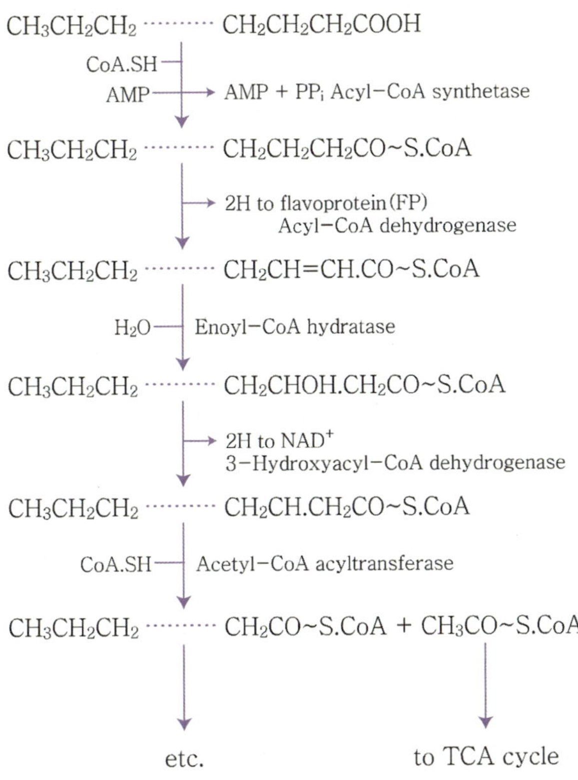

[그림 4-23] **지방산의 β-oxidation**

5-2. 지방의 분해

　지질의 가장 중요한 두 종류는 triglycerides와 phospholipids이다. 전자는 긴 사슬의 fatty acid esters이다.

여기서 p, q와 r은 같을 수도 있고 다를 수도 있으며 항상 짝수이고 흔히 16 정도이다. phospholipids는 ethandamine, serine 또는 inositol에 연결된 phosphate에 의해 치환된 제3의 acyl group을 지니고 있다. 지질은 세포막의 구성물로 존재하며 또한 탄소와 에너지의 저장소로 쓰일 수 있다. 지질이 이화될 때 먼저 가수분해되어 free fatty acid를 만든다. 그림 4-23에 나타난 것과 같이 free fatty acid는 단계적으로 분해되어 tricarboxylic acid cycle에서 더 분해되는 acetyl coenzyme A가 된다.

β-산화의 과정은 acetyl coenzyme A의 방출로 생성되는 환원된 flavoprotein과 NADH 각각 1분자가 전자전달계를 통해 다시 산화 respiratory chain phosphorylation을 통해 에너지를 생산한다. 그리고 acetyl coenzyme A가 tricarboxylic acid cycle을 통해 산화되기 때문에 부가적인 에너지가 생긴다. Mitochondria에서 NADH의 재산화는 3ATP를 만들어 내고 환원된 flavoprotein의 재산화는 2ATP를 생산하는 데 반해 많은 세균에서는 이에 상응하는 에너지 생산량이 각각 2ATP와 1ATP이다.

제 05 장

|미생물의 생육과 사멸|

미생물 중 대부분의 세균에서 볼 수 있는 것과 같이 단세포생물인 경우는 세포수(균체수)의 증가가 생육의 기준이 된다. 곰팡이와 일부의 효모처럼 균사로 신장하는 미생물이 생육할 경우는 세포수만으로는 생육을 판단할 수 없고 세포수의 측정도 어렵다. 그러므로 다수의 세포가 연결된다든지 또는 덩어리를 형성하면서 생육하는 미생물의 경우는 편의적으로 세포량(cell mass, 예, 건조중량)의 증가를 생육의 기준으로 한다.

미생물의 사멸이라는 것은 재생(생육)능력이 불가역적으로 상실된 상태로 정의한다. 미생물에서는 세포의 생활활성의 전부 또는 일부를 잃은 상태가 될지라도(예, 동결상태 등) 적당한 환경에 옮기면 증식하는 경우도 있고, 또 역으로 일부의 생활활성은 있으나, 증식능력을 잃어버린 경우도 있다. 후자의 경우, 세포는 사멸되어 있다고 정의할 수 있다. 또 세균을 고온처리한다거나 급격하게 냉각하면 보통의 배지에서는 증식하지 않으나, 적당한 첨가물(생육인자 등)을 넣어 주면 생육하는 경우가 있다. 이와 같이 미생물의 재생능력은 일정한 범위까지는 가역적으로 회복할 수 있는 성질이 있다.

1. 생육과 사멸의 측정

(1) 생체성분의 증가로 측정

미생물이 생육하면 세포량 혹은 세포수가 증가하므로 건조중량, packed volume(세포현탁액을 일정한 조건하에서 원심분리하여 침전한 균체의 용적), 혹은 생체성분(예 C, N량)이 증가한다. 따라서 이것들을 측정하여 미생물의 생육을 측정한다. 이 측정은 간단하나 실제의 생육을 나타내는 것이 아닐 경우가 있다. 예를 들면, 협막(capsule) 혹은 저장물질이 증가할 경우 건조중량도 증가할 것이며, 경우에 따라서는 C, N량도 증가한다. 또 이 방법은 비교적 많은 미생물집단을 취급할 때만 이용한다. 예를 들면, 1mg의 건조중량의 세균세포수는 $1 \sim 5 \times 10^9$ 정도이다.

(2) 생화학적 방법으로 측정

미생물이 생육하면 세포량과 세포수가 증가하고 이때 호흡능력, 발효능력 등의 효소활성이 증가한다. 그러므로 특정한 효소활성을 지표로 하여 생육을 추정하는 경우도 있다. 효소활성의 측정법은 일반적으로 예민하지 않으므로 많은 세포집단을 취급할 필요가 있다. 효소활성의 증가와 생육과는 반드시 정비례의 관계가 있는 것이 아니므로 최근에는 표지화합물(marker)을 이용하여, 예를 들면 시료에 미생물이 생존하고 있는지 없는지를 ^{14}C glucose로부터 $^{14}CO_2$의 생성량을 검출하거나, 혹은 균수를 시료 중의 ATP량으로 측정하기도 한다. 어느 경우도 다른 측정법을 이용할 수 없거나 많은 시간과 조작을 요하는 경우에 사용하는 방법이다.

(3) 계수기를 이용한 개체수의 측정

가장 간단한 방법은 혈구계수기(haematometer, counting chamber, 큰 세포의 경우에 사용) 또는 Petroff-Hausser 계수기(세균의 경우)를 이용하여 일정한 용적 중의 세균수를 현미경으로 측정하여 전체의 균수를 구한다. 세균의 경우는 살아 있는 균과 죽은 균을 구별하기가 어렵다. 예를 들면, 효모와 같이 큰 세포는 methylene blue 염색으로 생사를 구별하기도 하는데 이때 죽은 세포는 청색으로 염색되나, 생세포는 염색되지 않는다. 탈수소효소활성으로 인한 methylene blue의 환원을 이용하여 생균수를 측정하기도 한다. 이를 생세포(생균)수측정법(viable count)이라 부른다. 이 방법은 세균의 경우 $1ml$ 중 세포수가 10^7 이상이 되어야 한다.

또한 세포가 미세한 구멍을 통과할 때의 전기저항의 변화로부터 세포수와 세포의 크기분포를 측정하는 전자장치도 있다.

(4) 희석한천평판배양법을 이용한 생균수측정

생육을 측정할 때 가장 보편적으로 사용하는 광학적 방법에는 비탁법(turbidometry)과 비색법(colorimeter)이 있으며, 세포의 현탁액에 의하여 산란된 빛의 양을 측정하는 방법이다. 이 방법은 작은 입자가 일정한 범위 내에서는 균체의 농도에 비례하여 빛을 산란시킨다는 사실을 기본으로 하였다. 빛이 균의 현탁액을 통과할 때 산란의 결과로 생기는 투과된 빛의 양의 감소는 세포밀도의 척도가 된다. 이와 같은 계측은 보통 분광광도계(spectrophotometer)를 이용한다. 이 계기는 흡광도(absorbance, A)의 단위로 읽는다. 흡광도는 현탁액을 통과한 빛의 강도(I)에 대한 현탁액에 쪼여 주는 빛의 강도(I_o)의 비의 대수라 정의한다.

$$A = \log \frac{I_o}{I}$$

분광광도계는 세포밀도를 측정하는 데 편리하고 미생물현탁액에 대한 흡광도를 표시한 검량곡선을 그려 두면(그림 5-1), 배양액의 단위 용적당의 세균건조량 혹은 균체수를 측정하기 위한 정확하고 신속한 방법이 된다. 비색법은 균현탁액으로 빛의 흡수를 측정하는 것으로 일반적으로 600nm 부근의 적색광의 흡수를 측정한다. 측정치는 흡광도(absorbance 또는 optical density)로 표시한다. 일반적으로 이 방법의 감도는 $1ml$당 약 1,000만 개를 함유한 세균현탁을 측정할 수 있다.

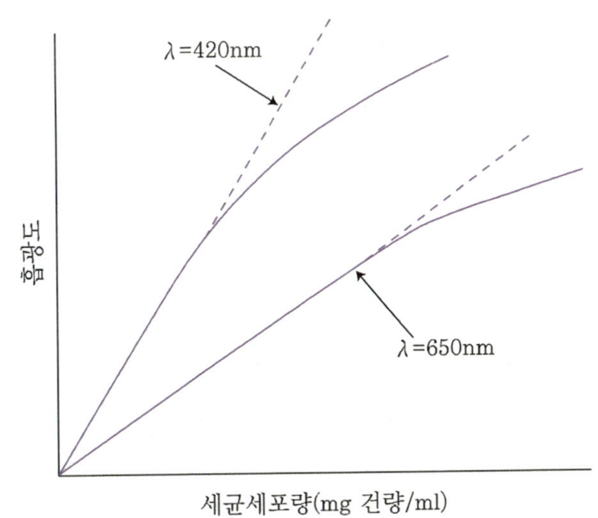

[그림 5-1] 흡광도와 세포량의 검량곡선

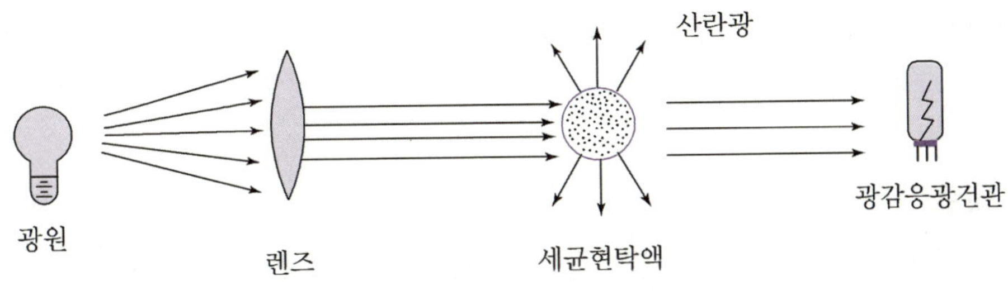

[그림 5-2] 광도계의 장치

2. 미생물의 생육곡선

2-1. 효모, 세균의 액체배양

　미생물의 생리에 대한 영양원 및 물리화학적 요인이 미치는 영향을 검토하기 위하여 일정한 조건하에 미생물을 배양하여 배양액 중의 생균수의 대수값을 배양시간에 대하여 plot하면 그림 5-3과 같은 생육곡선을 얻을 수 있다. 세균과 효모의 생육곡선(growth curve)은 유도기(induction period, lag phase), 대수기(logarithmic phase), 정상기(정지기, stationary phase), 사멸기(death phase)로 나누고 있다.

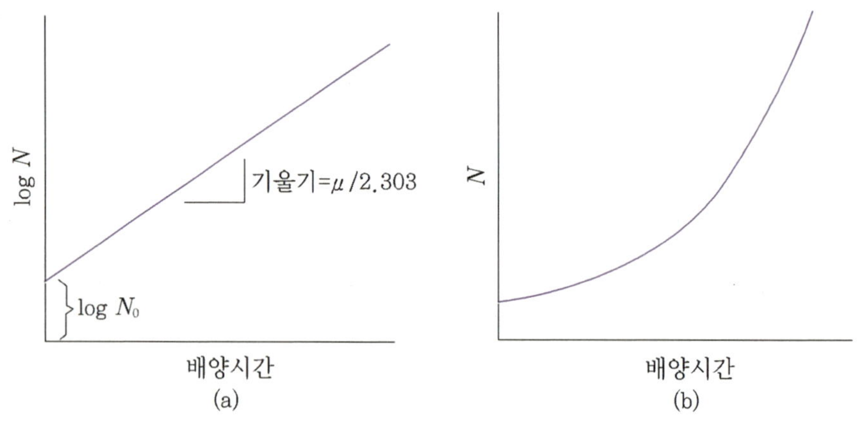

[그림 5-3] 증식데이타를 plot하는 방법의 비교

(1) 유도기

　미생물을 새로운 배지에 접종하면 세포는 일정한 유도기를 지난 다음 활발하게 증식을 시작한다. 유도기에서는 세포수의 증가는 거의 없으나 세포의 크기는 증대되면서 RNA 함량은 증가하고 대사활동이 활발하게 된다. 그러므로 다음 대수기의 급속한 증식을 위한 준비적응기간이라 할 수 있다.

(2) 대수기

　세포는 급속히 증식하고 원형질의 합성속도와 세포의 분열속도가 거의 일치한다. 배지 중의 영양분은 균체합성에 이용된다. 그러므로 생육에 따라 배양액 중의 잔당량, 가용성 질소량, 무기인산량 등은 감소하며 대사산물은 증가한다.

처음 새로운 배지에 접종한 균체수를 n_0라 하면 세포는 2분열법으로 증식하므로

$$1\text{세대(generation time) 후의 세포수} = 2n_0$$
$$2\text{세대 후의 세포수} = 2 \times 2 \times n_0 = 2^2 \cdot n_0$$
$$g\text{세대 후 세포수} = n = 2^g n_0$$

그러므로 대수기에서는 세포수 n은 지수적으로 증가한다. 양변을 대수로 하면

$$\log n = \log n_0 + g \log 2$$
$$\therefore\ g = \frac{\log n - \log n_0}{\log 2}$$

g세대에 요하는 시간을 t, 세포의 평균세대시간(mean generation time)을 g_{av}라 하면

$$g_{av} = \frac{t}{g} = \frac{t \log 2}{\log n - \log n_0} = \frac{0.301\ t}{\log n - \log n_0}$$

같은 균주, 같은 배양조건에서는 g와 $\log n_0$는 일정하다. 대수기에 있어서는 세포수(양)의 대수($\log n_0$)와 시간(t)과는 직선관계가 있다.

평균세대시간(g_{av})은 배양조건에 의하여 다르며, 대장균은 20분 정도이고, *Pseudomonas fluorescens*는 35분 정도, 빵효모는 1시간 30분 정도이다.

세균의 증식은 1차의 자기촉매적 화학반응과 유사하다. 임의시간에서 세균의 증가율은 그 시간에 존재하는 세균의 수 또는 세포량에 비례한다.

$$\text{세포의 증가율} = \mu x \text{ (세포수 혹은 세포량)} \qquad (\text{I})$$

비례상수 μ는 증식속도의 지표이고, 증식속도상수(growth rate constant) 혹은
비증식속도(specific growth rate)라 한다. μ는 다시 세포성분의 증가율, 세포성분의
양과의 관계를 두고 수학적으로 다음과 같이 표현할 수 있다.

$$\frac{dN}{dt} = \mu N, \quad \frac{dx}{dt} = \mu x, \quad \frac{dz}{dt} = \mu z \tag{II}$$

N은 세포수/ml, x는 세포량/ml, z는 세포성분량/ml, t는 배양시간, μ는 비증식속도이
다. 이들의 식은 대부분의 단세포세균배양의 생육을 정확하게 표시하고 있다. 이들의
식을 다른 형으로 바꾸면 실용적으로 된다. 식(II)를 적분하면

$$\log z - \log z_0 = \mu(t - t_0) \tag{III}$$

가 되고 자연대수를 상용대수로 바꾸면

$$\log_{10} z - \log_{10} z_0 = \frac{\mu}{2.303}(t - t_0) \tag{IV}$$

로 나타낼 수 있다. 여기서 z 및 z_0의 값은 각각 t 및 t_0 시간에 있어서 배양한 세포성분
량에 상당한다. z 및 z_0 측정함으로써 μ, 즉 비증식속도의 값을 계산할 수 있다. 만일
t_0 시간에 10^4세포/ml를, 4시간 후에는 10^8세포/ml를 함유한다면 그 배양의 증식속도는
다음과 같이 된다.

$$\mu = \frac{(8-4)2.303}{4} = 2.303\,hr^{-1} \tag{V}$$

μ의 값은 배양증식속도를 나타내는 데 충분하지만 보통 사용하는 것은 평균배가시
간 또는 평균세대시간(mean generation time, g_{av})이다. 이것은 세포가 2배로 증가하는

데 요하는 시간이라 정의할 수 있다. 만일 시간간격 $t - t_0$가 g_{av}와 같다면 z는 z_0의 2배로 된다. g와 μ와의 사이의 관계는 식(Ⅲ)으로부터 유도할 수 있다. 이들을 치환하면 다음 식을 얻을 수 있다.

$$\mu = \frac{ln2}{g_{av}} = \frac{0.693}{g} \qquad (\text{Ⅵ})$$

예를 들면, 배양의 평균세대시간(평균분열시간) g_{av}는 0.693/2.303 = 0.30시간, 즉 18분이다. 표 5-1에 대표적인 균에 대한 증식속도를 나타냈다.

표 5-1 세균의 증식속도(최적온도, 복합배지 중에서 측정)

균 명	온도(℃)	평균세대시간(hr)
Beneckea natriegens	37	0.16
Bacillus stearothermophilus	60	0.14
Escherichia coli (대장균)	40	0.35
Bacillus subtilis (고초균)	40	0.43
Pseudomonas putida	30	0.75[a]
Vibrio marinus	15	1.35
Rhodopseudomonas sphareroides	30	2.2
Mycobacterium tuerculosis (결핵균)	37	~6
Nitrobacter agilis	27	~20[a]

(3) 정상기

대수기가 끝날 무렵이 되면 배지 중의 영양분이 고갈되거나 유해한 대사산물이 축적되어 세포의 생육속도가 감소하고, 사멸세포(전체 균수-생균수)도 증가하고, 세포수도 변하지 않는 정상기가 된다. 생육은 최대생육량(maximum growth)에 달하고, 항생물질과 같은 생산물도 이 시기에 최대량이 되는 것이 많다.

(4) 사멸기

정상기가 경과되면 사멸세포가 증가하는 사멸기가 된다. 세포는 자기소화(autolysis)하거나 혹은 퇴축형(involution form)이 되는 것이 많다.

2-2. 세균의 생육곡선

한 개의 세포의 생육을 현미경하에서 관찰하면서 크기를 측정하면 세포용적의 대수 $\log V$는 시간에 대하여 직선 또는 S자형의 관계가 있다(그림 5-4). 전자는 세포가 증식할 때 다핵세포로 될 경우이고, 후자는 구균과 같이 단핵의 경우이다.

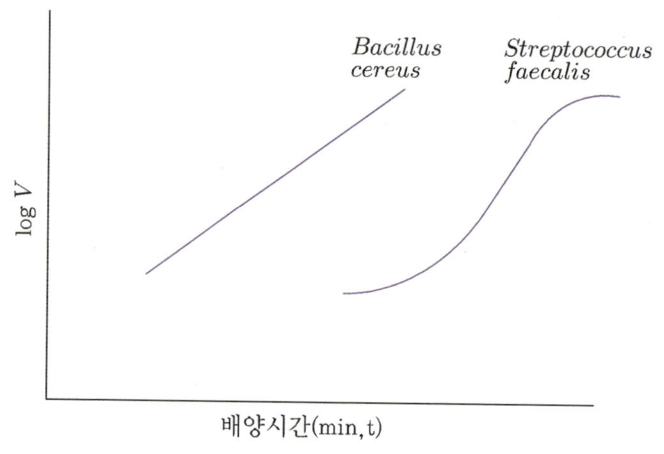

[그림 5-4] 한 개의 세포의 생육곡선

2-3. 곰팡이의 생육곡선

곰팡이는 세균과는 달리 생육이 균사의 끝부분에서만 일어나므로 생육속도는 균사 끝의 수와 수송되는 영양분의 공급속도에 의해 결정된다. 또 균체가 흩어지지 않으므로 균사 전체에 대하여 생각할 경우 영양적으로 균일하지 못한 조건에서 생장하기 쉽다. 통기 조건하에서 곰팡이의 생육곡선은 보통 그림 5-5와 같다.

Ryan 등의 생육속도관(growth tube)에 배양하여 일직선방향으로 곰팡이집락의 신장속도를 비교하면 그림 5-6과 같다.

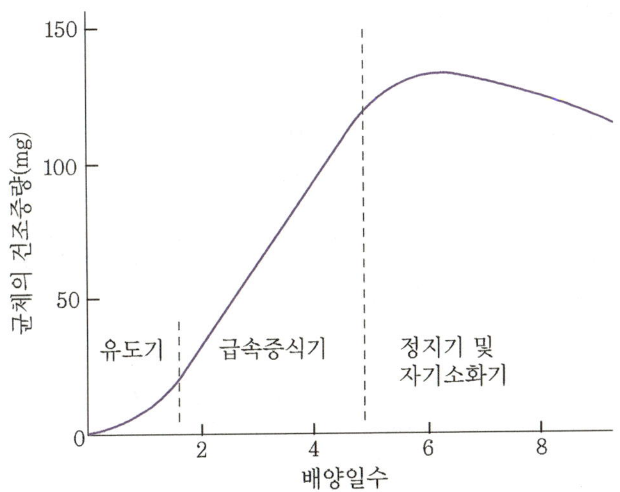

[그림 5-5] 통기조건하에서의 *Fusarium solani* 의 생육곡선

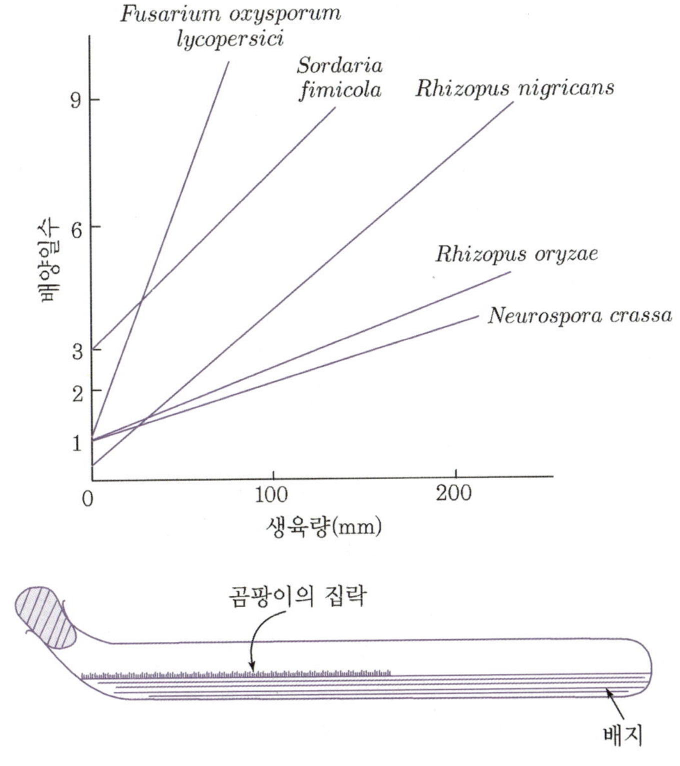

[그림 5-6] 곰팡이의 신장속도의 비교

3. 특수한 배양방법에 의한 생육

(1) 동조배양법(synchronous culture method)

효모세포의 발아증식기작을 연구할 경우 한 개의 세포의 형태적 변하는 현미경하에서 관찰함으로써 쉽게 알 수 있다. 그러나 균체성분 혹은 균체생화학적 활성의 경시적 변화는 한 세포의 세포화학적 관찰 내지 분석으로는 알아내기가 어려운 경우가 많다. 또 일반적으로 활발하게 증식하고 있는 미생물세포는 여러 생육기의 세포의 혼합집단이므로 그대로 분석할 수 없다. 여기에서 생각한 것이 전 세포의 생육기를 동일하게 하여 배양하는 동조배양방법이다. 예를 들면, 실험에 생리상태가 같은 세포 10^{10}개의 집단을 사용하면 한 세포의 생리적 활성을 10^{10}배로 확대하여 연구하는 것이 되므로 매우 편리하다.

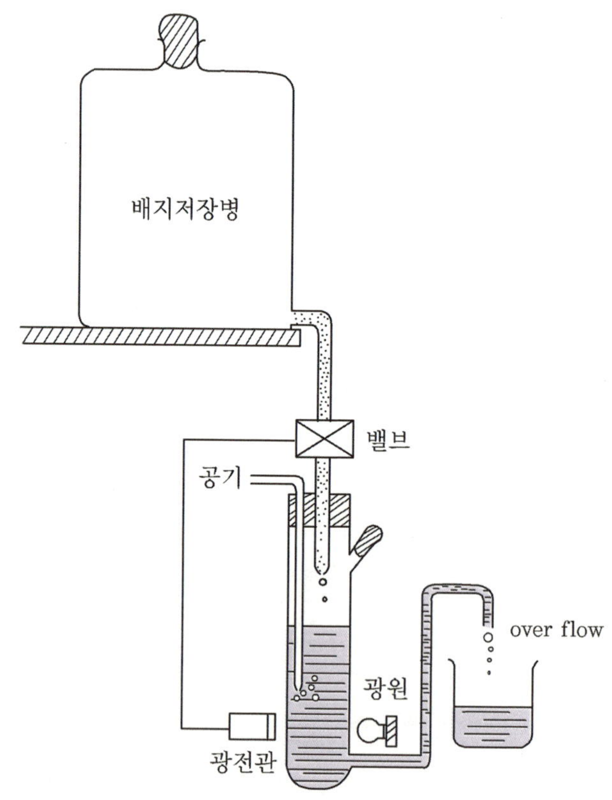

[그림 5-7] **연속배양장치(turbidostat)**

동조방법으로서는 온도, 배양조건 등의 배양방법을 연구함으로써 균의 생리적 조건을 조정하여 동조화하는 방법과 분열여과, 분별원심과 같은 계적 방법으로 일정한 성장기의 세포만을 선택적으로 모아서 동조화하는 방법이 있다.

(2) 연속배양법(continuous culture)

일반적인 비연속배양법(회분식 배양, batch culture)은 영양분이 제한되어 있으므로 대수기의 균체를 계속적으로 얻을 수 없다. 그러나 연속배양법은 배양조에 새로운 배지를 일정한 속도로 유입시키면서 overflow한 배양액을 모음으로써 그 문제를 해결할 수 있다. 연속배양장치에는 turbidostat와 chemostat의 두 종류가 있다. 전자(그림 5-7)는 밸브를 광전관과 연결하여 개폐함으로써 배양조 내의 세포농도를 비탁법에 의하여 일정하게 유지시킨다. 후자는 배지 중에 일정한 영양분을 제한함으로써 배양균액을 일정한 농도로 하여 일정한 생육기를 유지할 수 있다. 연속배양법은 균체의 다량생산 혹은 생리·유전학적 연구에 이용되고 있다.

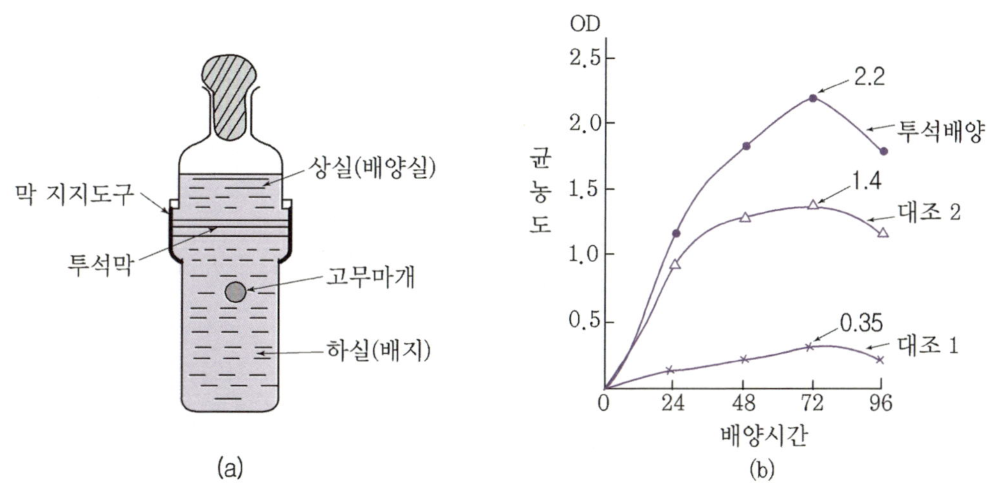

대조 1 : 상실에 배지를 놓고 상실과 하실의 연락은 차단하여 상실만으로 배양하였을 경우
대조 2 : 대조 1과 같으나 상실에 상하실의 농후배지를 사용하였을 경우

[그림 5-8] 투석배양법(a) 및 배양실험결과(b)

(3) 투석배양법(dialysis culture)

투석을 하면서 미생물을 배양하는 방법이다. 일반배지성분의 일부 또는 전부를 투석막의 바깥쪽에 넣어 배양한다. 이와 같이 함으로써 진하고 불순물이 적은 균액을 얻을 수 있다. 그림 5-8은 탄화수소자화성균, *Mycotorula japonica*의 투석배양장치 및 실험결과의 한 예이다.

이 배양법은 많은 양의 효소를 얻는 데 유효하다. 또 황세균의 배양과 같이 대사생성물(예, 배양하여 생긴 황산)이 균의 생육을 심하게 저해하는 경우에는 독소물질을 제거하면서 배양하는 수단으로서 매우 적절한 배양방법이다.

제 06 장

|세 균|

세균(bacteria)은 엽록소가 없고, 하등미생물의 분열균류에 해당하는 것으로, 폭이 1㎛ 정도 이하로 작은 단세포생물이며, 대부분 세포가 분열(fission)하면서 증식한다. 이 중에는 모양이 단순한 일반세균 외에 모양이 다른 점액세균(slime bacteria)과 Spirochetes도 포함된다. 그리고 세균과 곰팡이의 중간적인 성질과 모양을 한 방선균(Actinomycetes)도 넓은 의미로 세균류에 넣는 경우가 많다. 그러나 응용미생물로서 중요한 것은 일반세균에 한정되어 있으므로 주로 일반세균에 대하여 설명한다.

1. 세균의 형태

세균의 크기는 일반적으로 0.3~1.0㎛ 정도이고, 그림 6-1에 나타낸 것과 같이 외형은 구균(coccus), 간균(bacillus, rod), 콤마상균(vibro), 나선균(spirillum)과 같은 모양을 하고 있다.

이들 중에 일부 균은 세포의 바깥쪽에 협막(capsule) 혹은 점질층(slime layer)을 가지고 있으며, 점질물로 둘러싼 세균의 덩어리를 *Zoogloea*라 칭한다. 어떠한 균은 안쪽에 내생포자(endospore)가 있다. 내생포자를 형성할 때 세포가 방추형(clostridium형) 또는 주걱형(plectridium형)으로 된 것도 있다.

편모(flagellum, -a)는 그 착생 부분에 따라 극모(polar flagellum) 또는 주모(peritrichous flagellum, 그림 6-2)라 부르며, 이들은 세균의 분류에 이용된다. 그리고 어떤 세균은 편모 외에 fimbriae라고 하는 편모와 비슷한 많은 구조물을 갖는 경우도 있으나 이것은 운동기관이 아니고 세포가 서로 부착하는 데 중요한 역할을 하는 것으로 생각된다.

구균은 분열 후 세포가 분리되어 단구균(Monococcus)으로서 존재하는 균과, 종류에 따라 분열세포가 분리하지 않고 분열방향의 차이로 특색 있는 분열성장형태를 나타내는 경우가 있다. 예를 들면, 그림 6-6과 같이 세포가 짝이 되어 쌍구균[Diplococcus, 예 *Diplococcus pneumoniae*(폐렴쌍구균)], 한 방향으로만 분열하여 길게 연결된 연구균[Streptococcus, 예 *Streptococcus lactis*(젖산연쇄구균)], 2방향으로 분열하는 사구균(Tetracoccus 또는 Pediococcus, 예 *Pediococcus halopilus*), 3방향으로 분열되는 팔연구균(Sarcina, 예 *Sarcina flava*), 분열방향이 불규칙하고 포도송이 모양으로 된 포도상구균(Staphylococcus, 예 *Staphylococcus aureus*) 등이 있다. 이러한 구균세포는 대부분이 구형이나, 타원형인 것도 있다.

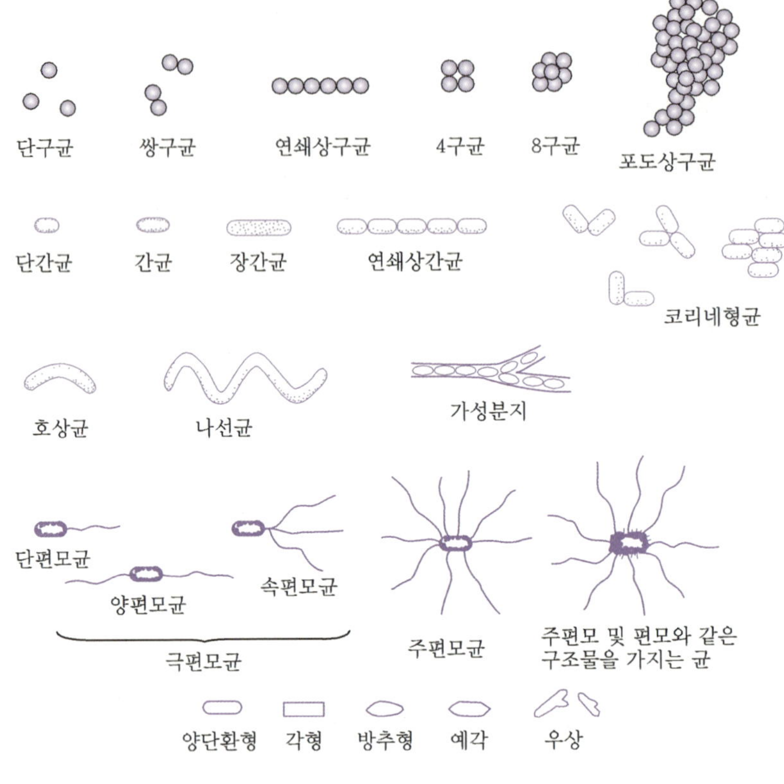

[그림 6-1] **일반세균의 특징**

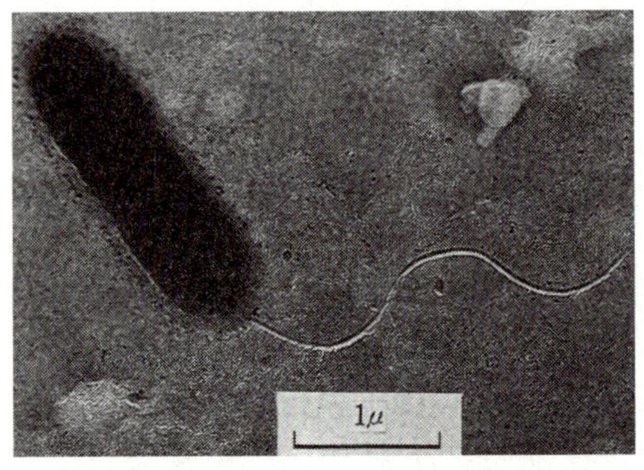

[그림 6-2] *Pseudomonas*의 편모의 전자현미경사진

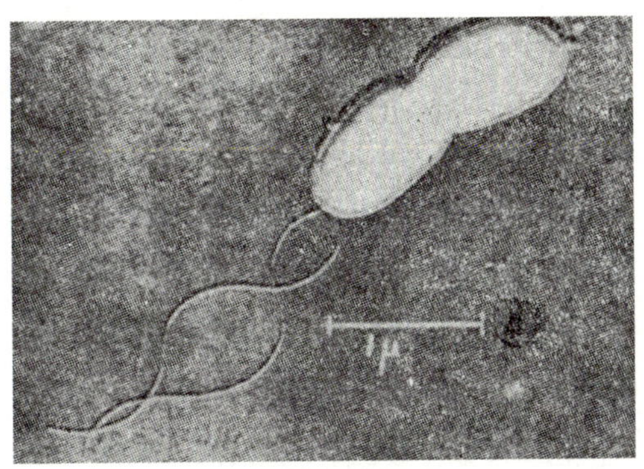

[그림 6-3] *Pseudomonas fluorescens*의 전자현미경사진

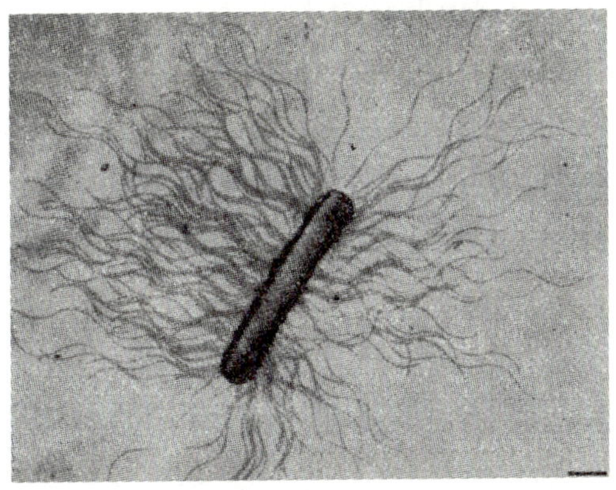

[그림 6-4] 주모균(*Proteus mirabilis*)의 전자현미경사진

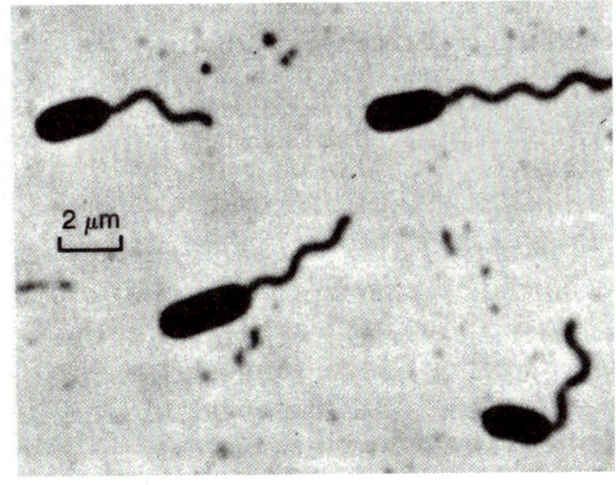

[그림 6-5] *Ps. aeruginosa*의 편모

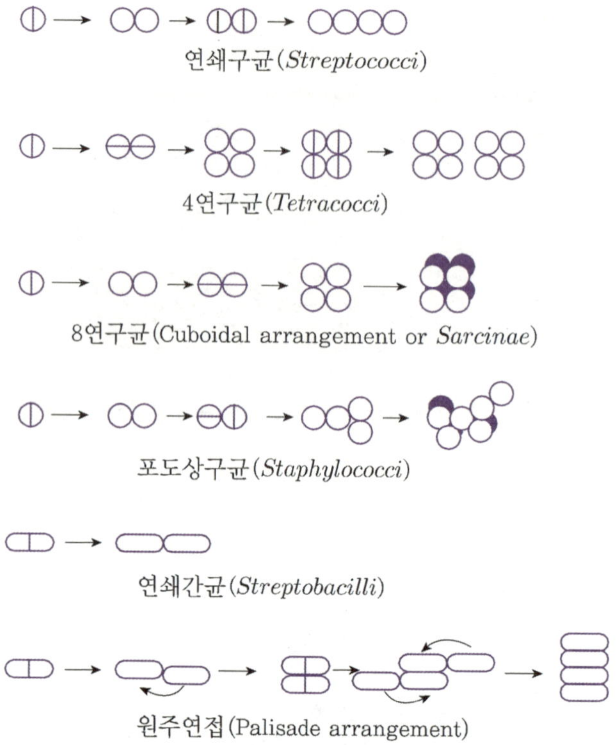

연쇄구균(*Streptococci*)

4연구균(*Tetracocci*)

8연구균(Cuboidal arrangement or *Sarcinae*)

포도상구균(*Staphylococci*)

연쇄간균(*Streptobacilli*)

원주연접(Palisade arrangement)

[그림 6-6] 세균의 형태와 분열방법(C. Lamanna, M.F. Mallette and L. Zimmerman, Basic Bacteriology(1973)로부터)

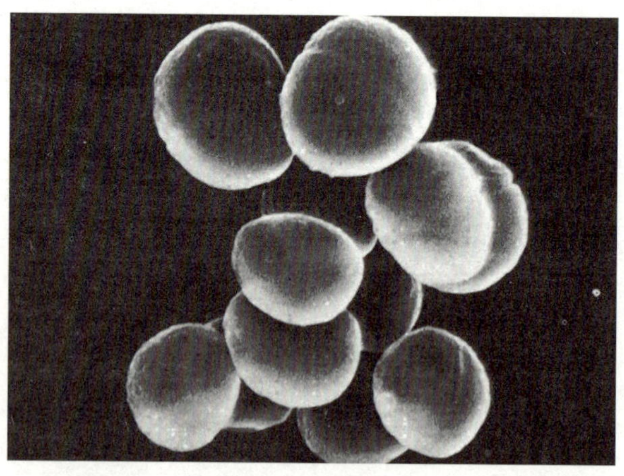

[그림 6-7] 포도상구균의 분열(×24,000)

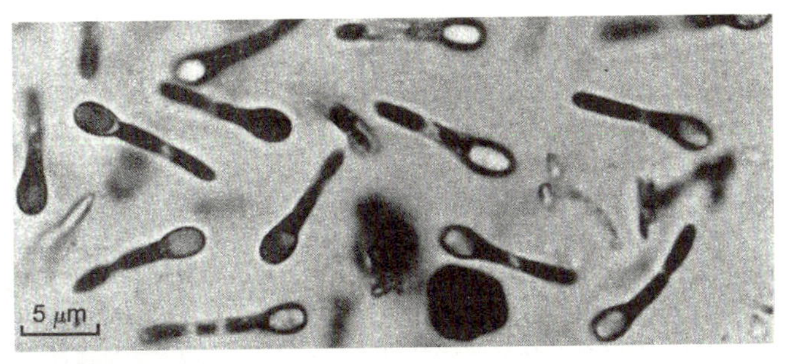

[그림 6-8] 혐기성포자형성균의 형태(*Clostridium*)

간균(rod)에는 *Escherichia coli*(대장균), *Brevibacterium* 속 균과 같은 단간균 (short rod)과, *Lactobacillus bulgaricus* 등의 장간균(long rod)이 있으며 세포의 양 끝이 둥근 것이 보통이다. 그러나 *Bacillus anthracis*(탄저균)와 같이 각형인 것, *Fusobacterium* 속과 같이 실북모양(방추형)인 것, 초산균과 같이 예각으로 되어 있는 것도 있다.

Rhizobium(근류균) 속에서는 우장의 세포도 있다. 그리고 간균은 장축의 방향으로 분열하면서 세포가 분리되지 않는 경우는 일반적으로 연쇄상으로 되나 *Corynebacterium* 속과 같이 세포가 V·Y·L자형으로 연결되는 경우와 철세균 *Sphaerotilus* 속과 같이 세포가 균초(sheath)에 싸여 가지가 잘라진 것처럼 가성분지(pseudoramification)를 나타내는 균도 있다.

위에서 설명한 것과 같이 세균에는 각각 일정한 형태를 하고 있으나 균에 따라 때로는 다형성(pleomorphism)을 나타내는 것도 있고, 또 때때로 이상한 형태로 되는 경우도 있다. 이들 중 어떠한 자극으로 모양은 이상해지나 증식능력이 있는 것을 생리적 기형 (teratological growth form), 부적당한 환경에서 생긴 증식능력이 없는 이상형태를 병리적 기형(involution form)이라 부른다.

세균에는 포자(spore)를 형성하는 것이 있다. 이러한 균을 유포자세균(spore forming bacteria)이라 부르며, 그 대부분이 간균이다. 포자형성능력의 유무는 세균의 분류에 있어서 매우 중요한 특징이며 이것을 기본으로 하여 포자형성간균은 모두 Bacillaceae 과에 놓였다. 그중에서 호기성균은 *Bacillus* 속, 혐기성균은 *Clostridium* 속에 포함된다. 이들 균의 포자는 어느 것이든 세포 내에 만들어지는 내생포자(endospore)

로, 포자가 된 세포를 포자낭(sporangium)
이라 하고, 성장과 대사를 하고 있는 보통의
세포를 영양세포(vegetative cell)라 부른다.

그리고 포자형성 시 세포의 모양이 변하지
않는 것을 *Bacillus*형, *Clostridium buty-
ricum*과 *Clostridium acetobutylicum*과
같이 세포의 중앙이 부풀어 있는 것을
*Clostridium*형, *Clostridium tetani*(파상풍
균)와 같은 주걱모양을 하고 있는 것을
*Plectridium*형이라 한다(그림 6-8).

2. Protoplast와 spheroplast

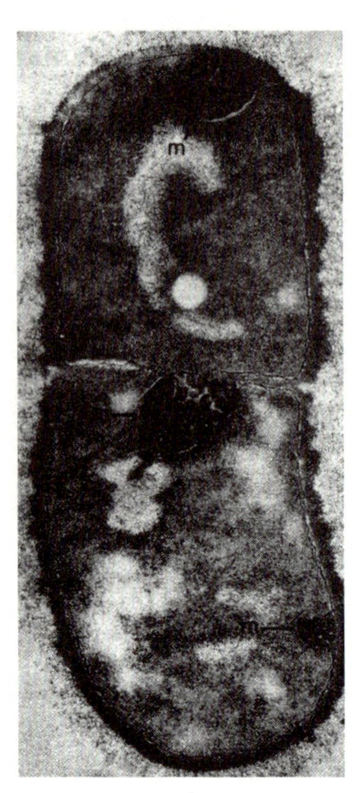

[그림 6-9]   *Baeillus megaterium*의
protoplast(전자현미경사진)

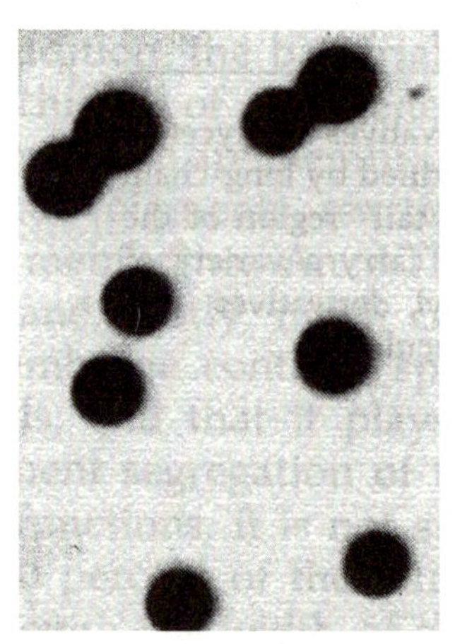

[그림 6-10]   *Bacillus megaterium* 의
protoplast
(위상차현미경사진)

세균을 lysozyme 등으로 처리하여 그 세포벽
을 완전히 제거한 것을 protoplast, 일부를 제거한
것을 spheroplast라 한다. Protoplast는 pH 7.0의
인산완충액 중에서 쉽게 녹아, 거의 세포질막으
로만 되는 ghost와 내부의 과립으로 분리된다.

Protoplast는 단백질과 핵산 등의 합성, 포자
의 형성, 감염되어 있는 파아지의 합성, 적응효
소의 합성 등을 할 수 있을 뿐만 아니라 조건에
따라 더 커지기도 하고, 분열도 한다. 또 원래
편모가 있었던 것은 편모를 그대로 가지나 운동
성은 없다. Protoplast의 중량은 건조중량으로 원세포의 80 %를 차지하며 모든 세균은
protoplast 상태에서 구형이 되며 세포학 연구재료로 중요하다.

3. 일반세균의 생활사

　분열세균(Schizomycetes)이라 부르는 것과 같이 대부분의 세균은 이분법(fission)에 의하여 세포가 분열하면서 증식한다. 또 일부의 균은 세포 안에 내생포자(endospore)를 형성한다. 그림 6-11에는 포자를 형성하지 않은 세균과 내생포자를 형성하는 유포자세균의 생활사를 나타냈다.

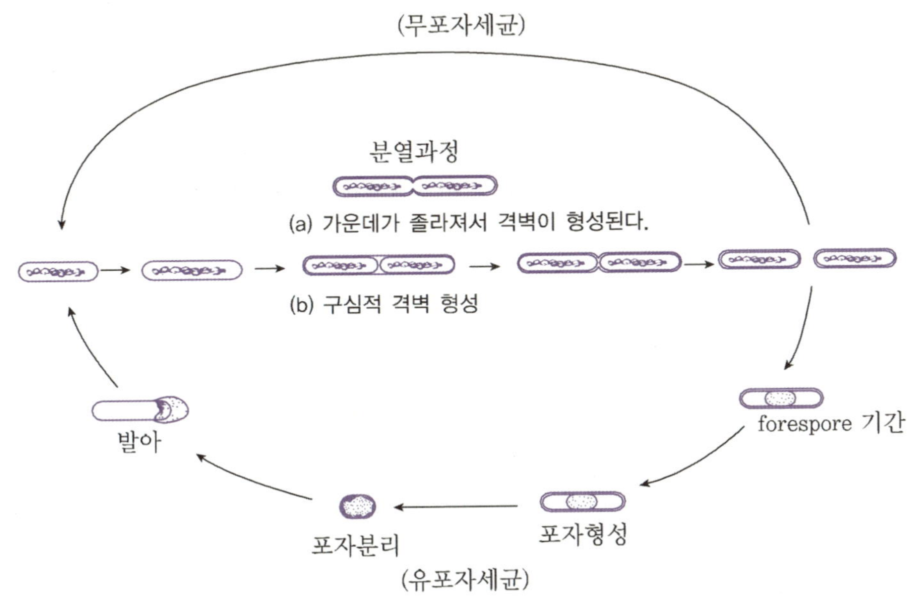

[그림 6-11]　일반세균의 생활사

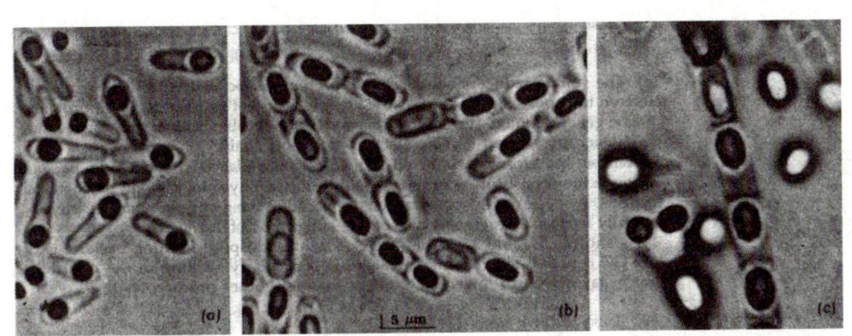

(a) 동정되지 않은 *Bacillus* 속　　(b) *B. cereus*　　(C) *B. megaterium*

[그림 6-12]　***Bacillus*** 속 균주의 포자

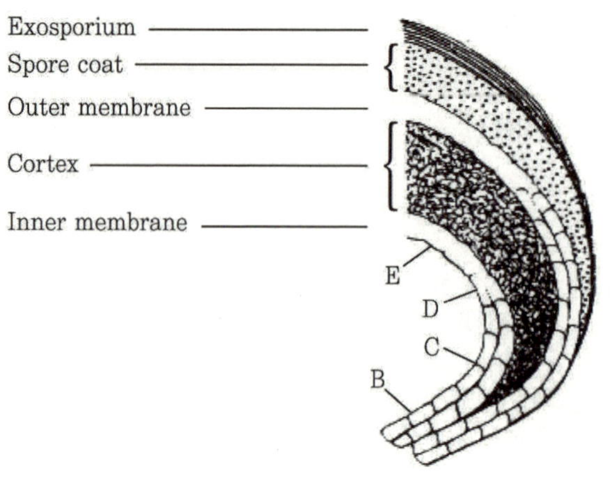

[그림 6-13] *Bacillus cereus*의 포자절편의 미세구조

세포가 새로운 배지에 이식되어 영양분을 흡수하면 그 크기가 커지면서 세포 내부에서는 DNA가 복제되고, 세포 중간에 격벽이 형성된 다음 분열(fission)하여 2개의 세포가 된다. 격벽형성은 (b)와 같이 중앙에 세포벽이 구심적(centripetally)으로 생장하여 일어나는 경우와 (a)와 같이 세포벽이 들어간 상태로(contriction) 일어나는 경우가 있다. 포자를 형성하는 균에서는 배양 후기에 forespore를 볼 수 있고, 이것은 빛을 강하게 굴절하는 포자가 된다. 포자는 세포의 자기소화(autolysis) 등으로 가끔 유리된 상태로 존재하기도 한다.

포자의 미세구조를 그림 6-13에 나타냈다. 포자는 여러 층으로 된 외피가 있는 복잡한 구조를 하고 있다. 포자는 영양세포에 비하여 열, 약품, 방사선 등에 대한 저항성이 높은 내구체의 하나이나, 적당한 조건하에서 다시 영양세포가 되고 분열증식을 한다.

3-1. 새로운 세포벽 형성

형광항체법(fluorescent antibody method)을 이용하면 새로운 세포벽이 합성되는 부분을 알 수 있다. 세포벽을 항원(antigen)으로 하여 만들어진 항체(antibody)는 그 세포벽과 특이하게 반응하므로 만일 항체의 globulin 단백질에 형광색소인 fluorescein을 결합시켜 marker로 하고, 이 항체와 세포를 반응시키면 형광색소를 가진 항체는 세포벽의 표면에 결합되므로 형광현미경으로 쉽게 관찰할 수 있다.

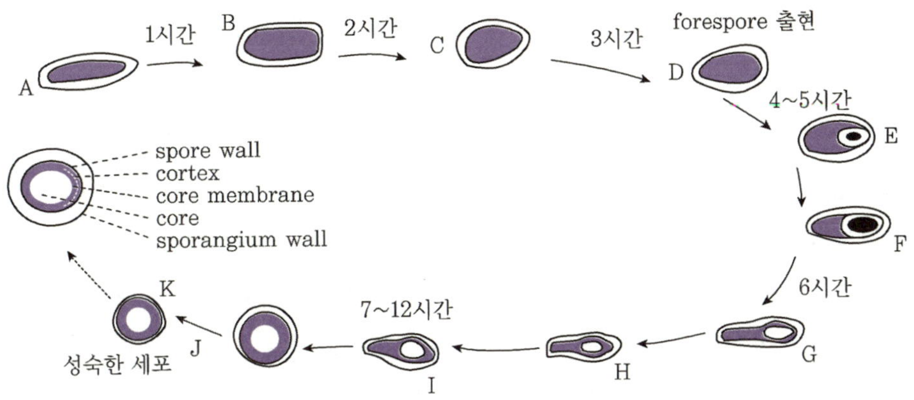

[그림 6-14] *Clostridium perfringens* 의 포자형성과정

이와 같이 형광항체로 표식된 세포를 새로운 배양배지에 접종하여 짧은 시간 동안 세포를 증식시키면 새로 합성된 세포벽은 형광색소가 없으므로 새로운 세포벽과 오래된 세포벽의 구분을 쉽게 할 수 있다.

그림 6-15에 나타낸 것과 같이 균종에 따라 새로운 세포벽의 형성방법이 다르다는 것을 알 수 있다. 예를 들면, *Streptococcus* 속에서는 격벽형성에 밀접한 관계가 있는 아주 작은 부위에서 새로운 세포가 합성되나, *Salmonella*에서는 여러 곳, 즉 각 부위에서 합성되는 것을 알 수 있다.

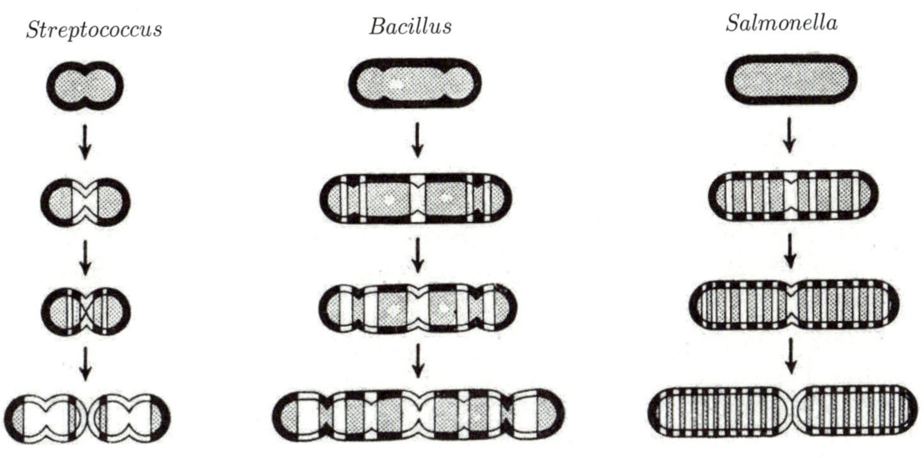

[그림 6-15] **세균에서 세포벽형성의 여러 모양**

3-2. DNA의 복제

　세포분열을 하면서 DNA 분자의 복제(replication)가 세균세포 내의 좁은 공간에서 비교적 단시간에 정확하게 이루어진다. DNA의 복제는 ^{3}H로 표식한 DNA와 autoradiography를 이용하여 확인할 수 있다. DNA 복제메커니즘은 형태적 연구와 Lark의 새로운 유전생화학적 방법을 이용한 연구결과로 밝혀졌다.

　그림 6-16에서는 후자에 의한 복제모형도를 나타냈다. 복제개시 전에는 (A)와 같이 2중사슬 DNA(double strand) 중에서 한쪽만 replicator 단백질을 통하여 세포막에 부착되고, 다른 사슬은 그것과 분리되어 있다. 복제는 (B)와 같이 분리된 쪽의 DNA 사슬이 절단되어 initiator가 그 한 끝에 결합함으로써 시작된다.

　그 후에 (C)와 같이 initiator는 proreplicator 단백질을 통하여 세포벽에 부착한다. 동시에 initiator 부분으로부터 점차적으로 떨어지면 2중사슬의 각 사슬에 새로운 DNA의 복제가 진행되고(D), 그 후에 (E)와 같이 복제를 완료하여 2개의 이중사슬 DNA가 되고 또 proreplicator는 replicator로 바뀐다.

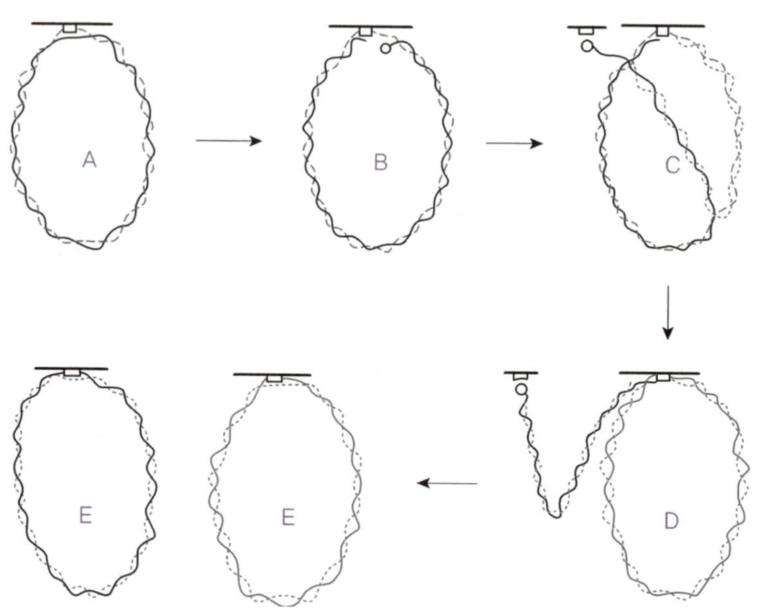

[그림 6-16]　대장균 DNA의 복제방법 (Lark)

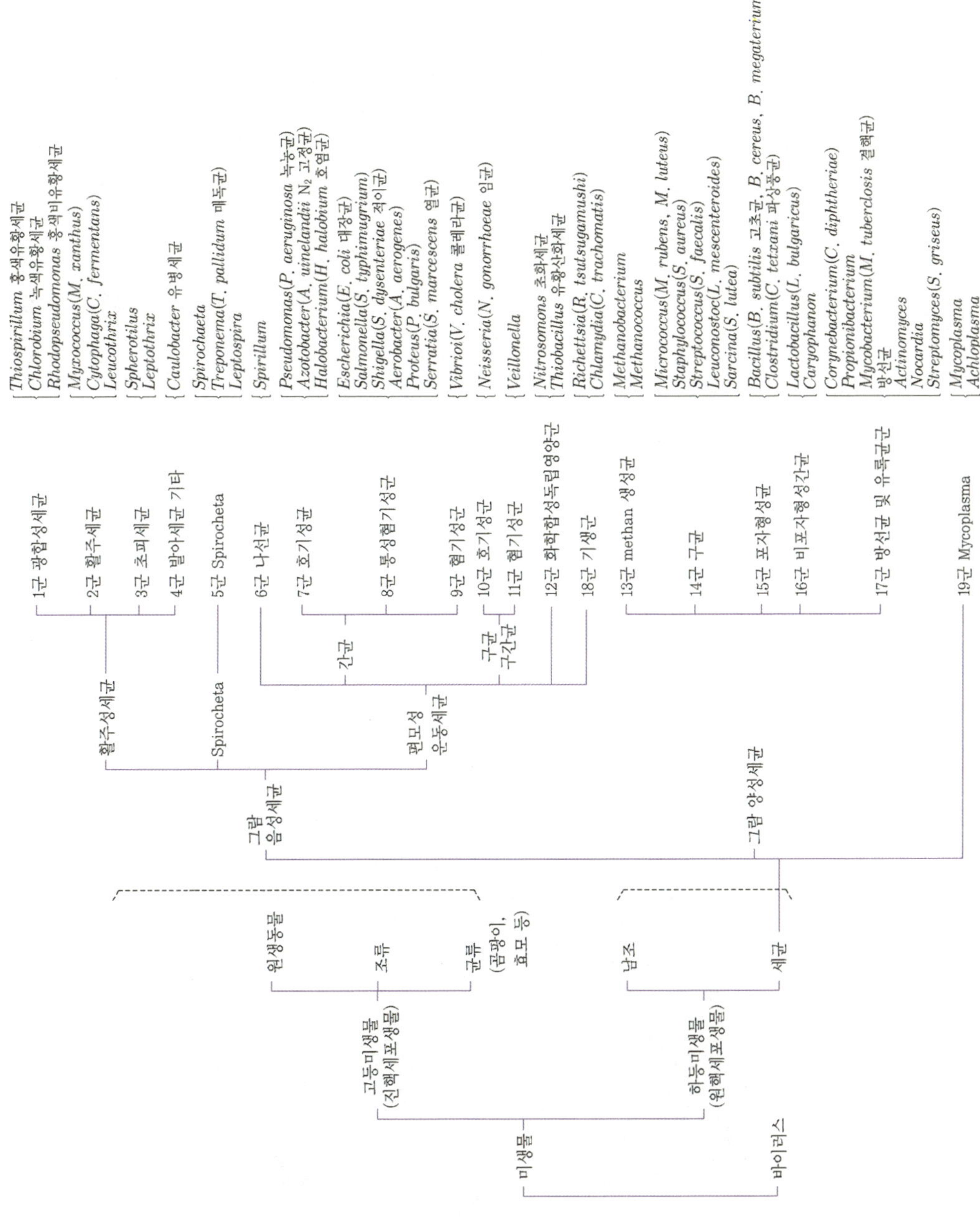

[그림 6-17] 세균의 분류학상의 위치

4. 세균의 분류

세균은 대부분의 종류가 이분법으로 증식하므로 분열균류(Schizomycetes)라는 강(class)에 정리되어 있다. 세포의 형태, 포자의 형성 유무, 편모의 착생상태, 그람염색성, 여러 종류의 배지에 배양한 성질, 생리적 성질, 생태적 성질 등을 기본으로 하여 목(order), 과(family), 때로는 족(tribe)을 거쳐 속(genus), 종(species)으로 세분한다. 분류법에는 여러 방법이 있으나, 현재는 Bergey의 세균 분류편람(Bergey's Manual of Determinative Bacteriology 제9판 또는 Bergey's Manual of Systematic Bacteriology 제2판)에 준하여 분류하는 것이 보통이다. 여기서는 19군으로 나누어져 나열되어 있을 뿐이고 계층적으로 분류되어 있지 않다.

이를 세포구조를 고려하여 계층적으로 분류하면 그림 6-17과 같이 나타낼 수 있다. 먼저 표층구조의 차이에 따라 3군으로 크게 나눈다. 즉 세포벽(peptidoglycan층)이 없는 *Mycoplasma*(그림 6-18)와 세포벽을 갖고 있는 그람 양성세균(그림 6-19), 그람 음성세균(그림 6-20)이다. 위의 두 세균은 그람염색에 의한 특징으로 분류한 것이나, 표층구조에 기본적으로 다른 점이 있는 것이 1960년대에 전자현미경 관찰로 확실하게 밝혀졌다.

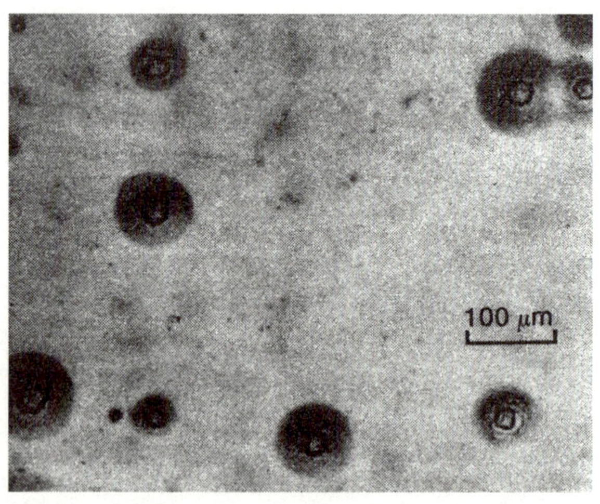

[그림 6-18] *Mycoplasma* 군생물의 특징적 집락구조 (×79)

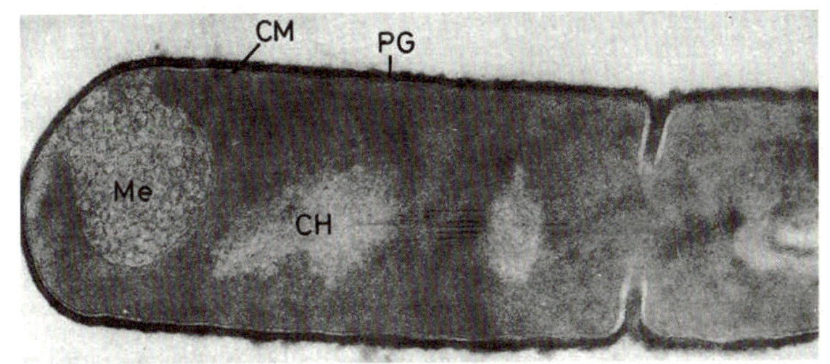

CM : 세포질막   Me : mesosome   CH : 염색체   PG : peptidoglycan층(세포벽)

[그림 6-19] 고초균 (*Bacillus subtilis*)(그람 양성세균)의 투과전자현미경사진(×67,000)

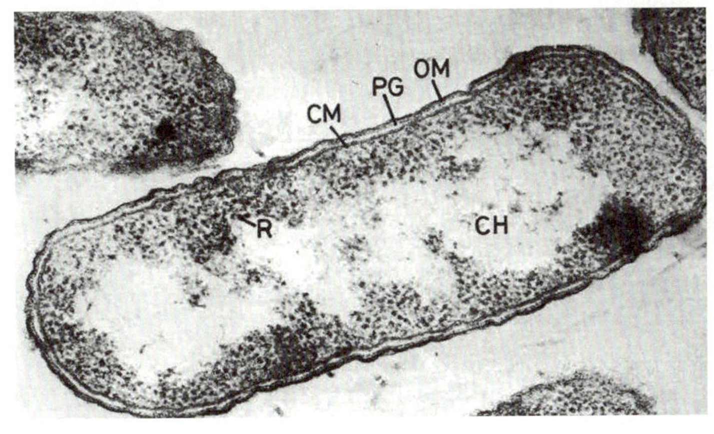

CM : 세포질막   CH : 염색체   OM : 외막   PG : peptidoglycan층

[그림 6-20] 대장균(*E. coli*)(그람 음성세균)의 투과전자현미경사진(×94,000)

그람 양성세균의 표층은 두꺼운 peptidoglycan층과 세포질막으로 구성되어 있으나, 그람 음성세균은 peptidoglycan층이 얇고, 그 바깥쪽에 외막이 형성되어 있다. 그람 양성세균은 다시 포자형성의 유무, 세포의 모양, 분열방법으로 세분할 수 있다. 생화학의 연구에 가끔 이용되고 있는 *Bacillus subtilis* (고초균)는 그람 양성으로 포자를 형성하는 편성호기성 간균류로 분류된다.

그람 음성세균은 운동하는 형식에 따라 활주성세균군, 편모운동성 진성세균군, Spirochaeta로 분류한다. 그러나 여기에 분류된 세균 중에는 운동성이 없는 것도 있다.

그러한 것은 전형적인 운동성 세균종과의 유사성을 기본으로 하여 분류한다. 대장균(*E. coli*)은 그람 음성진성세균 중에서 통성혐기성의 장내세균군에 속한다.

[그림 6-21] *Escherichia coli*

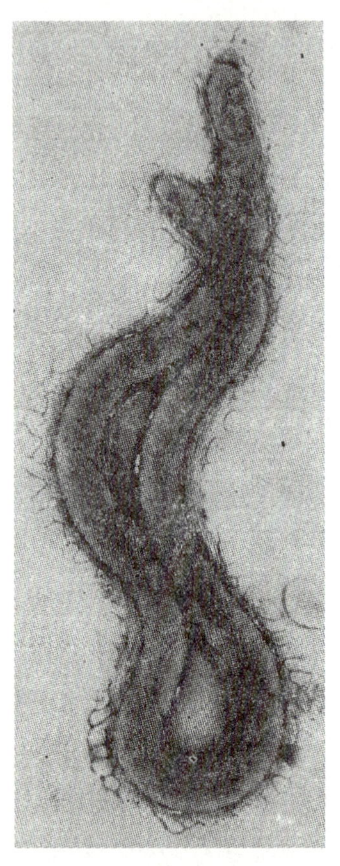

[그림 6-22] *Spirochaeta*

비슷한 세균으로서는 *Salmonella* 속, *Shigella* 속의 세균이 있다. 많은 종이 있는 *Pseudomonas* 속은 그람 음성으로 극모성 편모를 지닌 호기성 간균에 분류된다. 대부분의 세균은 딸세포를 만들고, 증식하여 2개의 딸세포를 만들어 증식한다. 그러나 출아세균에서 볼 수 있는 출아증식 등 약간의 예외도 있다.

*Mycoplasma*는 세균 중에서 제일 작은 세포성 생물이고 그 크기는 $0.3\,\mu m$ 정도이다. Shewan 등(1960)은 해산어에서 잘 분리되는 세균을 간략한 실험으로 속까지 분류하는 방법을 그림 6-23과 같이 발표하였는데 이것은 효과적으로 인용되고 있다.

이 방법과 Bergey 편람을 기초로 하여 식품에서 흔히 검출되는 세균의 속을 동정(identification)하는 순위를 나타내면 그림 6-24와 같다. 이와 같은 간략한 분류동정법은 모든 식품세균을 동정할 수는 없고 부분적으로는 잘못 동정하는 위험성이 있다. 즉 균주색소를 형성하는 그람 음성간균에는 *Xanthomonas*와 일부 *Pseudomonas*도 있으며 또 그람 양성균 중 젖산균은 때로 운동성이 있는 균종이 있으며 어떤 *Corynebacterium* 균은 catalase 음성인 경우도 있다.

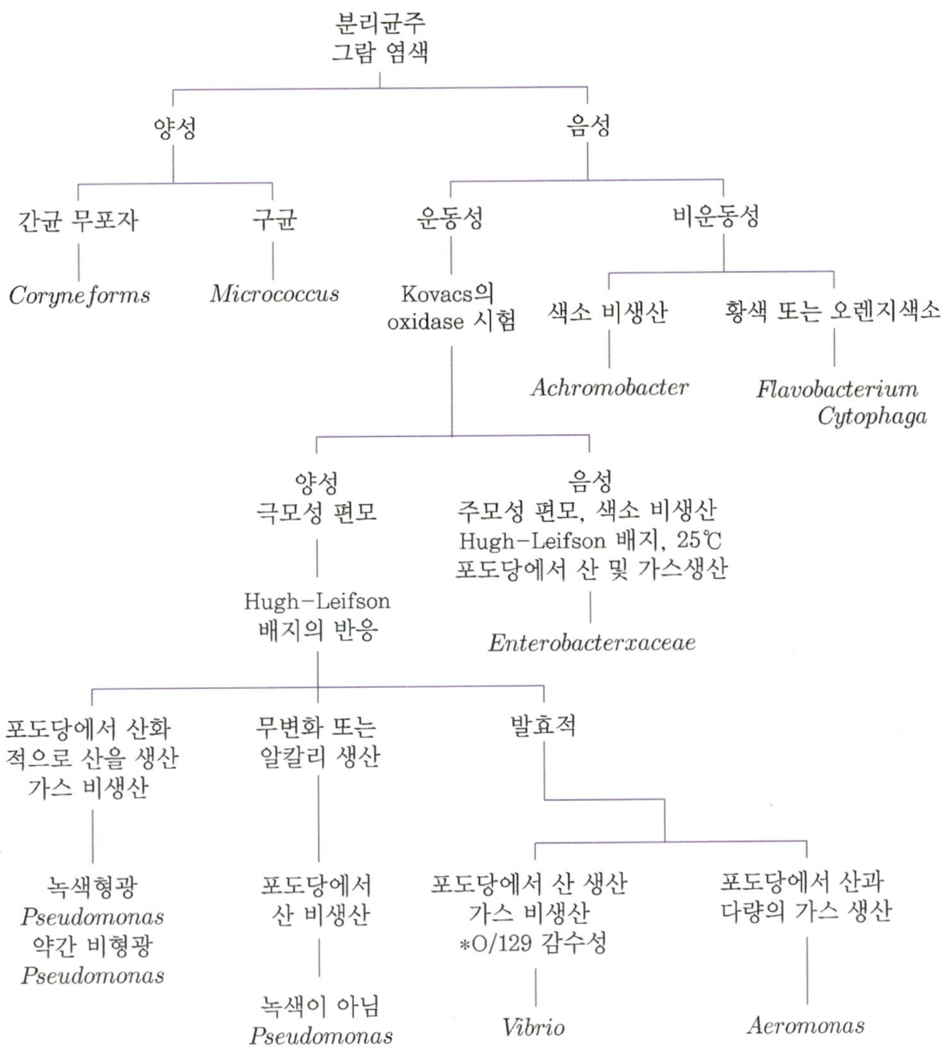

* O/129 감수성 : 2, 4-diamino-6, 7-diisopropyl pteridine에 대한 감수성

[그림 6-23] Shewan 등이 제시한 해상어에서 분리되는 세균을 속까지 동정하는 방식

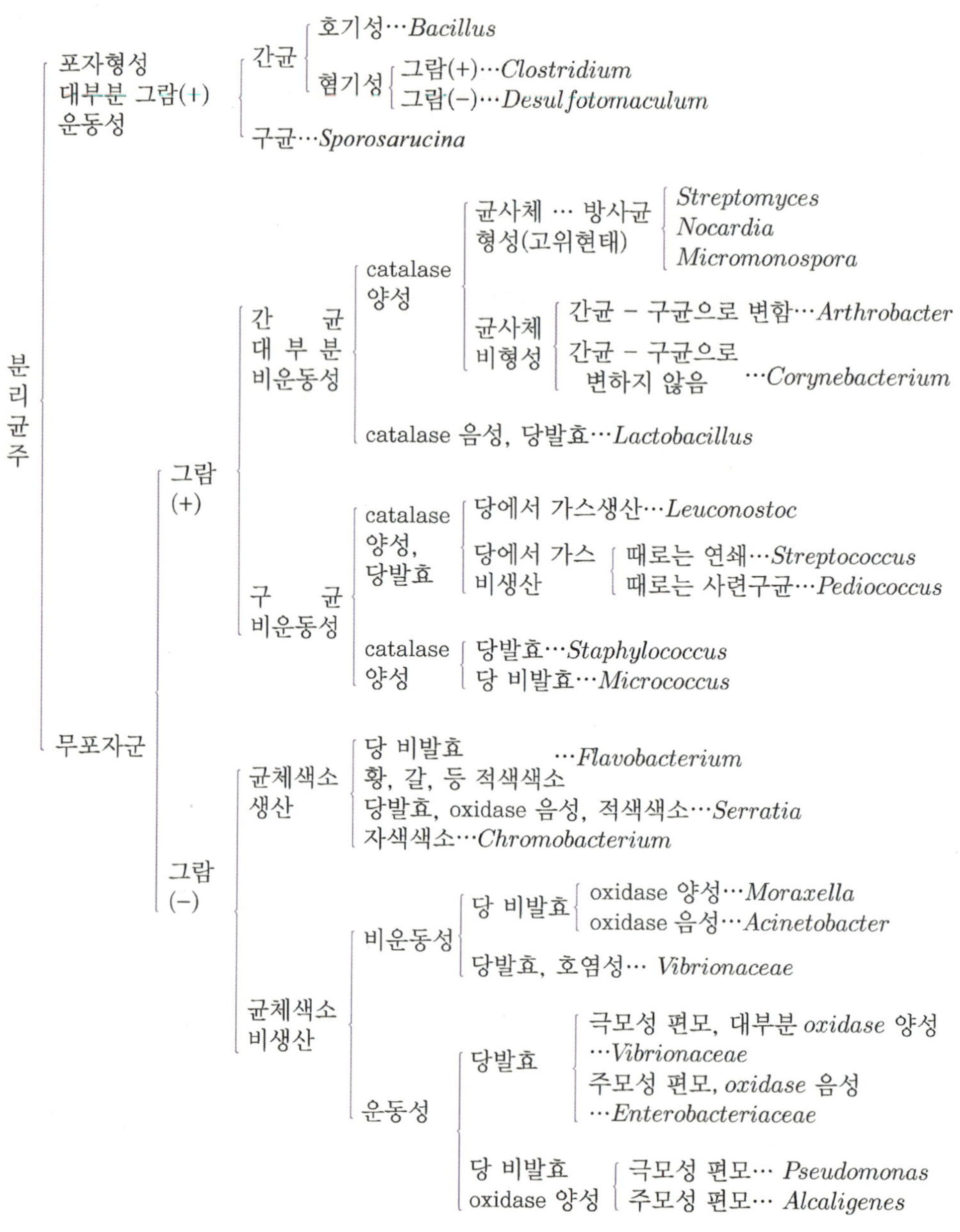

* 당발효성: Hugh-Leifson 시험, oxidase : Kovacs 실험, 젖산균의 당에서 가스생산은 Gibson 배지에 의함

[그림 6-24] 식품세균의 간단한 동정방식

5. 특수한 형태의 세균

5-1. 유병세균(stalked bacteria, Caulobacteraceae과)

Pseudomonadales 목(目)에 속하는 유병세포와 그것이 세포분열하여 그 끝에 생기는 유편모세포(swarmer cells)와의 2세포형으로 되어 있다(그림 6-25). 유편모세포는 운동하는 사이 고형물에 붙어 유병세포로 변한다. 유병세포는 다른 세포와 부착하거나 혹은 같은 유병세포가 서로 부착하여 장미꽃모양(rosette)을 한다. *Caulobacter*와 같이 전형적인 수생균이다.

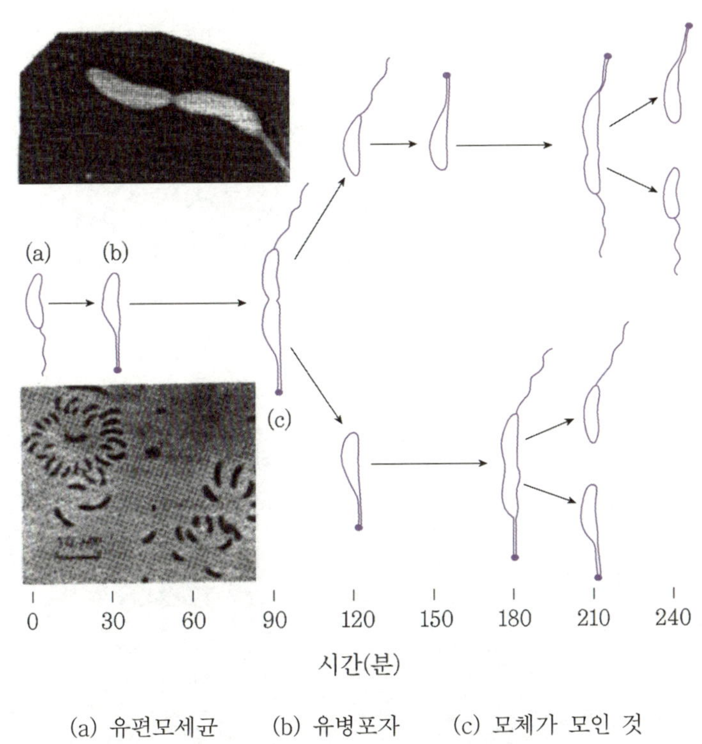

(a) 유편모세균　　(b) 유병포자　　(c) 모체가 모인 것

[그림 6-25] 연속적인 현미경관찰한 *Caulobacter* 의 생장설명도

5-2. 초피세균(sheathed bacteria, Chlamydobacterials 목)

Trichome(tricho-는 모발의 뜻) 모양을 한 조류상의 세균이고, 연쇄상으로 연결된 세포가 얇은 초피(sheath)로 둘러싸여 있으므로 초피세균이라 한다. Trichome은 선상이

나, 때로는 위분기(false branching)를 한다. 초피는 단백질, 다당류, 지질의 복합체이나, 다량의 철과 망간을 함유한 환경에서는 많은 양의 수산화철, 수산화망간을 침착시켜 황갈색을 나타내는 철세균의 하나이다. 그람 음성이고 담수, 해수에 사는 수생균이다. *Sphaerotilus natans*는 유기물이 있는 오염된 물이나 하수에 오염된 물 등에 널리 퍼져있는 중요한 철세균이다.

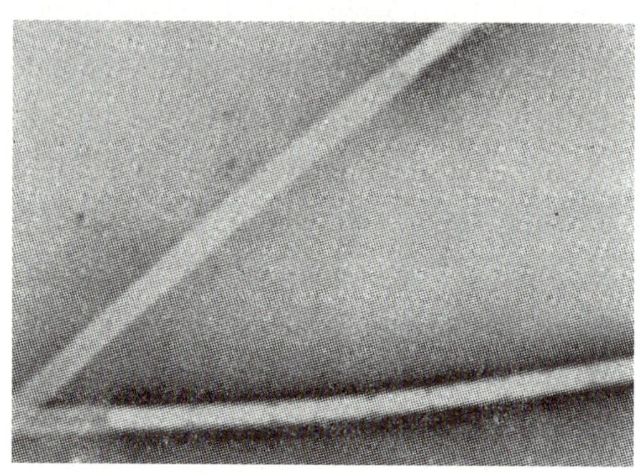

[그림 6-26] *Sphaerotilus natans*(Stockes)

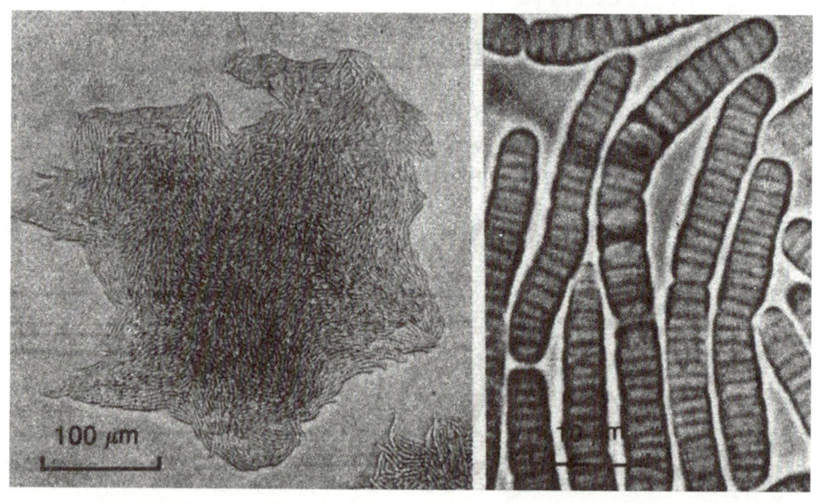

(a) 한천 위의 작은 colony(×110)　　　(b) 염색하지 않은 생체사상체

[그림 6-27] *Caryophanon*(E.G. Pringsheim and C.F. Robinow)

5-3. 발아세균 (budding bacteria, Hyphomicrobials 목)

발아세균은 발아에 의하여 주로 증식하는 특수한 세균군으로서(그림 6-28), 타원형의 세포 끝이 선상으로 신장하고, 그 끝 혹은 중간부분으로부터 새로운 원형의 세포가 발아하여 생긴다.

그 결과 세포군은 분지한 선상(실)으로 연결된 집합체를 이룬다. 그람음성이며, 운동성이 있는 것은 한 줄의 극편모가 있다. *Hyphomicrobium* 및 광합성 종속영양균인 *Rhodomicrobium* 등이 있다.

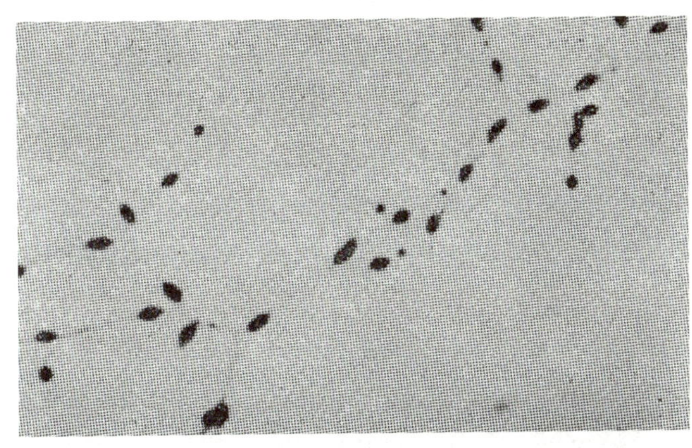

[그림 6-28] *Rhodomicrobium vanielii* 의 발아연결

5-4. 점액세균(slime bacteria, Myxobacterales 목)

세균은 간균상 또는 양 끝이 가늘게 된 방추상이고, 이분법으로 증식한다. 세포벽이 얇고 유연하여 잘 굽어지고(flexible), 세포의 표면은 얇은 점질층으로 되어 있으며, 고형물 위에서 완만하게 미끄러지는 운동(gliding movement 혹은 creeping movement)을 한다는 특징이 있다.

Cytophaga 이외의 점액세균은 내구세포(resting cell)를 형성하고, 내구세포는 *Sporocytophaga*속에서는 세포가 변화한 후막구형의 microcyst이나, 그 이외의 속에서는 자실체(fruiting body)를 형성한다. 자실체의 크기는 $2\sim3\,\mu m$ 이하로 작고 일반적으로 밝은 색을 하고 있다.

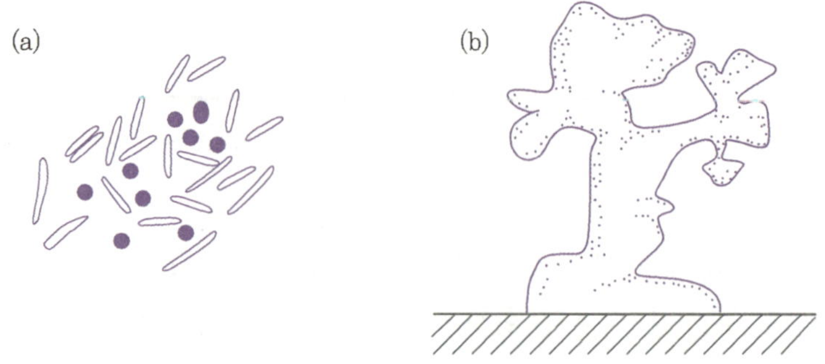

(a) *Sporocytophaga* 의 간균 및 microcyst   (b) *Chondromyces* 의 수지상의 자실체

[그림 6-29] **점액세균**

많은 세포가 점질물로 응집되어 있고 복잡한 것은 분화하여 가지가 있고, 기질 위로도 자란다(그림 6-29). 자실체에는 microcyst 혹은 그 속에 많은 내구세포를 가진 cyst도 있다. *Cytophaga*, *Sporocytophaga*는 복잡한 다당류, 즉 cellulose, 한천, chitin 등이나 미생물균체의 분해균으로 알려져 있다. *Cytophaga*는 토양층의 중요한 cellulose 분해균이다.

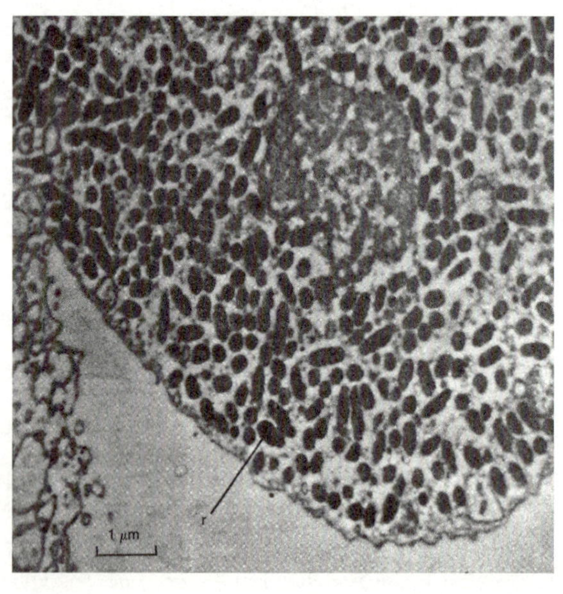

[그림 6-30] *Rickettsia typhi*(×12,500) (A.R. Taylor)

5-5. *Rickettsia* (Rickettsiales 목)

세균과 바이러스의 중간 정도 되는 작은 절대기생균이다. Muco 복합체가 있는 세포벽으로 싸여진 구조를 하고 있다. 이, 벼룩, 진드기와 같은 절족동물에 기생하고 이 동물에 의하여 매개되어 인간에게 전염된다.

*Rickettsia*는 크기가 $0.3\sim0.5\times0.3\sim0.2\ \mu m$ 정도의 다형성 구형, 또는 간균과 같은 형태를 하고 있다. 기생세포의 핵 혹은 세포질에 존재한다. 바이러스와 같이 생물 내 조직 또는 계배(鷄胚)와 같은 조직에만 인공배양된다.

6. 중요한 세균

6-1. 그람 음성, 호기성간균 및 구균류

그람 음성, 무포자, 극모이면서 운동성이 있는 간균은 널리 분포하여 Bergey's Manual of Determinative Bacteriology 제7판에서는 Pseudomonadales 목으로 포함되었으나 제8판에서 이 목은 일정하지 않고 분산시켜 Pseudononadales 과, Enteroacteriaceae 과 또는 Vibrionaceae 과 등에 편입하여 분류하였다.

(1) Pseudomonadaceae과

1) *Pseudomonas* 속

그람 음성의 무포자 간균으로, 운동성이 있고 극편모가 있다. 호기성으로 형광성 색소를 생산하는 것이 많고, 당류와 방향족화합물을 산화하는 능력이 강한 것도 있다. 생육의 A_w(수분활성치)는 비교적 높은 값$(0.97\sim0.98)$을 가진다. 내열성은 약하고, 건조 내성도 약하다. $42\,^{\circ}\!C$ 이상의 온도에서는 약간 생육하거나 전혀 자라지 않는다. 식물병원균, 토양세균, 수생균 등 여러 종이 이에 포함된다. *Pseudomonas*의 몇 개의 종(species)이 식품의 변패원인균으로서 중요시되는 것은 다음과 같은 특성이 있기 때문이다(그림 6-2, 6-3, 6-5).

① 호냉성(psychrophile)으로 $5\,^{\circ}\!C$ 부근에서도 생육되고, 생육의 최적온도는 $20\,^{\circ}\!C$ 이

하이고 식품을 저온저장, 냉장할 경우에도 증식한다.

② 단순한 질소화합물을 이용한다.

③ 생육인자, 비타민류를 자기합성할 수 있는 능력이 있다.

④ 단백질분해와 지방분해능력이 강한 종이 포함된다.

⑤ 당대사는 대부분 산화분해이며 발효가 아니나, 당, 유기산, 방향족화합물을 강력하게 산화한다.

⑥ 황록색의 형광성 색소 또는 황색, 적색 등의 색소를 생산한다.

⑦ 식품의 향기를 떨어뜨리는 여러 생산물을 만든다.

⑧ pH 5.0~5.2에서도 생육한다.

⑨ 해수성인 것은 약한 호염성이고, 담수, 토양에 사는 것은 식염농도 5 % 정도까지는 생육한다.

대표적인 부패세균의 하나로 식품의 pH는 알칼리 쪽으로 변화시키고 암모니아태 질소의 증가가 빠르다. 어육의 단백질을 분해하며 암모니아태 질소의 생성은 *Achromobacter, Alcaligenes*에 비해서 매우 강하다. 물, 흙, 용기, 제조장치 등으로부터 식품을 오염시킨다. 그리고 어떤 종은 식품병원균과 부패균이다.

표 6-1 호염균, 내염균

- 고도호염균(20~30%의 식염에서 생육최적)(extreme halophiles)
  Halobacterium(*H. salinarium, H. cutirubrum, H. halovium, H. marismortui, H. trapanicum*), *Sarcina Litoralis = Mc. morrhuae* …… 해염, 염장식품에 존재.

- 중도호염균(5~10%의 식염에서 생육최적)(moderate halophiles)
  Ps. beijerinkii, Vibrio(*V. costicolus, V. halonitrificans*), *Achromobacter, Sarcina, Bad. licheniformis, Mc. haloderitrificans, Pc. halophilus, Tetracoccus soyae* nov. *sp., Bacteriodes halosmophilus* …… 육류, 어류, 육염첨액, 된장, 간장, 덧 등에 존재.

- 미호염균(1.5~5% 사이에 생육양호)(slight halophiles)
  Pseudomonas, Vibrio(*V. parahaemolyticus* = 병원성), *Achromobacter, Flavobacterium* 등 해양세균이 많다.

- 내염균(10%의 식염에서 생육한다)(salt-tolerant bacteria)
  Bacillus, Micrococcus, Staphylococcus 중 수종, *Pc. urinaeequi, Sc. faecalis, Brevibacterium lines*

(2) 고도호염균(Halobacteriaceae과)

1) *Halobacterium* 속

그람 음성의 호기성 간균이며 운동성인 것은 극모를 갖고 있다. 생육에는 12%의 소금이 필요하며, 생육의 최적식염농도는 28~32%로, 저농도의 소금에서는 세포가 파괴되고, 소금의 포화농도에서도 생육된다. Carotenoid의 색소를 생산하고 염장어 등 소금농도가 높은 식품을 등색~빨간색으로 변색시킨다. *H. salinarium*이 대표주이다.

(3) 유연관계가 분명치 않은 속

1) *Alcaligenes* 속

생육배지를 알칼리화하는 특징이 있고 탄수화물로부터 산을 생성하지 않는다. 운동성인 것은 주편모이며, 운동성이 아닌 것도 있다. 회색이 비치는 노란색의 색소를 가지는 균주도 있다. *A. metalcaligenes*는 *cottage cheese*에서 점질상으로 생육하고, 생육의 최적온도는 22℃이다. 비료, 사료, 토양, 먼지로부터 식품에 혼입되기도 한다.

2) *Acetobacter* 속(초산균)

그람 음성, 절대호기성(obligate aerobe)의 무포자 간균이고, 운동성이 있는 것과 없는 것이 있다. 액체배지에 피막을 만들어 생육하고, 에탄올을 산화하여 초산(acetic acid)을 만드는 것이 있고 glucose로부터 gluconic acid를 만드는 것도 있다. 에탄올을 산화하여 초산을 만드는 균을 모두 초산균(*Acetobacter*)이라 부른다. 초산 생성력이 강한 주모가 있는 것을 *Acetobacter*라 하고, 극모로 초산 생산능력은 약하나 glucose를 산화하여 gluconic acid를 만드는 작용이 강한 것은 *Gluconobacter* [Leifson(1954)]의 *Acetomonas* 속에 상

[그림 6-31] *Ac. xylinum* (단간균, 팽대세균, 흑색은 원종)

당한다)라는 Asai 등의 분류방식도 있다. 초산균은 변이가 쉽고, 집락(colony)의 형태가 smooth로부터 rough하게 되는 변이나 혹은 균체색, gluconic acid의 생성능력 등에 변이가 잘 일어난다.

초산균은 식초의 제조에 이용되나, 알코올음료에서는 알코올을 산화하여 소실되므로 유해하다. 그리고 균종과 세균이 있는 환경조건에 따라 초산으로부터 산화되어 감소하는 경우도 있다. 한편 산화력을 이용하여 glucose로부터 gluconic acid의 제조, *D*-sorbitol을 *L*-sorbitol로 산화하여 ascorbic acid의 합성에 이용하는 sorbose 발효, 2,5-diketogluconic acid를 제조한다. 그리고 초산균 중에 어떤 종(*Acetobacter xylinum*)은 점질물질을 많이 만들고 식초제조장치에 쌓이는 유해 균이기도 하다.

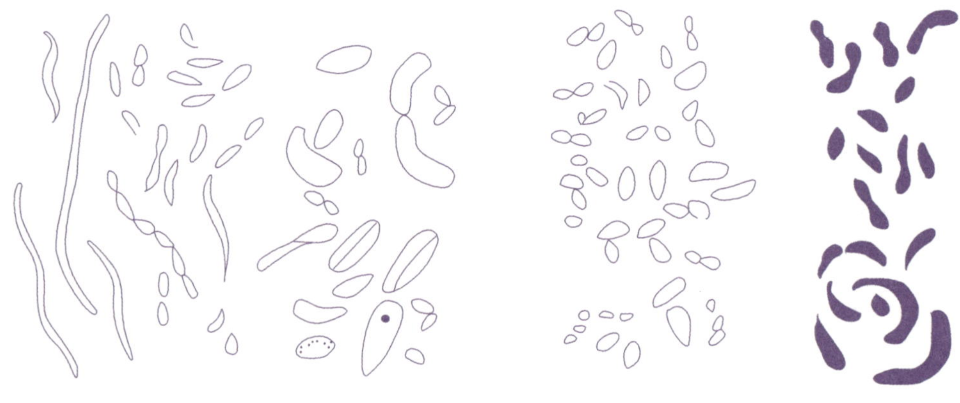

[그림 6-32] *Ac. aceti*(단간균, 연쇄 팽대세균)　　[그림 6-33] *Ac. schützenbachii*(난형, 원형, 간형, 긴원형세포, 흑색은 원종)

① *Acetobacter aceti* - 덴마크맥주에서 분리된 청주박초양조에 이용되는 균이다. 액면에 대리석과 같은 반점이 있는 점성의 균막을 형성하며 발효액을 현탁시킨다. 비교적 고농도의 주정에 견디며 8.7% 정도의 초산을 생성하고 생성한 초산을 다시 분해한다.

② *Acetobacter oxydans* - 병맥주를 혼탁시키고, 기벽(器壁)에 따라 높이 상승하는 균막을 형성하여 액을 혼탁시킨다. 균주에 따라 약 8%의 많은 gluconic acid와 약 7.6%의 많은 초산을 생산하는 것이 있다. 생성된 초산을 더 분해하지 않는다.

③ *Acetobacter schutzenbachii* – 속성식초 제조용 균으로 이용되고 약 11.5 %의 고농도의 초산을 생성하며 균막을 형성한다. 어떤 균주는 기벽에 균환을 형성하고 단시일 내에 8.8 % 정도의 많은 초산과 3 % 정도의 gluconic acid를 생성하고 균막을 거의 생성하지 않는 것도 있다.

6-2. 그람 음성, 통성혐기성의 간균류

(1) 장내세균과(Enterobacteriaceae)

Glucose를 혐기적으로 발효시켜 CO_2와 H_2의 가스를 생성한다.

$$2C_6H_{12}O_6 + H_2O \longrightarrow 2CH_3CHOHCOOH + CH_3COOH +$$
$$C_2H_5OH + 2CO_2 + 2H_2$$

$$\text{lactic acid} \qquad \text{acetic acid}$$

동물의 소화관 내에 많이 존재한다. 그 외의 장소에도 있고, 생물의 병원균도 있다. 이 과에서 식품과 관계있는 속은 *Escherichia, Enterobacter, Klebsiella, Citrobacter, Erwinia, Serratia, Proteus, Salmonella* 및 *Shigella* 등이다. 이들은 무포자의 단간균으로 합성배지에서도 잘 발육하며 생육의 최적온도는 30~37℃가 되는 중온균으로 탄수화물을 혐기적으로 발효시킨다. 위의 속 중에서 앞의 네 가지 속은 식품의 부패균(saprophyte)이며 뒤의 세 가지 속은 병원균이다.

1) Coliform bacteria (coliforms, coli-aerogenes group, 대장균군)

식품위생검사에서 대장균군으로 부르는 것은 그람 음성 무포자의 간균이며, lactose를 분해하여 가스를 생산하는 호기성(aerobe)~통성혐기성(facultative anaerobe)균이고, *Escherichia, Aerobacter, Enterobacter, Klebsiella, Paracolobactrum* 이 포함된다. Coliforms 중 대표적인 종은 *E. coli*(대장균)와 *Aerobacter aerogenes*이며, 전자는 본래 동물장관에 많고, 후자는 식물에서(실제는 장 속에서도 가끔 볼 수 있다) 기원되는 균이다. 두 균은 모두 당으로부터 lactic acid, ethanol, acetic acid, 호박산, 이산화탄소를 생성하나, 표 6-2와 같은 여러 조건을 조사하여 판별한다.

표 6-2 *Escherichia coli*와 *Aerobacter aerogenes*와의 차이점

	Escherichia coli	*Aerobacter aerogenes*
포도당에서 산 생성	다 량	소 량
CO_2 : H_2의 양비	1 : 1	2 : 1
indole 생성	+	−
acetoin 생성	−	+
단일탄소원으로 구연산염의 이용성	−	+
최적생육온도	30~37℃	30℃ (30℃ 이하에서는 *E. coli* 보다 생육이 양호)

　보통 *A. aerogenes*가 *E. coli*보다 가스 생산량이 많으므로 치즈, 우유 등에 이 균종의 오염으로 가스발생의 위험성이 많다. 다른 많은 coliform는 *E. coli*와 *A. aerogenes*의 중간의 성질을 나타내는 것이 많으나 *Paracolobacterum* 중에는 lactose를 서서히 발효하는 것과 전혀 발효하지 못하는 것도 있다.

　Coliforms이 식품 중, 즉 꿀, 생굴 등에 함유된다는 것은 하수로 오염된다는 것을 뜻한다. 따라서 병원균이 있을 가능성이 있으므로 식품위생상 문제가 되며, 식품 속에 coliforms이 증가하면 품질이 저하된다. 그러나 저농도 식염의 야채절임의 제조 초기에 일정한 기간 동안 *Aerobacter*가 증식하여 절임의 발효에 관여하는 경우도 있다.

　Coliform은 식품의 변패에 밀접한 관계를 갖고 있으며 다음과 같은 특성이 있다.

　① 여러 종류의 기질에 잘 생육하고, 많은 탄수화물, 유기화합물을 이용하며, 특히 매우 단순한 질소화합물을 질소원으로 이용한다. ② 필요한 비타민류의 대부분을 합성할 수 있다. ③ 10℃ 이하로부터 46℃의 넓은 범위에서 생육한다. ④ 당으로부터 많은 가스를 발생시킨다. ⑤ 불쾌취 등의 악취를 발생시킨다. ⑥ *A. aerogenes*는 식품의 점질을 높이는 원인이 된다. ⑦ 단독으로 식품을 부패시키는 작용이 있는지 없는지 판단할 수 없으나, 아미노산을 탈탄산하고 또는 amine을 생성하거나 분해, 이용하는 균주가 있어서 다른 종의 세균, 즉 *Bacillus*와 협동하여 식품을 부패시키는 경우가 있다.

2) 대장균(*Escherichia coli*)

세포의 크기는 0.5×1~3 μm로 대표적인 장내세균이며, 생화학, 유전공학을 비롯하여

많은 미생물분야의 연구재료로 사용되고 있다. 식품위생에서는 음식물의 하수나 분변의 오염의 지표로 삼는다. 물, 식품, 토양 등에 널리 있으며 일상식품에서도 흔히 검출되는 부패세균의 하나이다. 식품의 부패작용은 *Proteus* 속 균에 비하면 약하나 decarboxylase의 활성이 있는 균주가 상당히 있어서 알레르기성 식중독과 관련 있다.

3) *Erwinia* 속

운동성이 있는 호기성의 간균이며, 생육에는 보통 유기태질소원을 필요로 하지 않는다. 식물병원균이며 야채, 과일 및 식품가공품에 침해한다. *E. carotovora*는 청과시장의 세균부패병의 원인균이며 protopectinase 생산력이 강하다. *E. atroseptica*는 감자의 흑균병을 일으킨다. 생육의 최적온도는 27~30℃이고, 최고온도는 32~40℃ 범위이다.

4) *Serratia* 속

1818년 이탈리아의 Polenta 지방에서 옥수수가루로 만든 식품이 하룻밤 사이에 혈적색으로 변한 이변이 있었는데 여기서 분리된 균이 *Serratia* 속의 시초가 되었다. 토양, 하수, 수산물로부터 분리되고 식품표면을 적색으로 변화시킨다. 이 속은 주모가 있는 운동성, 호기성, 그람 음성의 소간균이며, 적색색소(prodigiosin, tripyril methane계 색소)를 생산한다. 가장 흔히 볼 수 있는 *S. marcescens*는 단백질 분해력이 강하고 어육, 쇠고기, 연제품 등의 부패에도 관여한다. 우유에서는 각종 색을 나타내나, 연제품에서는 모두 붉은색을 나타낸다. 중온균이나 4~6℃에서 생육하는 것도 있고, 색소생산에는 25~28℃가 좋다. 그리고 이 균의 호기성을 이용하여 혐기성균과 공생하는 혐기배양법(Fortner법)도 있다.

5) *Proteus* 속

이 속과 다음에 설명하는 *Salmonella, Shigella*의 3속은 병원성 장내세균이라 부른다. 주모이며 활발한 운동성이 있고, 특히 25℃에서 활발하나 37℃에서는 활발하지 못하다. 그리고 그람 음성의 중온, 간균이다. 고체배지에서 유주현상(swarming)을 나타내고, 빨리 얇게 배지 위에 퍼져 amoeba 모양의 집락(colony)을 만들고, 둥글고 고립된 집락을 만들기가 어렵다. 장내세균의 하나이나 널리 자연계에 분포되어 있고, 단백질분해력이 강하며 호기성 부패세균의 대표적인 것이다. 어패류, 수산연제품에 많고 고기, 계란의 변패에도 관여하며, 부패취를 부여한다. 건강한 사람의 장 속에도 약간 분포하고, 부패력이 강한 것 외에도 설탕을 분해하여 산과 가스를 생성하므로 발효식품의 변패에도 관계한다. *Proteus*는 urease가 있으므로 동물성식품을 부패시킬 때 요소가 있는 어육에서는 암모니아를 증가시켜 pH를 상승시킨다. 그리고 아미노산의 decaroxylase가 있고, amine을 생성한다. *P. morganii*는 histidine 탈탄산효소(histidine decarboxylase)를 갖고 있으므로 histamine을 생성하는 알레르기성 식중독 원인균으로 알려져 있다. 일반적으로 냉장하지 않은 식품에서 *Proteus* 균수가 많을 경우는 식중독의 가능성이 많다.

6) *Salmonella* 속

주모(周毛)를 갖고 있으며 운동성이 있는 것과 없는 것의 두 종류가 있다. 이들은 모두 호기성~통성혐기성의 그람 음성간균이며, 가축, 야생동물(쥐 등)에 분포한다. 장티푸스를 일으키는 병원균이며 *S. enteritidis* 등이 식품 중에서 생육하는 경우가 있으면 식품으로부터 이 균이 오염되게 된다. *Salmonella*는 혈청학적 성상에 의하여 많은 균형(type)으로 세분한다(Kauffmann의 항원분석, 1955). 즉 균체성 항원(somatic antigen, O항원)과 편모성 항원(flagellar antigen, H항원)을 이용하여 O항원으로 A, B, C, …, I 등의 group(군)으로 나누고, 각 군은 다시 H항원으로 세분한다.

7) *Shigella* 속

비운동성이며, 호기성~통성혐기성으로 그람 음성간균이고 이질의 식중독에 관여한다.

(2) 비브리오과(Vibrionaceae)

Bergey 편람에서는 Vibrionaceae과에 *Vibrio*속과 *Aeromonas*속 등과 같이 극성편모를 가지며 당을 발효하는 그람 음성간균을 통괄하였다. 이 과의 균종은 담수, 해수, 어패류 등에 많이 분포하고, 특히 해산어의 표피, 아가미, 장관, 그리고 동식물성 플랑크톤의 microflora에 많다. 생선을 저온 혹은 실온에 보존할 때 이들 세균이 부패에 관여 한다.

1) *Vibrio* 속

담수, 해수, 토양 등에 널리 분포하여 생선이나 육류의 염수침지물에 오염된다. 이 속은 짧은 극모를 갖고 있고 운동성도 있으며 *Pseudomonas*와 비슷하나, 세포가 호상(弧狀)이며, 연결되어 나선상으로 된다. *V. casticola*가 흔히 검출되며 *V. parahae-moliticus* 는 어패류에 번식하는 식중독 원인균으로 주목되는 균이다. 이 균은 무염하에서는 생육하지 못하며 3% 식염하에서 가장 생육이 좋으며 9∼12%에서도 생육한다. 이외에 *V. cholerae*와 같은 강력한 전염성 병원균도 있다.

2) *Photobacterium* 속

구형에 가까운 간균 또는 긴 간균으로 운동성이 없으나 극모를 가져서 운동성이 있는 것도 있다. 5∼10℃의 저온에서도 생육하고 3∼5 % 식염을 포함하는 배지에서 생육이 잘되고, 빛이 발생하므로 일명 발광성세균이라 한다.

식품에 있어서의 분포는 적으나 생선이나 육류의 인광발생균으로는 *Ph. phosphoreum* 이 있다. 또한 해수에서 잘 자라는 *Ph. harveyi*와 *Ph. fisheri*는 생선을 잘 부패시킨다.

6-3. 그람 양성의 구균

(1) 호기성 및 통성혐기성균

1) Micrococcaceae과

무포자의 구균으로 세포분열이 2 혹은 3평면상으로 일어나서 단구형, 쌍구형, 4구형, 8연구형, 불규칙적인 덩어리가 된다(단 연쇄상도 있다). 대부분 그람 양성이며 운동성이 있는 것도 있고, 많은 종들이 황색, 오렌지색, 분홍색, 붉은색의 색소를 만드나 백색인 것도 있으며 이들의 색소는 수용성이 아니다.

식품에 관련 있는 이 과에는 *Micrococcus, Staphylococcus, Sarcina* 속이 있다.

① *Micrococcus* 속

호기성이며 그람 양성의 구균으로, catalase는 모두 양성이고, 생육최적온도는 25∼30℃이고 일반배지에서 잘 생육하며 불특정한 수의 균괴를 만든다. 그리고 황색, 붉은색의 색소를 생성하는 균주가 많다. 각종의 식품으로부터 많이 분리되나, 식품 중에서 작용하는 것은 다양하며 중요한 것은 다음과 같다.

㉮ 자연계에 널리 분포하고, 영양요구성이 비교적 단순하며 암모니아염, 또는 간단한 질소화합물을 이용할 수 있는 종이 포함되고, 특히 호기적 환경에서 증식이 잘된다.

㉯ 대부분의 종이 당을 발효하여 산을 어느 정도 생산한다.

㉰ *Mc. caseolyticus, Mc. freudenreichii*와 같이 acid-proteolytic(산발효와 단백질 분해를 동시에 행하는 성질)한 것이 있다.

㉱ 내염성이 강한 것이 있고, 비교적 낮은 수분이 있는 환경에서도 생육한다(특히 육(肉)의 염수절임, 염장어 등 고농도식염하에서도 생육하는 호염성(halophilic)인 *Mc. morrhuae*, 염수 중의 *Mc. halodenitrificans*가 유명하다).

㉲ 내열성인 것이 많고, *Mc. varian* 등은 우유를 저온살균한 곳에서도 생존한다.

㉳ 식물의 표면에 생육하여 변색시키는 것이 많다. 노란색의 *Mc. flavus*, 분홍색의 *Mc. roseus* 등이 그 예이다. 이와 별도로 염수에 침지한(curing) 육제품에서 *Micrococcus*는 질산염 환원능력으로 아질산을 생성하고, 고기를 발색시킨다. 발색은 pH의 영향을 받고, 산성조건하에서 진행이 빠르므로 glucose로부터 산을 생성하는 *Micrococcus*는 육의 색에 영향을 미친다.

㉴ 점질물(slime)을 형성한다. 이러한 현상은 육제품에서 많이 볼 수 있다.

㉵ 10℃ 또는 그 이하의 저온에서 잘 생육하는 *Mc. cryophilus* 등이 있다.

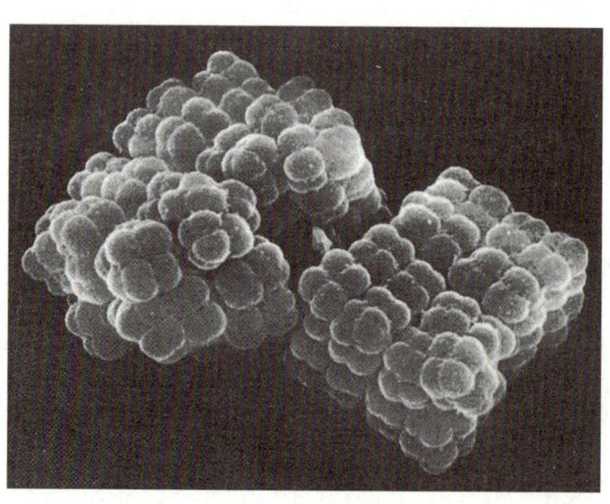

[그림 6-34] *Micrococcus rubens*, 주사전자현미경사진(×2,800)

② *Staphylococcus* 속

그람 양성의 구균으로 단구균, 쌍구균, 4연구균 또 포도상구균 모양을 하는 덩어리를 만든다. 통성혐기성균으로 발효할 수 있는 탄수화물이 있으면 혐기적으로 분해하여 잘 생육하나, 호기적 조건하에서도 잘 생육한다. 이 균은 보통 생육하는 데 몇 가지 아미노산, thiamine, nicotinic acid, pantothenic acid, biotin 등을 요구한다.

등·황색의 색소를 생성하는 것이 많으나 색소 또는 착색된 균주로부터 흰색주로의 변화도 볼 수 있다. 등색~황색의 coagulase 양성주는 식중독을 일으키는 *Staphylococcus aureus*(포도상구균)으로 식염 10 %에서도 잘 생육한다. Coagulase 음성의 *Staphylococcus epidermidis*에는 병원성이 없고, 동물의 유방, 젖꼭지, 피부 등을 비롯하여 우유, 치즈 또는 술, 된장, 간장의 입국 또는 초기의 덧의 양조물로부터 많이 분리된다. *S. epidermidis*도 식염내성이 강하고, 식품 중에서의 역할은 *Micrococcus*와 같이 식품에 따라 다르다.

2) Streptococcaceae과

Bergey 편람에서는 식품과 관련 있는 *Streptococcus, Leuconostoc, Pediooccus* 속과 기타 *Aerococcus, Gemella* 등 5속이 있다.

① *Streptococcus* 속

젖산균(lactic acid bacteria)에는 homo형 젖산발효균과 hetero형 젖산발효균이 있다.

$$
\begin{aligned}
\text{Homo형} \;:\; & C_6H_{12}O_6 \longrightarrow \quad 2\,CH_3CHOHCOOH \\
& \qquad\qquad\qquad\qquad \text{lactic acid} \\
\text{Hetero형} \;:\; & C_6H_{12}O_6 \longrightarrow \quad CH_3CHOHCOOH + C_2H_5OH + CO_2
\end{aligned}
$$

이 속은 homo형 젖산발효균으로 우선성(右旋性)의 젖산을 생성하고 세포는 그 이름과 같이(희랍어로 treptus는 '나긋나긋하다'는 뜻) 긴 연쇄상을 하는 것이 많으며 때로는 쌍구균으로도 된다. 혈청학적으로 Lancefield 그룹(A, B, C, D 등)으로 나누기도 하나, 식품에 관련이 깊은 *Streptococcus*는 *Pyogenic, Viridans, Lactic, Enterococcus* 의 4그룹이다.

ⓐ *Pyogenic group*(용혈연쇄구균) : 병원성인 균이며, 식품에 존재하는 경우는 매우 적고 소의 유방염을 일으키는 *Streptococcus agalactiae*, 후두염, 성홍열 등의 병원균인 *Streptococcus pyogenes*가 생우유에 함유되는 경우가 있다. 10℃ 이하와 45℃ 이상에서는 생육하지 못한다. β용혈을 일으키고 이 균체를 H_2O_2와 가열처리하여 항암제를 만들고 있다.

ⓑ *Viridans group*(녹색연쇄구균) : 혈액한천의 집락 주위에 녹색환의 α용혈을 나타낸다. 10℃에서 생육하지 않으나, 45℃에서는 생육한다. 고온에서 만드는 치즈, 발효유 등은 *Streptococus thermophilus*가 중요하고 살균한 우유에 *Streptococcus bovis*가 살아남는 경우도 있다.

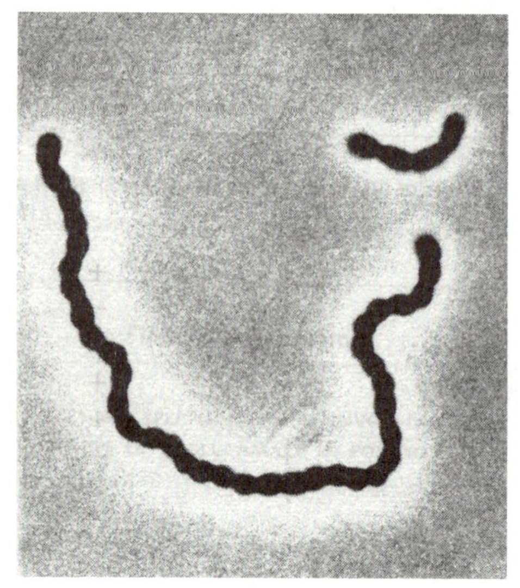

[그림 6-35] *Streptococcus lactis*

ⓒ *Lacic acid bacteria group*(유산구균) : 유제품의 주요 젖산균으로 용혈성이 없고, 10℃에서 생육하나 45℃에서는 자라지 않는다. 식염내성은 2~4%까지밖에 없으므로 식염함량이 많은 식품(절임 등)에는 나타나지 않는다. 일반적으로 배양과 산생성의 최적온도는 30℃, 또는 그 이하로 생우유에 산을 생산하는 데 이용되는 *Streptococcus lactis*(우유에 적용하는 성질이 강하고 빨리 산을 생산한다), 치즈의 starter, butter milk 또는 butter (*Leuconostoc* sp.와 병용)에 이용하는 *Streptococcus cremoris*와 *Streptococus diacetilactis*도 이 군에 속한다. 식물사료, 용기로부터 식품으로 혼입한다.

ⓓ *Enterococcus group*(장구균) : 10℃와 45℃에서도 생육하는 난형(卵形)에 가까운 균상이며, 본래 사람과 동물의 장관으로부터 분리한 것이나 식물에서 분리한 것도 있다. 이 균군은 다음과 같은 특징이 있다.

㉮ 내열성이 강하고 우유를 저온살균 또는 그 이상의 온도에서 가열하여도 살아남는다.

㉯ 6.5% 이상의 식염농도에서도 생육하고 pH 9.6에서도 살아남는다.

㉰ 넓은 온도 범위에서 생육하고 5~8℃에서 생육하는 것도 있으며, 대부분이 48~

50℃에서 생육한다.

식품에는 *Streptococcus facalis, Streptococus faecium*이 많이 발생하고, *Streptococcus durans*는 약간 볼 수 있다. *Streptooccus faecalis, Streptococcus faecium*은 때로는 살균한 햄 통조림에서도 살아남고, 베이컨에서 생육하는 경우도 있다. 이 2종은 α 또는 γ 용혈성이나, *Streptococcus durans, Streptooccus faecalis* var. *zymogens*는 β 용혈성이다. Acid-proteolytic한 균으로서는 *Streptococcus faecalis* var. *liquefaciens*가 있다. *Enterococcus*는 장내, 상수도, 하수도, 시판 육제품, 수산식품, 건조란, 우유, 유제품, 냉동과실, 야채, 냉동과즙, 생과자, 된장, 토양, silage 등 넓게 분포되어 있다.

② *Pediococcus* 속(사연구균)

맥주에 sarcina병이라는 변패가 생겨 탁해지면서 pH가 낮아지고 특별한 냄새를 나게 하는 원인균이다. 최근 발효야채, 간장, 덧, 된장 등에서 분리된다.

*Pediococcus*의 공통적인 성질로서는 그람 양성, 비운동성, 무포자의 구균상이며, 2방향으로 분열하여 4연구균을 만드는 것이 특징이다. 단구균, 쌍구균도 볼 수 있다.

그러나 연쇄상으로는 되지 않는다. 통성혐기성~미호기성이며, homo 형식의 젖산발효를 하고 우선성~racemic lactic acid를 만든다. Catalase는 음성이다. 식염 20 % 이상에서 생육되는 내(호)염성의 젖산균에는 *Pediococcus sojae*(*Pediococcus halophilus*의 변종)가 있다.

③ *Leuconostoc* 속

Hetero 형식의 젖산발효를 하며, 좌선(약간의 우선)성 젖산과 acetic acid, 에탄올, 이산화탄소를 생성하는 구균이다. 생육, 산생산의 최적온도는 $20 \sim 22$℃ 정도로 비교적 저온이다. *Leuconostoc dextranicum, Leuconostoc citrovorum*은 우유 중의 citric acid를 발효하여 방향성분의 diacetyl(acetoin, 2,3-butandiol)을 만들고, *Streptococcus cremoris* 등의 젖산균군의 생육을 촉진하므로 butter, milk, 발효 butter, 치즈의 starter로 이용한다. 식품에 있어서 *Leuconostoc*의 특징적인 작용으로서는 ㉮ diacetyl 등의 향기를 생산한다. ㉯ sauerkraut와 같은 식염(3 %)에서 생육하므로 이들 식품에서 일어나는 초기의 젖산발효는 *Leuconostoc*에 의하여 진행된다. ㉰ 야채를 발효시키는 식품에서 다른 젖산균 또는 공존하는 경합 젖산균보다도 발효개시가 빠르고, 젖산생산균 이외의 균의 생육을 저지할 수 있는 정도의 산을 빨리 만들어 변패를 방지한다. 반면 ㉱

고농도의 당에서도 생육하므로(*Leuconostoc mesenteroides*는 50~60%까지 생육 가능) 시럽, 아이스크림 혼합물의 변패원인균이 되기도 한다. ㉮ 당에서 많은 이산화탄소 가스를 발생시키는 것은 치즈나 당함량이 많은 식품을 변패시키는 원인이 된다. ㉯ 설탕을 함유한 배지에서 점질물을 만들어 제당공업에서는 유해하나, dextran을 만드는 공장에서는 필요한 균이다.

(2) 혐기성균

1) *Sarcina* 속

비교적 대형의 그람 양성의 구균이며 3방향으로 분열하는 8연구균(packet)을 만든다. 이 속에는 호기성~미호기성으로부터 혐기성인 것도 있다. 식품에는 호기성의 황색, 오렌지색, 붉은 색소를 생산하는 균주가 많다. 최적온도가 25℃인 *Sarcina leutea*가 많이 검출되나, 염장어에서는 고농도 호염균의 *Sarcina litoralis*가 생육하고, 요소를 함유하는 식품에서는 요소분해력이 강한 *Sarcina ureae*, *Sarcina hansenii*가 부패를 일으킨다. 공중, 물, 토양, 어패류에 분포되어 있다.

6-4. 내생포자를 형성하는 간균류 및 구균류

(1) Bacillaceae과

포자를 형성하는 그람 양성의 간균상이며, 호기성의 *Bacillus*, 혐기성의 *Clostridium*의 2속이 포함된다. 포자는 내열성이 매우 강하고, 불리한 환경에서도 저항성이 있다. 이 포자는 물, 토양 중에도 존재하고 공기 중에도 떠다니며 자연계에 널리 분포하여서 식품에 혼입될 기회가 많으므로 식품보존상 또는 통조림에서도 문제가 되는 균이다.

1) *Bacillus* 속

중온 혹은 고온성 유포자간균이며 호기성, 통성혐기성이고 catalase 양성이다. 단백질과 전분분해력이 강한 균주가 있어 단백질과 전분질식품을 변패시키거나, 산과 가스를 생성하여 특이한 냄새를 발생시켜 식품을 부패시킨다. 식염내성은 비교적 강하여 대체로 10% 식염에서도 생육한다.

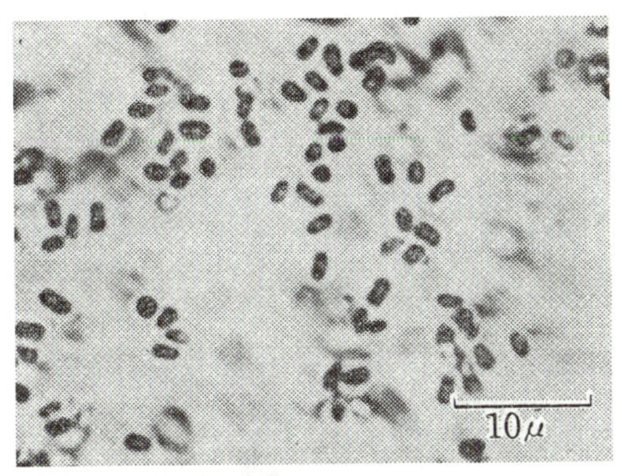

(a) *Bacillus cereus* var. *mycoides*

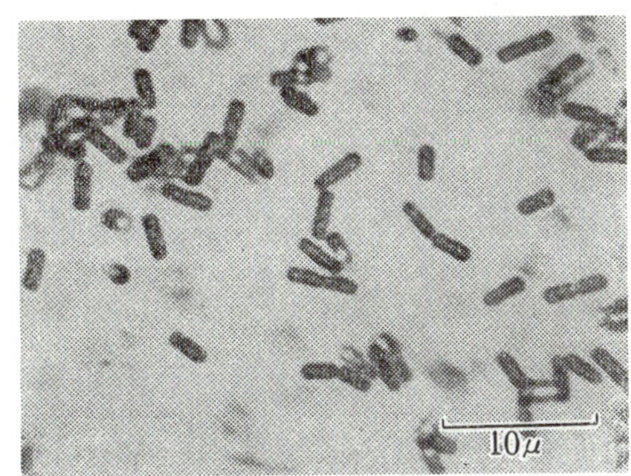

Baeillus subtilis

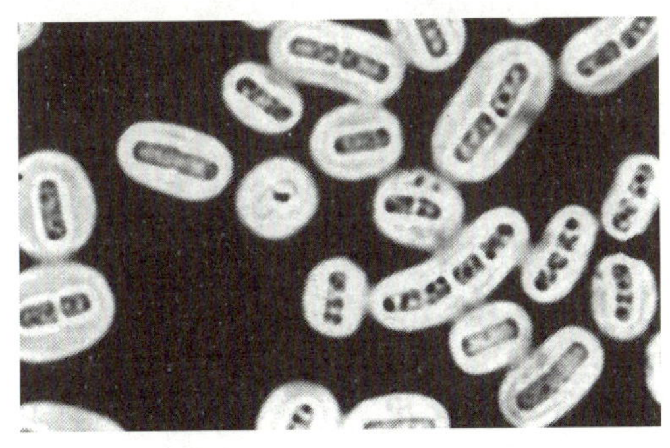

(b)

Bacillus megaterium

(a) 배지현탁액에서 촬영
(b) 먹물 중에 세포를 분산시켜 촬영하였다. 세균협막이 보인다(×2,160).

[그림 6-36] *Bacillus* 속

이 속 중 대표적인 균인 *Bacillus subtilis*(고초균)는 밥, 빵 등을 부패시키고, 강력한 amylase, protease를 분비하므로 이들 효소의 생산에 이용된다. subtilin, subtenolin, bacillomycin 등의 항생물질을 생산하는 것도 있다. *B. mestericus*는 현재 *B. subtilis*에 통합되었다. 그리고 일본의 발효식품인 납두의 제조에 이용되는 *B. natto*도 *B. subtilis*와 같은 종으로 보는 사람이 많다.

B. megaterium, *B. cereus*는 모두 토양에 많은 균이나 전자는 비타민 B_{12}를 만드는 것이 있다. 그리고 *B. polymyxa*는 항생물질인 polymyxin을 생산하는 균주이다. *B. coagulans*는 산패식품과 silage에 분포하며, 젖산생산능력이 크므로 통조림의 변패 일

종인 flat sour를 일으키는 균이다. *B. stearothermophilus*는 50~65℃의 호열성 부패
균이다. 이 균도 통조림의 flat sour를 일으키는 원인균이다. *B. anthracis*는 가축과 사
람의 탄저병을 일으키는 균으로 알려져 있다. *B. thuringiensis*는 포자형성 시에 곤충
에 대하여 독성이 있는 결정을 만드는 특성이 있다.

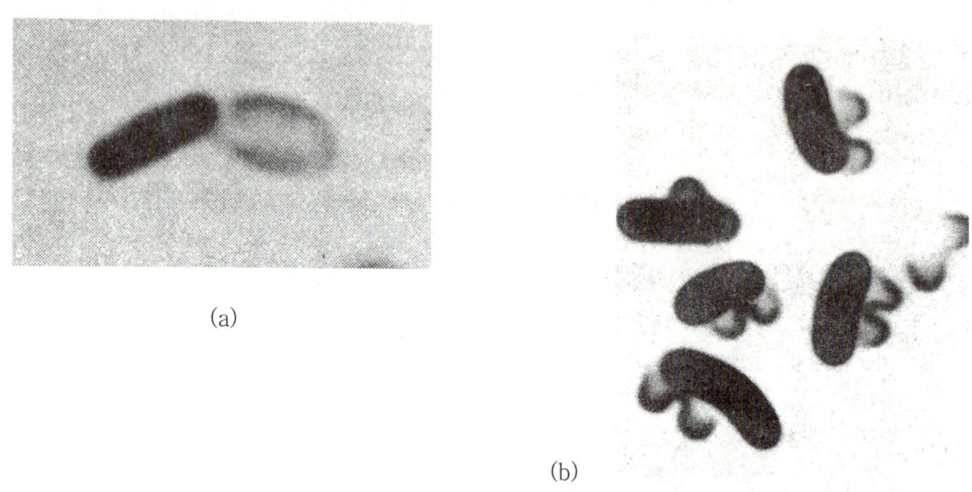

(a)

(b)

[그림 6-37] (a) *Bacillus polymyxa*와 (b) *B. circulans*의 포자발아(염색표
본, ×3,040) (C.F. Roinow, C.L. Hannary)

2) *Closridium* 속

그람 양성의 혐기성 유포자간균이며, 포자는 세포 중앙 또는 끝 쪽에 만들고 보통 포
자낭은 포자가 있는 부분이 튀어나와 방추형, 주걱형으로 되어 있다. Catalase는 모두
음성이고, 단백질분해성(부패성)인 것과 당류분해성(탄수화물을 강력히 발효시켜 낙산,
이산화탄소가스, 수소가스 및 알코올 acetone을 생산한다)인 것으로 크게 나눈다. 육류,
어류에서 분리된 균은 단백질분해력이 강하고, 부패, 식중독을 일으키는 것이 많다. 야
채, 과일의 변질은 당질분해성이 높은 균이 일으킨다.

*Clostridium*은 토양 중에 많이 분포하고, 동물, 어류, 곡물, 야채, 과일에 부착하며 2
차 오염으로 식품에 오염된다.

식품 중에서 증식하면 심한 악취와 낙산취(부패취)를 발산하는 부패생성물을 다량

생산하여 심하게 식품의 팽창을 일으킨다. 통조림, 우유 등은 팽창이 폭발적으로 일어나며, 치즈, 된장 등의 소포장한 것에서는 서서히 일어난다. 통조림공업에서 가열살균할 때 *Clostridium* 포자에 대하여 주의해야 한다. 식품에 분포되는 *Clostridium*을 표 6-3에 나타낸다.

표 6-3 식품 중의 *Clostridium*

Cl. butylicum(당류분해성)	치즈, 산패우유, 전분, 된장, 간장덧, 절임, 어육소시지
Cl. tyrobutylicum	치즈(가스발생)
Cl. pasteurianum(당류분해성)	산패과실통조림
Cl. nigrificans(고온균)	통조림(옥수수, 시금치), 설탕, 전분, 소맥분, 밀가루
Cl. acetobutyicum	치즈, 옥수수, 당밀, 고구마, 곡류
Cl. thermosaccharolyticum(당류분해성, 고온균)	시금치, 옥수수, 통조림, 설탕, 전분, 밀가루, 쌀, 초콜릿, 양송이, 면식품
Cl. toanum	된장, 간장덧, 입국
Cl. multifermentans(당백분해성)	초콜릿, 된장
Cl. sporogenes(단백분해성)	고기, 염장고기, 소시지, 치즈, 연제품
Cl. lentoputrescens(단백분해성)	치즈, 부패육
Cl. tertium	소시지
Cl. bifermentans	부패육
Cl. botulinum(식중독성)	연제품, 햄, 소시지, 통조림, 초밥
(Cl. welchii)(당류분해성)	냉동생굴, 연제품, 난육, 염장육, 두류통조림, 건조수프, 과일, 야채

*Clostridium butyricum*은 당류로부터 낙산을 생성한다. *Cl. acetobutylium*은 옥수수전분으로부터, 또 *Cl. saccharoacetobutylicum*은 당밀로부터 acetone과 butanol의 공업생산에 이용되는 균이다. *Cl. dissolvens*는 인분으로부터 분리된 plectridium형의 cellulose 분해균으로 알려져 있다.

*Cl. sporogenes*는 혐기조건하에서 육, 어육 등의 단백질식품의 부패를 일으키고, 포자의 내열성이 매우 강하므로 통조림의 부패, 팽창의 원인이 된다. 또 *Cl. perfringens*(*Cl. welchii*), *Cl. botulinum*은 식중독균이며 특히 후자는 독성이 강한

botu1inus 중독을 일으키는 경우가 있으므로 주의해야 한다. 이외에 병원균으로서는 *Cl. tetuni*(파상풍균)이 있다.

6-5. 그람 양성 무포자세균

(1) Lactobacillaceae과(젖산균과)

젖산균은 에너지원을 당에 의존하고 당을 발효하여 50% 이상의 젖산을 생산하는 균을 총칭한다. 젖산균은 그람 양성이며, 비운동성이고 색소를 생성하지 않는 간균 또는 구균(Bergey 편람 제7판에서는 *Streptococcus*, *Pediococcus* 및 *Leuconostoc* 속 등의 젖산구균을 *Lactobacillaceae*과에 넣어 분류하였으나 제8판에서는 이 과에는 젖산간균인 *Lactobacillus* 속만을 인정하였다)으로 미호기성이며 대부분 catalase 음성으로 산소를 이용하지 못하고 산소분압이 낮은 곳에서 잘 증식한다. 보통 배지에서는 미약한 생육을 보인다. 생육에는 여러 가지 비타민, 아미노산 또는 어떤 종류의 peptide를 요구한다. 한편 catalase 양성의 호기성으로 다소의 산소도 이용하며 비교적 많은 젖산을 생성하는 *Bacillus coagulans*(야생젖산균) 또는 대당 50~70% 이상의 젖산을 생성하는 *E. coli* var. *acidilactici*(가젖산균)와 같은 균주도 포함시켜 광의의 젖산균이라고 하나 분류학적으로는 젖산균에서 제외된다.

젖산균이 당을 발효하여 젖산을 생성하는 형식에는 homo형(정상형) 젖산발효와 hetero형(이상형) 젖산발효가 있으며 생성하는 젖산은 우선성, 좌선성 및 racemic형이 있다. 이들 광학적 이성체는 균종 또는 배지에 따라 특징적으로 결정된다.

$$\text{Homo형} : C_6H_{12}O_6 \longrightarrow 2\,CH_3CHOHCOOH$$
$$\text{Hetero형} : C_6H_{12}O_6 \longrightarrow CH_3CHOHCOOH + C_2H_3OH + CO_2$$

$$
\begin{array}{ccc}
\text{COOH} & & \text{COOH} \\
| & & | \\
\text{H} - \text{C} - \text{OH} & & \text{HO} - \text{C} - \text{H} \\
| & & | \\
\text{CH}_3 & & \text{CH}_3
\end{array}
$$

좌선성(laevorotatory)　　　　　　우선성(dextrorotary)
l,d(−)이라 쓴다.　　　　　　　　　d,l(+)이라 쓴다.

정상형발효를 정상젖산발효젖산균(homo fermentative lactic acid bacteria), 이상형 발효를 이상발효젖산균(hetero fermentative lactic acid bacteria)이라 한다. 5탄당인 pentose의 발효에서는 hetero형과 homo형에 관계없이 다음과 같이 발효한다.

$$C_5H_{10}O_5 \longrightarrow CH_3CHOHCOOH + CH_3COOH$$

젖산균의 식품에서의 역할은 생성된 젖산에 의하여 부패균, 병원균 등의 유해성 세균의 생육을 저지하여 제조공정을 안전화하고 보존성을 높인다. 유제품(발효유, 치즈 등), 절임식품, 된장, 청주와 같은 양조식품 또 silage 등에 이용되고 있다. 그리고 발효유, 젖산균음료 등 젖산균을 함유한 음료에는 정장적용이 있다고 하였다.

표 6-4 젖산간균의 생리적 성질에 의한 3군별

homo형 발효균 당에서 젖산만을 생성		hetero형 발효균 당에서 DL 젖산, 초산, 에탄올, CO_2 등을 생성
Thermobacterium 45℃에서 증식, 15℃ 이하에서 비발육, 생육적온 37~45℃, 좌선성~racemi체 젖산생성	*Streptobacterium* 45℃에서 발육, ±15℃에서 발육, 생육적온 25~30℃, 우선성~racemi체 젖산생성	당발효성은 약하다. 알코올내성 : 15~18% 잘 알려져 있지 않음
L. acidophilus *L. bulgaricus* * *L. delbrüeckii* *L. helveticus* *L. jensenii* *L. lactis* * *L. leichmannii* *L. salivarius*	*L. curvatus* *L. casei* *L. coryneformis* *L. homohiochii* *L. phantarum* *L. xylosus*	* *L. brevis*　　*L. desidiosus* *L. buchner*　　*L. fructovorans* *L. cellobios*　　*L. heterohiochii* *L. coprophilus*　* *L. hilgardii* *L. fermentum*　* *L. trichodes* *L. viridescens*

* 유당을 발효하지 못하는 균

*Lactobacillus bulgaricus*는 우유 중에 존재하고 최적온도가 40~50℃이며, lactose로부터 많은 lactic acid를 만들고, 발효유(fermented milk) 제조에 널리 이용된다. *L. acidophilus*도 이와 비슷한 균으로 장내에 살기 쉽고 정장작용이 강하므로 젖산균 제제와 발효유의 일종인 acidophilus milk의 제조에 이용된다. 또 *L. bifidus*는 모유영양아

의 장내에 특히 많은 젖산균이다. 한편 *L. delbrueckii*는 곡류, 발효야채 등에서 분리되고, 최적온도가 40~50℃이며, lactose는 발효하지 않으나, 전분당화액과 당밀로부터 젖산제조에 이용한다.

*L. plantarum*과 *L. brevis*는 치즈, silage 등에 많고 전자는 특히 silage의 중요한 젖산균이다. *L. sake*는 청주양조에 관여하나 *L. homohiochii*, *L. heterohiochii*는 저장 중 청주의 백탁, 산패를 일으킨다. 또 *L. thermophilus*의 생육의 최적온도는 50~60℃이므로 장시간 저온살균할 때 오히려 우유를 변패시키는 경우가 있다. 젖산구균과 젖산간균의 젖산생산력의 한 예를 표 6-5에 표시한다.

표 6-5 젖산구균과 젖산간균이 생산하는 젖산량

젖산구균	젖산생성량	젖산간균	젖산생성량
Streptococcus lactis	1.8~1.2	*Lactobacillus bulgaricus*	1.8~3.0
Streptococcus theromophilis	1.8~1.0	*Lactobacillus acidophilus*	1.8~2.0

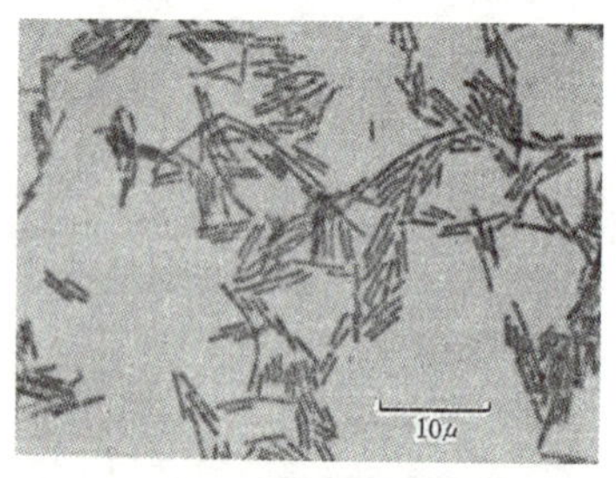

L lactis

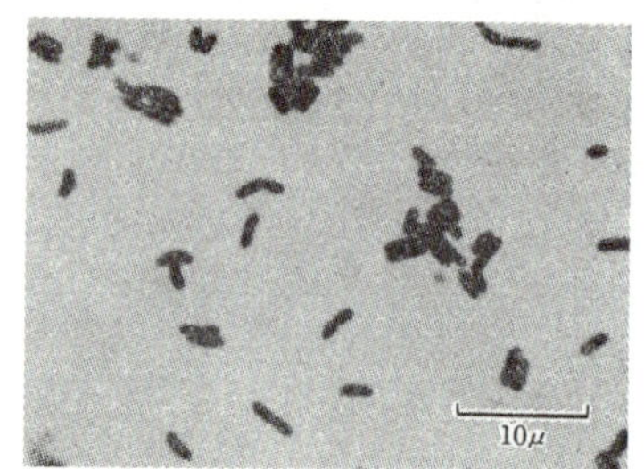

L. plantarum

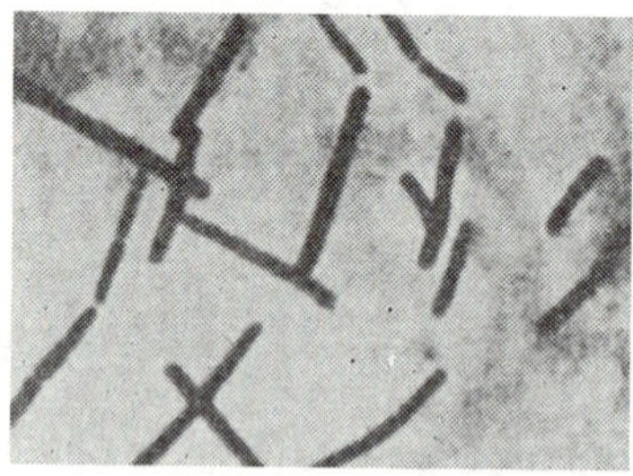

L. bulgaricus

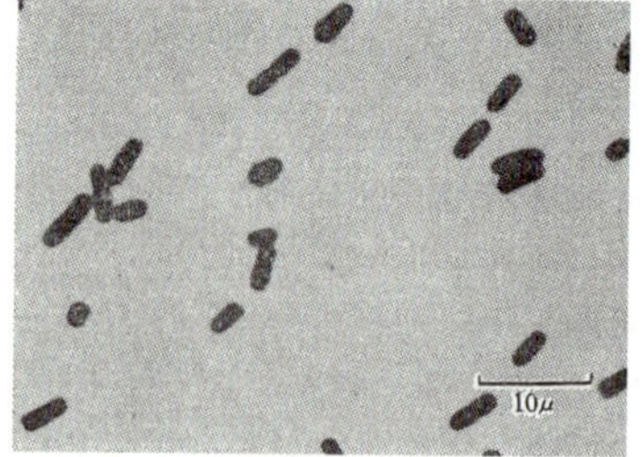

L. sake

[그림 6-38] *Lactobacillus* 속

6-6. 방선균 및 관련 미생물

(1) Coryne형 세균(coryneforms과)

1) *Corynebacterium* 속

그람 양성이며 비운동성의 간균, 호기성~미호기성, 병원균, 식물병원균도 있다. *C. diphtheria*는 디프테리아균으로서 식품으로 운반되는 경우가 있고, *C. pyogenes*는 소의 유방염을 일으킨다. *C. bovis*는 우유크림의 산패(rancidity)를 일으키고, 악취를 발생시키는 원인이 된다. 이들의 *Corynebacterium*은 선어, 물, 생우유에 존재하는 경우가 있다. 한편 glutamic acid 생산균에 이용되는 균은 *C. glutamicum*이다. 이 균은 Kinoshita 등이 1957년 분리한 균은 *Micrococcus glutamicus*이었으나, 1965년 Takayama 등이 균학적 연구로 *C. glutamicum*으로 개칭하는 것이 타당하다고 발표하였다.

(2) 분류상의 위치가 분명치 않은 속

1) *Brevibacterium* 속

운동성이 있는 균주 외에는 *Corynebacterium* 속과 구별이 어렵다. 종래 *Bacterium* 속으로 분류하였던 그람 양성의 무포자의 구형에 가까운 단간균으로 보통은 비운동성이나 운동성인 것은 주편모성이거나 드물게 단모를 가지는 것도 있다.

호기성, 미호기성, 통성혐기성 등으로 포도당에서 산을 생산하는 것이 많으며 단백질 분해력은 균종에 따라 다르다. Catalase 양성이며 비수용성의 적등색, 황색, 다갈색 등의 색소를 생성하는 것도 있다.

Br. linens, Br. erythrogenes 등은 등색 내지 적색 색소를 생성하여 치즈 표면을 오손시키나 숙성에는 도움이 된다. 또 *Br. linens*는 15%의 식염하에서도 잘 생육하며 저온성이다. *Br. salfuneum, Br. fuscum* 등은 어류의 부패에 관여하나 부패력은 대체로 약하다.

특히 *Br. divaricatum, Br. aminogenes, Br. lactofermentum* 등은 glutamic acid 발효균이며 토양, 해수, 하천, 유제품 등에 분포한다. *Br. ammoniagenes*는 핵산조미료, 5′-inosine monophosphate, 5-guanosine monophosphate를 생산하는 균이다.

2) *Microbacterium* 속

그람 양성, catalase 양성, 비운동성의 호기이며 끝이 둔원의 간균이다. 세포의 크기는 0.5~30 μ로 길고 짧음의 차가 심하다. 생육온도는 15~35℃, 최적온도는 30℃이고 methylene blue로 잘 염색되는 과립이 있다. 포자를 만들지 않는 세균 중에서 내열성이 강하여 80~85℃에서 10분간 가열하더라도 생존하므로 저온살균한 우유 중에 잘 남는다. 그리고 우유와 효모추출액을 함유한 배지에서는 특히 생육이 잘된다. Homo 젖산발효세균이며, 우선성 젖산을 생성한다. *M. lacticum*은 원핵세포형을 하는 하등미생물에서 형태적 분화의 정도가 높은 균사상의 세균인데 이 균목에 대해서는 다음 장에서 설명한다.

7. 방선균

7-1. 방선균의 특징

방선균(Actinomycetes, ray fungi)은 하등미생물 중에서도 형태적 분화정도가 진보된 균사상의 세균이고, 균사의 폭이 0.3~1.0 ㎛ 정도의 미세한 사상세균이다. 대부분의 방선균은 DNA의 평균 GC 함량이 68 % 이상으로 높고, 종균 간에 DNA의 상보성이 많고, 형태적 특징에 있어서나 생리적으로도 매우 유사한 균군끼리 모여 있다.

생육 후기에 균사로부터 세포가 분리되어 일반세균과 같이 되는 것, 곰팡이모양으로 긴 균사를 갖고 기균사를 착생하며 여러 형태의 포자, 포자낭, 균핵과 같은 것, 분포자기와 비슷한 것 등의 특수구조물을 형성하기도 하는 미생물군이다. 대부분은 토양 중에서 쉽게 분리할 수 있으며, 동물병원균, 수생균, 또는 식물병원균도 있다. 또 호열성균이 많고, 항생물질의 생산균으로서도 유명하다.

(1) 균사형의 방선균이 세균에 포함되는 이유

방선균은 균사의 폭이 세균과 같으나, 갈라진 균사, 기균사형성 등이 곰팡이와 유사하다. 그러나 다음과 같은 이유로 세균 속에 포함시킨다.

① 균사의 미세구조가 세균과 같고 원핵세포이다.

② 세포벽의 화학조성이 그람 양성세균과 유사하다. 즉 세포벽의 기본구조가 muco

복합체(peptidoglycan의 복합체)이며 teichoic acid를 함유하고 있다.

③ 형태적으로 일반세균에 가까운 중간 형태를 한 방선균이 연속적으로 연결되어 존재한다.

(2) 형태적 특징

1) 균 사

균사에는 영양 균사(vegetative mycelium)와 기균사(aeral mycelium)가 있다. 영양균사에는 그림 6-39와과 같이 배양 후기에 균사가 잘라져(fragmentation) 구균이나 간균 같은 세포로 변하는 *Nocardia*형과 잘라지지 않고 균사형을 유지하는 생활사를 가진 *Streptomyces*형이 있다.

영양균사 및 기균사는 속에 따라 특정적인 연쇄상 혹은 단독으로 착생한 포자 또는 포자낭 등을 형성한다. 그림 6-40에 포자의 형성방식을 나타냈다. 그 외에 균핵(sclerotium), 분포자기(pycnidium)와 같은 구조물과 점질포자융합체(actinosporangium) 등을 형성하기도 한다. *Streptomyces* 속의 기균사의 형태는 그림 6-41과 같이 직선상, 파상, 속상, 나선상, 윤생지상 등이 있다.

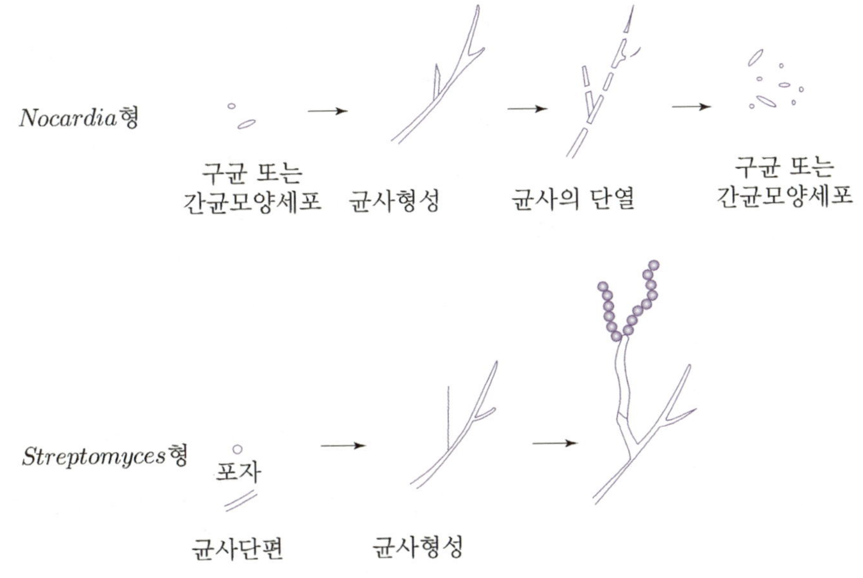

[그림 6-39] *Nocardia*형과 *Streptomyces*형 영양균사의 특징

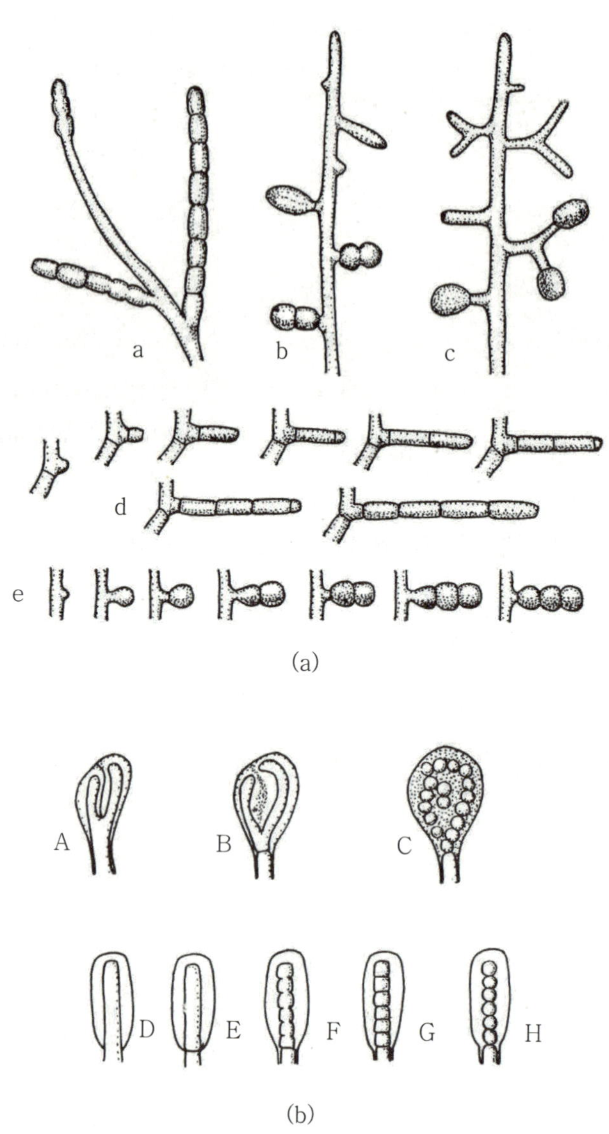

(a)

(b)

(a) 기균사의 포자형성방식
　　a : *Streptomyces*형　　　b : *Microbispora*형　　　c : *Thermomonospora*형
　　d : *Pseudonocardia*형　　e : *Thermopolyspora*형
(b) 포자낭포자의 형성순서 : A~C는 포자 간 물질의 생성, D~H는 포자형성양식을 나타냄

[그림 6-40]　방선균에 있어서 포자형성방식

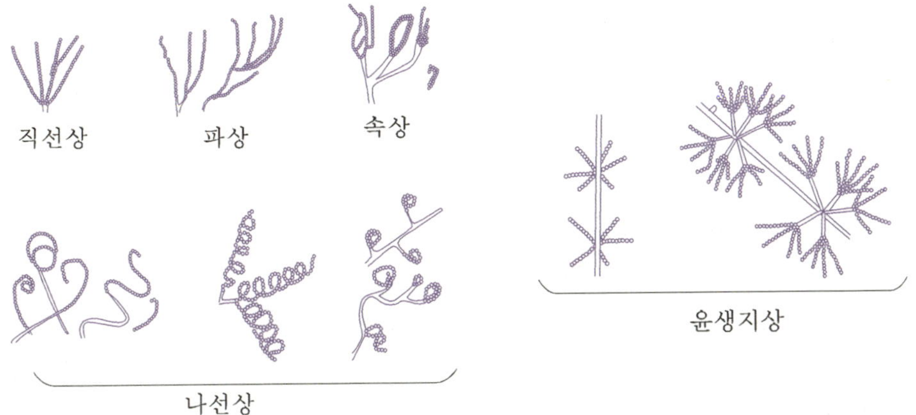

[그림 6-41] *Streptomyces* 속의 기균사의 형태

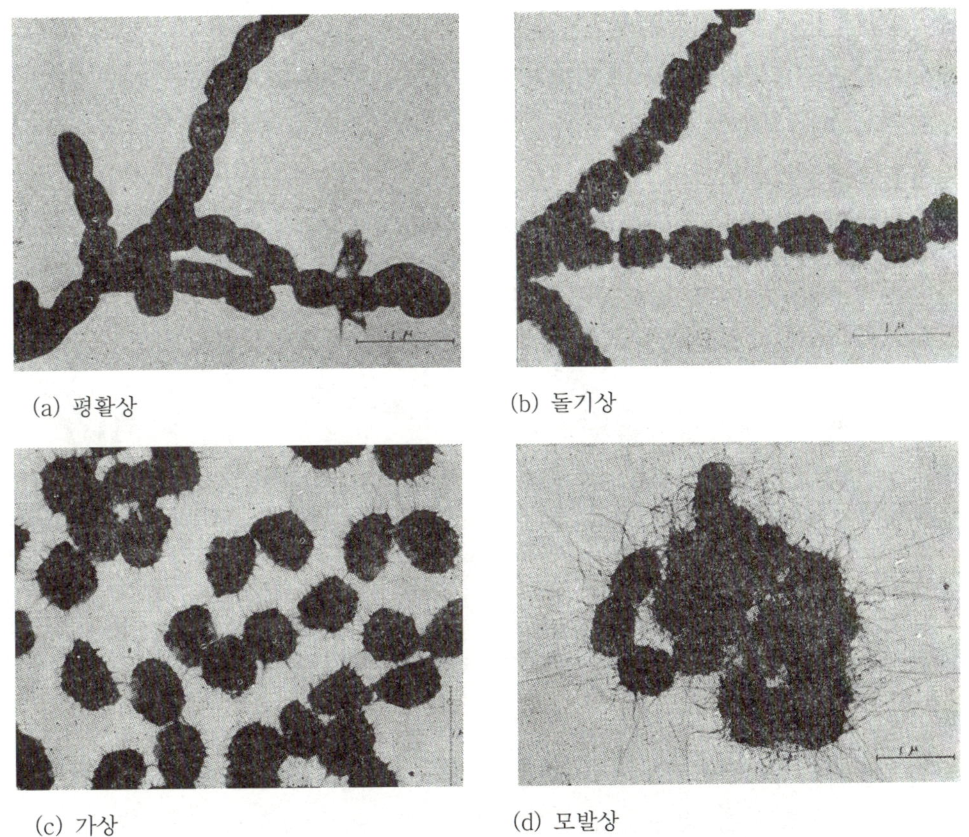

[그림 6-42] *Streptomyces* 속 포자의 표면상태의 종류

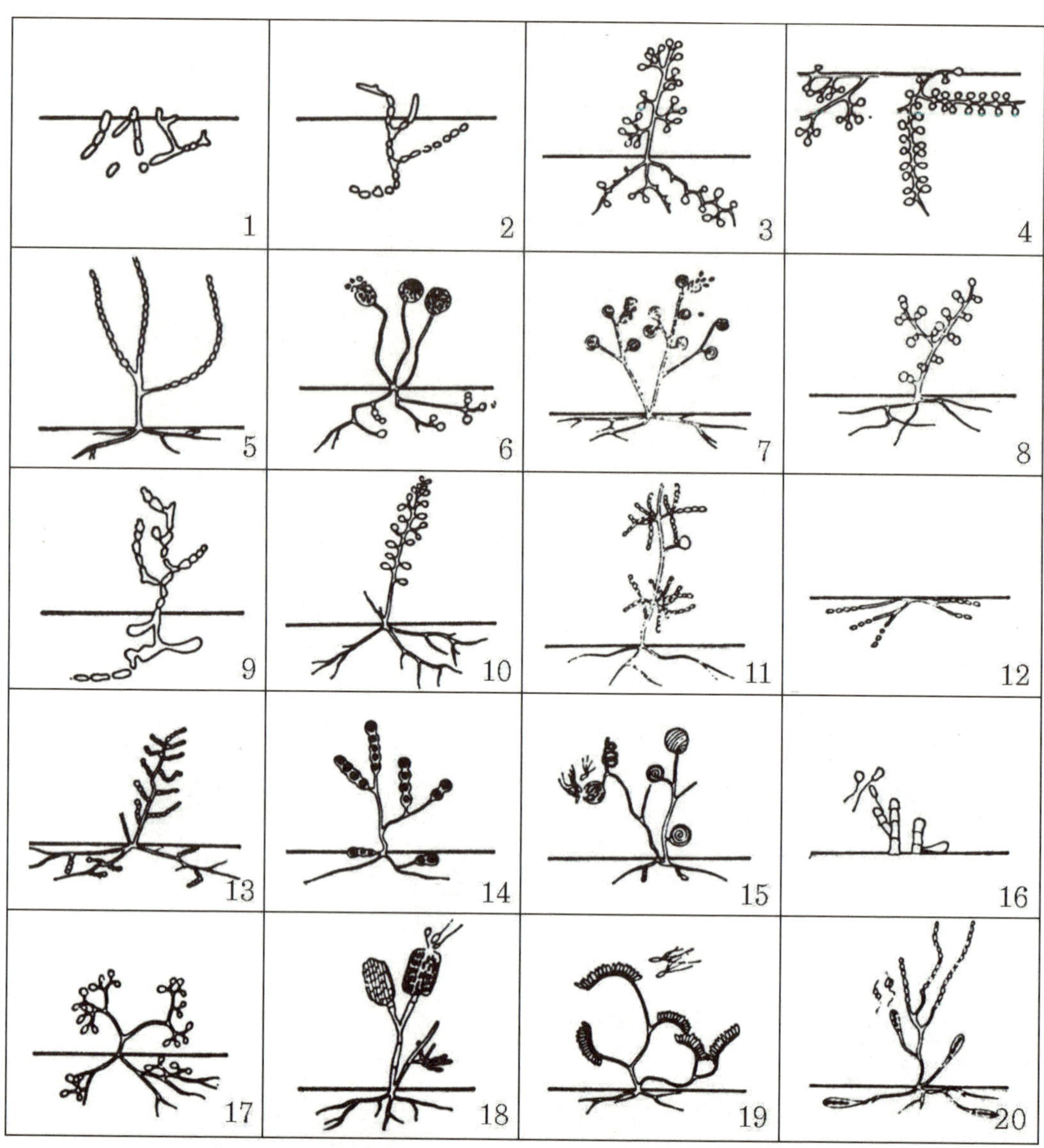

[그림 6-43] **방선균속의 형태**

2) 포 자

일반적으로 구형, 난형, 원통형과 같은 것이 많고, *Streptomyces* 속의 포자를 전자현미경으로 관찰하면 그 표면이 평평한 것, 가시가 돋은 것, 모발상 또는 돌기가 있는 것 등이 있으며(그림 6-42), *Actinoplanes* 속의 포자는 극속편모(極束鞭毛)를 하고 있다. 그림 6-43과 표 6-6에 몇 가지 방선균속의 형태와 특성을 표시하였다.

표 6-6 그림 6-43에 표시한 방선균속의 특성

속 명 (공표연대순, 알파벳순)	그림 6-43의 번호	균사체		포 자			기 타 특 징
		영양균사의 발단	기존균사의 존재	분생자의 연쇄	포장낭포자	편모모자	
Actinomyces Harz, 1877	1	+	−	−	−	−	미호기성, 병원성, catalase(−)
Nocardia Trevisan, 1899	2	+	−	−	−	−	기균사를 형성하는 것이 있다. 호기성, 향산균도 있다.
Thermoactionmyces Tsiklinsky, 1899	3	−	+	−	−	−	포자수는 1개, 호온성
Micromonospora ϕrsskov, 1923	4	−	−	−	−	−	기균사를 형성하는 것도 있다. 포자는 1개
Streptomyces Waksman & Henrici, 1948	5	−	+	+	−	−	기균사상의 분생자의 연쇄는 갈고리, 고리 또는 나선상으로 되는 것이 있다.
Actinoplans Couch, 1950	6	−	−	−	+	+	기균사를 형성하며 자낭포자는 비운동성의 것도 있다.
Streptoporangium Couch, 1955	7	−	+	−	+	−	포자낭포자는 나선상으로 배열한다.
Microbispora Nonomura *et al.*, 1957	8	−	+	+	−	−	분생자의 연쇄는 보통 2개, 호열균도 있다.
Pseudonocardia Henssen, 1957, Emend, Henssen *et al.*, 1971	9	+	+	−	−	−	영양균사는 지그재그로 신장, 중온~호온성
Thermomonospora Henssen, 1957	10	−	+	−	−	−	포자는 기균사에서만 형성, 분생자는 1개로 내생포자는 아니다.
Streptoverticillium Baldacci, 1958	11	+	+	+	−	−	윤생사를 형성하는 *Streptomyces*
Bacterionema Gilmour *et al.*, 1961	12	+	−	−	−	−	통성혐기성, catalase(+), 구강균, *Mycobacterium* 혹은 *Corynebacterium*
Micropolyspora Lechevalier *et al.*, 1961	13	−	+	+	−	−	영양균사와 기균사에 1~10개의 분생자를 착생, 중온 또는 호온성

Microellobosporia Cross *et al.*, 1963	14	–	+	–	+	–	포자낭은 배지 중이나 공기 중에 형성하고 2~7개의 포지를 생성
Spirillospora Couch, 1963	15	–	+	+	+	+	포자낭은 5~24nm, 코일모양으로 포자가 배열, 편모는 1~수개
Sporichthya Lechevalier *et al.*, 1963	16	–	+	–	–	+	영양균사는 흔적, 기균사가 분단되어 편모포자가 된다.
Actinobifida Krasilinikov *et al.*, 1964	17	–	+	–	–	–	두 갈래로 분기하는 *Thermoactinomyces* 속, 내생포자 1개씩 형성
Pilimelia Kane, 1966	18	–	+	+	+	+	포자낭은 원형 또는 원통형, 포자는 세로로 나열, 포장낭호자의 연쇄는 30개 내외, 말단에 단편모가 있다.
Planomonospora Thiemann *et al.*, 1964	19	–	+	–	+	+	포자낭은 방추형이며 2개가 평행으로 형성되고 그 안에 단 1개의 편모포자가 있다.
Kilasatoa Matsumal *et al.*, 1964	20	–	+	+	+	+	*Streptomyces*와 비슷하나 포자낭 등을 가지는 것이 다르다.

(a)　　　　　　　　　　(b)

(a) 기균사의 모양(×1,740) (b) 나선상으로 말린 분생포자의 사슬, 개개의 분생포자(×5,800)
(S. Kimoto and J.C. Russ, "The Characteristics and Applications of the Scanning Electron Microscope", Am. Scientist. 57,112(1969))

[그림 6-44] **주사전자현미경으로 관찰한 *Streptomyces*의 집락의 표면**

7-2. 방선균의 분류

Mycobacterium 및 그의 근록균(Mycobacteriaceae과)을 제외한 Actinomycetales 목의 균을 방선균이라 하는데, 아래는 주로 Waksman에 의한 분류로서 종래의 형태와 생태적 특징에 중점을 두고 분류한 것이다.

표 6-7 Key to the families of order Actinomycetales

Ⅰ. Mycelium not formed ; branching filaments may be produced ; cells may be rod, diphtheroid or coccoid ; no spores formed. Bergey's Manual. 8th ed.

  A. Not acid-alcohol-fast ; usually facultatively anaerobic ; some anaerobic or aerobic ; most do not contain 2,6-diaminopimelic acid in the cel walls.

Family Ⅰ. Actinomycetaceae

  B. Acid-alcohol-fast, at least in some stages of growth; cell wall type Ⅳ

Family Ⅱ. Mycobacteriaceac

Ⅱ. True mycelium produced.

  A. Symbionts in plant nodules with a free stage in soil.

Family Ⅲ. Frankiaceae

  B. Saprophytes or facultative parasites.

    1. Spores borne inside sporangia.

Family Ⅳ. Actinoplonaceae

    2. Spores not borne inside sporangia.

      a. Mycelial filaments divide transversely and in at least two longitudinal planes to form masses of motile, coccoid elements. Aerial mycelium usually absent ; cell wall type Ⅲ.

Family Ⅴ. Dermatophilaceae

      b. Mycelial filaments commonly fragment to give coccoid or elongate elements that are usually non-motile, though a few species are reported to be motile. Aerial spores are occasionally produced but usually are absent; cell wall type Ⅳ. Sometimes acid-fast.

Family Ⅵ. Nocardiaceae

      c. Mycelial filaments tend to remain intact and not fragment. Usually abundant aerial mycelium and long spore chains(5~5 or more) ; cell wall type Ⅰ.

Family Ⅶ. Streptomycetaceae

      d. Mycelial filaments remain intact ; spores formed singly, in pairs or short chains on either or both aerial or substrate mycelium. Cell wall type(Ⅱ, Ⅲ or Ⅳ) varies with the genus.

Family Ⅷ. Micromonosporaceae

Ⅰ. Anaerobic to facultatively anaerobic

  A. Catalase negative or positive

   1. Most species form a filamentous microcolony ; filaments transitory, diphtheroid cells are predominant ; fermentative, glucose fermentation products include acetic, formic, lactic and succinic acids but not propionic acid ; cell wall contains neither diaminopimelic acid nor arabinose.

Genus Ⅰ. *Actinomyces*

  B. Catalase negative

   1. Filamentous microcolony ; filaments transitory. diphtheeroid cells and spheroplasts common, fermentative, glucose fermentation products are primarily propionic and acetic acids ; cell wall contains diaminopimelic acid but not arabinose.

Genus Ⅱ. *Arachnia*

   2. Smooth microcolony ; filaments usually not formed, diphtheroid cells and bifid forms are common ; fermentative, glucose fermentation products are primarily acetic and lactic aceds ; cell wall contains neither diaminopimelic aced nor arabinose.

Genus Ⅲ. *Bifidobacterium*

Ⅱ. Aerobic to facultatively anaerobic

  A. Catalase positive or negative

   1. Filamentous microcolony ; cell type include rods, filaments and characterisitically filament glucose with a bacillus–body at one end ; some strict anaerobes ; fermentative, products from glucose grown cultures include CO_2, formic, acetic, propionic and lactic acids ; cell wall contains both diaminopimelic acid and arabinose.

Genus Ⅳ. *Bacterionema*

  B. Catalase positive

   1. Smooth microcolony ; growth at any given time may yield exclusively coccoid, diphtheroid or filamentous forms or a mixture of any of these ; grows best aerobically ; fermentative, glucose fermentation product is primarily lactic acid, propionic acid is not produced ; cell wall contains neither diaminopimelic acid nor arabinose.

Genus Ⅴ. *Rothia*

(1) Actinoycetaeae과

배양 후기에 영양균사가 단열하여 간상 또는 구상으로 되는 균군이다.

*Actinomyces*는 혐기성 또는 미호기성인 균군이다. *Nocardia*는 *Mycobacterium*과 *Streptomyces*와의 중간적 균군이고, 균사가 초기에 단리하는 soft type과 그렇지 않고 균사의 형성이 많은 hard type의 균이 있다. 대부분은 호기성으로 부분적인 항산성을

가지고 있거나 혹은 항산성을 가지지 않는다.

동물병원성 방선균이 많고 *Actinomyces* 및 *Nocardia*의 양쪽의 속에 포함된다. *Promicromonospora*는 *Micromonospora*와 같이 포자병의 끝에 포자를 1개씩 착생한다. *Thermopolyspora*(고온균)는 포자를 연쇄상으로 형성한다.

(2) Streptomycetaceae과

영양균사는 분열하지 않고, 포자낭을 형성하지 않는다. *Micromonospora*(중온균)와 *Thermonospora*(고온균)는 기균사를 착생하지 않고 포자를 영양균사에 있는 짧은 포자병의 끝에 1개 착생한다.

그 외의 균은 가균사를 착생한다. 토양방선균이며 주요한 항생물질 생산균군인 *Streptomyces*는 포자를 기균사에 연쇄상으로 착생한다. *Micropolyspora*는 짧은 연쇄상의 포자를 기균사와 영양균사의 양쪽에 형성한다. *Thermoactinomyces*(고온균) 및 *Microbispora*(중온균)는 기균사에 각각 1개씩 또는 2개씩 포자를 착생한다. *Thermopolyspora*(고온균)는 포자를 연쇄상으로 형성한다.

(3) Actinoplanaceae과

포자낭을 형성하는 방선균군으로 Couch(1949)에 의하여 발견되고 연구된 균군으로서 수생균과 육생균이 있으며 gelatin을 분해하는 균이다. 공동연구자인 Kane의 분류에 따르면 다음과 같다.

① 포자를 포자낭 안에 나선형으로 감싼 연쇄상으로 형성하는 균군이고, 포자가 운동성이 있는 것과 없는 것이 있다.

운동포자를 형성하는 균으로서는 포자낭 안에 아구균(亞球菌)의 극속편모포자를 만드는 *Acinoplanes*와 가끔 구부러진 단간 또는 장간균상으로 1~다수의 극편모가 있는 운동포자를 만드는 *Spirillospora*(그림 6-45) 등이 있다. 전자는 기균사를 형성하지 않으나 후자는 기균사를 형성하고 그곳에 운동포자낭을 형성한다.

비운동포자를 형성하는 균 중에서 *Streptosporangium*은 기균사에 구형 포자를 함유한 구형의 포자낭을 형성하고, *Amorphosporangium*은 기균사를 형성하지 않고 영양균사에 단간균상포자를 함유한 불규칙적인 형태를 한 포자낭을 형성한다.

② 포자를 포자낭 안에 많이 평행한 연쇄상으로 형성하는 균군이고 포자는 운동성이 있다. *Ampullariella*는 극속편모가 있는 간상포자를 병모양으로 포자낭을 형성한다. *Pilimelia*는 극단편모가 있는 간상포자를 가늘고 긴 포자낭 안에 형성한다.

③ 포자를 가늘고 긴 포자낭 안에 한 줄의 연쇄상으로 형성한다. *Microellobosporia* 1속이 있으며 포자는 운동성이 없다.

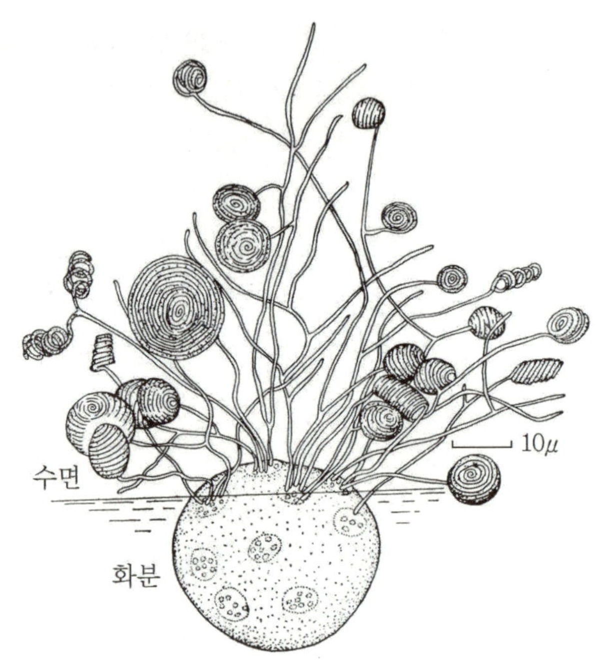

[그림 6-45] **수면에 또는 화분입(花粉粒)상에 형성되는 *Spirillospora albida*의 포자낭(Couch)**

(4) 기 타

*Chainia*는 균핵과 같은 구조물을, *Actinosporangium*은 점질포자융합체를, *Actinopycnidium*은 분포자기와 같은 물체를 형성한다. *Pseudonocardia*(고온균)는 *Nocardia*와 유사하게 영양균사에 격벽이 생기나 잘라지지 않고, *Streptomyces*와 같이 기균사에 포자를 착생한다. *Dermatophilus*는 Actinomycetaceae와 같이 균사가 잘라진다. 그러나 독특한 포자형성법이 있으므로 별도의 새로운 과에 속한다고 생각된다. 포자는 운동성이 있다. 동물의 피부병 균의 한 종류이다.

제 07 장

| 곰팡이 |

우리들의 주변에서 가장 흔히 볼 수 있는 미생물이 곰팡이(molds)다. 송편, 빵 등의 식품을 비롯하여 각종 공업제품에 청색, 녹색, 분홍색, 황색, 회색, 검정색 등의 여러 가지 색깔의 곰팡이가 자라 식품이 변패한다. 반면 곰팡이는 탁주, 약주를 비롯한 양조제품, 효소, 항생물질 등 유용한 의약품의 제조에 이용되고 있다.

곰팡이는 분류학에서 진균류(true fungi)에 조상균(Phycomycetes), 자낭균(Ascomycetes), 담자균(Basidiomycetes) 및 불완전균(fungi imperfecti)의 4강(綱)에 걸쳐서 넓게 존재한다.

1. 곰팡이의 형태적 특징

곰팡이는 분류학상 진균류에 속하고 색이 있는 분말상태의 포자를 가지고 있으며 육안으로 털모양으로 된 집락(colony)을 볼 수 있다. 현미경으로 관찰하면 이 균은 많은 가지가 뻗어 있으며 긴 실모양으로 된 관에 다핵질이 함유된 구조로 되어 있다. 이것을 균사(hypha)라 하며 균사의 집합체를 균체(mycelium)라 부른다. 곰팡이는 이러한 진균류 층에서 보통 균사를 형성하여 생활하는 것을 말하고, 사상균이라고도 한다. 환경의 조건에 따라 원형효모상의 세포를 만드는 종류도 있으므로, 곰팡이와 효모(yeast) 사이를 엄밀히 구별할 수는 없다.

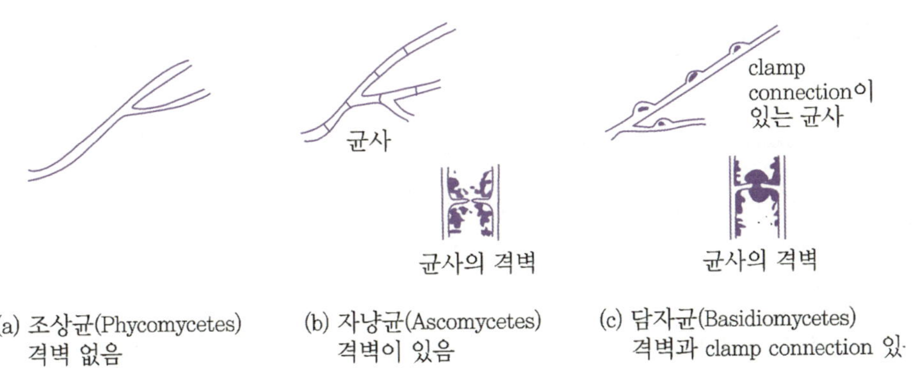

[그림 7-1] **진균류의 균사의 특징**

균체는 영양균사(vegetative hyphae)와 자실체(fruiting body)로 크게 나눈다. 전자는 균의 영양분을 주로 섭취하고, 후자는 포자 등을 착생하여 번식하는 기관이 된다. 영양균사는 음식물 등 기질의 표면에 옆으로 뻗어 생육하나, 조상균(Phycomycetes)의 일부와 같이 물속에서 생활하는 것도 있다. 자실체는 보통 기질의 표면에 대하여 직각으로 공기 중에 뻗으나 물속에 생기는 미생물도 있다. 균사의 끝에 번식기관을 형성하지 않고 기질의 표면에 직립한 영양균사를 기균사(aerial hyphae)라 부른다. 이것은 두꺼운 막이 비틀린 짧은 균사가 모여서 된 둥근 모양의 덩어리이나, 자낭과(ascocarp)와 다르고 내부에 아무것도 없다.

균사의 특징은 그림 7-1에 나타냈다. 조상균의 균사는 일반적으로 격벽(septum, -a)이 없고 균사 전체가 다핵체적(coenocytic)인 세포이며, 오래된 균사에는 격벽이 보일 때도 있다.

자낭균과 담자균은 격벽이 있는 균사를 만들며, 단 격벽중앙에는 구멍이 있어 이 구멍을 통하여 세포질이 서로 연결되고 있다. 전형적인 담자균의 균사는 clamp connection을 가지고 있으나 없는 경우도 있으므로 균사의 관찰만으로는 양자를 구별하지 못하는 경우가 많다. 투과전자현미경(transmission electron microscope)에 의해 관찰할 경우는 자낭균의 격벽이 단순한 구조를 하고 있으나, 담자균의 그것은 복잡한 구조(dolipore-parenthesome system)를 하고 있다.

2. 진균류의 생식법

진균류(true fungi)의 생식은 주로 포자(spores)로 이루어진다. 포자는 적당한 환경에서 발아하여 균사가 되고 그 후 균사체를 형성한다. 이 포자를 만드는 기관이 자실체이며, 종류에 따라 특정한 형태를 하고, 대부분은 균사의 끝에 혹은 균사로부터 특별히 나누어져 만든다.

포자에는 유성생식으로 생기는 유성포자(sexual spore)와 무성포자(asexual spore)가 있고 그들의 모양과 형성방법은 다양하므로 진균류를 분류하는 데 있어서 중요한 특징이 된다.

2-1. 유성생식

2개의 세포핵이 융합한 것을 중심으로 또는 이것이 분열하여 나온 핵을 중심으로 만든 포자로서, 난포자(oospore), 접합포자(zygospore), 담자포자(basidiospore) 및 자낭포자(ascospore)의 네 종류가 있으며(이곳에서는 난포자를 만드는 균에는 중요한 것이 없으므로 생략한다) 포자를 형성하는 차례는 그림 7-2와 같다.

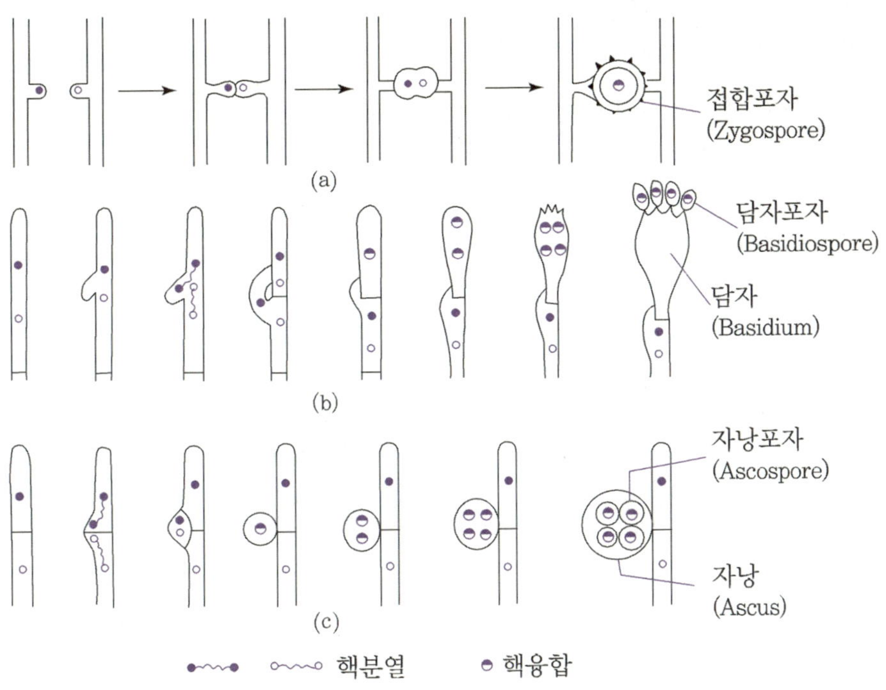

(a) 접합포자(zygospore)의 형성　　　　　(b) 담자포자(basidiospore)의 형성
(c) 자낭포자(ascospore)의 형성, 유성포자 형성순서 : 핵융합(neuclear fusion) →
　　핵분열(nuclear division) → 포자형성

[그림 7-2]　유성포자의 형성순서

(1) 접합포자(zygospore)

가까이에 있는 2줄의 균사로부터 각각 분지가 나와 양자가 서로 접합하고 그 부분이 팽대하여 나오는 포자이다. 흑갈색의 두꺼운 막으로 둘러싼 구형세포로 표면에 돌기가 있다.

(2) 담자포자(basidospore)

균사가 발전되어 나온 담자(basidium)에서 만들어진 외생포자로, 보통은 담자의 끝에 각각 4개의 담자포자를 착생한다.

(3) 자낭포자(ascospore)

자낭(ascus)이라는 특수한 세포 중에 생기는 내생포자이다. 효모가 이 포자를 만드는 경우는 세포 자체가 자낭이 되고, 곰팡이에서는 균사의 일부가 부풀어 자낭이 되지만 종류에 따라 많은 자낭이 다시 균사의 조직층으로 싸여 구상의 피자기(perithecium)를 형성하는 경우가 있다.

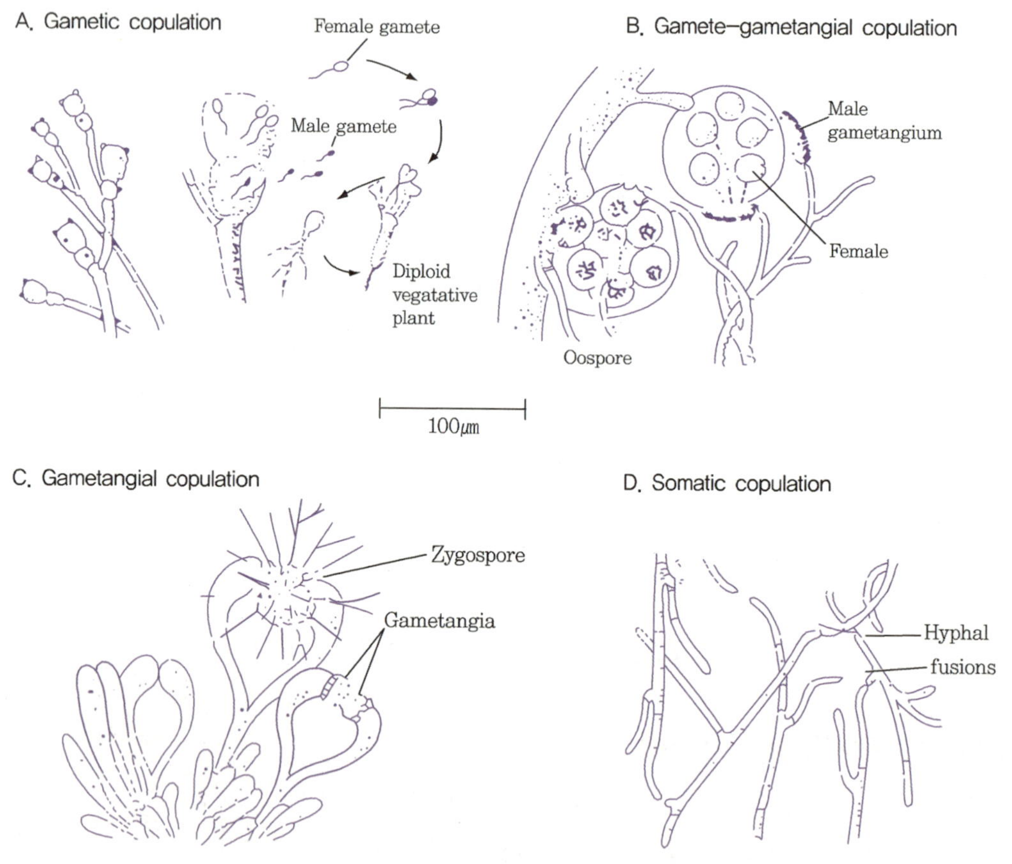

[그림 7-3] 곰팡이의 유성생식메커니즘

2-2. 무성생식

　세포핵의 융합이 일어나지 못하고 다만 분열만으로 되풀이하면서 무성적으로 형성되
는 포자는 다음과 같은 것이 있다.

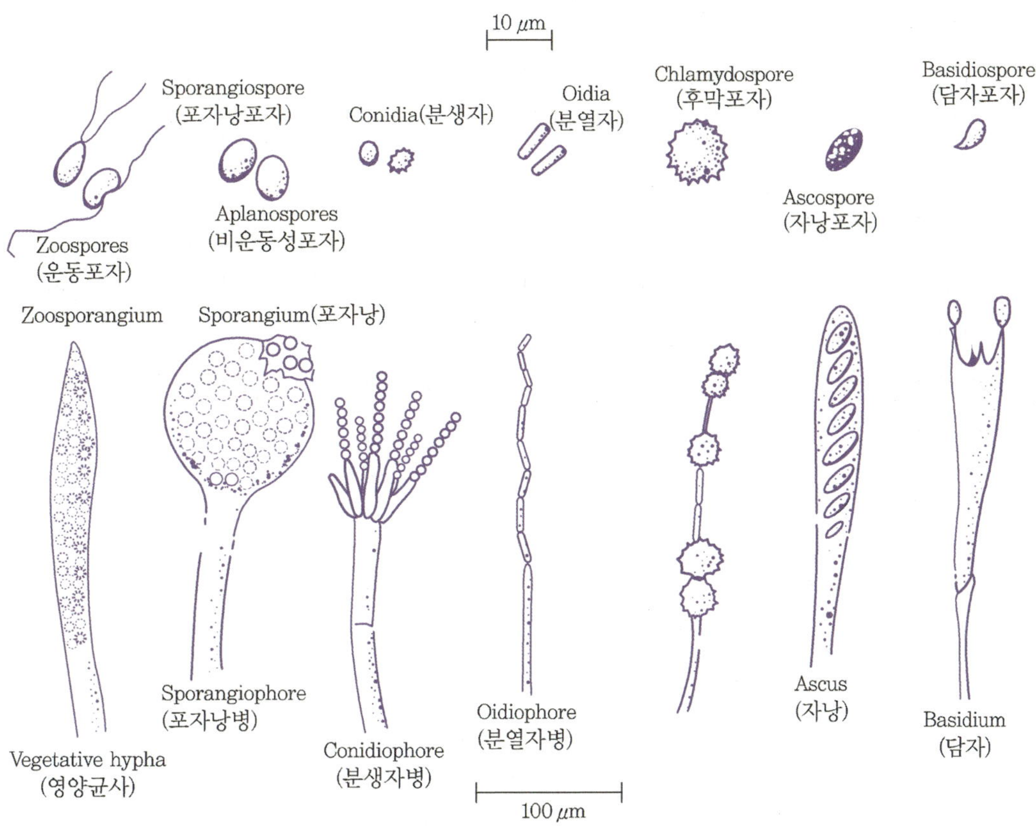

[그림 7-4]　포자의 종류

(1) 포자낭포자(sporangiospore)

　균사의 끝이 부풀어서 된 포자낭(sporangium) 내에 많은 수의 포자를 형성하는 포자
로 *Mucor*, *Rhizopus* 등의 속에서 볼 수 있다.

(2) 분생포자

　분생포자(conidia), 분생아포라고도 하며, 균사의 끝부분에 생기는 포자이고, 이 포자

를 받치고 있는 균사를 특히 분생자병(혹은 분생아포병, conidiophore)이라고 한다. 분생자의 형태 또는 착생방법은 곰팡이의 종류에 따라 현저하게 다르다.

(3) 후막포자(chlamydospore)

균사의 끝 또는 중간에 원형질이 모여 팽대하고 두꺼운 막을 형성한 휴면성의 포자이다(그림 7-4).

(4) 분열자(oidia)

분절포자(arthospore)라고도 하며, 균사의 일부가 차례로 격벽을 만들고 짧은 조각으로 떨어지는 것으로, 그 상태로 흩어져서 생식을 한다.

일반적으로 분생자와 포자낭포자는 그 착생이 다르고 특징 있는 색을 띤 경우가 많다. 곰팡이의 균총이 나타내는 여러 색은 대부분이 포자의 색이다.

3. 진균류의 분류

진균류(Eumycetes, true fungi)는 먼저 균사의 격벽(septum, -a)의 유무 그리고 유성포자의 특징을 기본으로 하여 나눈다. 즉 균사의 격벽이 없는 것을 조상균류(Phycomycetes)라 부르고, 한편 균사에 격벽이 있는 것을 순정균류(고등균류라고도 한다, Mycomycetes)라 하며, 그중에 자낭포자를 만드는 균을 자낭균류(Ascomycetes), 담자포자를 형성하는 균을 담자균류(Basidiomycetes)라 부른다. 유성포자의 형성이 확인되지 않는 것은 전부 불완전균류(Fungi imperfecti, Deuteromycetes)라 한다(표 7-1).

일반적으로 사용하고 있는 곰팡이, 버섯, 효모 등의 명칭은 분류학상 정확한 명칭이 아니고 속칭이다. 버섯이라는 것은 대부분 담자균류에 속하고, 효모 중에서 포자를 형성하는 것은 대부분이 자낭균류에, 그리고 일부는 담자균류에 속하며, 포자를 만들지 못하는 효모는 모두 불완전균류에 포함시킨다. 한편 곰팡이(mold, mould)는 사상균이라고도 하나 보통 진균류 중에서 효모와 버섯을 제외한 균체가 실모양을 한 것을 말한다. 이 책에서는 편의상 효모만을 다른 진균류에 나누어 설명한다.

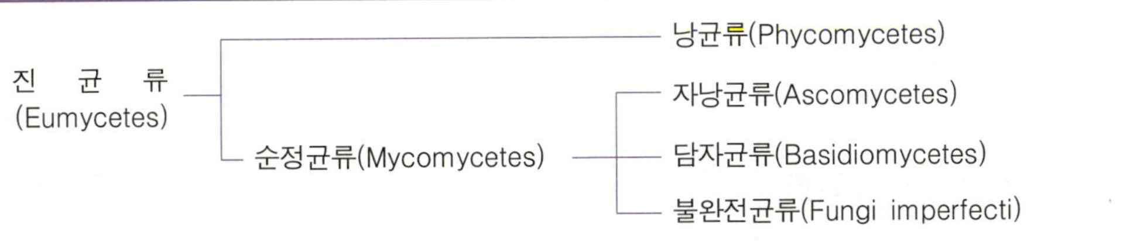

3-1. 조상균류

조상균류는 표 7-2와 같이 유성생식으로 난포자(oospore)를 만드는 난균류(Oomycetes)와 접합포자를 만드는 접합균류(Zygomycetes)의 2아강(亞綱)으로 나눈다. 전자에 속하는 것은 *Saprolegnia*, *Peronospora* 속 등의 식물병원균으로 유용한 것은 적고, 응용미생물로서 중요한 것은 접합균류의 Mucorales에 포함된다. 이하 중요한 속에 대하여 설명한다.

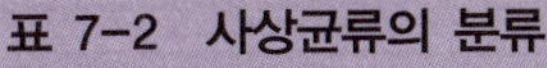

표 7-2 사상균류의 분류

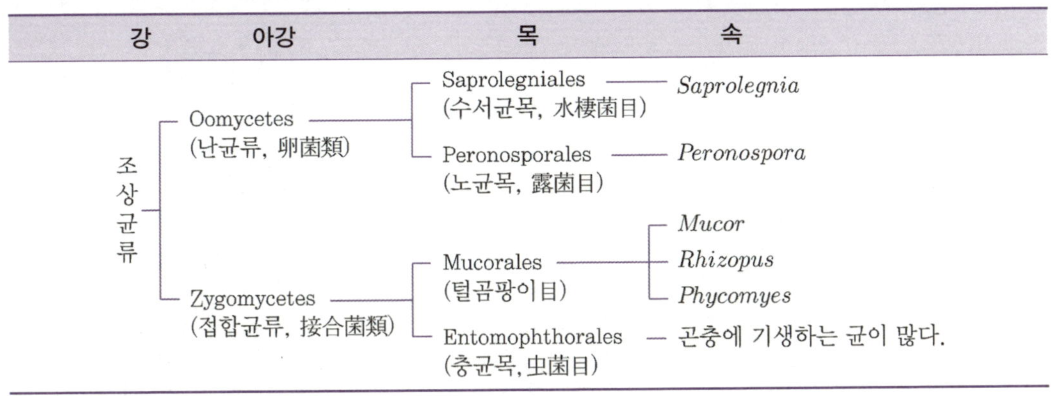

(1) 수생조균류

균류 전체로 볼 때 일반적으로 균은 토양에서 생식하나, 수생조균류는 대부분이 물속에 산다. 이러한 균류를 물곰팡이 또는 수생조균류(aquatic Phycomycetes)라 부른다. 이들은 연못, 강에서 동·식물의 시체표면에 서식하나, 약간의 기생성이 있고 조류와 원생동물을 공격하기도 한다.

　원생동물과 가장 비슷한 것이 이 균류이며, 편모(flagellum)를 가진 운동성의 포자 또는 배우자를 형성한다.

Ⅰ. 소담자낭이 있다. ·· *Thamnidium*
Ⅱ. 소담자낭이 없다.
　A. 가근과 포복지를 형성한다.
　　1. 포자낭병은 절부(節部)에 착생 ·· *Rhizopus*
　　2. 포자낭병은 절간부(節間部)에 착생 ······························ *Absidia*
　B. 가근과 포복지를 형성하지 않는다.
　　1. 접합포자현병은 크기가 같다 ·· *Mucor*
　　2. 접합포자현병은 크기가 다르다. ·································· *Zygorrhynchus*

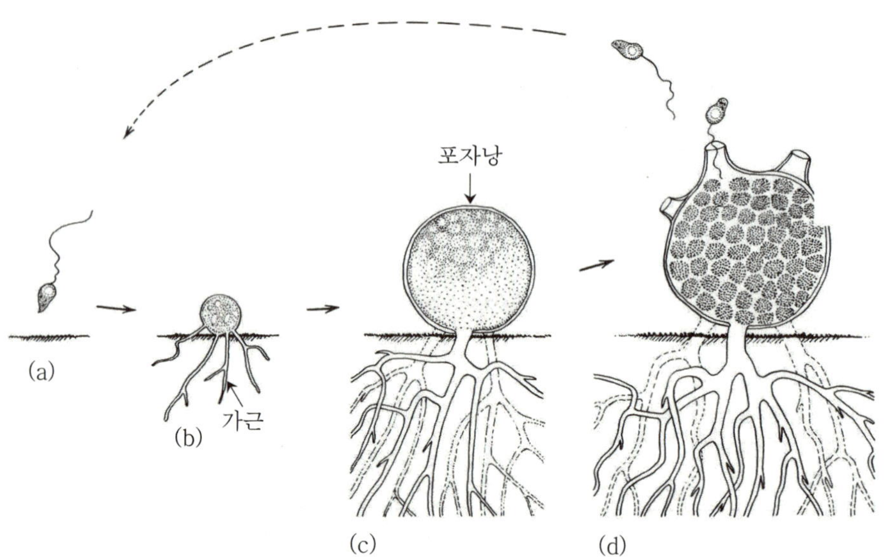

(a) 편모를 갖고 있는 운동포자　　(b) 고형물의 표면에 떨어짐
(c) 분지한 가근을 형성, 균을 표면에 고정, 운동포자낭 형성, 다수의 운동포자를 생산
(d) 운동포자낭이 파괴되어 많은 운동포자를 방출

[그림 7-5] *Chytrids*의 생활사

1) *Chytrids*

연못 안의 썩은 잎에 나타나는 *Chytrids*의 전형적인 생활사를 그림 7-5에 나타내었다. 영양체는 균사체가 아니며, 성숙된 영양체는 직경 100 μm의 주머니로 되어 있고 이것은 가근(rhizoid)이라는 갈라진 균사에 의하여 고체에 정착한다. 이 주머니를 포자낭(sporangium)이라 하며 이 속에 생식세포, 즉 포자가 생성된다. 포자낭 속에 있는 세포질은 핵분열을 되풀이하여 많은 핵을 형성하고, 각각의 핵과 일정량의 세포질은 막으로 둘러싸인다. 그 후 포자낭이 파괴되고, 단핵과 편모를 가진 유주자(flagellated zoospore, 운동포자라고도 한다)가 방출된다. 개개의 zoospore는 정착하여 새로운 생물체로 생장한다. 가근은 생식체가 아니라 포자낭의 생장에 필요한 영양분을 섭취하는 역할을 한다.

2) *Allomyces*

수생조균류 *Allomyces*는 반수세대와 배수세대가 서로 교대를 한다(그림 7-6). 배수성의 포자체(sporophyte)는 성숙하면 나무와 같은 형태를 하고 있으며, 밑은 가근(rhizoid)으로 정착하고 여기서부터 분기한 균사체가 뻗고 2종류의 다른 포자낭(sporanhium)을 착생한다.

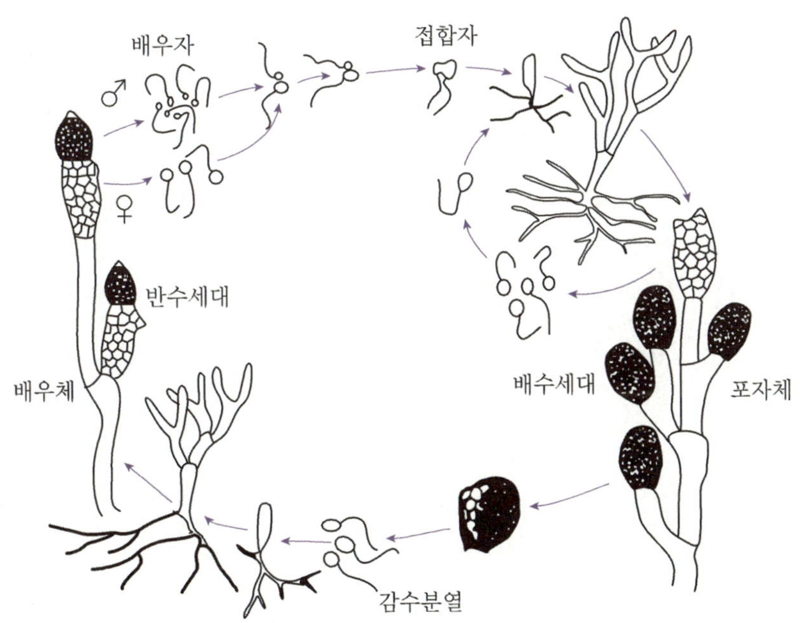

[그림 7-6] *Allomyces*의 생활사

복상포자낭(mitosporangium)의 벽은 얇고 부드럽고 무색이나, 단상포자낭(meiosporangium)은 두껍고 검고, 凹凸이 있는 벽을 하고 있다. 성숙하면 이들 포자낭 모두는 편모를 지닌 포자를 방출하나, 이들 포자의 발육은 서로 다르다.

복상포자낭으로부터 방출되는 복상포자(mitospore)는 2배체(diploid)이고 발아하면 포자체로 된다. 단상포자낭으로부터 나오는 단상포자(meiospore)는 반수체(haploid)이다. 단상포자낭이 성숙할 때는 감수분열이 일어나고 단상포자는 반수체, 즉 배우체(gametophyte)의 개체로서 발달한다. 배우체는 구조적으로 포자체와 유사하나, 단상포자낭과 복상포자낭을 착생하는 대신에 수컷 배우자낭과 암컷 배우자낭을 생산한다. 이들의 배우자낭은 짝이 되어 생긴다. 암컷 배우자낭은 복상포자낭과 매우 비슷하나 수컷 배우자낭은 광택이 나고 오렌지색을 띤 것으로 구별한다. 배우자낭이 파괴되면 암수의 배우자가 방출된다. 수컷 배우자와 암컷 배우자는 모두 편모로 운동하나 양자의 배우와 색이 다르므로 쉽게 구별할 수 있다. 암컷 배우자는 수컷 배우자보다 크고 무색이지만, 수컷 배우자는 끝에 오렌지색의 기름방울을 가지고 있다. 배우자는 짝을 만들어 융합하고 2개의 편모를 지닌 접합자(zygote)가 된다. 접합자는 정착하고, 다시 포자체로 발달한다.

(2) 육생조균류

조균류에는 토양에 서식하는 육생조균류(terrestrial phycomycetes)라는 균들이 있다. 이 생물은 운동성 편모를 지닌 생식세포를 만들지 않는 점이 수생조균류와 차이가 난다. 따라서 영구적인 비운동성이며, 이 점이 모든 고등균류와 공통된 특징이다. 운동성을 가진 생식세포는 물을 매개로 하여 분산하여 갈 때만 그 가치를 발휘한다. 토양생식균류의 생식세포는 주로 공기를 매개하여 분산한다. 육생조 균류의 전형적인 예로서는 *Rhizopus*, *Mucor*, *Phycomycetes*, *Absidia* 등이 있다.

1) *Rhizopus* 속

포복지포두균사(stolons)가 딸기처럼 배지표면에 뻗어서 번식하고 배지의 닿는 곳에 가근(rhizoid)을 내리게 된다. 그리고 포자낭병(sporangiophore)은 가근이 있는 곳에 1~5개가 공기층으로 뻗는다(그림 7-7). 분기하지 않은 포자낭병은 끝에 중축(columella)이 있고, 둥근 포자낭을 형성한다. 포자낭은 격벽으로 포자낭병과 분리된 것처

럼 보인다. 이 포자낭은 성숙되면서 포자낭 중에 많은 둥근 포자낭에 무성적인 포자낭
포자(sporangiospore)를 형성하고, 둘러싼 포자낭의 벽이 파괴된 다음, 포자낭포자가 방
출된다. 이때 방출된 포자는 기류를 따라 분산하게 되고, 포자가 발아하면 새로운 영양
균사체가 된다.

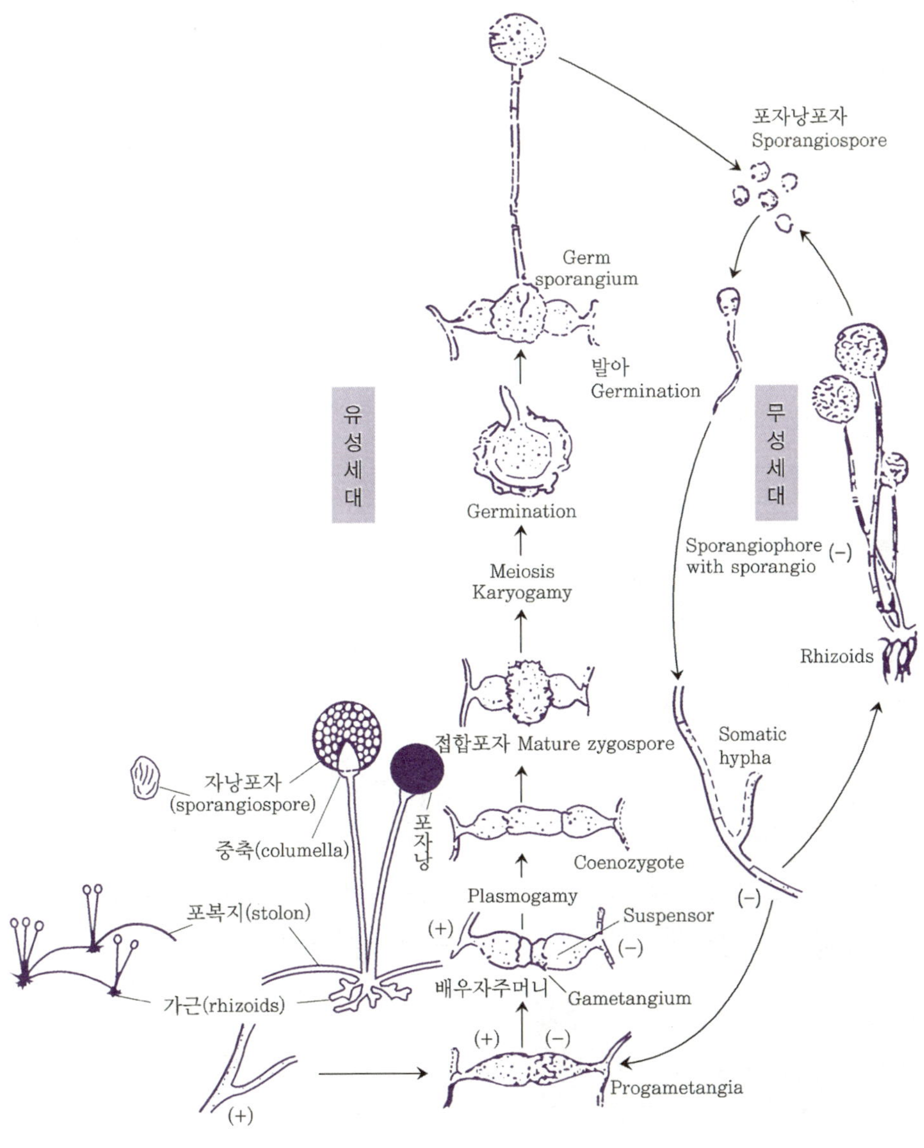

[그림 7-7] *Rhizopus*의 형태와 생활사

*Rhizopus*는 유성생식으로도 증식한다. 그러나 유성생식은 반대의 성을 가진 두 종류의 균사체가 접촉하였을 때만이 일어난다. 이러한 현상을 나타내는 균류는 이체성(heterothallic)인 균류라 한다. 이와 달리 한 개의 균사체에 양성의 세포를 생산할 수 있는 균류(예 : *Allomyces*)는 동체성(homothalic)인 균류로 알려져 있다. *Rhizopus*에서 유성생식을 일으키는 두 종류의 균사체는 (+)와 (−)의 균주로 표현된다. 암수 표시를 못하는 이유는 유성생식하는 두 균사가 형태적으로 전혀 차이가 없기 때문이다. (+)와 (−)의 균사체가 서로 만나면, 각각의 균사는 접촉한 곳에서 짧은 측지가 생긴다. 이 측지는 분열하여 특수세포, 즉 배우자주머니(gametangium)를 형성한다. 접촉한 두 개의 배우자주머니는 융합하여 한 개의 큰 접합포자(zygospore)를 형성한다. 접합포자는 두껍고 검은 벽으로 둘러싸여 있다. 접합포자는 발아할 때 감수분열을 하고, 한 개의 균사가 나타나 포자낭을 형성한다. 이 포자낭 중에 형성된 반수체의 포자가 전형적인 영양균사체로 발달한다.

① *Rhizopus nigricans* − 이 속의 대표적인 균종은 *Rhizopus stolonifer*라 부르고 복숭아, 딸기 등의 과실과 곡류, 빵에 잘 발생하고, 고구마의 연부병(軟腐病)의 원인이 되지만 fumaric acid의 생산능력이 강한 균이다. 이러한 산을 생산하는 곰팡이는 *Rhizopus* 속에 한한다. 한편 *Rhizopus oryzae*는 L−lactic acid를 만든다.

[그림 7-8]　*Rhizopus nigricans*(Sarle동)

② *Rhizopus javanicus* − 자바의 ragi에서 분리되었으며 특히 감자와 고구마 등 전분의 당화력이 강하여 현재 amylo법에서 중요하게 쓰이는 amylo균이다. 번식력이 왕성하여 포자낭의 형성도 많으며, 생육의 적당한 온도는 36~38℃이다.

③ *Rhizopus delemar* − Amylo법을 착안한 사람인 Boidin의 제자 Delemar가

소흥주(紹興酒)의 원주에서 분리하였다. 이 균은 전분의 당화력이 강하고 산의 생산력
은 약하여 현재 amylo균으로 *R. javanicus*와 더불어 중요시되는 균이다. 그리고 포자
낭병이 한 곳에 많이 생기며 집락(colony)은 회갈색이다. 전분당화력이 강하며 포도당
제조 시 사용되는 당화효소제조에 이용된다.

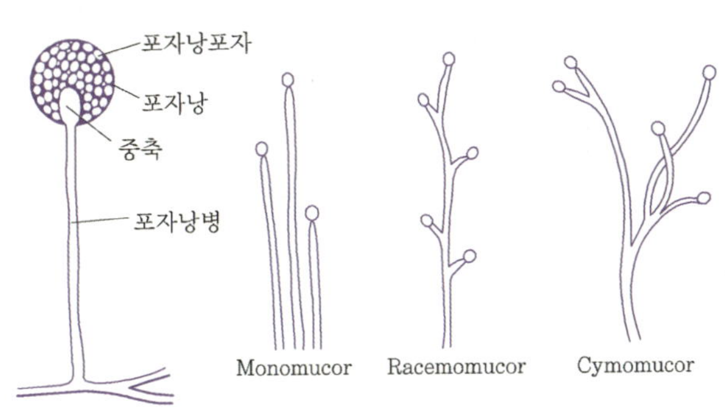

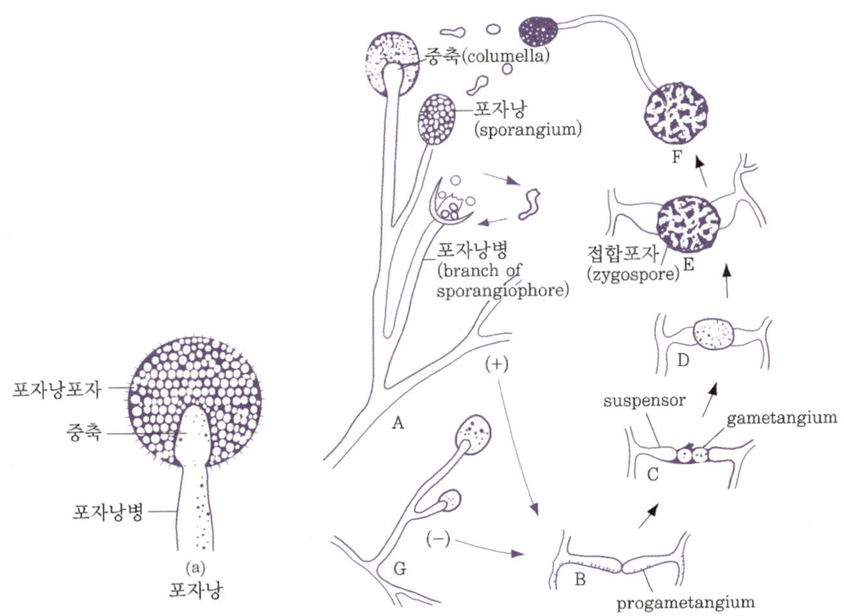

A : 분자한 포자낭병을 갖는 성숙한 무성적인 염색체
B~F : 접합포자의 발달과 발아
G : 상보적인 교배주(株)

[그림 7-9] *Mucor* 속의 유성포자형

2) *Mucor* 속

토양, 퇴비, 과일 등에 잘 발생하고 집락은 솜털모양이다. 옛날부터 중국 대륙에서 곡자와 유부 등의 제조에 이용되어 온 곰팡이가 많다. 이 속의 형태는 그림 7-9와 같이 균사로부터 포자낭병(sporangiophore)이 공중으로 뻗고, 그 끝이 부풀어 중축(columella)이 되고, 그 주위에 구상의 포자낭(sporangium)이 되고, 내부에 많은 포자낭포자(sporangiospore)가 생긴다.

① *Mucor mucedo* - *Mucor* 속의 대표적인 것이고 monomucor형을 한 곰팡이다. 포자낭을 형성하며 접합포자는 구형이며 흑색이다. 과일, 야채, 마분(馬糞) 등에 잘 발생한다.

② *Mucor racemosus* - 과일, 야채, 사료 등에 널리 분포하고 있고, 균총은 회백색 또는 회갈색이며 특히 부패한 과일이나 맥아에 잘 발생한다. 포자낭병은 처음에는 분기하지 않으나 뒤에 포도송이처럼 가지가 생겨 racemomucor형이 된다. 알코올과 glycerol을 생성하기도 한다.

③ *Mucor pusillus* - Racemomucor형이고, 생육의 최적온도가 40℃로 높다. 류(柳) 등에 의하여 치즈제조에 필요한 송아지 rennet의 대용으로 Mucor rennet을 만들고, 이것이 현재 사용되고 있으며, 학문적으로도 연구되었다.

④ *Mucor rouxii* - 중국의 곡자로부터 분리한 유용한 *Mucor* 속이고 cymomucor형에 속한다. 전분당화력이 강하고 약간의 알코올 발효능도 있으므로, 일명 *Amylomyces* α라 불렀고, amylo균으로 이용한 때도 있다.

3) *Phycomyces* 속

포자낭병은 회록색, 머리털과 같이 광택이 있고, 매우 길게 공기 중으로 뻗으며 30 cm까지 달하는 경우도 있다. 이 속은 유박(油粕)과 식품류에 잘 발생한다. *Phycomyces nitens*, β-carotene을 생산하는 *Phycomyces blakesleeanus* 등이 알려져 있다.

3-2. 자낭균류(Ascomycetes)

자낭균류는 유성포자가 자낭 중에 내생하는 것이나, 표 7-3에 나타낸 분류와 같이 자낭이 그대로 노출된 반자낭균류(원시자낭균류라고도 하고 Hemiacomycetidae 또는

Hemiascomycetes)와 자낭이 다시 피자기(perithecium)로 둘러싸인 진정자낭균류(Euas-comycetidae 또는 Euascomycetes)의 2아강(亞綱)으로 크게 분류한다.

반자낭균류의 Endomycetales에는 자낭포자를 형성하는 유포자효모 모두가 포함된다. 한편 진정자낭균류의 완전국균목(Eurotiales)에는 *Aspergillus* 속과 *Penicillium* 속의 완전형(유성생식을 하면서 피자기를 형성하는 것)이 포함되나, 이들 속에는 유성생식을 확인할 수 있는 종류는 매우 적고, 무성포자만을 형성하는 불완전세대의 것이 대부분이어서 여기서 설명하겠다. 응용미생물학상 중요한 자낭균류에는 다음과 같은 것이 있다.

표 7-4 자낭균류의 분류

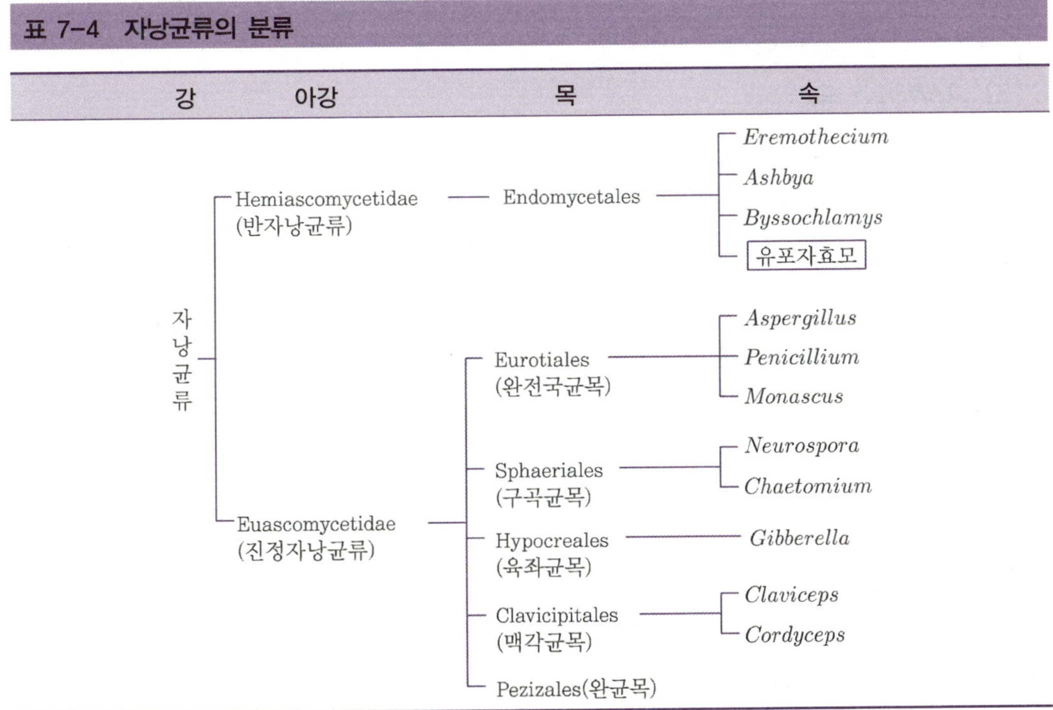

(1) *Eremothecium* 속

*Eremothecium ashbyii*는 아프리카의 목화씨에 기생하는 균으로서 분리되었으나 riboflavine(비타민 B_2)의 생성능력이 높고, 균사 내에 가끔 결정을 함유할 정도이므로 비타민 B_2의 공업적 생산에 이용된다(그림 7-10).

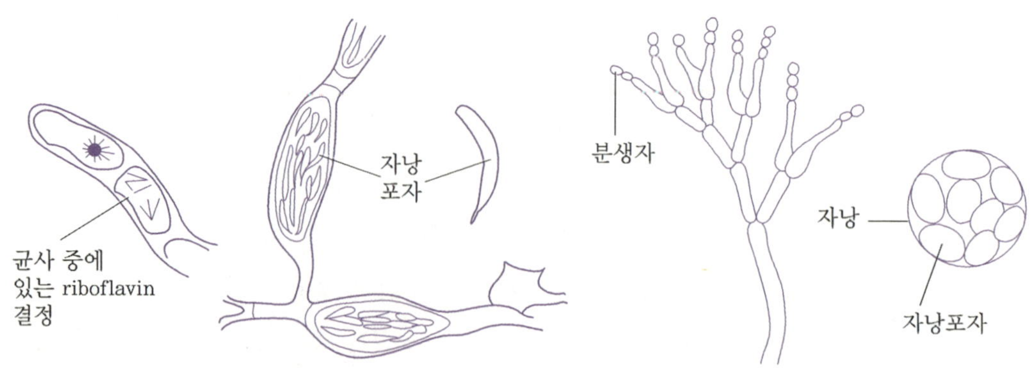

[그림 7-10] *Eremothecium ashbyii*　　　　[그림 7-11] *Byssochlamys fulva*

(2) *Ashbya* 속

*Ashbya gossypii*도 목화씨, 커피, 콩류 등에 기생하는 균이나, 전자와 같이 다량의 riboflavine을 생성하는 중요한 곰팡이다. 양자는 형태도 비슷하다.

(3) *Byssochlamys* 속

암갈색의 분생자를 착생하고, 자낭에는 8개의 자낭포자를 내생한다. *Byssochlamys fulva*—그림 7-11)는 포자가 내열성이므로 과일의 병조림과 통조림의 부패를 일으키는 경우가 있다.

(4) *Aspergillus* 속

누룩곰팡이라고도 하고 널리 분포되어 있다. Amylase, protease 등의 생산능력이 강하고 우리나라에서는 쌀, 밀가루, 콩 등에 배양하며 탁주, 약주, 간장, 된장 등을 양조하는 데 이용한다. 소화효소 등의 약품효소제 제조에도 이용된다.

이 속은 균사가 격벽(septum, -a)이 있고 무색이며 갈라져 있다. 영양균사는 배지 중에 들어가고, 공기 중에 뻗은 균사는 대부분이 자실체(fruiting body)이다. 이 균은 *Penicillium* 속과 다르고, 분생자병(conidiophore)은 보통 병족세포(foot cell)라 부르는 크고 두꺼운 막으로 된 세포로부터 생기며, 또 분생자병의 끝에는 팽대한 정낭(vesicle)이 있고, 그 위에 경자(sterigmata)와 분생자(conidia)가 착생한다(그림 7-11). 경자는 무색 또는 색이 있고, 1단 혹은 2단인 것도 있다. 분생자는 연쇄상으로 생기고 백색, 녹색, 갈색 또는 흑색 등으로 착색되어 있다. 분생자의 표면은 미끄러운 것과 돌기를 가지고 있는 것이 있다. 그리고 정낭(頂囊)의 형태에는 그림 7-12와 같이 둥근 모양 플라스크상, 곤봉상이 있다.

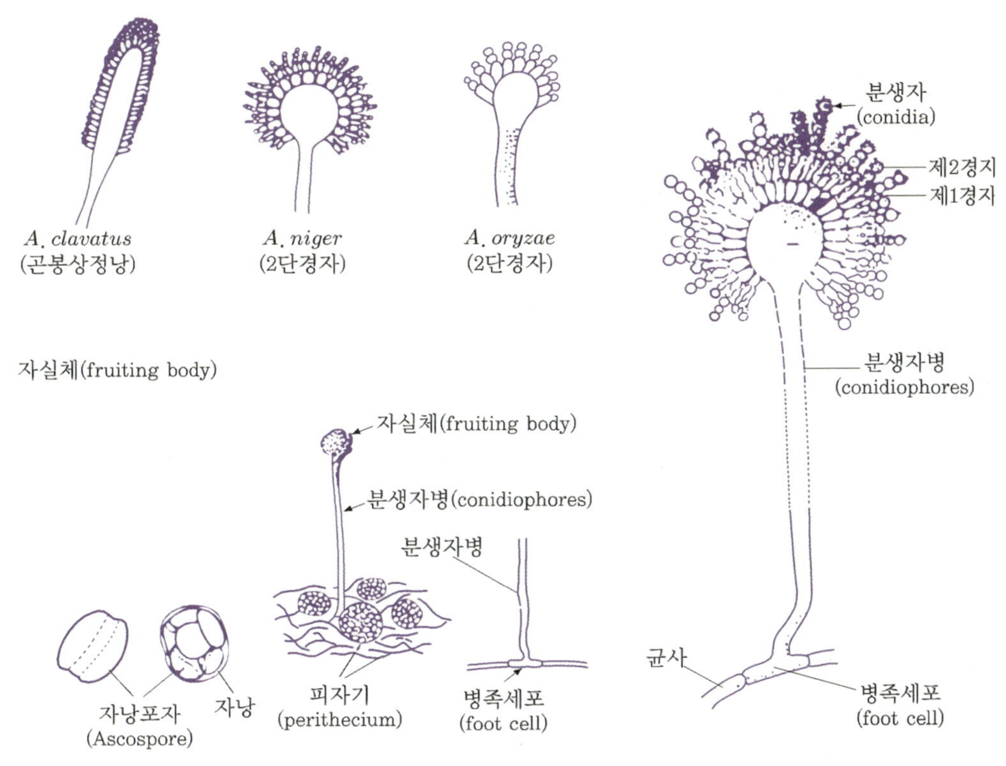

[그림 7-12] *Aspergillus* 속

1) *Aspergillus oryzae*

누룩곰팡이의 대표적인 균이고 황국균이라고도 한다. 간장, 된장 등에 옛날부터 이용되어 왔으며, 전분의 당화력과 단백질의 분해력이 강하기 때문에 밀기울에 이 균을 배양시켜 여기서부터 효소를 추출하여 소화효소를 만든다. 특수한 대사산물은 kojic acid이다. 집락은 처음에는 백색이나 분생자가 생긴 다음 황색이 되고 점차 황록색으로 변한다. 그리고 이 균과 형태가 유사한 *Aspergillus sojae*는 간장의 양조에 이용되고, 집락은 진한 녹색, 때로는 황색이고, 분생자는 작은 돌기가 있다는 것이 특징이다.

2) *Aspergillus niger*

흑국균(黑麴菌)이라고도 하며 흑색인 것이 특징이고 경자는 보통 2단이며 빵이나 과실 등에서 잘 볼 수 있다. 전분당화력이 강하고 당액을 발효하여 oxalic acid, gluconic acid, citric acid 등을 대량 생산하는 균주가 많으므로 유기산 발효공업에 이용된다. Pectin 분해력이 강한 균주도 있다.

이 곰팡이와 유사한 흑갈색의 누룩곰팡이로 Okinawa의 아와모리(泡盛)술의 양조에 이용되는 *Aspergillus awamori*나 알코올제조용 전분질원료의 당화에 이용되는 *Aspergillus usami* 등이 있다.

3) *Aspergillus glaucus*

균총은 일반적으로 청록색이며 분생자에는 가시가 있고 황색의 피자기(perithecium)를 만드는 것이 특징이다. 삼투압이 높은 곳에서도 자라고 피혁제품과 훈제제품에서 잘 볼 수 있으며 일본인이 좋아하는 가다랭이(Kazuobushi)에 특유한 향기를 부여하는 균이다. *Aspergillus glaucus* 균에는 *Aspergillus repens*, *Aspergillus ruber*, *Aspergillus chevalieri* 등이 있다.

4) *Aspergillus flavus*

*Aspergillus oryzae*와 비슷한 점이 많으나 분생자가 처음부터 옥색이 되는 점이 다르다. 토양과 식품에서 잘 볼 수 있고 널리 분포하는 곰팡이나, aflatoxin이라는 발암성 물질을 만든다.

(5) *Penicillium*(푸른곰팡이) 속

자연계에 널리 분포되고 과일, 떡, 빵 등에 잘 번식하고, 황변미(黃變米)의 원인이 되는 유해한 것이 많으나, 치즈의 숙성과 penicillin의 생산에 이용하는 유용한 곰팡이도 있다. 균총은 청록색이 되는 것이 많으므로 푸른곰팡이라 부르며 회백색, 황갈색 등을 나타내는 것도 있다.

이 속은 *Aspergillus* 속과 분류학상 가까우나 그림 7-13과 같이 분생자병의 끝에 정낭(vesicle)을 만들지 않고, 직접 분기하여 경자가 수수 빗자루 모양으로 배열하고, penicillus(붓모양)를 형성하는 점이 다르다. 경자의 끝에는 분생포자가 염주모양으로 착생한다. Penicillus(붓모양)가 그림과 같이 분기하지 않는 것을 monoverticilla(단륜생), 분기하며 2단으로 된 것을 biverticilla(쌍륜생)라 하고, 좌우 대칭인 것(symmetrica)과 대칭이 아닌 것을 asymmetrica라 부른다.

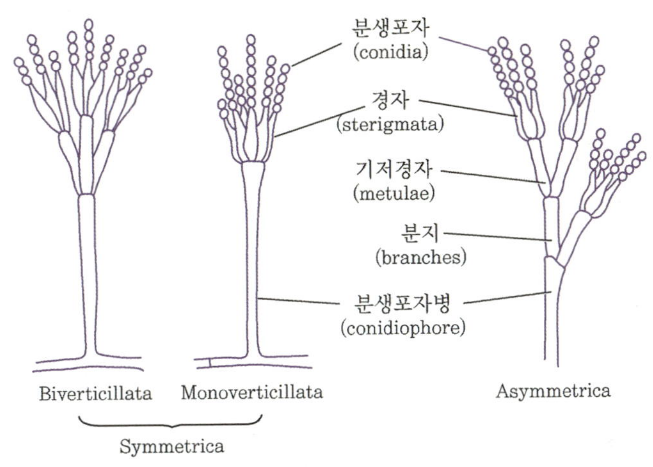

[그림 7-13] *Penicillium* 속

1) *Penicillium roqueforti*

프랑스의 유명한 Roquefort 치즈의 숙성에 이용하고, casein을 분해하여 고유의 향미를 부여한다. 이 치즈의 녹색반점은 이 곰팡이가 생육한 것으로, asymmetrica이다.

2) *Penicillium camemberti*

프랑스의 Camembert 치즈의 숙성에 관여하는 asymmetrica의 곰팡이며 균총은 편모모양으로 처음 백색이 되며 후에 짧은 녹색이 된다.

3) *Penicillium chrysogenum*

Penicillin 생산에 이용된 유용한 푸른곰팡이다. Fleming이 처음 penicillin의 생성균으로 발견한 것은 *Penicillium notatum*이다. 이 두 푸른곰팡이는 모든 asymmetrica에 속한다.

4) *Penicillium citrinum*

황변미(黃變米)의 원인이 되는 균으로 알려져 있고, asymmetrica로 독성이 있는 황색색소 citrinin을 만든다. 이외에 *Penicillium islandicum*은 symmetrica이고, *Penicillium toxicalium*은 monoverticillata이며 이들 곰팡이는 황변미로부터 분리된 것으로 중독을 일으킨다.

5) *Penicillium expansum*, *P. italicum*, *P. digitatum*

이들 곰팡이는 과일의 부패를 일으키는 대표적인 푸른곰팡이며 *P. expansum*은 주로 사과, 배에, 다른 두 종류의 곰팡이는 감귤류에 번식한다. 이들 균 모두 asymmetrica이다.

(6) *Monascus* 속

분홍색의 색소인 monasc+orbine을 생성하므로 균총이 선명한 분홍색을 나타낸다. 그림 7-14와 같이 균사의 끝에 유성생식으로 피자기를 만들고 그 속에 자낭포자를 갖는다. 무성생식의 경우는 균사의 가지에 분생자를 연결하여 착생한다.

*Monascus purpureus*는 중국의 남부, 말레이시아에서 쌀에 곰팡이를 번식시켜 홍국(anka)이라는 곡자를 만드는 데 이용하고, 이것으로 홍주(anchu)를 만든다.

*Monacus anka*도 이 곰팡이와 유사한 균이고, 홍국 외에 홍두부의 제조에도 이용한다.

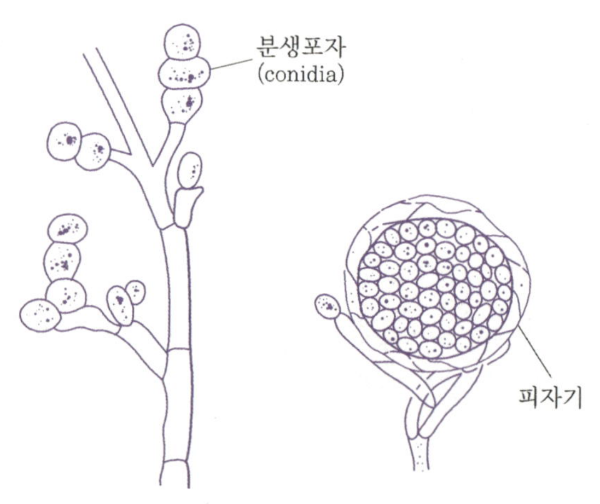

[그림 7-14] *Monascus pupureus*

(7) *Neurospora* 속

대부분이 자웅이주(雌雄異株)이고 갈색 또는 흑색의 피자기를 만들고, 그 속의 원통
형의 자낭(ascus) 내에 4~8개의 자낭포자(ascospore)를 만든다. 무성세대에서는 오렌지
색 또는 담홍색의 분생자가 가루와 같은 덩어리로 되어 착생하고 불탄 나무, 옥수수의
속대 등 외에 빵에서도 잘 자라며, 분생자는 오렌지색을 나타내고 사슬처럼 연결된다,
*Neurospora sitophila*는 *Monilia sitophila* 또는 *Oospora lupuli*라 부르며 포자의 색
소에는 많은 β-carotene이 함유되어 있다. 인도네시아는 땅콩에 이 곰팡이를 번식시켜
ontjon이라는 식품을 만든다. 또 *Neurospora crassa*는 미생물 유전학의 연구재료로서
유명한 곰팡이다(그림 7-15).

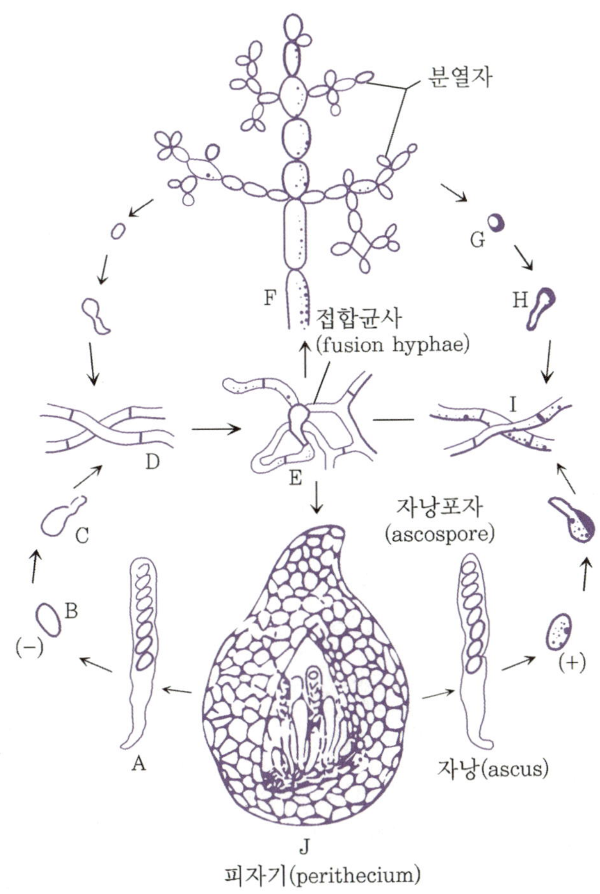

[그림 7-15] *Neurospora* 속

(8) *Chaetomium* 속

토양에 널리 퍼져 있고, 짚, 습한 종이 등의 섬유질에 잘 발생하고, cellulose 분해력이 강하다(그림 7-16). 긴 털을 가진 암색의 피지기 중에 곤봉모양의 자낭을 만들고 그 속에 8개의 자낭포자가 있다. 대표적인 균은 *Chaetomium globosum*이다.

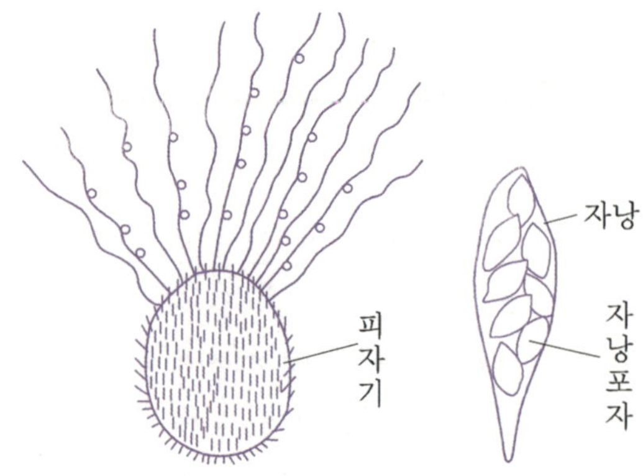

[그림 7-16] *Chaetomium globosum*

(9) *Gibberella* 속

1) *Gibberella* 속

Gibberella fujikuroi, *Gibberella saubinetti* 등의 식물병원균이 많으나 전자의 곰팡이는 식물 호르몬인 gibberellin의 생산균이다. 이 속의 무성세대는 *Fusarium* 속이라 한다.

3-3. 담자균류(Basidiomycetes)

담자균류는 담자포자(basidiospore)라는 유성포자를 담자기(baidium)의 끝에 만든다. 그림 7-17과 같이 담자기에 격벽이 없고 전형적인 곤봉모양을 한 동담자균류(homobasidiomycetidae, homo-basidiomycetes)와 담자기가 부정형이고 가끔 격벽이 있는 이담자균류(heterobasidiomycetidae, heterobasidiomycetes)의 2아강(亞綱, subclass)으로 나눈다

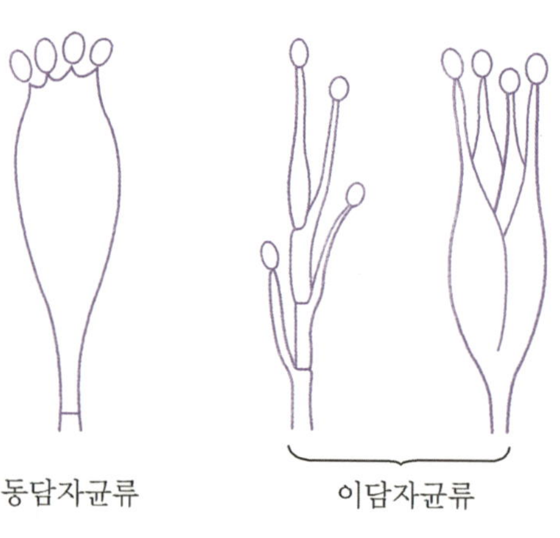

[그림 7-17] 담자기의 형태

(표 7-5). 균사는 격막이 있고 균반(菌絆, clamp connection)을 형성하는 경우가 많다.

담자균류에는 대부분의 버섯이 포함된다. 버섯이라는 이름은 진균류의 포자를 착생하는 자실체가 육안으로 볼 수 있을 정도로 크게 분화가 발달한 것의 총칭이며, 담자균류 이외에 일부는 자낭균류에 속한다.

강	아강	목	균

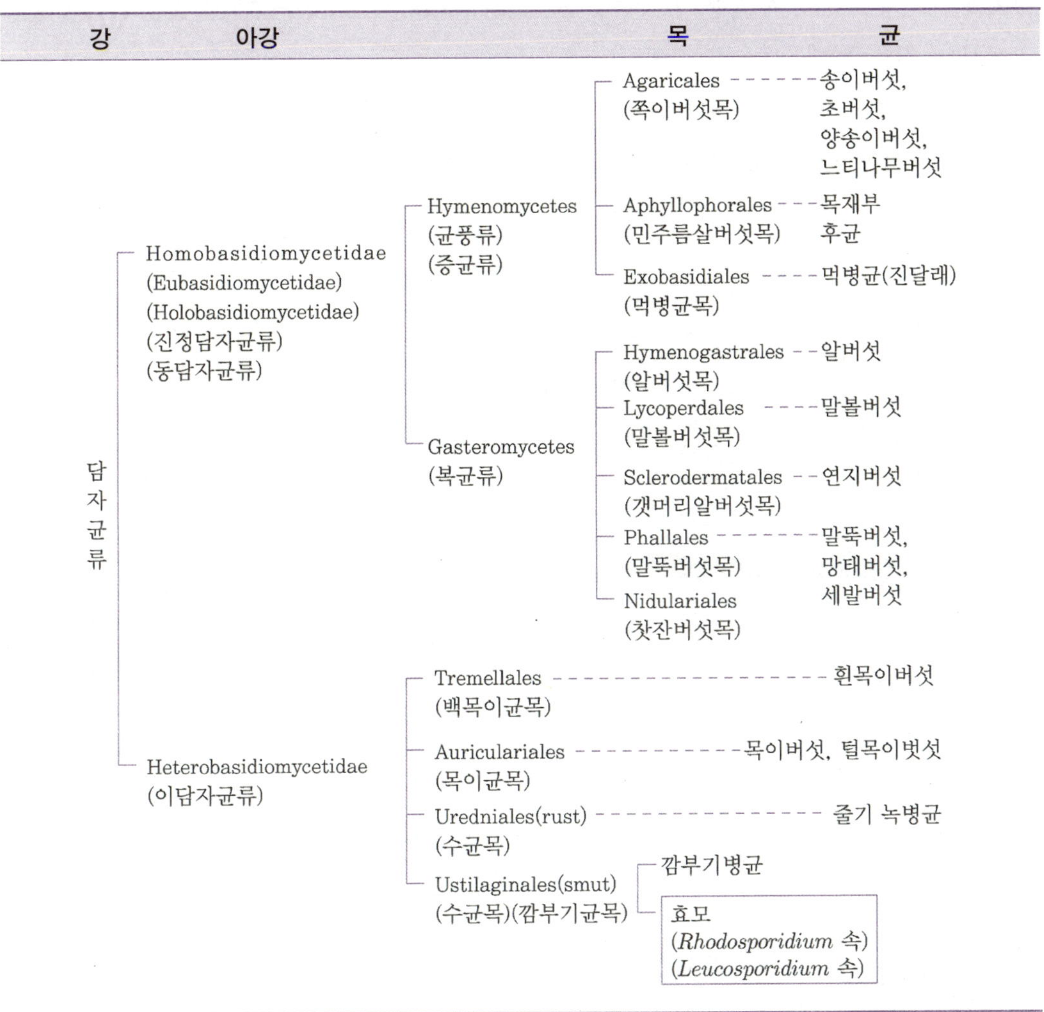

식용버섯으로서 알려져 있는 것은 거의 모두가 동담자균류의 송이버섯목(Agaricales)에 속하고, 송이버섯(*Tricholoma matsutake*), 표고버섯(*Lentinus edodes*), 팽나무버섯(*Flammulina velutipes*), 양송이(mushroom, *Agaricus bisporus*), 느타리버섯(*Pleurotus ostreatus*), 뽕나무버섯(*Armillariella mellea*) 등이 있다. 독버섯인 광대버섯(*Amanita muscaria*), 말광대버섯(*Amanita phallcides*), 화경버섯(*Lampteromyces japonicus*) 등도 이 목에 속한다.

버섯의 이용은 지금까지 식용, 약용 등에 한정되어 유용한 대사작용은 거의 알려져 있지 않으나 cellulase의 작용이 강하고 *Schizophyllum commune*에는 많은 L-lysine을 생성하는 것도 있다.

이 담자균류는 중국에서 옛날부터 불로장생의 식품으로 알려진 *Tremella fuciformis*와 같은 버섯이 있고, 식물병원균인 Uredinales(녹균목)과 Ustilaginales(깜부기균목, 흑수균목) 등이 포함된다.

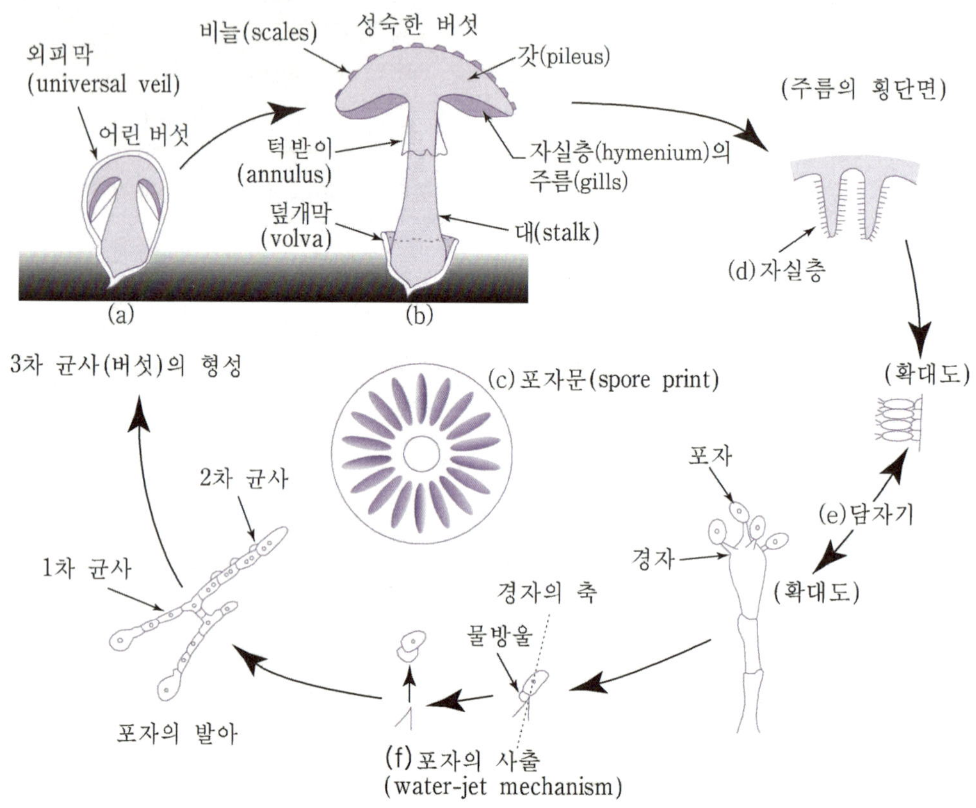

[그림 7-18] 버섯의 생활사이클

버섯의 생활사이클은 그림 7-18과 같다. 자실체에 형성된 담자포자는 발아하면 1핵 균사(monokaryon, 1차균사, primary mycellium)가 되고 일반곰팡이와 같이 균사집락을 만든다. 유전자형이 다른 두 균사가 융합하면 2핵이 융합되지 않는 2핵 균사(dikaryon,

2차균사, secondary mycellium)가 형성되는데, 이 균사는 clamp connection에 의해서 2
핵이 동시에 분열하면서 정확하게 2핵상태를 유지한다.

표 7-6 불완전균류의 분류

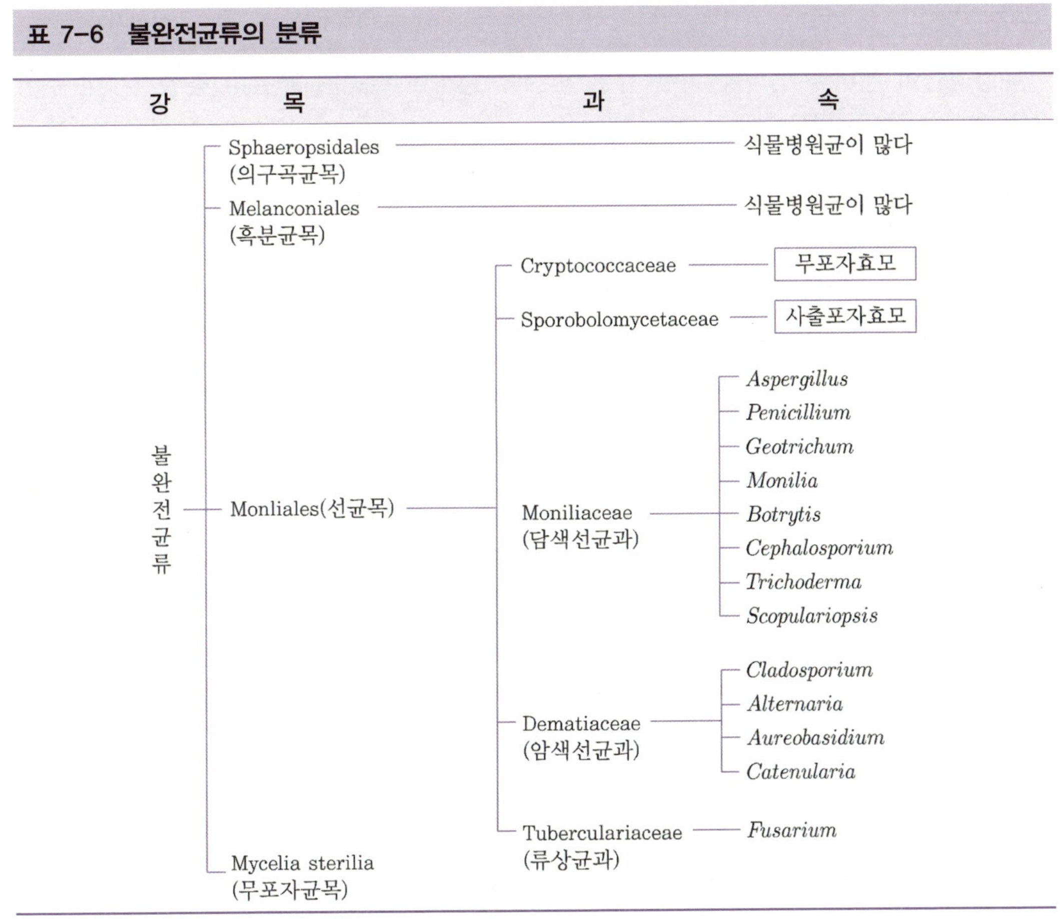

　　2차균사는 영양, 빛, 온도 등의 환경조건이 갖추어지면 자실체인 버섯이 된다. 자실체
가 갓모양의 것이 가장 흔히 볼 수 있는 형태이며 이 자실체는 뒷면에 주름(gills)이 있
는 갓(cap)과 자루(菌柄, stem)가 주요부분이고 그 외에 자루의 아래 부위에 각포
(volva)와 윗부위에 균륜(ring)이 있다. 전자는 버섯이 발생한 초기의 균뇌(young body)
의 피막이 자루에 그대로 부착하여 남은 부분이며, 후자는 초기 주름을 덮고 있던 얇은
막이 자실체의 성장에 의해서 자루 위에 남게 된 것이다. 갓의 주름 양쪽에 많은 담자

기가 배열된 자실층(hymenium)이 형성되고 담자기 속에서는 두 핵이 융합한 다음 곧 감수 분열을 하여 4개의 담자포자를 형성한다.

3-4. 불완전균류

유성생식이 전혀 확인되지 않은 균류 및 유성생식이 알려진 균류의 불완전세대(무성 세대)를 통틀어 불완전균류라 하지만 균사에 격벽이 있는 것 등에서 상균류에는 관계 없고, 대부분은 자낭균류(일부는 담자균류)의 불완전세대라 생각된다.

그 분류는 무성포자의 특징을 기본으로 한다. 이 균류는 표 7-6과 같이 4목으로 나눈다. *Mycelia sterilia*는 균사만 있고 무성포자의 착생도 볼 수 없는 것이다. Sphae-ropsidales(의구각균목)는 그림 7-19와 같이 균사가 모여 구상의 분자기(pyconidium)를 만들고, 그 속에 많은 분생자를 만든다. 또 Melanconiales(흑분균)에서는 식물표피의 아래에 분생자병이 기생한 자좌(子座, acervuli)를 형성하고 표피가 파괴되면 안으로부터 많은 분생자가 나온다. 이들의 2목에 속하는 균은 거의 식물병원균이다. 이것에 대하여 Moniliales(선균목)는 위와 같이 특별한 무성생식기관을 만들지 않고 분생자병이 단독으로 생기는 것으로 무포자효모, 사출포자효모와 같이 응용미생물로서 중요한 곰팡이가 많다.

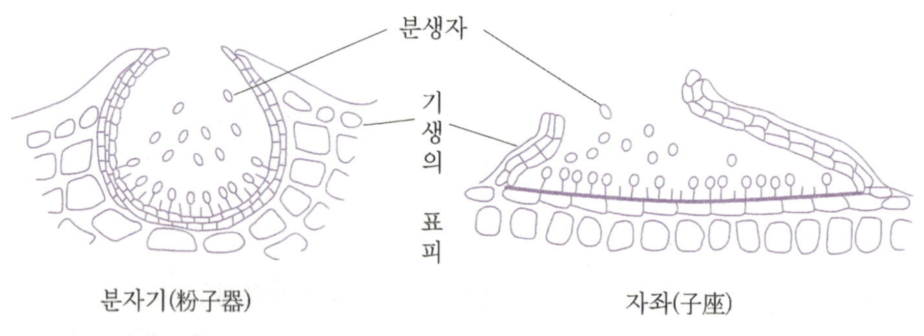

[그림 7-19] *Sphaeropsidases*의 분자기와 *Melaecoviales*의 자좌

(1) *Geotrichum* 속

이 속의 *Geotrichum candidum*은 과거에 *Oidium lactis* 또는 *Oospora lactis*라 불

리는 백색곰팡이로(그림 7-20) 균사 끝으로부터 차례로 격벽을 만들어 분생자가 된다.
이 포자를 분열자(oidia), 분절포자(arthrospore)라고도 한다. 우유와 유제품에 번식하는
경우가 많고 제지, 전분공장 등의 폐수에도 발생한다.

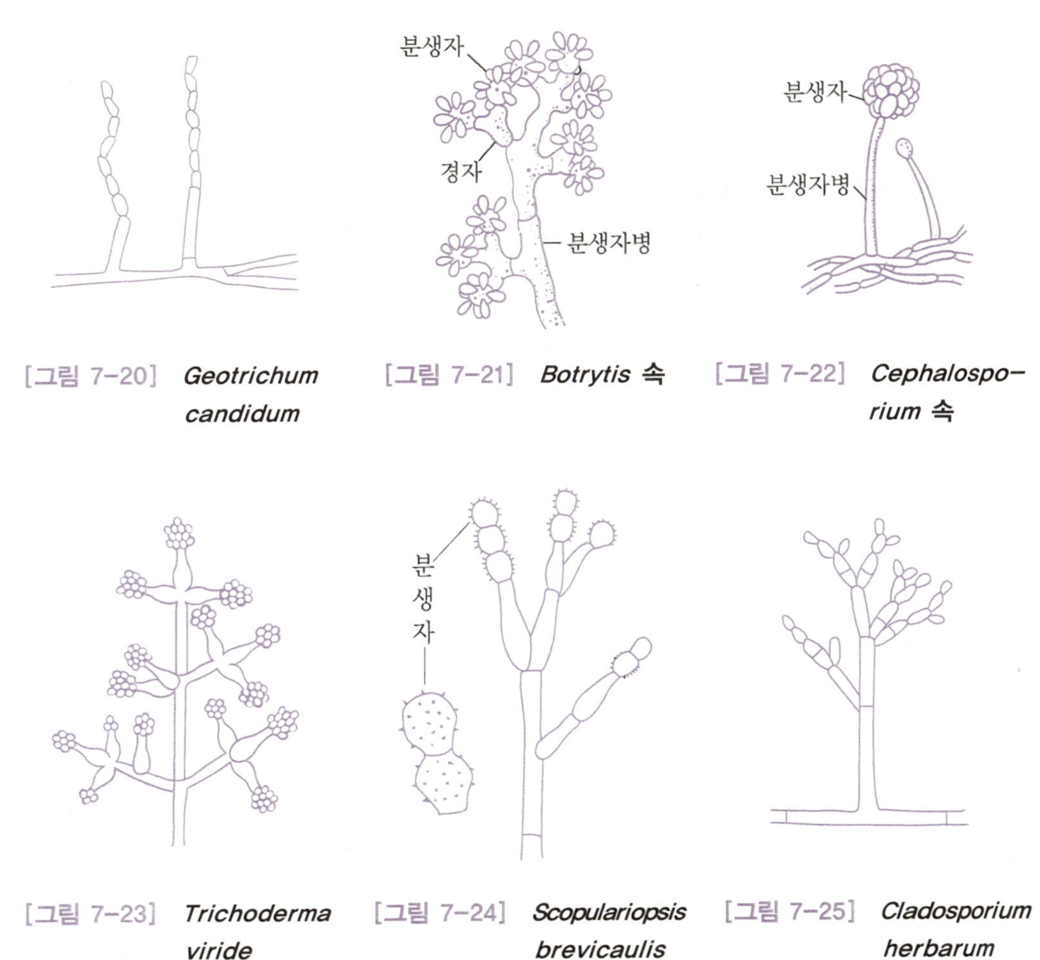

[그림 7-20]　*Geotrichum candidum*　　[그림 7-21]　*Botrytis* 속　　[그림 7-22]　*Cephalosporium* 속

[그림 7-23]　*Trichoderma viride*　　[그림 7-24]　*Scopulariopsis brevicaulis*　　[그림 7-25]　*Cladosporium herbarum*

(2) *Botrytis* 속

분생자병은 그림 7-21과 같이 분지하여 그 끝에 포자를 방사상으로 형성하고, 균총
은 회색이 된다. 균핵(sclerotium)을 잘 형성하고 포도나 딸기 등에 잘 발생하는 유해균
이다. 대표적인 균종은 *Botrytis cinerea*로 포도에 번식하면 신맛이 없어지고 수분이

증발하여 단맛이 증가하므로 포도주양조에서는 오히려 좋은 현상으로 생각하고 있다.

(3) *Cephalosporium* 속

흙 속에 널리 분포되어 있는 곰팡이로 분생자벽의 끝으로부터 포자가 계속해서 나오고 덩어리가 되어 착생한다. 비교적 독성이 적은 β-lactam계의 항생물질의 일종인 cephalosporin을 만든다(그림 7-22).

(4) *Trichoderma* 속

짙은 녹색의 분생포자가 경자(梗子)의 끝에 덩어리를 이루면서 착생한다. 유기질이 풍부한 토양에 많고 목재에도 발생하며 가끔 버섯 재배용이 나무에 번식하여 해를 미치기도 하나 cellulase가 강하므로 이 효소의 생산에 이용된다. *Trichoderma viride*는 이 속의 대표적인 균이다(그림 7-23).

(5) *Sopulariopsis* 속

토양에서 잘 볼 수 있고 식품에도 발생하는 곰팡이로 갈색을 나타내는 수가 많다. 표면에 작은 돌기를 지닌 분생자가 연쇄상으로 붙어 있다. 미량의 비소를 함유한 곳에 곰팡이가 발육하면 마늘과 같은 냄새가 생긴다(그림 7-24).

(6) *Cladosporium* 속

분생자가 나무의 싹과 같이 연결하여 생기고 나뭇가지 모양으로 되며 오래된 포자에는 격벽을 볼 수 있다. 균종은 압록색이고 자연계에 널리 분포되어 있고, 식물의 병원균이 되는 것도 많다. 사료에 포함되면 중독을 일으키는 경우도 있다.

*Cladosporium herbarum*은 토양 중에 많고 나무, 종이제품, 직물, 식품 등에 잘 번식하는 유해곰팡이다(그림 7-25).

(7) *Alternaria* 속

이 곰팡이는 흙 속에 많고 목재, 섬유제품, 식품 등에 잘 발생하고 검은색의 균종으로 된다. 분생포자는 가로, 세로 및 대각선으로 격막이 있는 다세포 분생포자를 착생한다

(그림 7-26). *Alternaria tenuis*는 대표적인 균이며 이 속에는 식물병원균도 많다.

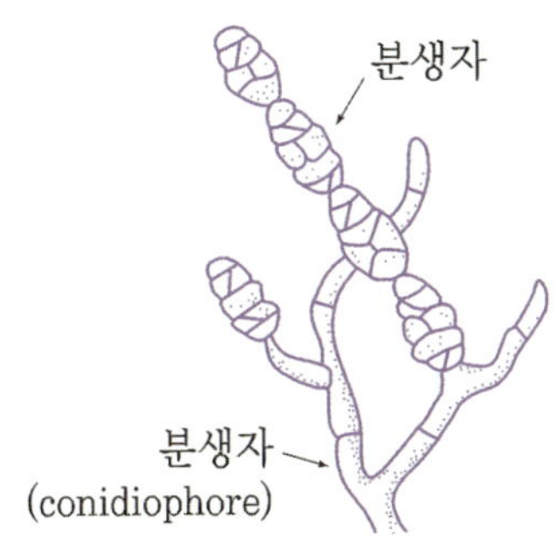

[그림 7-26] *Alternaria* 속

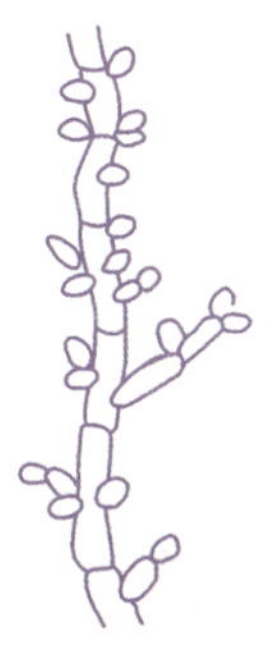

[그림 7-27] *Aureobasidium pullulans*

(8) *Aureobasidium* 속

Aureobasidium pullulans(그림 7-27)는 *Deniatium pullulans* 혹은 *Pullularia pullulans*라 부르던 곰팡이며 처음은 백색이나, 후에 흑갈색 내지 흑색으로 된다. 토양, 과일, 양조장에서 많이 볼 수 있으며 수박 등을 검게 하는 해로운 곰팡이나, 최근에는 gluconic acid 생산능이 매우 좋다고 알려졌다.

(9) *Catenularia* 속

이 속의 *Catenularia fuliginea*는 암색, 둥근형의 분생자가 연쇄상으로 착생하여 암갈색의 작은 집락을 만드나 호삼투압성(osmophilic)인 곰팡이며, 초콜릿, 양갱, 다시마 등에 발생하는 경우가 많다.

(10) *Fusarium* 속

초승달과 같은 분생자를 착생하며 분홍색 또는 적자색을 나타내는 곰팡이이다. 이 완전세대는 그림 7-28과 같이 피자기(perithecium)를 만드는 자낭균류로 *Gibberella* 속이라 부른다.

식품에 잘 발생하며 토양 중에 널리 분포하고 식물의 뿌리와 잎으로부터 침입하는 병원균이다. *Fusarium moniliforme*(*Gibberella fujikuroi*)는 벼의 키다리병의 원인이
되고, gibberellin의 생산균으로 이용된다. 이외에 이 속에는 많은 식물병원균이 있다.

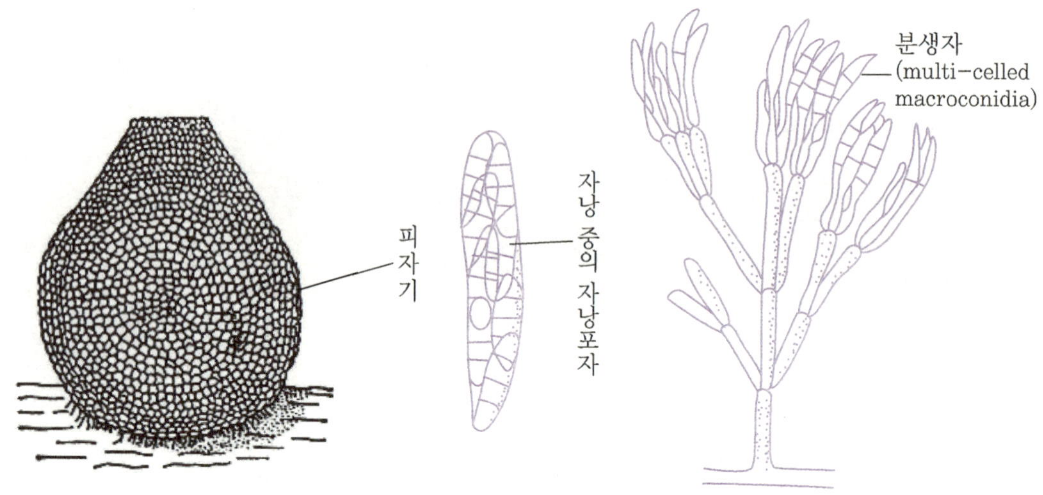

[그림 7-28] *Fusarium gramincarum(Gibberella sawbinetii)*

제 08 장

|효 모|

효모(yeast)는 생활의 대부분을 구형, 계란형 등의 단세포(single cell)로 생활하며, 주로 출아(budding)에 의해 생식하는 진균류(true fungi)의 총칭이지만, 곰팡이, 버섯과 같이 분류학상으로 부르는 명칭은 아니다.

그러나 진균류에 포함된 곰팡이나 버섯의 형태와는 다르기 때문에 보통 이러한 균들과는 구별하여 취급한다[효모라는 것은 발효의 근원이라는 의미이고, 외국어 중에서 yeast(영어), Hefe(독일어), levure(불어) 등은 모두가 '거품', '거품형성'에서 유래된 언어이다].

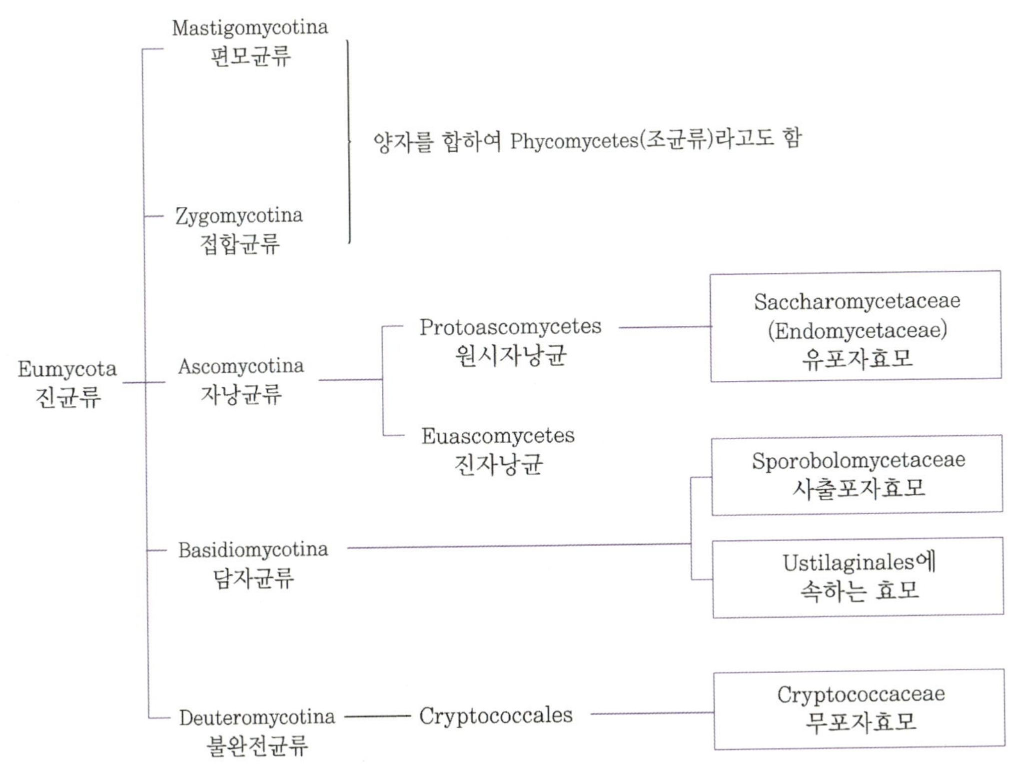

[그림 8-1] 미생물 분류학상 효모의 위치

효모는 응용미생물학에서 매우 중요한 미생물군이고, 알코올발효능력이 강한 종류가 많아 옛날부터 주류의 양조, 빵의 제조에 이용되었다. 또한 균체가 식품, 사료용 단백질,

비타민류, 핵산물질, 그 분해에 의한 inosinic acid와 같은 맛성분의 원료인 ribonucleic acid의 공급원으로도 유용한 것도 있으며 더욱이 당질원료뿐만 아니라 탄화수소를 탄소원으로 하여 생육이 잘되는 효모도 있어서 주목되고 있다. 그러나 한편으로는 양조, 식품 등에 유해한 효모나 병원성을 지닌 효모도 알려지고 있다.

자연계에서는 과일의 과피와 과즙, 수액, 꽃의 밀선, 토양, 바닷물, 곤충의 체내 등에 널리 분포되어 있다. 이러한 자연계로부터 분리한 효모를 야생효모(wild yeasts)라 하고, 목적하는 성질을 지닌 효모를 분리한 다음 목적에 따라 계대배양한 것을 배양효모(culture yeasts)라 하며 맥주효모, 청주효모, 빵효모 등이 여기에 속한다,

1. 효모의 분류

효모는 형태가 비교적 간단하여 그 형태적 특징을 기준으로 분류하는 것은 어렵고 위험하다. 따라서 세균과 같이 생리적 특성을 도입하여 분류하는 방식이 시도되어 네덜란드의 Kluyer 교수의 지도로 Stelling-Deckker(1931)는 유포자효모(sporogenous yeast)의 분류를 하고, J. Lodder(1934)는 무포자효모의 분류에 관하여 연구 발표함으로써 분류의 체계를 갖추게 되었다.

그 후 Lodder와 Kreger-van Rij(1952)는 'The Yeasts, A Taxonomic Study'를 발표하고, 다시 1970년에 개정한 제2판을 출간하였다. 여기에는 자낭효모가 22속 168종, 사출포자효모 3속 14종, 무포자효모가 12속 159종이 기재되어 있다.

효모의 분류기준은 대체로 영양체 생식의 방식, 유성생식의 유무, 생식기관 및 포자의 특징 등에 따라 4군으로 나누고, 다시 속과 종에 대하여서는 생화학, 생리학, 유전학, 생태학, 면역학 등 관련분야의 새로운 관점의 성질에 따라 분류하고 있다.

그러나 1974년 J.A. Barnett와 R.J. Pankhurst는 62종의 생리적 실험을 토대로 컴퓨터에 의해 유연관계를 분류하는 새로운 방법으로 434종의 효모를 분류하여 발표하였다. J. Lodder에 의한 분류는 다음과 같다.

(1) 유포자 효모류의 분류체계

자낭과 자낭포자를 형성하고 Endomycetales 목에 속한다.

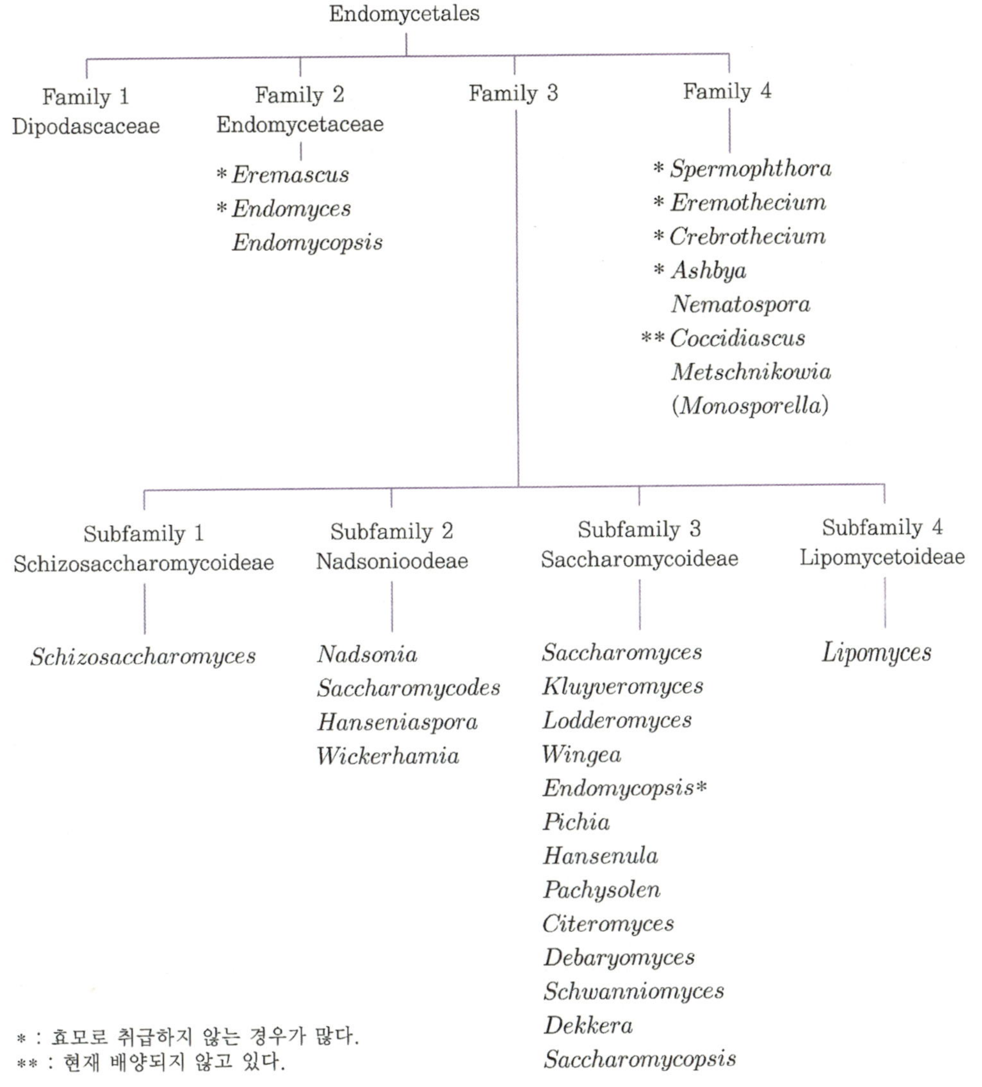

[그림 8-2] 유포자효모류의 분류체계

분류상의 위치	속의 수	속 명
Ascomycetes(자낭균류) Endomycetales목		
Saccharomycetaceae과		
Schizosaccharomycoideae아과	(1)	*Schizosaccharomyces**
Nadsonioideae아과	(1)	*Nadsonia, Saccharomycodes** *Hanseniaspora**, *Wickerhamia**
Saccharomycoideae아과	(13)	*Saccharomyces**, *Kluyveromyces** *Lodderomyces**, *Wingea* *Endomycopsis, Pichia** *Hansenula**, *Pachysolen* *Citeromyces, Debaryomyces** *Schwanniomyces, Dekkera* *Saccharomycopsis*
Lipomycetoideae아과	(1)	*Lipomyces**
Spermophthoraceae과	(3)	*Nematospora, Metschnikowa* *Coccoidiascus*
Basidiomycetes(담자균류) Ustilaginales목	(2)	*Rhodosporidium* *Leucosporidium*
Fungi Imperfecti(불완전균류) Moniliales목		
Sporobolomycetaceae과	(3)	*Bullera* *Sporobolomyces* *Sporidiobolus*
Cryptococcaceae과	(12)	*Brettanomyces**, *Candida** *Cryptococcus**, *Kloeckera** *Oosporidium, Pityrosporum* *Rhodotorula**, *Schizoblastosporion* *Sterigmatomyces, Torulopsis** *Trichosporon, Trigonopsis*

분류 오른쪽 구분: 유포자효모(자낭포자효모) / 담자균류효모 / 사출포자효모 / 무포자효모

* 중요한 속

(2) 사출포자 효모류의 분류체계

세포측면의 소경(小梗 또는 梗子)상에 사출포자(ballistospore)를 형성하며 이 사출포
자는 성숙하면 공중으로 사출된다.

Tremellales, 목이균목

↓

Sporobolomycetaceae

↓

*Sporobolomyces, Bullera, *Itersonilia, *Tilletiopsis, Sporidiobolus* 속

* 효모로 취급하지 않는 경우가 많다.

(3) Ustilaginales 목에 속하는 효모체계

사출포자를 형성하는 효모 중에서 그의 유성세대가 발견되어 담자균류의 Ustilaginales (깜부기병균목)에 편입된 것이다. 이들은 휴면포자인 동포자(teliospore)를 형성한다.

Ustilaginales⟶　　　　　⟶Ustilaginaceae　　*Rhodosporidium, Leucosporidium* 속

* 효모로 취급하지 않고 불완전균류로 취급하는 경우가 많다.

표 8-2 완전형, 불완전형 효모의 유연관계

완 전 형	불 완 전 형
Dekkera	*Brettanomyces*
Saccharomyces cerevisiae	*Candida robusta*
Sacch. marxianus	*C. macedoniensis*
Sacch. fragilis	*C. pseudortopicalis*
Sacch. exiguus	*Torulopsis holmii*
Sacch. lactis	*T. sphaerica*
Sacch. rosei	*T. stellata* var. *cambresier*
Sacch. fermentati	*T. colliculosa*
Hansenula anomala	*C. pelliculosa*
Debaryomyces kloeckeri	*T. famata*
Naganishia globosus	*Cryptococcus diffluens*
Nadsonia slovaca	*Candida humicola*
Hanseniaspora valbyensis	*Kloeckera apiculata*
Pichia membranaefaciens	*Candida mucoderma*
P. dubia	*C. zeylanoides*
P. media	*C. aaseri*
P. saitoi	*C. silvae*

(4) 무포자 효모류의 분류체계

자낭포자나 사출포자를 형성하지 않는 효모군으로 불완전균류에 속한다.

Moniliales→ Cryptococcaceae → Cryptococcoideae → *Cryptococcus, Torulopsis, Pityrosporum, Candida, Kloeckera, Trigonopsis, Trichosporon,* **Geotrichum, Rhodotorula, Schizoblastosporion, Oosporidium, Sterigmatomyces, Bretlanomyces* 속

2. 효모의 형태

효모의 형태는 배지조성, pH, 배양방법, 배양온도, 배양시간에 따라 다소 변화가 있으나 영양세포(vegetative cell)의 기본형태(shape)는 그림 8-3과 같이 구형, 계란형, 타원형, 신장형, 소시지형, 레몬형, 병모양 등 여러 형태가 있다.

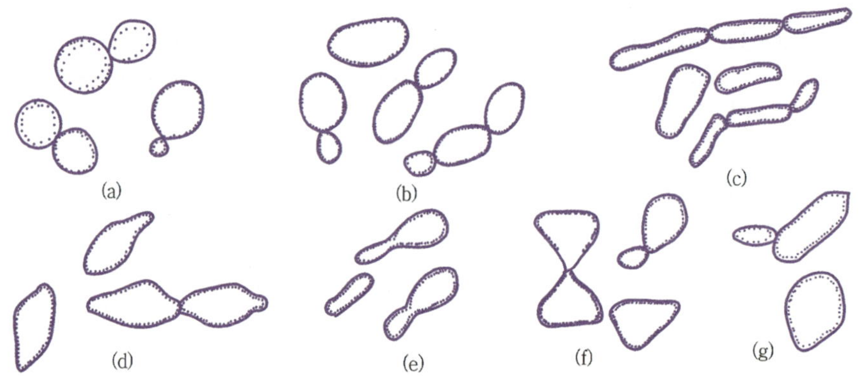

(a) 구(원)형, 단계란형(globose(round), spherical, short-oval) : *Saccharomyces*‹ *Torulopsis* 등의 많은 속
(b) 계란형, 타원형, 장타원형(oval, ovoid, elliptical, long-oval) : *Pichia, Candida* 등의 많은 속
(c) 신장형, 원통형, 소세지형(elongate cylindrical, sausage-shaped) : *Schizosaccharomyces, Pichia, Saccharomycopsis, Candida* 등의 여러 속
(d) 레몬형(lemon-shaped, apiculata) : *Saccharomycodes, Hanseniaspora, Nadsonia, Kloeckera* 등의 속
(e) 병형(bottle-shaped, flask-shaped) : *Pityrosporum* 속
(f) 삼각형(triangular) : *Trigonopsis* 속
(g) 첨두구란형(ogive-shaped) : *Dekkera, Brettanomyces* 속

[그림 8-3] 영양세포의 주요한 형태

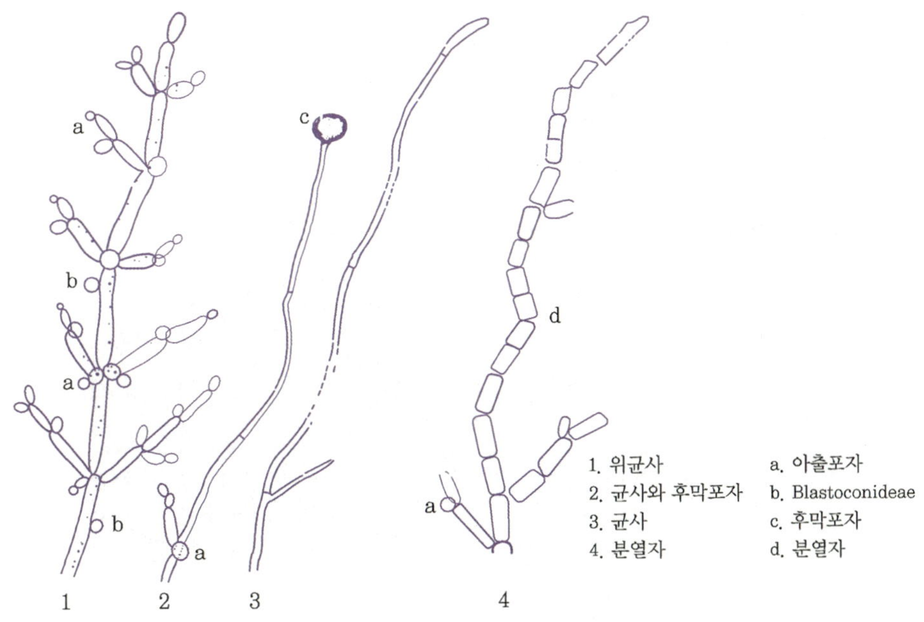

[그림 8-4] **위균사, 균사, 후막포자, 분열포자 또는 아출포자**

이들의 세포는 보통 한 개씩 분산되어 있으나, 다수의 세포가 응집하거나 위균사 (pseudomycelium)를 형성하기도 한다(그림 8-4).

효모세포의 크기는 배양조건에 따라 차이가 있으나 3~8μm×4~12μm 정도가 보통이며 세균보다는 훨씬 크다. 효모의 집락(colony)의 형상은 특히 새로운 종과 새로운 속일 경우에는 기록할 필요가 있으며 집락의 표면과 주변의 모양, 융기상태, 광택, 색상 등을 표시한다. 이때에는 15~20 %의 gelatin을 가한 맥아즙 등의 평판배지에 효모현탁액 한 방울을 접종하고 17~20℃에서 30~60일간 배양하여 거대집락을 형성시켜 관찰한 후에 표기하는 것이 좋으며, 그 형태에 관한 것을 그림 8-5, 8-6, 8-7에 나타내었다.

3. 효모의 생식

효모의 생식은 다음과 같이 영양세포로 증식하는 무성생식과 핵융합을 통해 자낭포자(ascospore)를 형성하는 유성생식의 두 가지로 나눈다.

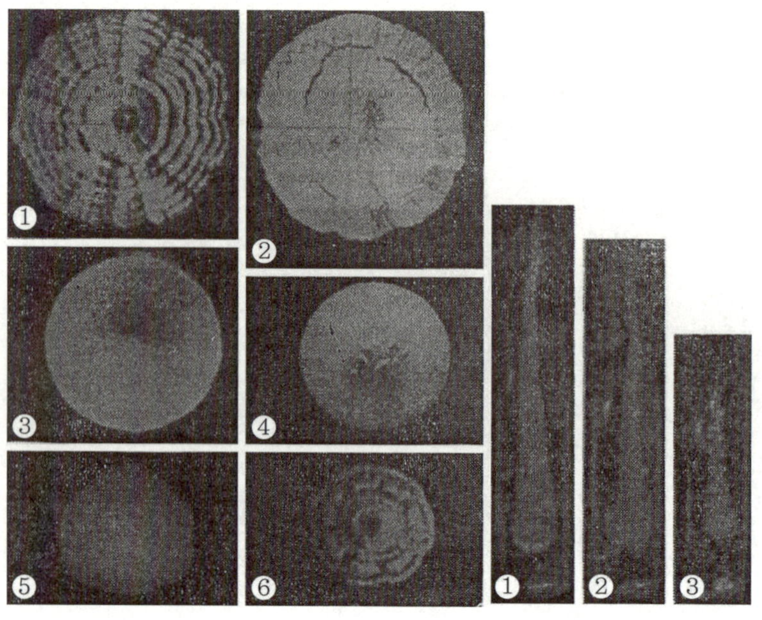

1. *Pichia membranaefaciens* : R-type
2. *Candida mycoderma* : R-type
3. *Candida mycoderma* : S-type
4. *Pichia membranaefaciens* : S-type
5. *Candida krusei*
6. *Saccharomyces rosei*

1. wrinkled type : *Pichia membranaefaciens*
2. smooth type : *Saccharomyces cerevisiae*
3. rough type : *Saccharomyces oviformis*

[그림 8-5] 효모의 집락형태

[그림 8-6] 효모의 사면배양형태

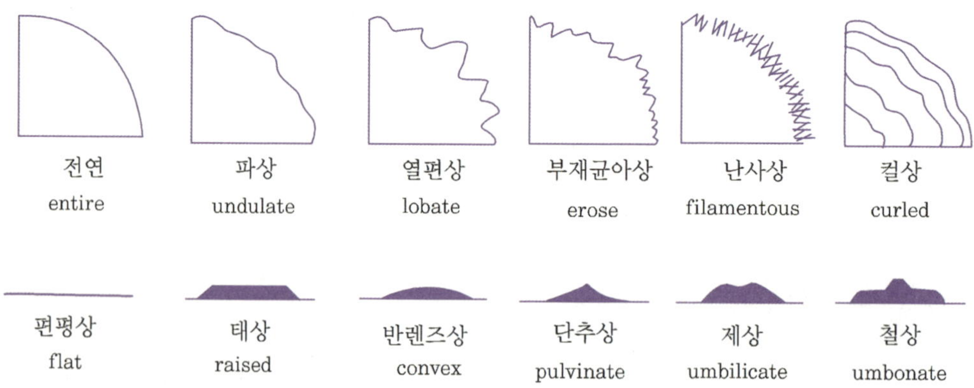

[그림 8-7] 균의 거대 집락의 형태

3-1. 무성생식

(1) 영양세포의 생식법

효모의 영양세포(vegetative cell)는 대부분 발아에 의하여 증식한다. 즉 성숙한 세포의 표면에 싹과 같은 돌기가 생기고, 그것이 점차로 신장되고 핵이 이동되어 원래의 세포와의 사이에 경계가 생겨 새로운 세포가 된다(그림 8-8).

원래의 세포를 모세포(mother cell, 친세포, parental cell), 출아된 세포를 딸세포(daughter cell)라 한다. 세포의 몇 부분에서 출아가 일어나는 경우, 이것을 다극출아(multilateral budding)라 하는데, 딸세포가 떨어진 다음의 출아흔적(bud scar)으로부터 다시 출아하는 경우는 없다. 또한 출아한 세포가 모세포로부터 분리되지 않고 다수가 연결된 채로 있는 경우도 있으며, 세포의 양 끝에서만 출아하는 양극출아(bipolar budding)도 있다(예 : *Kloeckera* 속).

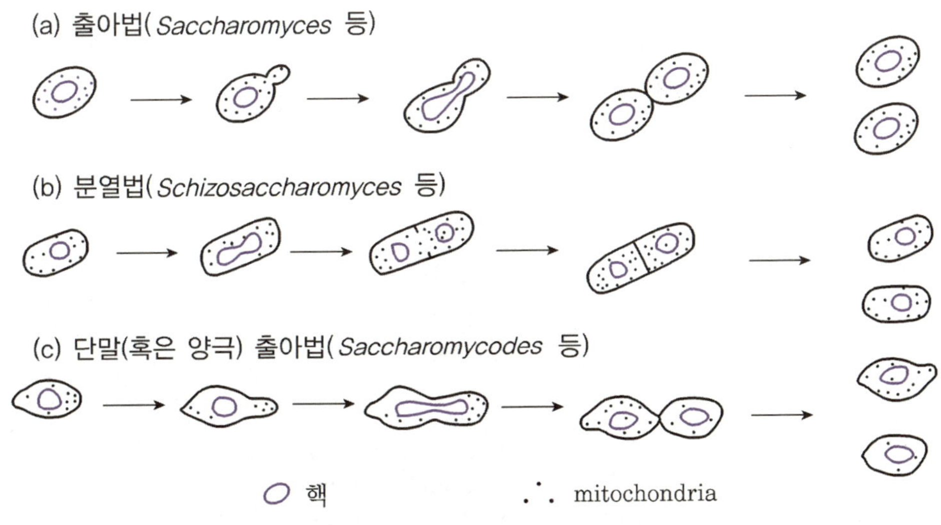

[그림 8-8] 효모의 무성생식법

또 출아한 세포가 길게 뻗은 채로 그대로 연결되어 그림 8-9와 같이 균사상으로 되는 수가 있다. 이것을 위균사(pseudomycelium)라 한다(예 : *Candida* 속). 그리고 일부 효모는 곰팡이와 같이 격벽을 가진 진균사(true mycelium)를 만든다(예 : *Endomycopsis* 속, *Trichosporon* 속).

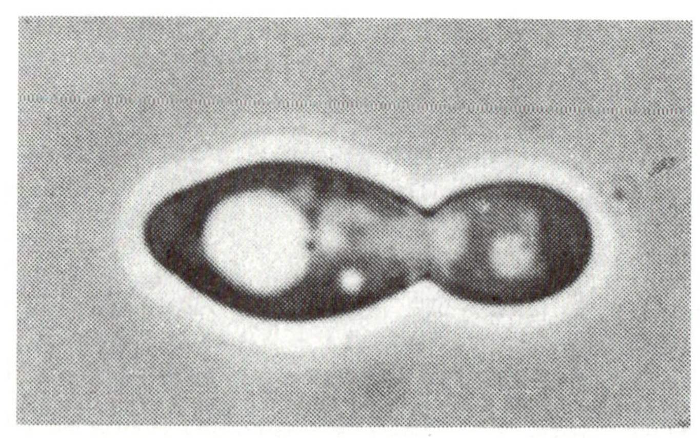

[그림 8-9] *Saccharomyces cerevisiae*의 발아가 진행된 단계이며, 핵은 아직 분리되지 않았음

출아법 이외에 세포의 중앙에 격벽이 생기고, 이로부터 2개의 세포로 분열하는 효모를 **분열효모**(fission yeast)라 부르며(예 : *Schizosaccharomyces* 속), 또한 출아한 다음 그 기부(基部)가 들어가지 않고, 모세포와의 사이에 칸을 막고 분열하는 효모를 출아분열(bud fission)효모라고 한다(예 : *Saccharomycodes* 속).

(2) 발아생식 메커니즘

효모세포는 세균과 같이 세포 전체가 신장하여 이분열하지 않고 세포벽의 한 작은 부분으로부터 출아하여 딸세포를 만든다는 것을 전자현미경적 관찰과 생화학적 방법을 통해서 알게 되었다.

효모가 출아할 때의 모세포와 딸세포의 입체적 관계는 그림 8-10과 같다. 딸세포의 장축(長軸)은 출아점에 있어서 모세포의 절선면에 수직이다.

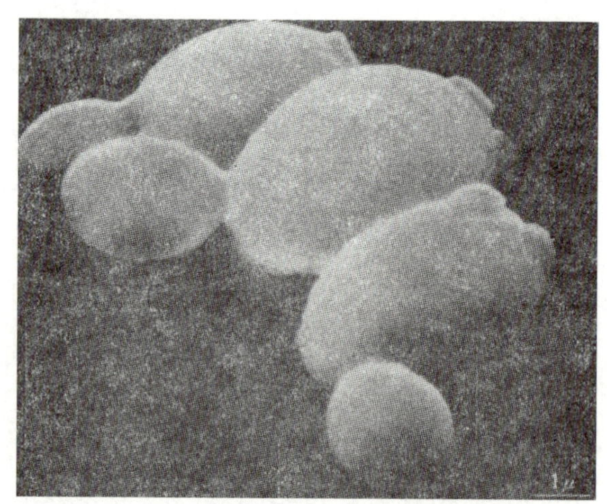

[그림 8-10] 전자현미경으로 본 효모(발아하여 생긴 낭세포와 발아흔이 보인다)

출아를 하기 시작하는 무렵의 효모세포의 미세구조는 그림 8-11과 같다.

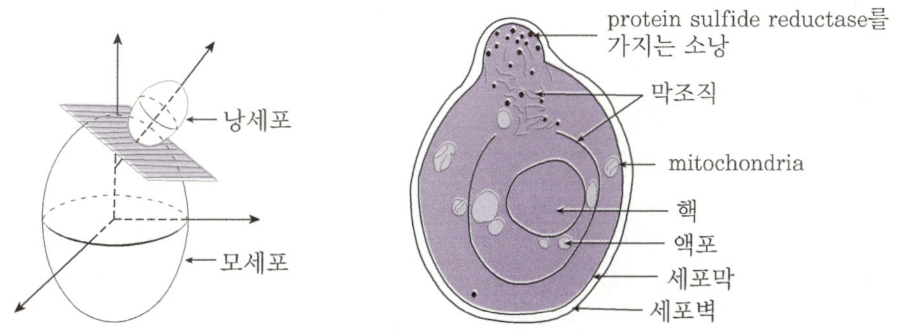

(a) 모세포에 대한 낭세포 생성각도(Nickerson)
(b) 출아 초기 세포단면의 미세구조

[그림 8-11] 효모의 출아메커니즘

Moor(1967)에 의하면 출아를 하기 시작하면 먼저 세포 안에 분산되어 있는 막조직(endoplasmic reticulum)이 연결되어 자루를 형성하고 그 안에 핵 및 액포(vacuole)를 함유한다. 자루 입구부분의 막조직은 작은 조각으로 분할되어 증식하고 동시에 소낭(vesicles)을 형성한다. 이 소낭은 자루 입구 쪽에 있는 세포막에 융합하고, 그곳에 소낭 속에 있는 protein sulfide reductase를 방출한다. 이 효소는 효모세포벽의 구조와 관련되는 중요성분인 mannan protein의 (−S−S−) 결합을 mannan protein(−SH)으로 환원한다. 이러한 반응을 받은 부분의 세포벽은 유연하게 되며 세포 내부의 팽압으로 인하여 바깥쪽으로 출아한다.

최초의 3~4세대에 있어서 딸세포가 발생하는 순서는 그림 8-12와 같고, 반수체의 효모세포와 배수체의 효모세포는 딸세포가 생기는 위치가 다르다.

이미 기술한 것처럼 *Saccharomycodes*와 같은 레몬형효모(apiculata yeast)는 세포의 양 끝에서만 출아하는 것으로 알려져 있었으나, 이것은 *Saprolegnia* 속의 내부복생(內部複生)처럼 세포의 끝에서 몇 번이라도 발아할 수 있기 때문에 맨 처음에는 단란형(短卵形)이었던 세포의 양 끝이 약간 돌출하여 레몬형으로 된다고 생각된다. 그림 8-13에는 레몬형효모의 다중출아흔적(multiple scars)을 나타내었다.

효모는 이상과 같은 영양세포의 발아와 분열을 통해 증식하는 방법 외에 무성적인 포자를 형성하여 증식하기도 한다.

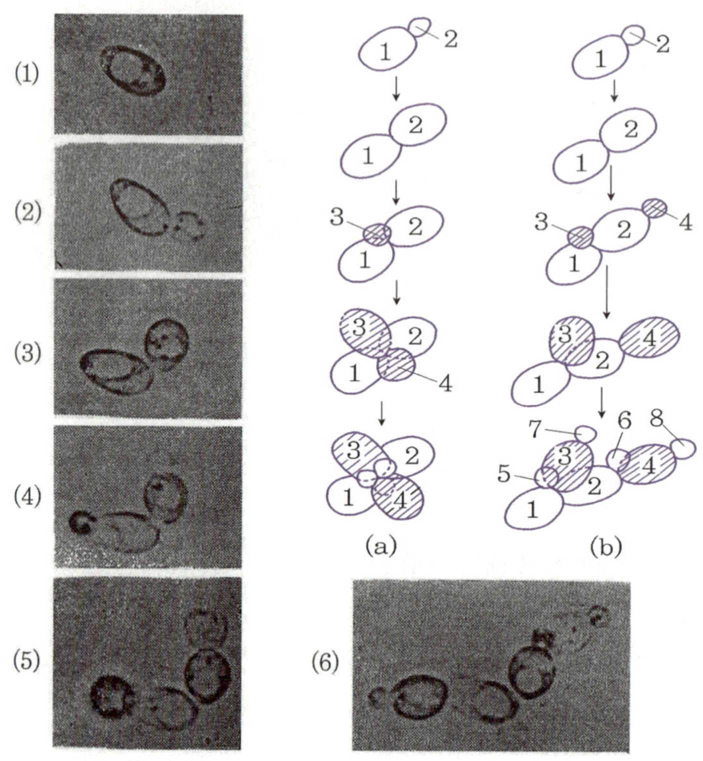

(a)반수체형식　　(b) 배수체형식(사선의 세포는 3대째의 세포로 표시)
(1)~(6)의 번호는 세포의 발아순서

[그림 8-12]　낭세포의 발생순서

1) 단위생식(parthenogenesis)

한 개의 영양세포가 무성적으로 포자를 형성하는 경우이며 *Saccharomyces cerevisiae* 가 대표적인 예이다.

2) 위접합(pseudocopulation)

세포는 한 개 또는 수개의 위결합관(pseudocopulation canals)이라고 하는 돌기를 낸다. 그러나 세포 간의 접합은 하지 않고 단위생식으로 포자를 형성한다. *Schwanniomyces* 속이 대표적인 예이다.

3) 기 타

사출포자, 분절포자, 후막포자 등을 형성하는 효모도 있다(그림 8-4).

3-2. 유성생식

자낭균류에 속하는 효모에서와 같이 유성적인 자낭포자(ascospore)의 형성이나 Ustilanginals에 속하는 효모와 같이 teliospore를 형성하여 생식한다. 유성적인 자낭포자의 형성은 다음과 같다 (그림 8-14, 8-15).

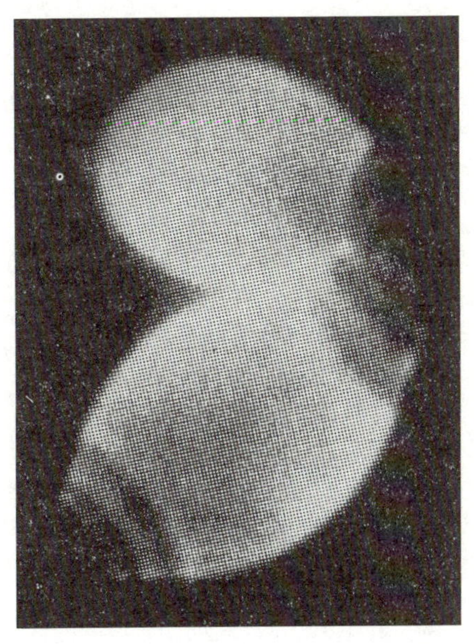

[그림 8-13] *Saccharomycodes*의 다중출아흔

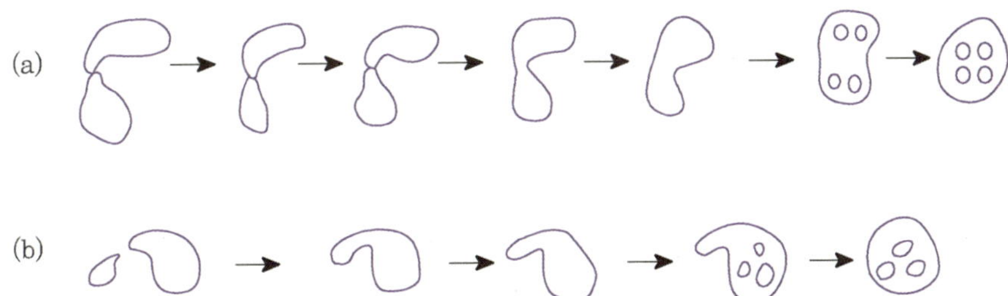

[그림 8-14] 동태접합(a)과 이태접합(b)

(1) 동태접합(isogamic conjugation, isogamy)

같은 모양과 크기의 세포(배우자, gamate) 간에 접합자(zygote)를 형성하여 이것이 자낭이 된다. *Schizosaccharomyces* 속이 대표적인 예이다.

(2) 이태접합(heterogamic conjugation, heterogamy)

크기가 다른 세포 간의 접합으로 형성되며 다음과 같은 두 형태가 있다.

1) Debaryomyces형

충분히 성숙하지 않은 출아한 아세포의 내용물이 모세포로 옮겨져서 이것이 자낭포자로 된다.

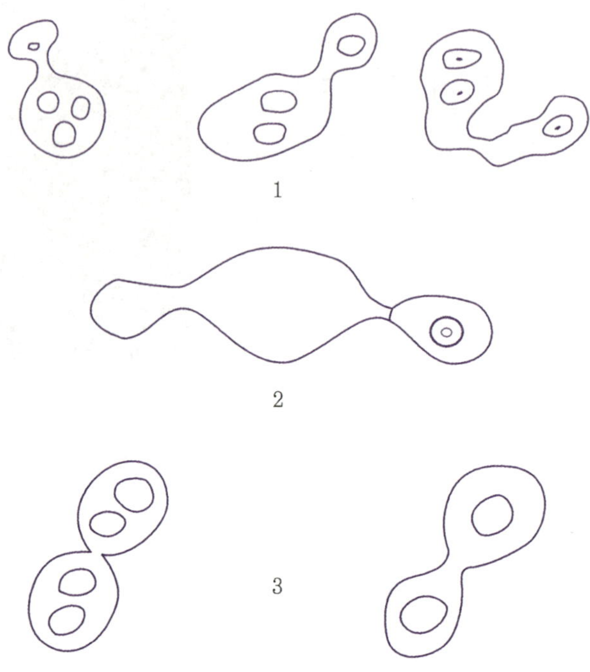

1. *Saccharomyces* 속의 이태접합
2. *Nadsonia* 속의 이태접합
3. *Saccharomyces* 속의 이태접합

[그림 8-15] 효모의 유성생식

2) Nadsonia 형

세 개의 세포가 관여한다. 모세포와 아세포가 접합을 하고 접합자는 제1의 아세포의 끝에 제2의 아세포를 형성한다. 접합자의 내용물은 자낭으로 변하는 제2의 아세포로 이동한다. 그리하여 이 아세포는 자낭으로 되어 포자를 형성한다. 자낭 안에 있는 포자의 수는 2개 또는 4개가 보통이나 홀수 개가 있는 경우도 있다. 많은 것은 8개, 16개의 포자를 만드는 효모도 있다. 포자의 모양은 효모의 종에 따라 다르며, 포자막은 평활한 것이 많으나 2중막이거나 작은 돌기를 갖는 것도 있다(그림 8-16).

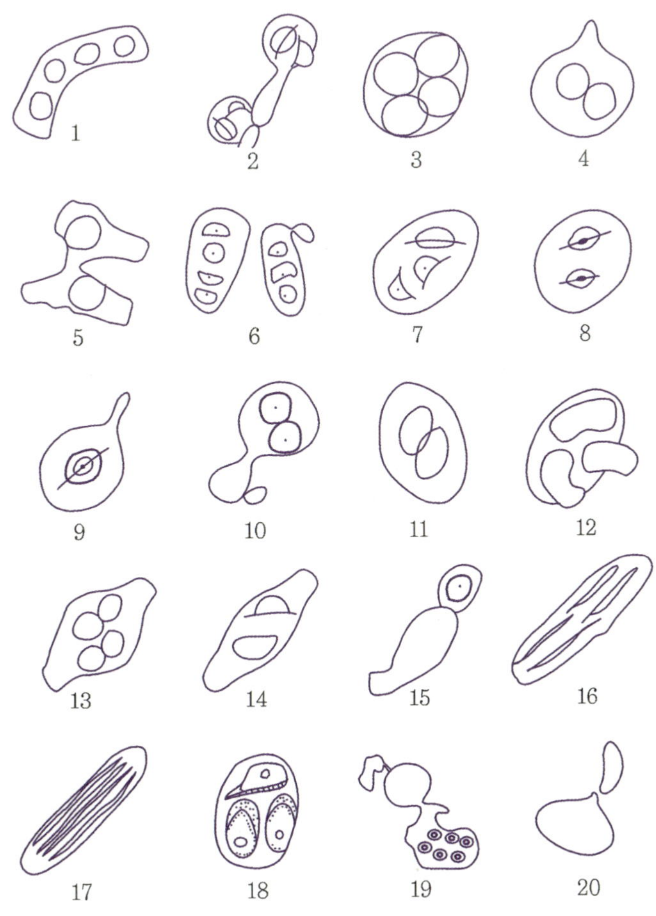

1. 구(球), 타원형(spherical(round), elliptical) : *Schizosaccharomyces pombe*
2. 모자형(hat-shaped) : *Endomycopsis fibuliger*
3. 구(球), 난형(卵形)(globose oval) : *Saccharomyces cerevisiae*
4. 구경, 위접합관(protuberance) : *Sacch, rosei*
5. 구형, 동태접합 : *Sacch. acidifaciens*
6. 구형, 반원형(hemispherical), 유만(油滿)(oil drop), 이태접합 : *Pichia membranaefaciens*
7. 모자형 : *Hansenula anomala*
8. 토성형(saturn-shaped) : *H. saturnus*
9. 구형, 극면(棘面) warty, 유적, 중앙연륜(中央緣輪), 위접합관 돌출 : *Schwanniomyces*
10. 구형, 극면, 유적, 이태접합 : *Debaryomyces hansenii*
11. 타원형, 난형 : *Saccharomycopsis* 속
12. 신장형(kidney-shaped) : *Fabospora* 속
13. 구형 : *Saccharomycodes* 속
14. 모자형 : *Hanseniaspora* 속
15. 구형, 극면, 유적, 이태접합 : *Nadsonia* 속
16. 유편모방추상 fusiform : *Nematospora* 속
17. 방추형, 침상(針狀) : *Coccidiascus* 속
18. 스포츠 모자형(cap-shaped) : *Wickerhamia* 속
19. 구형, 유색(light amber color) : *Lipomyces* 속
20. 낫모양(sickle-shaped), 소병으로부터 사출하는 사출포자 : *Sporobolomyces* 속, *Bullera* 속

[그림 8-16] 자낭과 자낭포자의 형태

3-3. 효모의 생활사

이상의 영양증식과는 별도로 생존에 불리한 환경에서 또는 생활사의 일부로서 자낭
포자(ascospore)를 형성하는 효모가 있다.

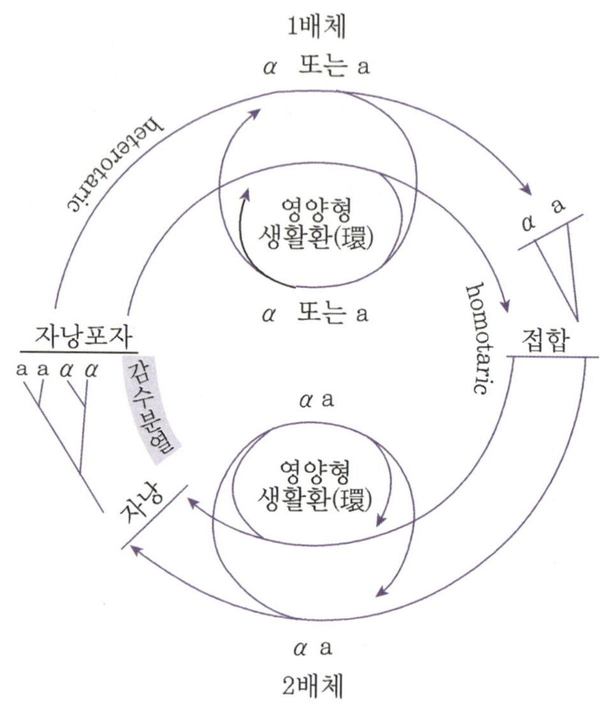

[그림 8-17] 효모의 생활사이클

이러한 효모를 유포자효모(sporogenous yeast) 또는 자낭포자효모(ascosporogenous
yeast)라 부른다. 여기에 비하여 포자를 만들지 않는 것을 무포자효모(asporogenous
yeast)라 한다.

무포자효모 중 어떤 것은 유포자효모(자낭균류에 속한다) 중에서 포자형성능력이 결
핍된 것으로 생각된다. 유포자효모는 일반적으로 그림 8-17과 같은 생활사(life cycle)
를 갖고 있다. 효모의 종류에 따라 일배체(haploid, n)의 영양형세포가 거의 없고, 자낭
내에서 2개의 포자의 접합에 의하여 즉시 이배체(diploid, 2n) 세포를 형성하는 것, 또
는 포자의 접합 없이 단독발아하는 것도 있다(그림 8-18).

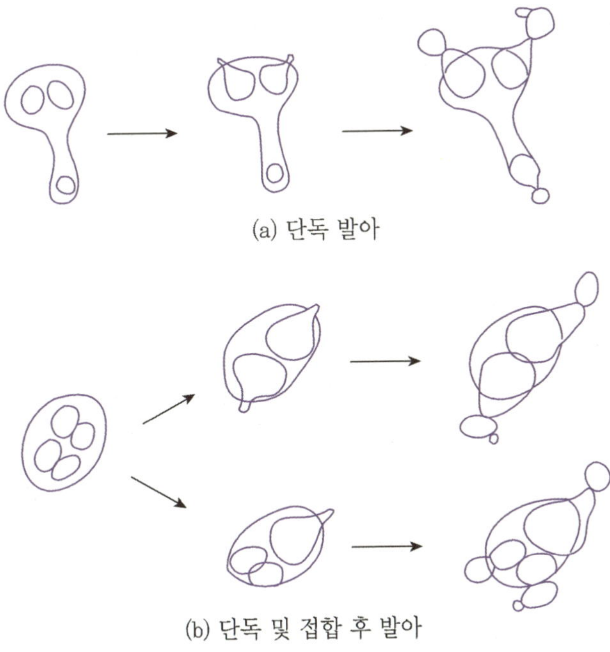

(a) 단독 발아

(b) 단독 및 접합 후 발아

[그림 8-18] Saccharomyces 속 포자의 발아

효모의 종류에 따라 반수체와 배수체의 시기가 다르다. Lindegren(1945)은 반수체와 배수체의 시기를 되풀이할 경우 그 핵상을 다음과 같이 두 군으로 나누었다(n : 반수체, $2n$: 배수체).

① *Saccharomyces, Saccharomycodes* 및 *Hansenula*속 등에서 볼 수 있다.

$$영양세포 \longrightarrow 자낭 \longrightarrow 자낭세포 \longrightarrow 접합자 \longrightarrow 영양세포$$
$$(2n) \qquad (감수분열) \qquad (n) \qquad (2n) \qquad 2n$$

② *Schizosaccharomyces* 및 *Debaryomyces* 등에서 볼 수 있다.

$$영양세포 \longrightarrow 접합자 \longrightarrow 자낭 \longrightarrow 자낭포자 \longrightarrow 영양세포$$
$$(n) \qquad (2n) \qquad (감수분열) \qquad (n) \qquad (n)$$

자낭포자효모는 그림 8-17에서와 같이 $2n$기가 길고 n기가 짧은 *Saccharomyces* 속형, 포자가 발아와 동시에 자낭 안에서 접합하여 배수체 세포로 되는 *Saccharo-*

mycodes 속형, 그리고 2*n*기는 접합자 시기만이고 대부분이 *n*기인 *Schizosaccha-romyces* 속형의 생활사를 갖는 것 등이 있다.

　*Saccharomyces cerevisiae*의 생활사를 종합한 것을 그림 8-20에 나타낸다.

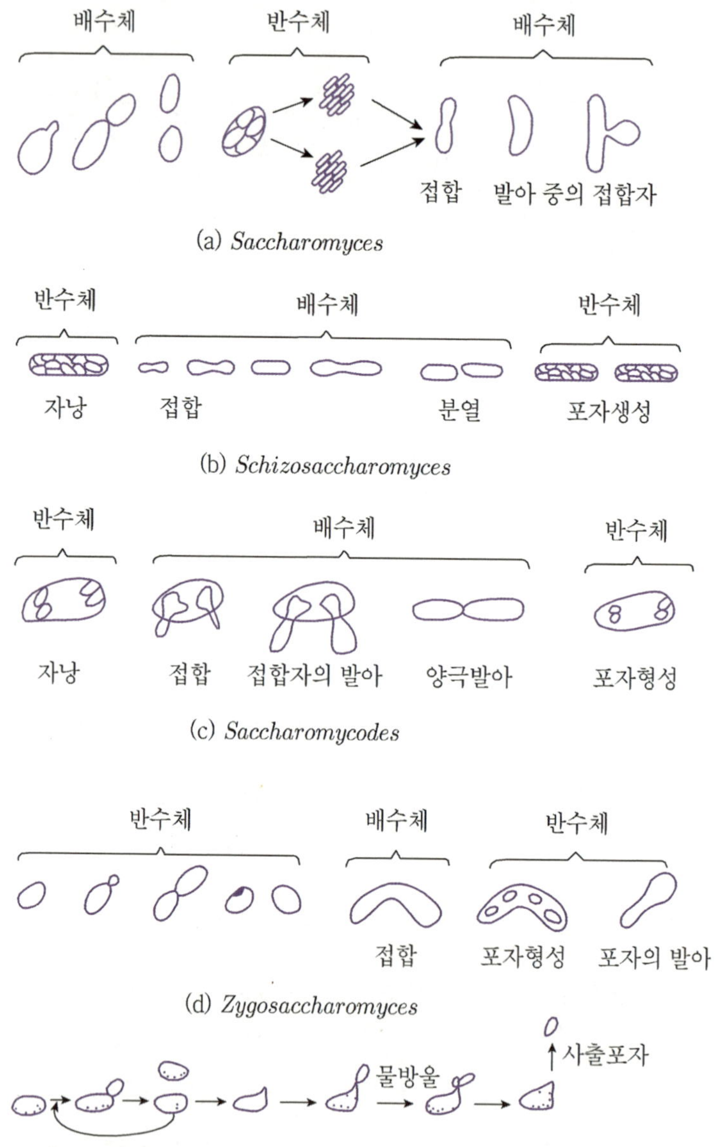

[그림 8-19]　각종 효모의 생활사이클

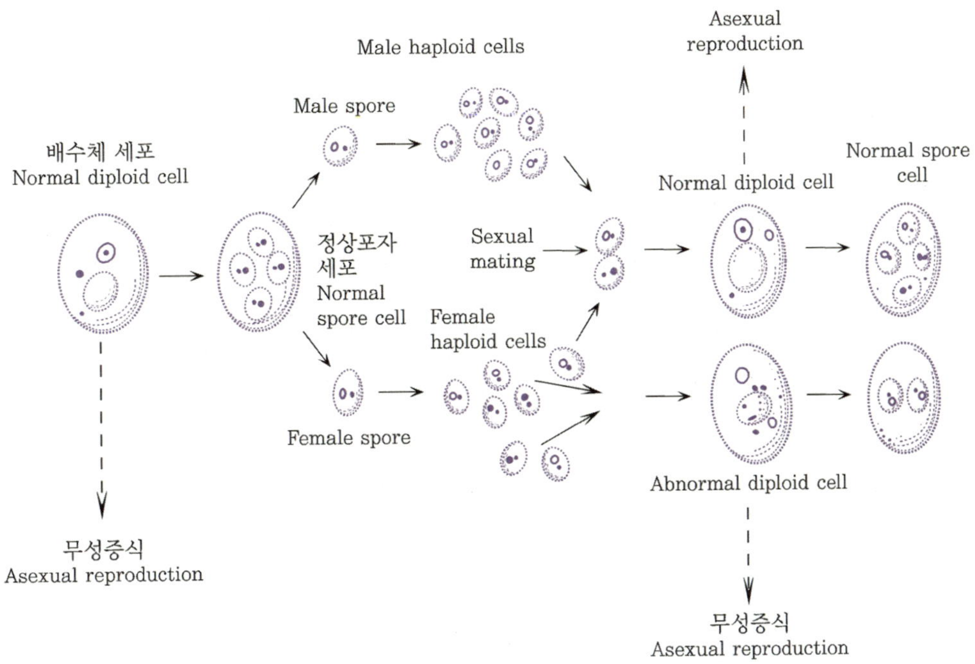

[그림 8-20] *Saccharomyces cerevisiae*의 생활사이클

4. 중요한 효모

4-1. *Schizosaccharomyces* 속

영양세포가 원통형이고 분열법으로 증식하는 특징을 가진 유포자효모로, 열대지방에 분포되는 것이 많다. 그 대표적인 종인 *Schizosaccharomyces pombe*(그림 8-21)는 아프리카 흑인들의 Pombe주에서 분리된 효모로 알코올발효력이 강하다. 또한 몇 종의 과일로부터 분리되는 *Schizosaccharomyces octosporus*는 자낭포자를 4~8개 형성한다.

4-2. *Hanseniaspora* 속

세포는 레몬형으로 양극출아를 한다. 가끔 과일에 착생하고 있는 야생효모로 포도주 양조의 초기에 볼 수 있으나, 자연도태된다고 한다. 대표적인 것은 *Hanseniaspora valbyensis* 이다.

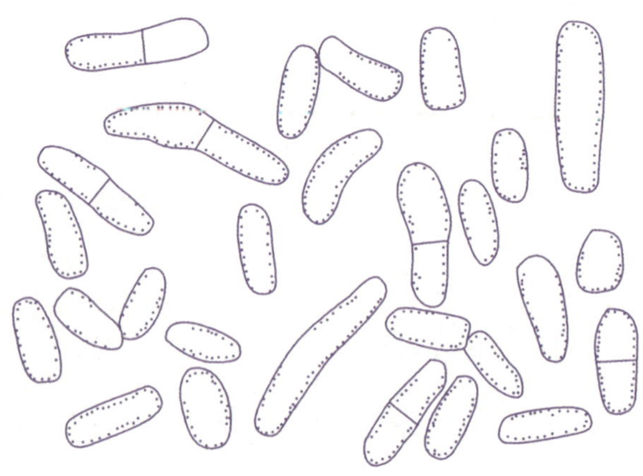

[그림 8-21] Schizoaccharomyces pombe

4-3. Saccharomycodes 속

출아분열하는 효모로 이 속에는 *Saccharomycodes ludwegii*가 있다. 원래 떡갈나무의 수액에서 분리되었으며, 설탕을 발효하고 maltose는 발효하지 않는다. 이 성질을 이용하여 설탕을 가한 맥아즙을 이 효모로 발효시켜 maltose가 남는 단맛이 있는 술을 만든다.

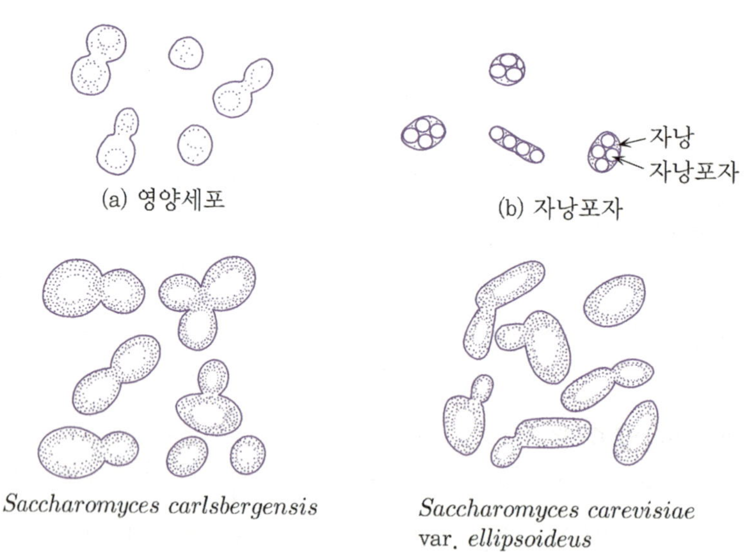

[그림 8-22] Saccharomyces 속

4-4. *Saccharomyces* 속

이 속의 효모는 식품공업, 발효공업에 관계가 깊은 효모로 세포는 계란형, 구형, 타원형 또는 원주형 등이며, 때로는 위균사를 만드는 경우도 있다. 생식은 출아법으로 생식하거나, 세포가 접합하여 자낭포자를 형성한다. 자낭포자는 자낭 안에 1~4개 생기고 이들은 구형 또는 계란형이다.

(1) *Saccharomyces cerevisiae*

이 속의 대표적인 것으로 맥주, 포도주, 청주, 알코올, 빵 등의 제조에 이용되는 유용한 효모이다. 처음 영국의 맥주양조장에서 분리되고, 상면발효(top fermentation)의 맥주효모로서 유명하다.

또한 청주효모로 알려진 *Saccharomyces sake*, 포도주효모인 *Saccharomyces ellipsoideus*(지금은 S. *cerevisiae* var. *ellipsoideus*), 당밀의 알코올발효에 사용되는 *Saccharomyces formosensis*(396호 효모) 등도 Lodder는 *Saccharomyces cerevisiae*로 분류하였다.

(2) *Saccharomyces carlsbergensis*

덴마아크의 Carlsberg 맥주공장의 하면발효(bottom fermentation)의 맥주효모이다. Lodder의 제2판에서는 *Sacchaomyces uvarum*에 통합되고 있다.

(3) *Saccharomyces pastorianus*

세포가 난형~소시지형인 효모로 맥주에 불쾌한 향기를 부여하는 유해한 효모이다. 그러나 Lodder 제2판에서는 *Saccharomyces bayanus*(이 효모도 불쾌한 향기를 발생시킨다)도 같은 종류라 하여 이 이름은 삭제하였다.

(4) *Saccharomyces diastaticus*

Dextrin과 전분을 분해, 발효하는 효모로 맥주양조 중에 혼입되면 맥주 중에 고형분을 저하시키는 유해한 균이다.

(5) *Saccharomyces rouxii*

높은 식염의 농도에서도 생육되는 내염성효모(halophilic yeast)로 간장덧 중에 많이 있다. 간장 주 발효 효모로서 유용하다(이들 효모는 과거에 *Zygosaccharomyces major*와 *Zygosaccharomyces soya*라 불렸다).

4-5. *Pichia* 속

자연계에 널려 분포하고 당의 발효성은 없거나 미약하며 주로 산화성자화를 한다. 의 균사와 진균사를 형성하기도 하며 포자는 헬멧형, 모자형, 부정각형, 구~반구형 등 여러 가지이다. 보통 배양액면에 피막을 형성하는 소위 산막효모(film yeast)로 알려져 있으며 특히 주류와 간장에 피막을 형성하는 유해효모가 많다.

(1) *Pichia membranaefaciens*

Ethanol을 소비하고, 당의 발효성은 없으며 있더라도 glucose를 약간 발효시킬 뿐이다. 절임액의 표면에 피막을 만들고 맥주와 포도주의 유해균이나, fumaric acid로부터 L-malic acid를 만드는 fumarase 활성이 강한 것도 있다(그림 8-23).

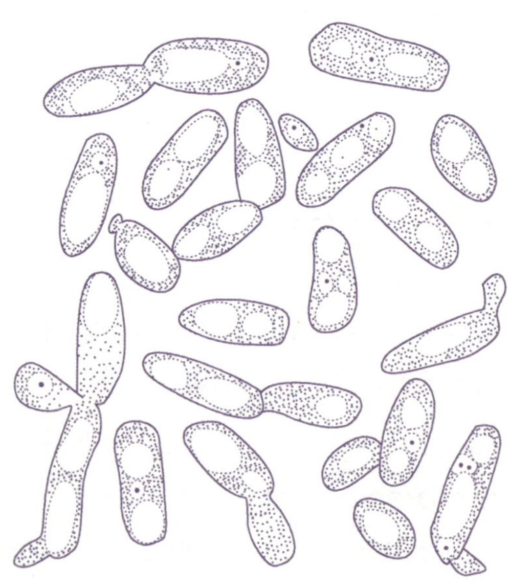

[그림 8-23] *Pichia membranaefaciens*

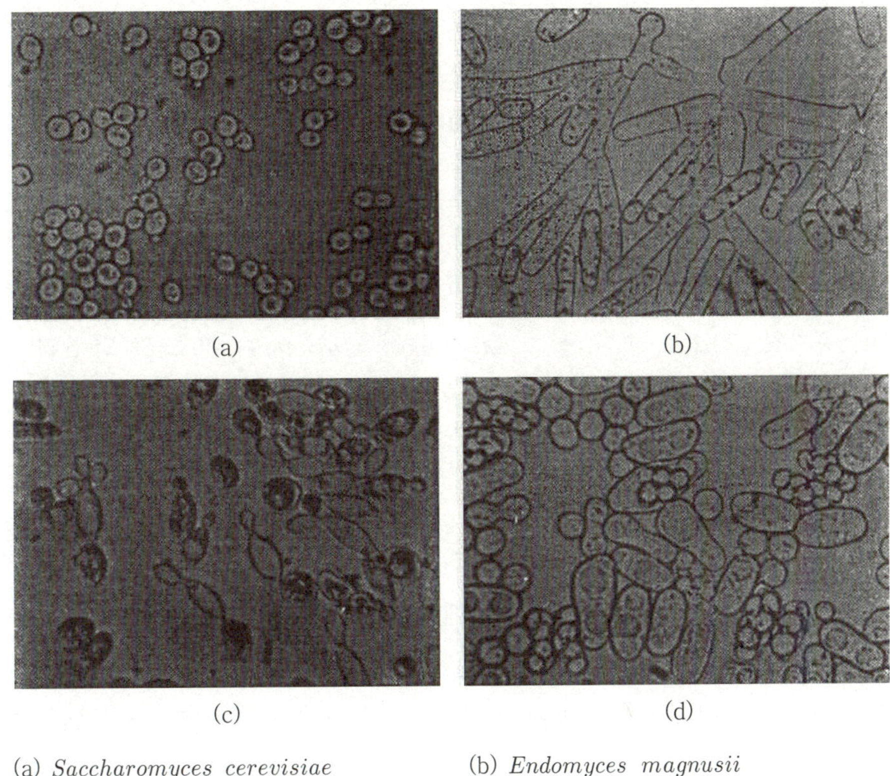

(a) *Saccharomyces cerevisiae*   (b) *Endomyces magnusii*
(c) *Nadsonia richteri*   (d) *Schizosaccharomyces octosposus*

[그림 8-24] 효모의 형태

4-6. *Hansenula* 속

Pichia 속과 같은 산막효모로 포자의 형태도 유사하나, 전자는 질산염을 자화할 수 없는 반면에 *Hansenula* 속은 자화할 수 있다.

일반적으로 알코올로부터 ester 생성능력이 강하다. *Hansenula anomala*는 이 속의 대표적인 종이고, 모자형의 포자를 만든다. 자연계에 널리 분포되어 있고 양조제품의 표면에 얇은 막을 만들고 알코올을 소비하는 유해균이나, 한편 청주의 방향생성에 관여하여 청주의 후숙효모라고도 한다.

4-7. *Debaryomyces* 속

이 속은 표면에 돌기가 있는 포자를 형성하는 특징이 있고, 발효성은 없거나 있더라도 약하다. 내염성의 산막효모가 많고, 절임식품이나 절임고기에서 잘 볼 수 있으며 내당성도 높다. Riboflavin을 생산하는 것도 있다. 대표적인 것으로 *Debaryomyces hansenii*는 치즈, 소시지 등으로부터 분리되었다.

4-8. *Lipomyces* 속

세포가 점성 있는 협막(capsule)으로 둘러싸여 있고, 노세포에서는 큰 지방구를 만들기 때문에 유지효모라고도 한다. 특히 *Lipomyces starkeyi*는 건조균체당 60 % 정도의 지방을 함유하는 경우가 있고, 유지생산균으로 유망하다.

4-9. *Candida* 속

세포는 구형, 계란형, 원통형 등이다. 의균사를 잘 만들고, 알코올 발효능을 가진 것이 많다. 자연계에 널리 분포되고, 다른 속에 비하여 균종수도 매우 많다(Lodder 제2판에서는 81종), *Candida utilis*(전에는 *Torula utilis*, *Torulopsis utilis*라 부른다)는 xylose를 자화하므로 아황산펄프 폐액 등에서 균체를 배양하여 사료효모로서 그리고 핵산조미료원료인 RNA의 제조에 이용된다. *Candida tropicalis*도 사료효모이나, *Candida lipolytica*와 같이 탄화수소 자화성이 강하므로 균체단백질제조용의 석유효모로서 주목되고 있다(그림 8-25).

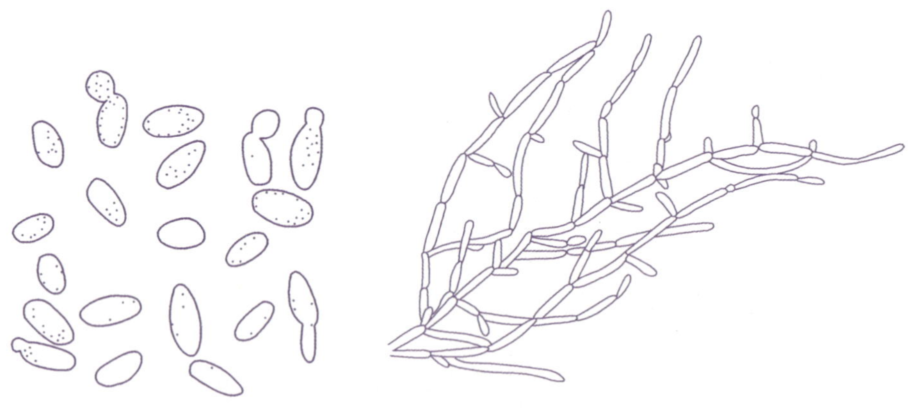

[그림 8-25] *Candida utilis*의 영양세포의 위균사

*C. lipolytica*에는 *n*-paraffin으로부터 다량의 α-ketoglutaric acid나 citric acid를 생성하는 것이 있다. 또 *Candidagu illiermondii, Candida robusta*에는 riboflavin 생성능이 높은 것이 알려져 있고, 후자에서는 초산을 단일 탄소원으로 하여 riboflavin을 다량 만드는 특징이 있다. 한편 *Candida albicans*는 인간의 피부, 점막 등에 *Candida*증을 일으키는 병원균이며 각종 동물에도 기생한다.

4-10. *Cryptococcus* 속

세포는 주로 구형 또는 계란형이고 의균사를 형성하지 않는다. 세포는 점성의 협막으로 둘러싸여 있고, 전분과 같은 물질을 만드는 것이 특징이며 발효능은 없다. *Cryptococcus neoformans*는 사람이나 가축에 감염되어 *Cryptococcus*증을 일으킨다.

4-11. *Kloeckera* 속

세포가 레몬형으로 되고 양극출아를 한다. 대표적인 *Kloeckera apiculatus*는 포도 등의 과실이나 과즙에서 많이 볼 수 있고 glucose만 발효한다(그림 8-4).

4-12. *Rhodotorula* 속

Carotenoid 색소를 만들고, 적색 내지 황색을 나타내는 특징이 있어 적색효모라 한다. 발효능은 없다. 자연계에 널리 분포하고, 식품의 오염균으로도 작용한다. 대표적인 종은 *Rhodotorula glutinis*로 균체 내에 건조중량당 60 %에 달하는 다량의 지방이 축적되는 수가 있다. 앞의 *Lipomyces* 속과 더불어 유망한 유지생산균이다. 또한 이 속 외에도 carotenoid 색소를 만드는 적색효모에는 사출포자효모의 *Sporobolomyces* 속, 담자균류효모의 *Rhodosporidium* 속이 있다.

4-13. *Torulopsis* 속

세포는 일반적으로 소형의 구형 또는 계란형이고, 대표적인 무포자효모의 하나이나 의균사를 형성하지 않는 점이 *Candida* 속과 다르며 전분과 같은 물질을 만들지 못하는 점이 *Cryptococcus* 속과 다르다. 자연계에 많고, 여러 식품의 변패에 관여하는 것이 있으나, *Torulopsis versatilis*와 *Torulopsis etchellsii*는 호염성으로 간장의 방향(芳香)
을 생성하는 데 도움이 되는 후숙효모로 중요시되고 있다(그림 8-26).

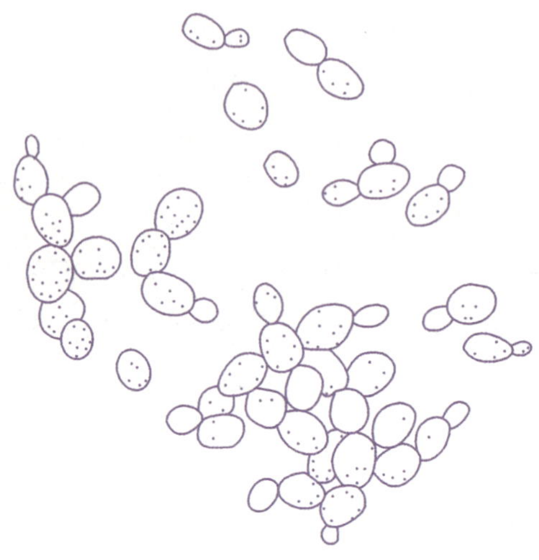

[그림 8-26] *Torulopsis versatilis*

제 09 장

|발효식품|

1. 주 류

술의 종류는 대단히 많고 그 분류도 여러 가지가 있으나 제조법에 따라 분류하면 표 9-1과 같다. 양조주(발효주)는 효모로 알코올발효한 술덧을 여과하여 마시는 술을 말하며, 이들 발효법에 따라 단발효주와 복발효주로 나눈다.

단발효주는 원료에 들어 있는 당분을 직접 효모로 발효시켜 여과한 술들을 가리키며, 포도주와 과실주 등이 여기에 속한다. 복발효주는 원료 중에 있는 전분질을 당화효소로 당화시킨 당을 효모로 발효시킨 술덧을 여과한 술들을 가리키며, 이는 다시 다음과 같이 두 가지로 나누어진다.

맥주와 같이 원료 중에 있는 전분질을 맥아의 amylase로 미리 당화시킨 당액을 효모로 발효한 술덧을 여과한 술을 단행복발효주라 하고, 탁주 또는 약주, 청주와 같이 국균이 생산한 amylase에 의한 당화와 효모에 의한 알코올발효를 동시에 병행시켜서 발효한 술덧을 여과한 술을 병행복발효주라고 한다.

표 9-1 주류의 분류

명 칭	발효방법	주 원료	알코올 함량(%)
< 양조주 >			
포도주	단발효	포도, 설탕	10 ~ 20
맥주	단행복발효	맥아, 전분, Hop	4 ~ 6
탁주		쌀, 밀, 밀가루, 입국, 옥수수가루, 곡자	4 ~ 6
약주	병행복발효	쌀, 밀, 밀가루, 입국, 옥수수가루, 곡자	10 ~ 14
청주		쌀, 입국	15 ~ 16
< 증류주 >			
Brandy	단발효	포도	40 ~ 44
Rum		설탕수수, 당밀, 수피	45
Whisky	단행복발효	맥아, 보리, 옥수수, 쌀보리, 전분	40 ~ 43
Gin		맥아, 보리, 옥수수, 쌀보리, 전분	37 ~ 47
재래식소주	병행복발효주	쌀, 보리, 옥수수, 밀, 입국	25 ~ 35
고량주		수수, 곡자	60 전후
< 혼성주 >			
인삼주		인삼, 주정	
고량주		매실, 주정	

우리나라와 일본, 중국에서는 이와 같은 병행복발효주가 많다. 증류주는 알코올을 발효한 술덧을 증류하여 알코올농도를 높인 술이며 소주, 위스키, 브랜디 등과 같은 주류이다. 혼성주는 매실 또는 머루, 인삼, 한약제 등에 알코올을 넣어 담근 후 여과한 술 또는 발효주에 알코올을 혼합시킨 주류이며, 매실주, 인삼주, 약용주 등이 있다. 이 경우 착색료, 감미료 및 조미료 등 다른 성분을 혼합시키는 경우도 있다.

1-1. 탁주와 약주

탁주와 약주는 우리나라에서 옛날부터 전해 온 전통주이다. 이 술은 밀로 만든 곡자와 쌀을 상용하여 만들었으나 한때 식량부족으로 인하여 쌀 대신 밀가루와 옥수수가루로 바꾸어 양조하였으나, 1977년도부터 다시 쌀로 제조하게 되었다.

(1) 탁주와 약주의 양조공정

탁주와 약주의 원료는 쌀과 밀, 밀가루, 옥수수가루 등의 전분원료를 사용하며, 이 전분원료의 형태에 따라 전처리방법이 다르므로 여기에서는 쌀을 주 원료로 한 양조공정을 설명한다(그림 9-1).

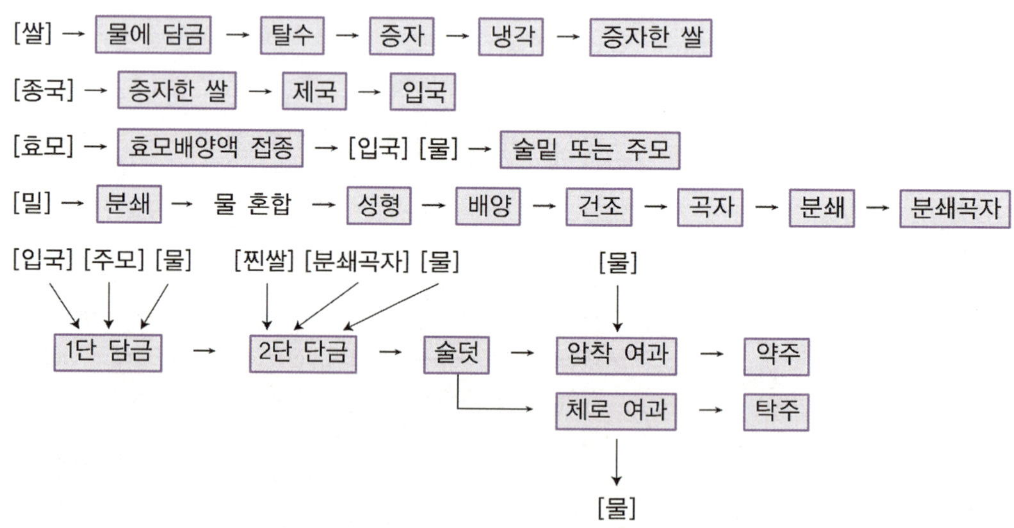

[그림 9-1] 탁주와 약주의 양조공정

(2) 쌀의 전처리

쌀을 물에 12시간 정도 담그고 세척 탈수한 것을 증자한 후에 냉각시켜 준비한다.

(3) 곡 자

밀을 정선하여 분쇄한 다음 물(20~25 %)을 뿌려 혼합하고, 일정한 양을 보에 싸서 틀에 넣고 원판모양으로 만든다. 이때 원료 중에 있는 *Rhizopus*, *Absidia*, *Aspergillus*, *Mucor* 속의 곰팡이와 효모가 자라게 된다. 담금을 할 때에는 곰팡이가 생산한 곡자 중의 효소가 쉽게 녹아 나오도록 분쇄하여 사용한다.

(4) 입 국

증자한 쌀에 국곰팡이(*Aspergillus*)를 배양한 것을 입국이라 하며, 입국을 제조하는 방법에는 국상자를 사용하는 방법과 자동제국장치를 이용하는 방법이 있다. 여기에서는 국상자를 사용하는 방법에 대하여 설명하겠다.

증자한 쌀을 국실에 넣어 30~40℃로 냉각한 다음, *Aspergillus kawachi*를 배양한 배국(종국)을 쌀 100kg에 대하여 100~150g을 잘 섞고 한곳에 모아 보쌈을 한다. 균이 증식하면 온도가 오른다. 입국의 온도가 40℃ 정도로 오르게 되면 섞어서 다시 쌓아 두는 뒤집기를 한다. 입국의 온도가 뒤집기에 의하여 떨어지지만 다시 40℃ 부근이 되면 다시 뒤집기를 한다.

이러한 조작을 되풀이하여 입국의 온도가 40℃를 넘지 않게 주의하여야 한다. 종국을 섞은 다음 20시간 정도 지나면 국상자에 담아 두께를 3~5cm 정도 되게 펴서 실온을 조절하여 품온 25~35℃에서 제국한다. 보통 종국을 파종하여 입국을 만들 때까지 38시간 정도 걸린다.

(5) 술 밑

술덧의 알코올발효를 활발히 진행시키기 위하여 효모(*Sacharomyces cerevisiae*)를 배양한 것을 술밑 또는 주모로 사용한다. 입국과 물을 혼합한 곳에 효모를 배양한 종균을 접종하면 입국 중에 있는 amylase 등의 효소에 의해서 전분의 가수분해가 진행되면서 당이 생기고 그 당을 영양원으로 하여 효모가 증식하여 술밑이 된다. 이때 잡균의 오염을 방지하기 위해 술덧에 젖산균을 접종하여 젖산발효를 시키거나 또는 젖산 등을 가하여 약산성으로 함으로써 세균의 생육을 억제하고 효모의 생육에 적합한 환경이 되어 효모가 주로 생육하게 된다.

(6) 담금과 술덧, 제성

증자한 쌀과 입국, 분쇄곡자, 술밑, 물을 발효조에 넣어 담금한 것을 발효시키는 것을 술덧이라 한다. 탁주와 약주의 담금은 일반적으로 2단담금을 한다. 담글 때 물의 사용량은 11~12수 담금, 즉 사용한 곡류의 사용량에 대하여 1.1~1.2배의 물을 사용하여 담금을 한다.

1단단금은 입국과 술밑, 물을 발효조에 넣고 섞어서 담근다. 입국에 사용한 쌀의 양은 전체 사용한 쌀의 40~50% 정도이고, 술밑의 사용량은 1단담금을 한 양의 2%이다. 술덧의 온도는 22℃ 부근으로 하고, 하루에 2~3회 교반하여 주면서 24~48시간 배양시키면 효모증식이 왕성하게 된다. 이때 2단담금을 한다.

2단단금은 1단단금을 한 술덧에 덧밥(증자한 쌀)과 물을 넣고 교반 혼합하여 담그고, 20℃ 부근에서 발효한다. 담근 후 10시간 정도 경과하면 사용한 원료들이 수분을 흡수하여 부풀어 오르고 amylase에 의하여 전분이 액화와 당화가 진행되면서 효모가 증식하고 동시에 알코올발효가 진행되면서 부풀었던 술덧이 가라앉게 된다. 이때부터 가끔 가볍게 교반하면서 발효시킨다.

일반적으로 탁주는 2단단금을 한 다음 4일 정도 발효한 술덧에 물을 섞어 알코올농도 6%로 조절하여 고운 체로 여과하여 만든다. 탁주는 제성한 후에도 잔당이 발효되어 이산화탄소가 발생되므로 시원한 감을 느끼게 할 수 있다. 약주는 2단담금한 후 6일 정도 발효하여 숙성된 술덧을 압착·여과하여 만든다.

1-2. 청 주

청주는 쌀을 주 원료로 사용하고, 황국균(*Aspergillus oryzae*)으로 제국한 입국 중에 있는 amylase에 의한 당화와 효모 *Saccharomyces cerevisiae*에 의한 알코올발효가 동시에 진행되는 병행복발효로 만든다.

청주의 양조 공정은 탁주와 약주의 제조공정과 마찬가지로 쌀을 침수하여 증자하는 공정과 증자한 쌀에 황국균을 섞어 입국을 만드는 공정이 있고, 각 공정에서 만들어진 것을 혼합하는 3단담금을 하여 발효시켜 술덧을 만들고 발효가 완료된 술덧을 여과 살균하여 제품으로 하는 공정으로 되어 있다.

▶ 전처리공정

[쌀] → 도정 → 세척 → 물에 담금 → 탈수 → 증자 → 냉각 → 증자한 쌀

▶ 제국공정

[증자한 쌀] → 황국균 접종 → 제국 → 입국

▶ 발효 및 제성공정

[증자한 쌀] [입국] [물] [주모] → 담금(3단 담금) → 발효 숙성 → 숙성한 술덧

→ 압착여과 → 살균 → 청주

[그림 9-2] 청주 제조공정

(1) 입국 제조

청주의 맛과 알코올 등은 원료로 사용하는 쌀의 영향을 받게 되므로 쌀의 질이 중요하다. 청주에 사용하는 쌀은 입자가 크고 도정률이 일반 쌀보다 훨씬 높게 70~75%되게 도정한다. 도정한 쌀을 깨끗이 세척하고 침수하고 물을 뺀 다음 증자하여 냉각하여 증자한 쌀을 만든다. 증자한 쌀에 황국균의 종국을 혼합하여 국상자배양법 또는 자동제국법으로 약 40시간 배양하여 입국을 만든다. 이 공정을 제국이라 하고 이때 당화에 필요한 amylase가 생산된다.

(2) 주모배양과 술덧발효

증자한 쌀과 물, 입국을 혼합하여 당화를 시키고, 청주효모 *Saccharomyces cerevisiae* (*sake*)를 접종 배양하여 주모를 만든다. 이 공정에서 오염을 방지하고 양조속도를 빨리 하기 위해서 술덧에 젖산균을 접종하여 젖산발효를 시키거나 또는 젖산을 가하여 약산으로 조절하기도 한다.

입국과 증자한 쌀, 물을 3회분으로 나누어 3단담금을 한다. 1단담금 할 때는 주모를

혼합하여 발효한다. 그리고 2단담금과 3단담금부터는 입국과 증자한 쌀, 물만을 가한다. 입국 중에 있는 amylase에 의하여 전분질이 분해되면서 당이 생성되고 그 당을 효모에 의하여 알코올로 발효하는 작용을 병행하면서 술이 된다. 그러므로 고농도의 당에 의한 알코올발효의 저해가 억제되고, 알코올농도를 높게 발효할 수 있다. 희석한 주정을 혼합할 경우는 술덧이 숙성될 때 첨가한다. 그리고 당 등의 조미성분도 가한다.

(3) 여과와 살균

숙성한 술덧을 여포에 담고 압착여과를 한다. 여액을 방치하여 현탁된 물질을 응집시켜 제거하고 60℃에서 저온살균한다. 숙성한 술덧을 여과한 술을 살균하지 않고 막분리로 균을 제거한 술을 생청주라 한다. 알코올농도는 20 % 정도이다.

1-3. 맥 주

맥주(beer)는 맥아를 당화하고 호프(hop)를 가하여 호프성분을 추출하고 맥주효모로 발효시켜서 만든다(그림 9-3).

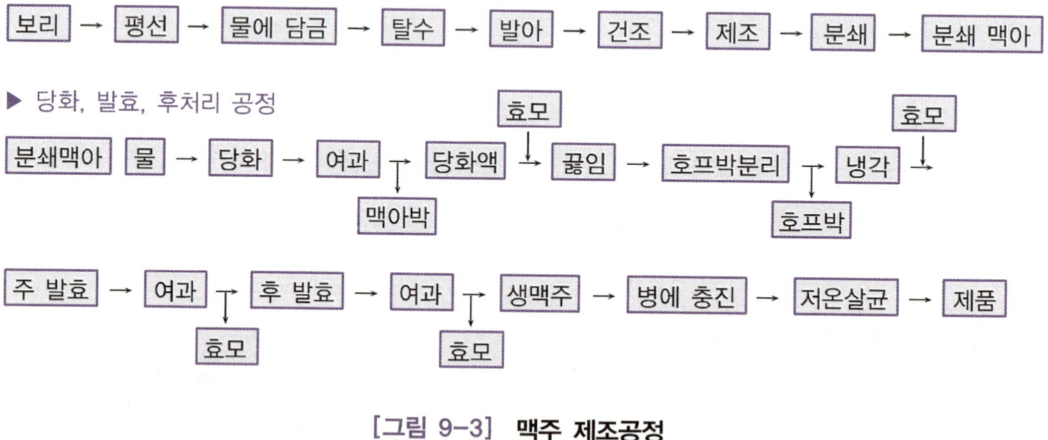

[그림 9-3] **맥주 제조공정**

(1) 맥아 제조

원료 보리는 이종맥을 사용하고, 보리를 12~14℃의 물에 약 72~96시간 침수하여 흡수를 시킨 다음 물을 빼고 발아장치에서 14~16℃의 공기를 통풍시키면서 발아를 시킨다. 싹이 보리입자의 2/3~3/4로 자랐을 때 발아를 정지한다. 이렇게 만들어진 것을 맥아라 부르고, 발아에 필요한 시간은 약 7일간이 소요된다. 그 후에 맥아 중에 있는 효소가 변성되지 않도록 주의하면서 천천히 온도를 80℃로 상승시키면서 건조시킨다. 건조맥아는 체로 쳐서 어린뿌리를 제거하여 저장한다.

(2) 맥아즙의 제조

맥주의 제조에서 맥아즙의 제조방법이 매우 중요하다. 그 이유는 맥아로부터 맥아즙을 만든 목적은 맥아 중에 함유하고 있는 효소, 주로 amylase에 의하여 보리전분을 효모가 발효시킬 수 있는 발효성 당으로, 그리고 protease에 의한 보리 단백질을 아미노산, peptide로 분해시킨다. 따라서 amylase의 작용의 최적온도는 55~65℃이고, protease의 작용의 최적온도는 40℃이다. 이와 같이 이들 효소작용의 최적온도는 서로 다르기 때문에 맥아즙을 만들 경우 온도 조절을 어떻게 하느냐에 의하여 성분이 다른 맥아즙을 만들 수 있고, 당화조건에 따라 맥주의 맛이 다르게 된다.

맥아즙을 제조하는 데에는 인퓨전법(infusion method)과 데콕션법(decoction method)이 있다. 전자는 건조맥아를 분쇄하고 이것에 온수를 가하여 65℃에서 약 2시간 유지시켜 당화시킨다. 이 온도에서는 protease보다 amylase의 작용이 강하다. 후자의 방법은 분쇄맥아와 물을 혼합한 것을 가열하여 단계적으로 온도를 높여 가면서 당화한다. 이 경우 온도의 차이에 의하여 각 효소의 작용을 조절할 수 있다. 즉 저온에서는 protease의 작용을 활성화시키고 고온에서는 amylase의 작용을 활성화시키게 된다. 우리나라에서는 decoction법을 사용하고 있다. 맥아즙을 만들 때 전분 또는 dextrin을 약간 첨가하여 당화하는 경우도 있다.

(3) 호프성분의 추출

Hop는 건조한 hop의 암꽃을 사용하고 맥주의 특이한 쓴맛과 향을 나타내는 성분을 함유하고 있다. 맥아즙에 hop를 넣어 끓인 후 hop박을 제거하고, 약 12~20℃로 냉각하여 발효조로 보낸다. 이 과정에서 hop 중에 있는 humulon류, luplon류, tannin 등이 추출되나, 열에 의하여 이성화되어 isohumulon류와 isoluplon류의 형태로 추출된다. 이들 중 쓴맛을 내고 거품을 유지하고 방부성에 관여하는 것은 주로 isohumulon류이다. 그리고 tannin은 수용성인 단백질과 결합하여 복합체를 형성시켜 침전물이 되기 때문에 맥주 중에 미량 용해되어 있는 단백질을 제거시킨다.

(4) 발 효

1) 맥주효모

맥주의 발효형식으로 분류하면, *Saccharomyces carlsbergensis*를 사용하여 저온에서 발효하는 상면발효(top fermentation)와 *Saccharomyces cerevisiae*를 사용하는 하면발효(bottom fermentation)가 있다. 우리나라와 일본, 독일은 전자의 방법으로 생산하고, 영국은 후자의 방법으로 제조한다.

2) 발 효

발효조로 이송된 맥아즙에 맥주효모를 첨가하고, 5~12℃에서 12일간 알코올발효를 시킨다. 이것을 주 발효라 부르고, 주 발효가 끝난 맥주는 저장탱크로 옮겨, 0~3℃에서 약 3개월간 저장하여 숙성시킨다. 이것을 후발효라 한다. 후발효가 끝난 맥주는 여과하여 효모를 제거하여 가압상태서 CO_2를 포화시켜 병과 캔 그리고 다루 등에 담은 것을 생맥주라 한다. 그리고 60℃에서 약 60분간 저온살균한 것을 라거맥주(lagar beer)라 한다.

1-4. 포도주

포도는 glucose와 fructose 등의 당을 주로 많이 함유되어 있고, 산으로는 주로 사과산이고 그 외에 citric acid와 주석산을 소량 함유하고 있다. 포도주(wine)는 포도에 함유한 당을 포도주효모에 의하여 발효한 술이다. 포도주에는 백포도주(white wine)와 적포도주(red wine)가 있다. 포도를 선별하여 파쇄기(crussjer)로 파쇄한 머스타(muster)를 발효조로 옮긴다. 적포도주의 경우는 과피를 제거하지 않은 상태에서 발효를 한다. 이때 과피 중에 있는 색소가 용출되어 색이 나타난다. 그러나 백포도주를 만들 경우는 알코올발효가 진행하기 전에 과피를 제거한다.

포도주를 만들 때 가열살균을 하면 포도주에 있는 향기 등의 성분에 영향을 주기 때문에 가열살균을 할 수 없어 잡균에 의한 오염이 문제가 된다. 잡균의 오염을 방지하기 위하여 매타중아황산카리($K_2S_2O_5$)를 과즙에 대하여 약 0.01 % 되게 가한다. 포도주효모는 아황산염에 내성인 *Saccharomyces cerevisiae* var. *ellipsoideus*를 사용하고 이를 순수배양하여 머스트 발효로 양조된 포도주도 있다.

포도과즙은 일반적으로 10~15 %의 당류(glucose, fructose 등)를 함유하고 있으나, 다시 설탕을 가하여 당분을 약 20 %로 높이고 산의 함량은 주석산으로써 0.5~0.6 %로 하여 21~27℃에서 발효시킨다. 주 발효는 3~5일간이고 tannin과 과피의 색소가 생성된 알코올에 의하여 용출되어 보기 좋은 색으로, 그리고 고유의 향과 맛을 갖게 된다. 색소는 과피 중에 있는 anthocyanogen에 속하는 oenin이다. 발효한 술덧에 당농도가 0~4도(보링)로 낮아졌을 때에 발효액을 압착여과를 하여 나무통에 넣어 10℃ 방에서 저장하여 숙성시킨다. 가끔 침전물을 제거하기 위하여 상등액을 옮긴다.

포도주는 저장기간이 길수록 좋은 술이 되고, 살균하지 않은 상태에서 제품으로 만들기도 하나, 일반적으로 60~65℃에서 살균한다. 이것을 table wine이라 하고, 식사와 곁들여 마신다.

(1) 발포성포도주

발포성포도주(sparkling wine, champagne)는 포도주에 CO_2 가스를 포화시킨 술이며 CO_2를 포화시키는 방법은 다음과 같은 방법이 있다.

① 알코올발효에서 발생되는 CO_2 가스를 이용하는 병 속에서 발효시키는 방법과 탱크발효방법

② 다음 식과 같이 malolactic acid 발효에서 생기는 CO_2 가스를 이용하는 방법

$$HOOC\text{-}CH_2\text{-}CHOH\text{-}COOH \rightarrow CH_2CHOH\text{-}COOH + CO_2$$
$$\text{malolactic acid} \qquad\qquad \text{lactic acid}$$

③ 인위적으로 CO_2 가스를 불어 넣는 방법

(2) Port wine

감미포도주이고, 포도주 발효를 시작하여 술덧 중에 남은 당의 함량이 10 % 정도가

되었을 때 brandy를 가하여 16~18 %의 알코올함량으로 하여 발효를 정지시켜 만든 술이다.

(3) Sherry

이 술은 스페인의 Jerez 지방이 명산지이다. 신맛이 있고 약간 단맛이 있으며, 색은 황색으로부터 갈색까지 있다. 발효하는 도중에 알코올을 공급하여 발효하며, 알코올함량이 20% 정도 되는 포도주의 한 종류이다. 이 술의 냄새는 sherry 효모(*S. oviformis, S. beticus, Torulopsis*)가 주 발효 후에 술덧표면에 균막을 형성하면서 생긴 것이다.

1-5. 과실주

사과주를 양조할 때 사용하는 사과즙에는 약 10 %의 fructose와 2 %의 sucrose, 1.5 %의 glucose를 함유하고 있다. 사과주의 양조공정은 포도주의 양조하는 공정과 같이 하고, 사과주 효모는 *S. uvarium* 또는 *S. florentinus*를 사용하여 발효시킨다.

배, 머루, 딸기 등과 같이 당을 많이 함유하고 있는 과실로 과실주를 만들 경우는 포도주를 만드는 원리를 이용하여 제품을 만든다.

1-6. 증류주

증류주(spirits)는 발효하여 만든 술덧을 증류하여 얻은 술을 말한다. 여기에서는 중요한 술에 관해 간단히 설명한다.

(1) 소 주

소주에는 알코올발효한 술덧을 증류하여 만든 재래식소주와 최근 일반적으로 시판되고 있는 주정을 물로 희석한 다음 당류와 아미노산 등으로 조미한 소주가 있다.

재래식소주의 원료는 쌀, 보리, 옥수수, 밀 등과 같이 전분질을 많이 함유한 곡류를 사용하며, 술덧을 만드는 공정은 탁주와 약주를 만드는 공정과 같으나, 다만 다른 점은 곡자를 사용하지 않고 입국을 만들어 발효하여 만든 술덧을 증류한 술을 재래식소주라 하고 알코올의 함량은 25~30 %이다. 입국을 만드는 데 사용하는 국균은 흑국균 (*Aspergillus usami, Aspergillus awamori* 등)이다.

(2) 브랜디(brandy)

포도 또는 다른 과실로 만든 술덧을 단식증류법으로 증류하여 숙성시킨 것을 브랜디 (brandy)라 한다. 이 증류주는 알코올함량이 약 40% 이상이고, 코냑(cognac)은 프랑스의 코냑 지방에서 생산되는 포도를 원료로 한 브랜디이고, 칼바더스(carvadus)는 사과를 원료로 한 브랜디이다.

(3) 위스키(whisky)

위스키의 원료는 맥아를 주로 사용하고 그 외에 옥수수, rye맥 등을 사용하기도 한다. 위스키를 제조할 때 보리를 발아시켜 맥아만으로 만든 것을 malt whisky라 하고, 맥아 외에 옥수수, rye맥 등을 사용하여 만든 것을 grain 위스키라 한다. 그리고 생산지에 따라 분리하는 경우도 있다. 예를 들면 영국에서 생산된 것을 Scotch whisky, Canada에서 생산된 것을 Canadian whisky라고 부른다.

위스키의 제조공정은 맥주양조공정과 흡사하지만, 맥아는 녹맥아(green malt)를 peat로 연소시켜 건조하여 위스키의 특유한 훈취를 갖게 하는 점이 다르다. 건조한 맥아에서 맥아근을 제거하고 분쇄한다. 분쇄한 맥아에 2~3배의 물을 가하여 당화시킨다. 당화가 끝난 당화액에 효모 *Saccharomyces cerevisiae*를 접종하여 30℃에서 3~7일간 알코올발효를 시킨다. 발효가 끝난 술덧을 단식증류장치(port still)로 증류한다. 처음 나온 증류액 속에는 불순 성분이 많이 함유되어 있기 때문에 이 증류액을 다시 증류한다. 증류의 초기에 나오는 부분을 '초류'라 하고 초류에는 aldehyde 등이 포함되어 있다. 이것을 제외하고 계속 증류하면 음료용 알코올이 응축되어 나오고 이 액을 '중류'라 한다. 중류가 끝날 무렵이 되면 유상(oil 상태) 물질이 함유된 것이 유출된다. 이것을 '후류'라 한다.

이 중 중류 부분은 알코올함량이 60~70%이나, 향기와 맛이 부족한 점이 있어 나무통에 넣어 오랫동안 저장하여 숙성시켜 향과 맛을 부드럽게 한다. 제품은 숙성기간이 길수록 좋은 술이 되고 알코올의 함량은 40%이다.

(4) 보드카(vodka)

Rye맥에 맥아 또는 rye맥으로 만든 맥아를 이용하여 당화한 액을 발효하고, 이 발효액을 백화의 탄층이 있는 증류기로 증류한 술로서, 러시아의 대표적인 술이다. 알코올 함량은 40~60％이다.

(5) 고량주

중국의 증류주이고 도정한 수수 이외에 옥수수를 원료로 사용하는 경우도 있다. 도정한 수수를 물에 담근 후 물을 뺀 다음 증자 냉각하고, 분쇄한 곡자를 혼합하여 고체발효를 한다. 고체발효가 끝난 것을 증류하여 만든 증류주이다.

2. 김치류

김치의 종류는 사용하는 재료와 담그는 방법에 따라 그 종류가 다양하며 200여 종 이상이 있다. 크게 나누면 김치류, 깍두기류, 동치미류, 절임류, 짠지류, 식해류 등으로 나누고, 김치류를 다시 원료별로 나누면 배추김치류, 무김치류, 나물김치류, 석바지, 파김치, 갓김치, 육류·어패류김치, 해조류김치, 물김치 등으로 분류한다.

2-1. 김치 제조

김치의 주 재료는 배추, 무, 갓 등의 야채류와 오이이고, 부재료는 배, 잣, 당근, 마늘, 파, 고춧가루, 설탕, 식염, 젓갈 등이다. 이들의 사용량은 김치의 종류에 따라 다르다. 여기에서는 배추김치 중 일반적인 제조공정에 관하여 설명한다. 제조공정은 그림 9-4와 같다.

원료 배추 → 선별 → 절단(2~4쪽으로) → 소금 절임(최종농도 3%) → 씻음 →

부재료에 양념(무, 파, 마늘, 고춧가루, 생강, 배, 젓갈류, 소금 등으로 조미한 양념을 배추 속에 넣음)

→ 발효 숙성 → 저온저장

[그림 9-4] 배추김치 제조공정

배추를 2~4쪽으로 절단하고 소금을 뿌려서 절인다. 소금의 절임농도가 높을수록 절임시간이 단축된다. 염농도가 10 % 정도에서는 7시간 정도, 15 % 정도에서는 3~4시간이 소요된다. 절인 배추를 물로 세척하여 물을 잘 제거하고 무채, 절단한 파, 마늘, 고춧가루, 젓갈류 등을 혼합한 양념을 배추 사이에 넣은 다음 김치발효조에 담근다. 이때 호기성미생물이 증식하면 김치의 맛이 나빠지고 연부현상이 발생하기 쉬우므로 배추와 배추 사이에 공간이 없도록 잘 눌러서 담그고, 공기와 접촉하는 상면을 비닐 등으로 덮어 눌러 두는 것이 좋다. 이와 같이 담글 경우 호기성미생물은 적게 자라고 혐기성미생물 젖산균이 생육하는 데 최적 환경이 되므로 김치의 발효 숙성에 필요한 젖산균의 증식이 잘되어 맛있는 김치로 숙성한다. 발효 온도는 5~25℃에서 한다. 빨리 숙성시키고 싶을 경우는 25℃ 부근에서, 오랫동안 저장할 경우는 5~10℃ 부근에서 발효 숙성 저장한다.

2-2. 김치발효 미생물

현재 일반적으로 김치발효에 사용되고 있는 미생물은 재료에서 오는 자연 미생물이다. 이들의 미생물에는 호기성미생물과 혐기성미생물 등 여러 종류가 있다. 김치를 담글 때 잘 눌러 담금으로써 공기와 접촉하는 면적이 적은 혐기적 환경이 되므로 주로 김치의 숙성에 관여하는 혐기성균의 일종인 젖산균이 잘 증식할 수 있게 된다.

김치발효 중에 분리된 호기성미생물은 *Pseudomonas mira, Pseudomomas nigri-faviens, Bacillus macerans* 등이고, 혐기성미생물은 *Leuconostoc mesenteroides, Lactobacillus plantarum, L. brevis, Strepcoccus faecalisis, Pediococcus pento-saceum* 등이며 그 외에도 수 없이 많다.

*Leu. mesenteroides*는 식염농도가 낮을수록 잘 생육되며 초기에 왕성하게 자라 젖산과 CO_2를 생성한다. 발생한 CO_2에 의하여 혐기조건이 형성되어 김치발효에 필요가 없는 호기성균의 증식을 방지한다. *Streptococcus* 속과 *Pediococcus* 속은 중반기에, 그리고 *L. plantarum*과 *L. brevis*는 발효 후기에 생육된다. 그 외에 김치 숙성에 관여하는 효모도 발견되고 있다.

앞으로 김치를 맛있게 숙성하는 젖산균을 순수분리하여 배양한 종균을 사용한다면 포도주를 만드는 방법과 같이 항상 맛이 같은 맛있는 김치를 만들 수 있을 것이다.

3. 유제품

3-1. 살균한 젖산균음료

우리나라는 일반적으로 단맛이 있는 발효유가 많고, 비교적 당농도가 높은 것과 1% 정도 되는 젖산을 함유하고, 산뜻한 맛과 향이 있는 젖산음료가 있다. 주 원료로 사용하는 것은 탈지유이고 이것을 저온살균 또는 고온순간살균법으로 살균한 후에 미리 배양해 둔 젖산균(*Lactobacillus bulgaricus*)의 스타터(starter)를 접종하고, 30~38℃에서 발효를 한다.

발효가 끝난 발효유를 균질화시켜 응고된 casein을 분산 유화시키고, 탈지유 중량의 1.7배가 되는 설탕을 가하여 80℃에서 20분간 가열한 다음 냉각한다. 발효유에 젖산이 부족할 경우는 별도로 젖산 또는 citric acid를 추가한다. 그 외에 적당한 향료를 가하여 병에 담는다. 이 유제품의 성분의 한 보기를 들면 수분 47.5 %, 단백질 1.5 %, 지방 0.1 %, 탄수화물 51.6 %, 회분 0.2 % 정도이다.

3-2. 생균상태의 젖산균음료

탈지유를 판형열교환기(heat plate exchanger)로 고온순간살균하거나, 또는 유지형살균살균기(holding pasteurizer)로 저온살균을 한 후, 젖산균의 발효온도까지 냉각하고, *L. bulgariccus* 와 *L. acidophilus* 등의 스타터를 접종하여 37~40℃에서 발효하면 젖산이 생성되면서 카세인(casein)이 응고된다. 발효가 끝나면 응고된 커드(curd)를 교반하여 조쇄하고, 균질기(homogenizer)로 150~200 kg/㎠의 조건에서 다시 미세하게 분쇄하여 조직을 부드럽게 한다. 이러한 온도에서는 발효가 계속 진행되어 젖산균의 활력이 쇠퇴하는 경우가 있으므로 10℃ 이하로 냉각한다.

부원료로서는 설탕, 포도당, 안정제(원액의 커드의 침전을 방지하기 위하여 arginic acid, propyrene glycolester 등이 이용된다), 과즙, 색소 등이 필요하고, 이들을 물에 녹여 85℃에서 30분간 가열살균하여 15℃ 이하로 냉각하고, 향료를 가하여 시럽을 만든다. 이 시럽을 10℃ 이하로 냉각한 발효유에 혼합하여 병에 담아 10℃에 저온저장하여 제품화한다.

3-3. 요구르트

요구르트(yogurt)는 불가리아 또는 그 부근에 있는 발칸 지방에서 만들기 시작한 젖산음료이고, 메치니코프의 장수법으로 잘 알려져 있다. 호상이고 젖산이 많으면서 알코올은 거의 없다. 우리나라에서는 일반적으로 젖산균으로 *Lactobacillus bulgaricus*, *Streptococcus lactis*를 사용하고, 원료는 3분의 2까지 농축한 탈지유를 사용한다. 농축한 탈지유에 8~9%의 설탕을 첨가하여 살균 냉각한 다음에 2~3%의 스타터와 적당한 양의 향료를 넣고 35℃에서 10시간 정도 배양한다. 이 배양기간 중에 젖산이 0.8~1.2% 정도 생성되면서 우유가 응고한다. 배양이 끝난 다음 냉장고에서 신속하게 냉동시켜 제품으로 한다.

3-4. 치 즈

치즈(cheese)는 젖산발효를 한 우유를 rennet로 응고하고 생긴 커드(curd)를 여과하여 만든다. 치즈의 종류는 500여 종이 있는데 크게 분류하면 다음과 같다.

① 연질치즈(soft cheese)

- 숙성하지 않은 치즈 : cottage cheese, cream cheese 등

- 숙성한 치즈 : camembert cheese

② 반연질치즈(semi-soft cheese)

- *Penicillium*을 사용한 치즈 : roquefort cheese, blue cheese 등

- 세균을 사용한 치즈 : brick cheese

③ 경질치즈(hard cheese)

- 가스 구멍이 있는 치즈 : emmental cheese, gruyere cheese

- 가스 구멍이 없는 치즈 : gouda cheese, edam cheese 등

④ Processed cheese

- 일반적인 processed cheese, smoked cheese 등

치즈를 제조하는 데 사용하는 효소에는 κ-casein에 특이하게 작용하는 송아지의 제4위로부터 추출하여 만든 송아지 rennet과 아리마, 이와사키, 유 등이 개발한 *Mucor pusillus*가 생산하는 microbial rennet이 있다.

(1) 제 조

원료 우유에 *Streptococcus lactis* 또는 *Str. cremoris*의 젖산균 스타터를 1~2 %를 접종하고, 30℃에서 젖산발효를 하여 젖산이 2 % 정도 생성될 때까지 발효한다. 발효한 발효유에 rennet을 천천히 가하여 혼합하고 방치하면 rennet의 작용에 의하여 우유 casein 중에 있는 κ-casine을 특이하게 분해하여 para-κ-casein으로 분해되어 casein 의 micelle의 안정성이 파괴됨으로써 두부와 같이 응고한다. 응고된 casein을 커드(curd) 라 한다. 이 커드를 작게 절단하고 부드럽게 교반하면서 천천히 온도를 올려 38~40℃ 가 되도록 하면 커드에 함유되어 있는 유청(whey)이 커드의 내부로부터 흘러나오므로 이 유청을 제거한다. 여기서 얻은 커드에 적은 양의 유청에 녹인 식염을 원료유에 대해 0.2 %를 가하여 잘 섞는다. 이 커드를 mold에서 압착여과하여 생치즈를 만들고, 10~ 15℃에서 2주 이상 숙성시킨다.

(2) 숙 성

숙성하는 동안 커드 중에 있는 젖산균과 rennet의 작용으로 단백질이 분해되어 아미 노산이 되고, 그 일부는 아민이 된다. 그리고 지방도 일부가 휘발산으로 변하면서 맛과 향이 생긴다. 그 후에 파라핀을 숙성시키는 치즈의 표면에 코팅하여, 수분의 증발을 방 지하고 호기성 곰팡이가 발생하지 않도록 하여 후숙한다.

치즈의 숙성에 관여하는 세균은 스타터로 접종한 젖산균(*Str. lactis*와 *Str. cremoris*) 및 우유 중에 원래부터 있는 *Lactobacillus* 속이 번식한 젖산간균이다. 전자 는 숙성의 초기에 최대로 번식하고, 그 후에 빨리 사멸된다.

Roquefort cheese의 숙성에 사용하는 곰팡이는 *Penicillium roqueforti*이고, camembert cheese의 숙성에는 *Penicillium* camembert이다.

4. 장 류

4-1. 간 장

간장은 콩과 밀, 대두박, 식염 등을 원료로 하여 제조하며 그 공정은 그림 9-5에 표시하였다.

　물에 불려 삶은 콩과 밀을 볶아서 분쇄한 밀을 같은 양의 비율로 혼합하고 단백질의 분해력이 강한 황국균을 접종하여 입국을 만든다. 입국은 70~75시간 배양하여 만든다. 배양이 완료된 입국은 포자가 착생되면서 연한 황녹색이 된다.

▶ 원료전처리공정

[밀] → 정선 → 볶음 → 분쇄 → 분쇄밀

[대두박] → 물 뿌림 → 증자 → 냉각 → 증자한 대두박

▶ 입국제조공정

[분쇄밀]과 [증자한 대두박]을 섞음 → 황국균 접종 → 제국 → 입국

▶ 발효와 후처리공정

[분쇄밀]과 [입국], [식염수] → 간장덧 담금 → 발효 숙성 → 간장덧

→ 압착여과 → 생간장 → 저온살균 → 제품

[그림 9-5]　간장의 양조공정

　제조한 입국에 약 20 %의 식염수(12수 담금)를 잘 혼합하여 간장덧을 담근다. 발효하는 동안에 가끔 교반하여 CO_2 가스를 제거하고 새로운 공기를 공급하면 입국 속에 있는 효소에 의하여 단백질은 peptide와 아미노산으로, 전분은 당으로 분해된다. 발효의 초기에는 당분이 증가하고 이 분해된 당을 탄소원으로 이용하여 점점 효모가 증식하여 발효가 왕성해지면서 탄산가스의 발생이 왕성하여진다.

　그리고 발효가 더 진행되면 간장덧에 있는 효모와 세균이 증식하면서 알코올, 유기산, 에스테르류를 생성한다. 발효와 숙성기간은 6개월 정도이다. 발효가 진행되면서 간장덧에 있는 미생물은 황국균인 *Aspergillus sojae* 또는 *Aspergillus oryzae*는 분해가 진행되면서 쇠퇴되고 간장덧에 있는 효모, 즉 내염성이 강한 *S. rouxii*가 증식하면서 세균과 함께 간장의 숙성에 도움을 준다.

　숙성한 간장덧을 압착여과하고 이 여과한 액을 생간장이라 한다. 생간장을 방치하면 생간장의 위쪽의 표면에 기름층이 뜨고 아래쪽에는 침전물이 형성되므로 이들을 제거

한 후에 60~70℃에서 20~30분간 저온 살균한다. 이때 간장의 색도가 높아지고, 향과 맛을 향상시키면서 동시에 단백질의 응고물도 제거하게 된다.

재래식 간장은 콩으로 만든 메주와 식염수를 섞어 담그고 발효가 끝난 다음 여과하여 여액은 간장으로, 고형물은 된장으로 사용한다. 주로 *Bacillus* 속의 세균을 사용한다.

4-2. 된 장

우리나라의 된장은 재래식 된장과 개량식 된장으로 분류된다. 재래식 된장은 옛날부터 각 가정에서 콩으로 만든 메주와 식염수를 혼합하여 발효시킨 다음 여과하여 간장을 만들고 남은 고형분을 사용했다. 현재는 공장에서 메주 또는 입곡을 만들어 직접 식염수와 섞어 발효시켜 제조한다. 이와 같이 양조한 된장을 개량식 된장이라 한다.

▶ 원료전처리공정

[밀쌀] → 선별 → 물에 담금 → 탈수 → 증자 → 증자한 밀쌀

[콩] → 정선 → 물에 담금 → 물 뺌 → 증자 → 증자콩

▶ 일반 된장의 제국과 발효 공정

[증자한 밀쌀] → 황국균 접종 → 제국 → 입국 → [증자한 콩][식염] 혼합 → 담금 발효 숙성 → 갈음 → 된장

▶ 콩된장의 제국과 발효공정

[증자한 콩] → 으깨면서 성형 → 황국과 분쇄한 볶은 밀을 혼합한 종균 산포 → 제국 → 입국 → 식염 혼합 → 담금 발효 숙성 → 콩된장

[그림 9-6] 된장의 양조공정

된장제조에 사용하는 원료는 콩, 쌀, 보리쌀, 밀쌀(도정한 밀), 소맥분 등의 전분곡류와 식염이며, 된장의 종류에 따라 사용하는 원료와 원료의 배합비가 서로 다르다. 여기에서는 밀쌀과 콩을 사용하여 된장을 제조하는 방법에 대하여 설명한다(그림 9-6).

(1) 원료처리

밀쌀을 침수시켜 수분을 흡수시킨 다음 물을 제거한다. 흡수한 밀쌀을 증자하여 냉각한 다음 황국균을 접종하여 입국을 만든다. 콩은 물에 담그고 원래의 콩 원료의 2배 정도가 되도록 흡수시킨 다음 건져서 4~10파운드의 증기압 상태에 2시간 정도 가압증자하여 냉각한다. 밀쌀과 콩의 배합비율은 된장의 종류에 따라 다르다. 일반적으로 사용하는 된장에서는 콩의 1~2배의 밀쌀을 사용하고 콩된장의 경우는 콩의 30% 정도의 밀쌀을 사용한다. 식염의 배합비는 5~13%이다. 콩의 함량이 많을 경우는 단맛과 향기가 부족하고, 밀쌀이 많을 경우는 단맛이 많고 향기는 담백하다. 그리고 식염의 농도가 높을수록 저장성이 좋아진다.

(2) 입국제조

일반적으로 시판된장은 밀쌀 또는 콩에 황국을 혼합하여 입국을 제조한다. 황국균은 *Aspergillus oryzae*로서 이 중에서도 향기가 좋고 단백질의 분해활성과 전분의 당화활성이 좋은 균을 선별하여 사용하고 있다. 밀쌀로 입국을 제조하는 방법은 탁주와 약주를 제조하는 방법과 거의 같으나, 단백질의 분해활성을 높이기 위해 배양할 때의 최고온도를 35℃ 이하로 유지한다.

콩된장을 만들기 위해 콩만을 원료로 하여 입국을 만들 경우는 밀쌀을 사용할 때보다 수분의 조절이 어렵다. *Bacillus*, 곰팡이 등의 잡균의 오염이 되기 쉬우므로 증자한 콩을 성형기로 으깨면서 직경 1.5~2.0cm의 형태로 성형한 다음의 메주를 만든다. 이때 볶고 분쇄한 밀쌀과 혼합한 황국균을 뿌려서 접종한다. 제국조건은 25~40℃에서 3~4일간이고 그 후 식염을 혼합하여 담금을 한다.

(3) 담금과 발효, 숙성

일반된장은 말쌀로 만든 입국과 식염 그리고 증자 냉각한 콩을 혼합하여 발효탱크에 담근다. 이때 입자 간에 공간이 없도록 잘 눌러서 담그고, 비닐로 덮고 나무판과 돌로 잘 눌러주면 표면의 건조와 호기성균의 번식을 방지하면서 숙성된다. 숙성을 균일하게 하기 위해 가끔 섞어 준다. 전분질의 곡류를 많이 사용할 경우는 여름은 약 15일간, 겨울은 약 30일간 숙성하면 제품이 완성되고, 콩을 많이 사용할 경우는 약 2개월간 숙성시켜 된장을 만든다.

간장덧의 숙성에 관여하는 미생물은 간장제조 때와 유사하고, *Saccharomyces rouxii*, *Torulopsis*, *Pichia*, *Debaryomyces*, *Hansenula* 속의 효모이다.

된장은 단백질은 풍부하지만 염류와 비타민 등이 부족하다. 최근에는 이들 부족한 점을 보충하기 위해 칼슘, 비타민 B, 비타민 A 등을 첨가한 영양강화 된장이 있다.

4-3. 고추장

고추장은 우리나라 전통식품의 하나이고 고춧가루와 메주, 쌀, 밀쌀, 밀가루, 맥아, 식염 등의 원료를 사용하여 제조하며, 제조방법은 고추장의 종류에 따라 다르다. 여기서는 국균으로 입국을 만들어 공업적인 제조방법에 관하여 설명한다.

▶ 원료의 전처리와 제국

[쌀 또는 밀쌀] → 물에 담금 → 탈수 → 증자 → 냉각 → 황국균 섞음

→ 제국 → 일반 된장용 입국

콩 → 물에 담금 → 탈수 → 증자 → 증자한 콩 → 갈음 → 냉각 → 간 콩

▶ 발효식 고추장

[입국] [간 콩] [고춧가루] [식염] [물] 혼합 → 담금 → 발효 숙성 → 갈음

→ 저온살균 → 발효식 고추장

▶ 당화속성식 고추장

[입국] [간 증자한 콩] [물] → 당화 → 고춧가루, 식염, 물엿, 조미료, 보존료 등 혼합

→ 갈음 → 살균 → 당화속성식 고추장

[그림 9-7] 고추장의 제조공정

(1) 고춧가루

고추의 매운맛의 성분은 alkaloid의 일종인 capsaicin($C_{18}H_{27}NO_3$)라는 결정체로서 고추의 과피에 많다. 과피의 붉은 색소는 주로 capsanthin과 lutein(carotenoid에 속하는 알

코올의 일종)으로 되어 있다. 고추장을 제조할 때 사용하는 고춧가루는 건조한 고추를 씨를 뺀 다음 분쇄한 것을 사용한다(그림 9-7).

(2) 제조방법

고추장의 제조법에는 입국을 고춧가루와 혼합하여 발효시키는 발효법과 당화공정을 거쳐서 숙성시키는 당화속성식 제조법이 있다. 이들의 제조공정은 다음과 같다.

1) 발효식 고추장 제조법

입국의 제조법은 탁주와 약주의 제조법과 유사하고, 먼저 쌀 또는 도정한 밀쌀을 물에 담가서 수분을 흡수시킨 후에 물을 빼고 증자를 한다. 증자한 밀쌀을 냉각하고 *Aspergillus oryzae*를 배양한 황국을 혼합 접종하고 30℃ 부근에서 배양하여 입국을 만든다. 고추장의 종류에 따라 원료의 배합비율이 다르고, 입국, 증자한 원료, 당화액, 고춧가루, 식염 등을 혼합하여 으깨서 발효조에 담근 다음 20~30℃에서 2~3개월간 발효 숙성시킨다. 쌀을 원료로 한 배합비의 보기를 들면 콩 46kg, 쌀 320kg, 고춧가루 54kg, 식염 84kg, 입국 84kg, 물 64L를 혼합한 것을 사용한다. 이 원료로 생산되는 고추장은 약 540kg 정도이다. 발효가 끝난 고추장을 갈아서 포장하고, 55~65℃에서 살균하여 제품을 만든다.

2) 당화속성식 고추장 제조법

쌀을 원료로 하여 제국한 입국과 증자 후에 간 콩을 당화조에 넣고 수분함량이 60% 정도 되도록 60℃의 온수를 가해 50~60℃서 5시간 정도 당화시키면, 제국 시 생성된 입국에 있는 amylase에 의하여 당화가 진행된다. 당화가 끝난 것을 80~85℃까지 온도를 올려 살균시킨 다음 고춧가루와 물엿, 보존료, 조미료를 가한 후, 냉각 마쇄시켜 포장을 하여 시판한다. 당화식 고추장은 발효식 고추장에 비하여 제조기간의 단축과 제조경비의 절감 등의 이점이 있으나 향기와 맛의 품질이 다소 떨어져 대부분의 공장에서는 발효식으로 고추장을 제조하고 있다. 당화식 제조법에 의한 원료의 배합비의 보기를 들면, 밀쌀 45%, 물엿 5%, 고춧가루 10%, 식염 8%, MSG 0.3%, 물 31.9%이며, 그 외에 보존료를 가하여 제품을 만든다.

5. 식 초

식초(vinegar)는 산미를 갖고 있는 조미료이다. 주 성분으로서는 3~10 % 초산을 함유하고, 그 외에 소량의 아미노산, 유기산, 에스텔류를 함유하며, 독특한 맛과 향기를 갖고 있다. 일반적으로 술을 만드는 데 사용하는 원료인 쌀, 밀 등의 전분질 곡류와 과실, 맥아 등을 사용하여 알코올발효를 시킨 술에 초산균을 접종하여 호기조건에서 발효시켜 만든다. 그리고 주정을 원료로 사용하는 경우도 있으며 이 경우는 초산균이 생육하는 데 필요한 영양분을 가하여 사용한다.

5-1. 초산균

식초의 발효에 사용하는 초산균은 생육이 빠르고, 내산성 내알코올성이 있고, 산의 생성이 빠르고, 초산의 과산화가 일어나지 않고, 산의 생산수율이 높고, 초산 이외에 여러 맛과 향을 함께 생산하는 것이 바람직하다. 이러한 목적으로 공업적으로 사용하는 균으로서는 *Acetobacter aceti*, *A. xylinum*, *A. shuzenbachii*, *A. pasteurianum* 등이 있다.

5-2. 알코올로부터의 식초 제조법

식초는 식초균에 의하여 알코올이 분자상의 산소를 이용하여 산화반응이 일어나서 ethanol ⟶ acetaldehyde ⟶ acetic acid의 산화반응을 거쳐 생산되므로 호기적 발효를 한다.

$$CH_3CH_2OH + \tfrac{1}{2}O_2 \longrightarrow CH_3CHO$$
$$CH_3CHO + \tfrac{1}{2}O_2 \longrightarrow CH_3CH_2OH$$

식초는 발효한 술 또는 주정에 식초균이 자라는 데 필요한 영양분을 가한 원료를 알코올함량이 약 10 %가 되게 희석하여 30~35℃ 부근에서 발효하여 만든다. 식초의 발효법에는 발효액을 정치발효시켜 발효액의 표면에 초산균의 막을 형성하여 공기와 접촉시키면서 발효시키는 정치발효법이 있고, 미리 초산균을 충진제의 표면에 흡착시킨

것을 충진한 탑(generater)에 발효하려는 액을 위쪽으로부터 아래쪽으로 흘려 내리고, 공기는 역으로 아래쪽으로부터 위쪽으로 통기시키면서 발효하는 속양법(quic vinegar process)이 있다. 그 외에 통기장치와 교반장치가 부착되어 있는 acetator의 장치를 사용하여 통기발효하는 심부발효법(submerged aeration process)이 있다.

제 10 장

|식품의 부패|

1. 식품의 부패

1-1. 부패의 개념

식품의 색, 맛, 향 및 형질 등이 변화하여 식품가치가 저하되는 현상을 넓은 의미의 식품의 부패(putrefaction)라고 하며, 식품의 부패는 물리적 원인(햇빛, 온도 등)과 화학적 원인(수분, 산소 등)에 의한 것도 있지만 주 원인은 미생물에 의한 것이다.

단백질식품이 미생물에 의해 분해되거나 변질된 것을 좁은 의미의 부패라 부르며, 탄수화물이나 지질이 분해되거나 변질된 경우를 변패(deterioration)라고 구별하기도 하며, 또한 미생물의 작용이 유용한 생산물을 만들거나 바람직한 방향으로 작용하는 경우에는 발효(fermentation), 유해한 경우에는 부패라 구별하는 경우도 있다.

표 10-1 주요식품과 변패미생물

식 품	변패에 관여하는 미생물
우유 및 유제품	*Streptococcus, Lactobacillus, Microbacterium, Bacillus,* 그람 음성간균
우육류	그람 음성간균, *Micrococcus, Cladosporium, Thamnidium*
우육류	그람 음성간균, *Micrococcus*
소시지·베이컨·햄류	*Micrococcus, Lactobacillus, Streptococcus, Debaryomyces, Penicillium*
고래고기	*Streptococcus, Clostridium,* 그람 음성간균
어류·갑각류	그람 음성간균, *Micrococcus*
패 류	그람 음성간균, *Micrococcus*
난 류	*Pseudomonas, Cladosporium, Penicillium, Sporotvichum*
채 소	그람 음성간균, *Lactobacillus, Bacillus*
과실·주스류	*Acetobacter, Lactobacillus, Saccharomyces, Torulopsis, Botlytis, Penicillium, Rhizopus*
곡 류	*Aspergillus, Fusarium, Monilia, Penicillium, Rhizopus*
빵	*Bacillus, Aspergillus, Endomyces, Neurospora, Rhizopus*

미생물은 공기, 물 혹은 토양 등의 자연계에 항상 존재하며 식품을 오염시킬 수 있으나, 특정의 식품에는 생육이 일정한 미생물군(균총, microflora)이 존재하게 된다. 이 미생물군의 종류는 식품의 성분, 온도, 산소의 유무, pH, 수분함량 등의 영양적, 화학적 또는 물리적인 인자에 의해 결정되며, 가공식품에 있어서는 원료와 가공과정에 의해 좌우된다(표 10-1). 일반적으로 세균은 수분함량이 많은 중성 pH의 단백질식품에 번식하기 쉽고, 곰팡이는 수분이 적고 삼투압이 높은 곡류, 빵, 과실, 저장야채와 같은 식품에 잘 생육하고, 효모는 과즙과 같이 당분을 함유하고 있는 산성식품에 번식하기 쉽다.

식품의 부패는 시간의 경과와 함께 미생물의 상태가 변하는 것으로서 먼저 식품의 표면에 호기성 세균과 곰팡이가 번식하고 난 다음 혐기성 세균군이 내부로 들어가 번식하는 경우와 번식한 세균이 그가 생성하는 산에 의해서 생육이 저지되고 그 후에 내산성 곰팡이가 발육하는 경우가 있다.

또한 식중독의 원인이 되는 미생물이 식품에 부착되어 증식하는 경우에는 일반적으로 식품성분의 분해 정도가 적고 또한 외관의 손상도 거의 없기 때문에 소비자가 알아차리기 어려우므로 식품위생상 그 예방에 세심한 주의를 하지 않으면 안 된다.

1-2. 중요한 식품의 부패

(1) 쌀 밥

쌀밥의 부패는 주로 쌀에 붙어 있는 내열성 포자형성간균 *Bacillus* 속(*B. subtilis, B. megaterium, B. cereus* 등)이 취반을 한 후에도 $10^{1\sim2}$세포/g 존재하여 이들이 발아, 번식함으로써 일어난다.

쌀밥의 변패속도는 온도에 밀접한 관계가 있다. 50℃ 이상으로 유지시키면 세균의 증식이 억제되어 그대로 보존되나, 그 이하의 온도에서는 변패균의 증식에 적당한 온도가 되어 시간이 지남에 따라 변패된다.

일반적으로 쌀밥이 30℃에서 20~30시간 경과한 경우에는 짙은 향기가 나타나고 연화되며 부패의 초기에 세균은 10^8세포/g 정도가 되고 부패의 후기에는 $10^{9\sim10}$세포/g이 된다.

쌀밥의 부패에 관여하는 미생물군은 세균수와 부패의 진행 정도 사이에 거의 일정한 관계를 가지고 있다. 따라서 세균수의 측정을 통해 부패의 판정을 할 수 있다.

쌀밥이 세균으로 변패되는 사이에 수분이 10~20% 증발하게 되면 *Penicillium*, *Aspergilus*, *Mucor* 속 등의 곰팡이가 증식하게 된다.

(2) 빵

빵의 부패는 곰팡이의 번식과 rope(점질화)의 생성이다.

빵에 발생하는 빵곰팡이는 *Rhizopus*, *Penicillium*, *Mucor*, *Aspergillus*, *Monilia* 등이 있으며, 제빵 후의 오염에 의해 발생한다.

빵의 rope란 불쾌한 냄새를 내고 변색이 되며 빵을 잘랐을 때 끈끈한 물질이 실모양으로 나타나는 변패현상으로 *B. subtilis*와 *B. licheniformis* 등의 내열성포자가 빵의 내부에서 발아하여 번식하기 때문에 일어난다. 이러한 현상은 빵반죽 중의 총균수가 많았거나, 구운 후에 천천히 냉각을 했거나, 고온다습한 곳에 보관했을 때 일어나기 쉽다.

이러한 변패는 propion 산염류의 첨가로 방지할 수 있다. 수분함량이 많은 경우에는 *Serratia marcescens*가 번식하여 적색색소를 만들기도 한다.

(3) 청과물, 야채 및 과실

과실, 채소의 변패는 효소작용, 미생물작용 또는 이 두 작용으로 일어난다. 물리적 상해로 상처를 입은 것과 파열, 절단, 동결, 탈수, 취급부주의로 효소작용, 미생물의 증식이 촉진되어 국부적인 변패가 일어나고 점차 그 변패된 부분이 확대되어 간다.

또 pectin 분해세균(*Erwinia*)에 의한 감자, 양파 등의 연부병이나 배추, 당근, 토마토 등의 세균성 부패도 있으며 연화에 이어 악취를 내게 된다. 곰팡이에는 사과·귤의 푸른 곰팡이병을 일으키는 *Penicillium*, 복숭아·배의 검은 곰팡이병을 일으키는 *Rhizopus*, 사과·귤에 번식하는 *Aspergillus* 등과 불완전균으로서 *Cladosporium*, *Botrytis*, *Fusarium*, *Alternaria* 등이 있다. 이들은 각각 독특한 변질을 일으키며 청과물의 저장병해 또는 시장병해로서 주목되고 있다.

(4) 육 류

도살된 육류는 시간이 경과함에 따라 사후강직, 해경을 거쳐 근육 중의 효소작용에 의한 자기소화가 일어나 단백질이 분해되어 가용성 단백질, peptide, 아미노산을 생성한다. 그래서 풍미가 좋아지고 조직도 연화되어 식용에 알맞게 되나 자기소화의 진행에 따라 고기의 pH가 상승되어 미생물의 번식에 알맞은 조건으로 되어 부패가 일어나게 된다. 신선한 고기의 내부육질은 보통 무균이나 그 표면은 여러 가지 세균(*B. subtilis*), 대장균, 그람 음성간균 등에 의해 2차오염되어 표면에서부터 부패가 시작되고 차차 내부로 진행된다. 더욱이 혐기성균(*Clostridium putificum, Cl. sporogenes* 등)으로 부패가 진행되면 단백질은 분해되어 H_2S, NH_3, mercaptan, scatol 등 악취물질을 생성한다. 유독 amine이나 수소, CO_2 등을 생성하기도 한다.

자른 고기는 고기의 표면에만 생존하고 있던 세균이 고기의 내부까지 고르게 분포되게 되므로 냉동하지 않으면 속히 부패하게 된다.

육류가공품인 햄, 소시지 등에는 내열성포자 형성세균이 오염되는 경우가 있는데 이것을 완전히 살균하기는 매우 어렵기 때문에 sorbic acid 등의 방부제가 쓰인다.

(5) 어패류

어패류는 수분이 많고 조직이 연하고 자기소화도 빠르므로 육류보다 부패하기가 쉬우며, 그 육질도 급속히 알칼리성으로 되어 세균의 생육에 적당하게 된다. 어패류의 부패균 중 대표적인 것은 수중세균이며, 육상부패균과는 그 종류와 성질이 다르다. 해산어류의 부패세균군은 시간과 더불어 변화하는데 처음에는 *Micrococcus*나 *Flavobacterium*이 많으며, 이어서 *Achromobacter*와 *Pseudomonas*가 우세하게 된다. 어획 후 육상에서 2차적으로 오염된 세균은 부패에는 관여하지 않는다고 한다. *Micrococcus*에는 내염성균이 많고 염장어육의 부패원인균의 대표적인 것이다. 내장의 여러 성분은 자기소화에 의해 세균의 생육에 알맞은 배지가 되고 세균의 생육을 촉진하며 내장의 세균은 근육 속으로 침입해서 왕성하게 번식하여 부패를 일으킨다.

패류는 glycogen을 많이 가지고 있어 당화작용에 의한 당분이 만들어지며 먼저 발효세균이, 이어서 대장균이나 구균이 생육하여 육질이 알칼리성이 되면 염기성균의 발육이 왕성하게 된다.

생선냄새는 어육 중의 trimethyl amine oxide(무취)가 생선 선도가 떨어지면서 환원되어 악취가 나는 trimethyl amine으로 변화되기 때문인데 해수어가 담수어에 비해 더 심하다.

(6) 계 란

산란 직후의 계란은 거의 무균이며 난각표면은 점막으로 둘러싸여 있어 난각의 작은 구멍을 통해서 들어오는 미생물의 침입을 막고 있다. 또 난각내부에는 두꺼운 막이 있고 난백성분 ovomucoid는 항단백분해효소성이 있고, 난백 중에는 용균성효소인 lysozyme이 들어 있기 때문에 저온에서는 쉽게 부패하지 않는다. 그러나 난각에 상처가 있고 오염이 심한 알은 고온에 두면 세균이 쉽게 침입해서 난황까지 도달하게 되고 부패가 일어난다.

이러한 부패에는 냄새는 없으나 난백과 난황이 황록색이 되고 자외선을 쬐면 강한 형광을 내는 녹색부패(green rot, *Ps. fluorescens*가 원인균이다)나 난황이 흑색으로 되었다가 파괴되어 전 내용물이 회갈색으로 되고 H_2S의 악취가 심한 흑색부패(black rot, *Proteus melanovogenes*, *Pseudomanas*. sp.) 등의 여러 형태가 있다.

(7) 우 유

우유는 단백질조성이 우수하며 lactose가 있고 액상이므로 미생물에게 매우 좋은 배지가 된다. 우유의 살균은 영양분의 보존과 병원미생물의 살균을 목적으로 하기 때문에 완전살균을 하지 않으며 또 방부제의 첨가도 할 수 없기 때문에 매우 쉽게 부패한다.

우유 중에는 *Latoacillus*와 *Sreptococcus*와 같은 젖산균이 있다. 우유가 산패되면 casein이 응고되어 curd를 형성하고 유청(whey)이 분리된다. 포자형성균인 *Bacillus*나 *Clostridium*의 포자가 발아해서 번식하면 우유단백질을 분해해서 가스를 발생시키고 불쾌한 냄새를 낸다.

우유는 *Alcaligenes viscolactis*(viscosus)의 발육으로 그 표층의 점도가 증가하는데, 대장균이나 젖산균 등에 의해서도 점도가 증가하는 경우가 있다. 우유의 변색을 일으키는 균으로는 *Pseudomonas syncyanea*(담청색), *Serratia marcescens*(분홍색)가 있다. *Pseudomonas fluorescens*, *Ps. putrefaciens* 등은 우유를 10℃ 이하로 저온보존을 하여도 생육하며, 산응고를 일으키지 않고 곧 casein을 소화한다.

2. 세균성 식중독

식품은 미생물에 의해 부패가 일어나면 그 형태, 색깔, 향미가 변화해서 관능적으로 식별을 할 수 있게 된다. 그러나 겉보기에는 멀쩡한 식품을 먹고 식중독(food poisoning)을 일으키는 수가 있다.

식중독에서는 세균에 의한 것, 화학물질에 의한 것과 자연독에 의한 것이 있는데 여기서는 세균성인 것만 설명하기로 한다.

세균성 식중독(bacterial fool poisoning)은 많은 생균을 식품과 함께 섭취했을 때 일어나는 감염형 식중독(*Salmonella*균, 장염비브리오균, *Welchii*균 등)과 세균이 생산하는 독소를 섭취해서 일어나는 독소형 식중독(*Botulinus*균, 포도상구균 등)이 있다. 이러한 세균성 식중독은 동물성 단백질이 부패하여 생산된 유독 amine을 섭취함으로써 심한 중독증상을 일으킨다고 생각되어 한때 ptomaine 중독이라고도 하였으나, 식중독의 연구가 진행됨에 따라 이 ptomaine 중독은 *Salmonella*균, *Botulinus*균 등에 의한 세균성 식중독인 사실이 알려져 이 ptomaine 중독이란 말은 없어지게 되었다.

2-1. 장염비브리오균(병원성호염균) 중독

1930년 일본에서 처음 발견된 식중독으로서 *Vibrio parahaemolyticus*가 원인균이다.

장염비브리오균은 균체가 조금 구부러진 그람 음성인 무포자간균이며 1개의 편모로 활발하게 운동한다. 성상이 *Cholerae*균과 비슷한데 혈청반응의 차이로 구별한다. 2~3%의 소금용액에서 가장 잘 발육하며 분열속도(7~8분)가 빠르고 어패류나 겉절이 같은 식품 중에서 급속히 번식하므로 선도가 좋은 식품이라도 중독의 원인이 된다.

여름철에 어패류의 생식에 의한 급성위장염증상을 나타내는 감염형 식중독균이다. 이 균은 저온, 담수 중에서 발육이 저해되며 열에 약하므로 60℃에서 5분 정도로 처리하면 사멸한다.

2-2. *Salmonella* 균 중독

*Salmonella*균은 그람 음성, 무포자간균, 주편모인 통성혐기성균인데 대장균과 비슷한 점이 많으므로 혈청학적으로 구별한다. 내열성은 그다지 강하지 않으므로(60℃에서

20분으로 사멸) 충분하게 가열하면 이 균에 대한 위험성은 낮아진다.

모든 식품의 중독원인이 되는데 동물성 단백질식품인 어패류, 고기, 알 등에 의한 경우가 많으며 채소와 그 가공품, 팥앙금 등의 식품이 원인이 되는 경우도 있다.

쥐, 개, 고양이, 파리, 바퀴, 가축류도 *Salmonella*균을 가지고 있으며, 식품을 통해서 사람에게 식중독을 일으키게 한다. *Salmonella* 식중독을 일으키는 균에는 *Sal. enteritidis, Sal. typhimurium, Sal. thompson, Sal. soesterberg, Sal. bareielly* 등 상당수가 있다.

2-3. *Welchii*균 중독

*Clostridium welchii, Cl. perfringens*에 의한 감염형 식중독인데 유럽과 미국에서 자주 보고되고 있다. 가벼운 급성위장염증상을 나타낸다.

포자의 내열성은 100℃에서 1∼4시간이다. 가스괴저병의 원인이 되는 것인데 사람, 동물, 파리의 배설물 중에 흔하게 있는 균들이 있다. 고기요리(gravy나 stew 등)를 조리한 후 천천히 식혀서 다음날 먹거나, 생선묵이나 냉장닭고기 등이 원인식품으로 되어 있다. 발육적온이 43∼47℃로 식중독을 일으키는 세균 중에서는 가장 고온이다.

2-4. *Botulinus*균 중독

*Clostridium botulinum*의 A·B·E·F형 균이 생산하는 균체외독소(neurotoxin)에 의해 발생하는 식중독이다. 강한 중추신경장해를 일으키며 치사율도 20∼70%로 높다. 독성은 A형이 가장 강하고, B형이 다음이며, E형이 가장 약하다. 독소는 열에 약해 80℃에서 30분 가열하면 파괴되므로 식품에 가열처리를 하면 중독을 예방할 수 있다. 그러나 균 자체는 내열성포자를 형성하여 100℃에서 6시간 또는 110℃에서 30분의 가열살균을 하여야만 포자를 사멸시킬 수 있다. 따라서 살균처리를 한 식품일 경우에는 가공 후에 포자가 발아하여 번식해서 식품 중에 독소가 생성될 수 있으므로 주의해야 한다. A형의 독소는 그 결정 0.001 μg만으로도 mouse를 죽이며 세균이 생산하는 독소 중에서 가장 독성이 강하다.

오래 전부터 통조림공업에서 가장 문제시되어 온 식중독균으로서 pH 4.5 이상인 육류나 채소류의 통조림살균은 주로 *Botulinus*균 포자의 완전살균을 목표로 이루어지고 있어 공업적으로 생산된 통조림에서는 이 균에 의한 중독은 없어지게 되었다. *Botulinus*균은 그람 음성, 포자형성, 편성혐기성균이고 토양, 해변의 모래 등에 널리 분포한다.

2-5. 포도상구균 중독

Staphylococcus aureus(황색포도상구균)에 의해 균체 외로 생산되는 독소(enterotoxin)에 의해 일어나는 식중독이다. 그 증상은 구토, 설사를 들 수 있는데 비교적 가볍다. 이 독소는 내열성(120℃에서 20분 가열하여도 안정)을 가지고 있으므로 보통 조리법으로는 파괴되지 않는다. 우유, 유제품, 곡류와 그 가공품, 초밥, 도시락, 생선과 그 연제품 등의 식품이 원인이 되는 경우가 많다.

포도상구균은 그람 음성, 통성혐기성구균으로 화농균의 대표적인 것이다. 원래 병원 세균이기는 하나 어느 특정한 균주는 독소를 생산한다. 열에는 약하며(62.8℃에서 30분 가열하면 사멸), 7~8℃의 저온에서도 발육한다.

제 11 장

|식품의 저장법|

1. 서 론

　인구의 도시집중, 산업의 발달은 전통적인 식생활습관을 다양하게 변화시켰으며, 생활이 복잡해짐에 따라 식품을 연중 충분히 공급하기 위해서 저장의 필요성이 점차 커지고 있다. 또 과거에는 가정에서 소규모로 하여 오던 저장이 점점 발전해서 현재에는 식품공업의 중요한 부문을 차지하게 되었다. 이러한 식품저장방법의 발달과정은 표 11-1과 같다.

표 11-1　식품저장법의 진보

1500년 이전	조리는 굽는 방법, 볶는 방법, 건조법, 염장, 당장, 동굴 저장 등 모두 불, 바람, 일광, 해수, 암염 등의 자연조건을 이용하는 데 지나지 않았다.
1600년	초보적인 열풍건조기에 의해서 인공건조법이 이용되기 시작하였다.
1795년	프랑스에서는 채소를 열풍 건조시켜 저장하였다.
1800년	프랑스의 아뻬르(1804)가 통조림법을 발명하였다.
1875년	독일의 린데가 냉동기를 발명하였다.
1900년	통조림, 병조림 기술의 진보를 볼 수 있고, 각종 건조방법이 개발되었다.
1919년	독일의 프랑크가 급속동결의 이론을 제창하였다.
1922년	영국의 킷드가 가스저장의 연구를 개시하였다.
1929년	미국의 버어즈아이에 의해서 급속동결장치가 발명되고 냉동식품이 제조되기 시작했다.
1942년	제2차 대전 중 통조림, 병조림, 건조, 냉동냉장의 가공기계기술이 한층 개량 발전하였다.
1950년	진공기술의 개발로 인해서 액상식품 진공농축방법이 발달하고 또 진공건조·동결건조에 의한 우수한 복원성을 가진 건조식품의 제조가 가능하게 되었다.
1953년	미국에서 방사선 살균의 연구가 개시되었다.
1960년 이후	1950년대까지의 가공기술과 가공기계가 더욱 진보, 개량됨과 동시에 식품화학의 진보에 의해서 가공식품의 품질이 향상되었다. 또 석유화학의 진보에 의해서 각종의 플라스틱 제품이 용기나 포장재료로서 싼 값으로 많이 이용되게 되었다. 전자레인지, 전자냉동, 초음파가공 등 전자공학을 식품가공에 많이 응용하게 되었다.

식품의 저장법은 부패, 변패의 주요한 원인인 미생물의 번식을 방지 또는 억제하는 데 있다. 즉 식품 중의 미생물을 사멸시켜서 다시 번식하지 못하게 하거나 미생물이 존재하더라도 번식할 수 없는 상태로 하는 것이다.

이러한 식품저장방법은 다음과 같은 네 가지의 성질 중 어느 하나 또는 이들 몇 가지를 조합하여 이용하는 것이다.

① 식품 중의 수용성 고형물의 농도, 즉 식품의 삼투압을 증가시켜 미생물이 식품을 영양분으로 해서 발육하지 못하도록 변화시키는 방법으로 건조, 염장, 훈연, 당장 등이 그 대표적인 것이다.

② 식품을 용기에 넣어 밀폐하고 가열해서 살균하는 방법으로 통조림·병조림이 여기에 속한다.

③ 식품을 저온으로 저장해서 미생물의 번식을 억제 또는 정지시키는 방법으로 냉장·냉동법이 여기에 속하다.

④ 식품에 방부효과를 갖는 화학물질을 미생물의 발육은 억제시키나 인체에는 무해한 범위로 첨가하는 방법으로 훈연, 보존료를 사용하는 식품저장법이 있다.

2. 건조(drying, dehydration)

식품을 미생물의 생육에 필요한 수분량 이하로 건조하면 그 생육이 저지되어 식품은 보존된다. 식품의 평형상대습도(E.R.H.) 또는 수분활성(A_w)이 저하됨에 따라 세균, 효모, 곰팡이의 생육이 차례로 억제된다. 따라서 건조에 의해 식품을 저장하려면 건조에 가장 강한 곰팡이의 생육이 불가능한 수분활성인 A_w 0.7 이하까지 건조시켜야 한다.

건조식품은 미생물의 생육이 억제되었어도 효소분해, 산화, 갈변 등 화학변화를 일으키는 경우에는 보존하는 용기 속의 공기를 제거하든가 불활성가스로 치환해 주는 것이 좋다.

식품의 건조방법에는 자연건조법과 인공건조법(열풍건조법과 냉동건조법 등)이 있다. 자연건조법은 간편하고 경비가 들지 않으므로 옛날부터 많이 쓰였으나, 건조에 필요한 시간이 길기 때문에 자기소화 등에 의해서 품질을 떨어뜨릴 염려가 있고 건조가 일기에 좌우되며 넓은 면적을 필요로 하는 점 등의 결점이 있다.

열풍건조는 가열한 공기의 온도나 습도, 풍속을 조절해서 건조시키는 방법이다. 건조 중의 식품의 효소작용을 막기 위해 채소나 과실은 건조하기 전에 뜨거운 물에 수분 동안 담그거나 수증기로 데치기(blanching)를 하게 된다. 공기 중의 산소에 의한 산패가 문제되는 경우에는 감압건조를 하며, 이 감압건조는 비교적 저온에서 건조되기 때문에 성분의 변화가 적다.

동결건조법(freeze drying)은 식품을 급속히 동결시킨 후 진공에 가까운 감압으로 수분을 승화에 의해 제거하는 가장 진보된 건조방법이다. 건조된 제품에 물을 가하면 건조 전의 신선한 상태로 거의 되돌아간다. 그러나 이 방법은 경비가 많이 들고 건조 후의 제품의 부피가 크며, 다공질이기 때문에 공기의 산화를 받기 쉬우므로 저장 시에는 불활성가스를 채워 밀봉해 두어야 한다.

3. 냉장·냉동

냉장(cold storage), 냉동(freezing)은 식품의 온도를 낮추어 미생물의 생육을 억제함과 동시에 식품 중의 효소작용을 억제해서 식품을 저장하는 방법이다.

냉장은 식품을 0~10℃로 저장하는 것이며 중온성균의 발육을 억제하고 저온성균의 생육을 느리게 하는 방법이다. 그러나 저장기간이 오래되면 효소의 작용이 서서히 진행되어 식품이 변패되게 된다. 일반적으로 0℃ 부근의 냉장온도가 저장성이 좋으나 냉장온도보다 높은 12~13℃가 좋은 것(바나나, 호박, 고구마 등)도 있으므로 주의하여야 한다.

냉동은 식품을 0℃ 이하로 동결시켜 저장하는 것을 말한다. 냉동도 단순히 미생물의 생육을 억제할 뿐이며 살균적 효과는 거의 없다.

급속냉동은 -30℃~-40℃의 저온으로 급속히 동결을 하게 되므로 수분은 조직 속에서 수많은 작은 결정이 되어 조직을 거의 파괴하지 않는다. 해동시켜도 원래의 상태와 비슷하게 되돌아가므로 오늘날에는 이 급속냉동방법이 많이 쓰이고 있다.

한편 냉동품을 저장한 때에는 -15℃ 이하의 저온으로 하고 온도변화가 적게(±2℃)

하는 것이 바람직하다.

냉동법은 어패류, 육류, 닭고기와 일부 청과물에 이용되고 있었지만 오늘날에는 조리식품 등의 분야에까지 냉동이 널리 이용되고 있다.

4. 염 장

염장(salting)에 의한 식품의 저장은 소금의 탈수작용과 미생물세포의 원형질분리를 이용하는 저장방법이다.

4-1. 염지법

식품을 소금물에 담가 식품조직 중에 소금을 침투시키는 방법이다. 식품을 물로 잘 씻은 후 소금물에 담가 가끔 교반하여 식품에 접하고 있는 액면에 소금의 농도차가 생기지 않게 하여 침투를 촉진시킨다. 염지법의 특징은 소금물의 농도를 적당히 조절하는 것이 가능하고 소금이 골고루 침투되어 맛과 외관도 함께 좋게 된다.

단점은 다음에 설명하는 살염법보다도 많은 소금을 필요로 하고 또한 소금물을 넣는 용기를 필요로 한다는 점이다.

4-2. 살염법

식품에 직접 소금을 뿌려 쌓은 후 적당히 압력을 가하거나 또는 용기 내에 식품과 소금을 혼합하여 소금을 침투시킨다. 살염법의 특징은 높은 소금농도에 의해 탈수가 강하고 빠르며 소금의 사용량도 염지법보다도 적고 사용하는 용기도 염지법의 경우처럼 단단한 것을 필요로 하지 않고 더욱이 장기간 계속하여 저장할 수 있다. 이 방법의 단점으로는 식품 중에 소금의 침투가 고르지 않고, 가압에 의해 액즙이 식품의 조직 밖으로 나오는 경우 풍미가 소실될 경우도 있다.

육류의 염장은 햄, 소시지, 베이컨 등의 축산가공품의 전처리로서 중요한 공정이고 어패류에는 연어, 대구, 청어 및 이들 알의 염장 등이 대표적이다.

5. 당 장

  당장(sugaring)은 염장과 같은 원리로 설탕의 탈수작용과 삼투압을 이용한 저장법이다.

  고농도의 설탕물은 삼투압이 높기 때문에 미생물, 특히 곰팡이 및 세균의 발육을 억제한다. 설탕에 산을 첨가한다면 미생물의 발육을 저지하는 데 필요한 설탕의 양(당도)을 낮출 수 있으며, 잼, 젤리, 마멀레이드, 과실의 설탕침지, 가당연유 등이 당장식품의 대표적인 것이다.

  그러나 미생물에서는 50 % 설탕농도까지 견디는 것이 있으며 곰팡이나 효모 중에는 67 %까지도 견디는 것이 있고 80 % 시럽에서 생육하는 효모도 있다. 따라서 당장을 위해서는 고농도의 당이 필요하게 된다.

6. 병조림과 통조림

  병조림(bottling)과 통조림(canning)은 식품을 용기에 담고 탈기한 후 용기를 밀폐해서 외기와 차단하고 가열살균하여 미생물을 사멸시킨 것이다.

  탈기란 용기 내의 공기를 제거하는 것으로서 탈기를 하게 되면 살균 후에 남아 있는 호기성 세균포자의 발아를 억제하고, 식품의 색, 유지, 향미, 비타민 등이 공기에 의하여 변질 또는 파괴되는 것을 방지하며, 가열에 의해서 생기는 내부공기의 팽창에 의한 용기의 파손을 막을 수가 있다.

  이어서 밀폐된 병이나 통조림을 가열살균하는데 그 조건, 즉 온도와 시간은 내용물의 상태(밀도, pH)에 따라 조정하여야 한다.

  산의 함량이 적은 육류, 생선, 일반채소 등은 가열솥(autoclave 또는 retort)에서 100℃ 이상으로 가열살균을 한다. 그러나 병이나 통조림은 그 내용물을 완전무균상태로 할 필요까지는 없다. 만일 완전무균으로 하기 위해 고온으로 살균하면 그 통조림식품은 조직, 풍미, 방향이 나빠지게 된다. 따라서 식품을 원래 상태로 남길 수 있으면서 그 저장효과를 충분히 얻는 최저의 온도로 살균을 할 필요가 있다.

살균온도의 조정에는 식품의 pH와 밀도에 가장 신경을 써야 한다. 일반적으로 통조림식품은 pH에 의해 표 11-2와 같이 두 가지 group으로 나눌 수가 있다.

표 11-2 가열조건에 의한 통조림식품의 분류

산도의 분류	pH	식품명	식품군	변패원인	살균가열 조건
저산성	7.0	성숙한 olive, 게, 알, 굴, 우유, 옥수수, 닭, 쇠고기, 생선	육, 어육, 조육	중온성포자형성 혐기성균	고온살균 115~121℃
	6.0	corned beef, peas, 당근, 아스파라거스, 감자	채소	호열성균	
	5.0	무화과, 토마토 soup	soup		
중산성	4.5	pimento		*Botulinus* 균의 산성생육한계	
산 성	3.7	토마토, 배, 살구, 복숭아, orange	과실	무포자형성 내산성균	열탕 살균 100℃
		sourkraut, pineapple, 사과, 딸기	장과	산성에서 생육하는 포자형성균, 효모,	
고산성	3.0	pickle, 김치, lemon juice	고산성식품, 잼, 젤리	곰팡이	

즉 4.5<pH<7인 중성 또는 산도가 낮은 것과 pH<4.5인 비교적 산도가 높은 것이 있다. pH가 낮으면 살균효과가 높아지며 세균포자의 발아가 억제된다. 내열성세균 중에는 pH가 산성인 때 혐기적 조건에서도 발아가 가능한 것도 있다.

유기산이 많은 과실의 병·통조림 살균온도는 100℃까지로 충분하다.

용기에 담은 식품의 밀도와의 관계를 보면 액즙이 많은 경우에는 고형물이 많은 경우보다 대류에 의해 열의 전도가 빠르게 되므로 살균시간을 단축할 수가 있다.

살균이 끝난 병·통조림은 되도록 빨리 냉각시켜 내열성 세균포자가 발육할 수 있는 온도 이하로 떨어뜨려 주어야 한다. 만일 내열성 세균포자가 남아 있으면 천천히 냉각하는 동안에 포자가 발아해서 영양세포로 되어 부패를 일으키게 되기 때문이다.

병·통조림은 찬 곳에 두면 오랫동안 내용물에 큰 변화 없이 저장할 수가 있다.

6-1. 통조림의 변패

통조림의 변패는 통조림 안에 혼입된 미생물이 통조림저장 중에 발육해서 그 내용물의 변패가 일어난 것이다. 정상적인 통조림은 아래, 위, 양면이 조금 들어가 있는데 변패한 통조림은 관이 팽창되므로 구별된다. 그 팽창 정도에 따라 flipper, springer, soft swell, hard swell의 4단계로 진행되며 마지막에는 깡통이 파열한다.

① Flipper : 깡통 양면이 평평하기는 하나, 그 어느 한쪽 면이 조금 팽창한 것을 말하며 팽창면을 손가락으로 눌렀다 떼면 바로 원상태로 된다.

② Springer : 한쪽면이 완전히 팽창한 것을 말하는데 팽창면을 손가락으로 누르면 다른 쪽의 면이 팽창한다.

③ Soft swell : 깡통의 양면이 팽창한 상태를 말하는데 팽창면을 손가락으로 누르면 조금은 원상으로 되돌아가나 정상위치까지는 되돌아가지 않는다.

④ Hard swell : 깡통 양면이 강하게 팽창한 상태인데 팽창면을 손가락으로 눌러도 전혀 되돌아가지 않는다.

통조림의 팽창은 미생물과 관계없이 물리적 또는 화학적 작용에 의해 일어나는 경우도 있다. 이밖에 flat sour라고 해서 깡통이 팽창하지 않으면서 미생물에 의해 변패되는 것도 있다. 이 경우에는 유포자호열성세균(*Bacillus thermoacidurans, B. stearothermophilus* 등)이 젖산과 호박산을 생성하기 때문이며 채소통조림이나 연어, 송어 등 수산통조림에서 볼 수 있고 독성은 없으나 풍미가 나빠 상품적 가치가 떨어진다.

또, 유포자혐기성내열성세균은 H_2S를 발생시키는데 이것이 물에 녹으므로 가스압은 생기지 않는다(모시조개 통조림).

일반적으로 미생물에 의한 통조림의 변패원인은 권체의 불량과 살균의 부족이다. 권체불량인 경우에는 살균 후의 냉각 시에 오염되는 경우가 많은데 *Proteus, Aerobater, Escherichia, Psudomonas* 등이 대표적인 것이다.

살균부족의 경우에는 식품과 함께 통조림 중에 생존하고 있던 세균이 발육해서 내용물을 변패시킨다. 가장 흔한 것은 호기성유포자균인 *Bacillus*이다. 또 혐기성유포자균으로 내열성인 *Clostridium*도 자주 문제가 되는데, 가장 무서운 것은 *Cl. botulinum*균이다. 이 균의 포자는 100℃로 5시간 가열해도 사멸하지 않는 것이 있어 식중독의 위험성이 크다.

7. 훈 연

훈연(smoking)은 어패류, 육류를 목재의 불완전연소에 의한 연기로 그을리는 것을 말하며 훈연하기 전의 염지(curing)처리와 훈연할 때의 건조가 함께 작용해서 저장을 가능하게 한다.

훈연으로 생긴 phenol류, formaldehyde, 초산 등 방부효과가 있는 성분의 제품 내로의 삼투는 소량이므로 훈연 그 자체에 의한 보존효과보다는 훈연에 부수되는 건조에 의한 효과가 더 큰 것으로 생각된다.

훈연방법은 훈연온도에 따라 냉훈, 온훈, 열훈으로 나누어진다.

냉훈은 15~30℃로 훈연하는 방법으로 장시간(1~3주일)을 요하며 제품의 착색이 나빠지고 중량의 감소가 크기 때문에 그다지 좋은 방법이 아니다. Dry sausage 제조에 많이 이용된다.

온훈은 30~50℃로 훈연하는 것인데 햄, 베이컨 제조에 많이 쓰인다.

열훈은 50~80℃로 훈연하는 것으로 햄, 소시지 제조에 이용된다.

온훈과 열훈은 약 10시간 내외의 단시간 훈연으로 두 가지 것을 합해서 온훈이라고 말하는 경우도 있다. 어느 방법을 사용했든지 장기보존을 위해서는 냉장을 병용할 필요가 있다.

훈연에 쓰이는 재료는 수지가 적고 단단한 나무가 좋아 벗나무, 참나무 등의 활엽수가 많이 쓰이고 있다. 수지가 많은 소나무, 침엽수 등은 제품에 수지냄새가 나서 좋지 않다.

액훈은 훈연성분의 용액(목재건류액 등)에 가공하는 원료를 담그거나 발라서 훈연하는 것으로서 염장할 때의 소금물 속에 훈연성분을 섞고 소금과 함께 그 성분을 식품 중에 침투시키고 건조한다.

8. 가스저장법

과실, 채소 등 식물성 식품, 생선, 육류, 알과 같은 동물성 식품을 대기와는 다른 인공

공기(보통 공기에 CO_2, N_2 등의 불활성가스를 가한 것) 중에 저장하는 방법을 가스저장법(영 : gas storage, 미 : controlled atmosphere : CA 저장)이라고 한다. 가스저장법은 식물성 식품의 호흡작용을 억제하고, 동물성 식품의 호기성세균의 번식을 억제해서 저장효과를 높이는 것이다. 가스저장법에는 냉장법도 병용해서 저장효과를 높이는 경우가 많다.

8-1. 식물성 식품의 가스저장

과실, 채소류의 가스저장에서 불활성가스의 농도가 높을수록 저장효과는 올라가지만 어느 정도의 산소는 남겨 두어야 한다. 왜냐하면, 산소가 전혀 없거나 미량 있으면 분자 간 호흡으로 알코올발효를 일으켜 오히려 품질이 많이 떨어진다. 분자 간 호흡이란 공기 중의 산소를 이용하지 않고 자기 자신이 갖는 영양물질을 분해해서 발생하는 에너지를 이용하는 호흡이다.

정상호흡에서는 공기 중의 산소에 의해 영양물질을 산화해서 그때 발생하는 에너지를 이용한다. 과실에 대한 가스저장법이 일반저장법에 비해서 좋은 점에는 다음과 같은 것이 있다.

① 같은 온도에서 공기 중의 보통저장에 비해 추숙작용이 1/2 정도가 된다. 따라서 약 2배가량 오래 저장할 수가 있다.

② 일반저장법으로 장기간 저장하려면 저온으로 하여야 하는데 가스저장법에서는 그렇게 저온으로 하지 않아도 된다.

③ 가스저장법에서는 저장 중 과실의 황변, 연화가 적고 냉장고에서 꺼낸 후의 보존성도 좋다.

8-2. 동물성 식품의 가스저장

동물성 식품의 가스저장은 CO_2 농도가 높을수록, 또 온도가 낮을수록 저장효과가 높아지며, 식물성 식품의 경우와는 달리 O_2를 남길 필요가 없다.

일반적으로 생선, 육류에서는 0℃ 전후, 15~20 %의 CO_2 가스농도에서 60일간 저장은 저온성인 부패세균(*Achromobacter* 등)의 번식을 억제하므로 저장이 가능하다.

9. 방사선보존법

　방사선보존법(radiation preservation)이란 자외선보다도 단파장인 방사선을 식품에 조사해서 그 살균력으로 식품의 보존을 꾀하는 방법을 말한다. 살균처리 시 식품의 온도가 오르지 않기 때문에 **냉살균(cold sterilization)**이라고도 한다.

　그러나 살균시설이나 안전성 및 가격 등의 제반문제가 남아 있어 아직은 보편적으로 이용되지 않고 있다.

제 12 장

|미생물의 개량|

1. 돌연변이와 유전자의 발견

유전학의 연구는 1953년에 Watson과 Crick이 DNA 구조 모델을 발표한 무렵부터 분자수준에서 다루기 시작하였으며, DNA 복제(replication)와 유전자돌연변이(mutation)의 양쪽 모두를 분자구조적으로 설명하게 되었다. DNA의 Watson-Crick 구조에 대하여 현재 유전공학을 배우는 사람은 잘 알고 있다. 유전자는 이러한 DNA의 한 단편이고 DNA의 염기(base)배열이 전사(transcripion)를 통해 RNA의 염기배열을 결정하고, 다시 번역(translation)에 의하여 polypeptide 사슬의 아미노산배열을 결정한다. 따라서 돌연변이는 DNA 염기배열에 어떠한 변화가 영구적으로 일어난 것으로 정의할 수 있다.

한 개의 유전자는 그 nucleotide 배열이 돌연변이에 의하여 바뀌어짐으로써 여러 가지 다른 형태로 된다. 이와 같이 유전자의 돌연변이에 의하여 생긴 여러 형태를 대립유전자(allele)라 한다.

자연계로부터 처음 분리한 미생물(야생형 생물)에 있는 형태의 유전자를 그 유전자의 야생형 대립유전자(wild type allele)로 정의하고 돌연변이의 결과로 변화한 형태를 돌연변이형 대립유전자(mutant allele)라 한다.

미생물을 공업적으로 사용할 경우 자연계로부터 우량 균을 분리하여 대사를 제어하여 사용하여 왔으나 만족하지 못하여서 분리한 균주를 변이시켜 우량한 변이주를 얻어 발효공업에 활용하여 왔다. 돌연변이 외에 융합(fusion), 형질도입(transduction), 형질전환(transformation)에 의하여 새로운 균주를 만들 수 있게 되어 현재 발효공업분야에서 성과를 나타내고 있다.

1-1. 돌연변이의 화학

(1) 돌연변이의 종류

돌연변이에 의하여 잘 일어나는 유전자 nucleotide 배열의 변화에는 염기짝치환(base pair substitution), frame shift 변이, 그리고 큰 결실변이(large deletion mutation)가 있다. 염기짝치환에서는 야생형짝유전자 중의 특수한 부분에 있는 염기짝, 즉 GC가 AT,

CG와 같이 다른 염기짝으로 치환되어 변이형짝유전자가 된다. Frame shift 변이는 번역과정에서 '읽는 frame(reading frame)'을 변화시킴으로써 생기는 명칭으로 유전자의 특수한 부분에 한 개 또는 수개의 염기가 삽입(insertion)되거나 결실(deletion)되어 생기는 변이이다. 큰 결실이라는 것은 유전자의 크기로 볼 때 무시할 수 없을 정도로 긴 염기배열이 결실되는 것이다. 긴 결실은 비가역적 변이나, 염기짝치환 또는 frame shift 돌연변이는 가역적인 변이다.

(2) 돌연변이의 유발

돌연변이메커니즘의 대부분은 DNA에 대한 작용방식이 알려진 화학물질처리를 통한 변이유기실험결과로부터 얻을 수 있다. 그러한 변이유기제(mutagen)로서는 천연의 염기 대신에 DNA 중에 들어갈 수 있는 염기 analog, DNA의 purine, pyrimidine 잔기를 탈아미노화하는 아질산, DNA 중에 인접해 있는 염기 사이에 끼어 들어가 염기 간의 3.4Å 거리를 6.8Å으로 바꾸는 acridine 색소, purine과 pyrimidine 염기의 환질소원자 (ring nitrogen atomes)를 alkylation하는 알킬화시약(alkylating agents) 등이 있다.

돌연변이의 화학적 연구는 대부분이 대장균(*Escherichia coli*)과 대장균을 숙주세포 (host cell)로 하는 여러 가지의 파아지(phage)를 사용하여 왔다. 염기 analog와 같은 비독성 변이유기제를 세균에 작용시키는 실험에서는 변이유기제를 증식배지 중에 넣어 몇 세대 동안 배양한 후, 변이주만을 선택할 수 있는 선택 배지 위에 세포를 도말한다. 어떠한 변이주를 선택하느냐 하는 것은 기술적으로 유리한 점과 실험의 목적에 따라 다르다. 변이유기제가 함유되어 있는 곳에서의 변이율은 여러 방법으로 측정할 수 있고 변이유기제를 가하지 않은 대조군배양의 변이율과 비교할 수 있다. 독성변이유기제를 사용하는 일반실험방법은 세포현탁액을 일정시간 변이유기제로 처리하는 방법이다. 변이유기제로 처리한 다음 세포를 씻어 변이유기제를 제거하고, 생존한 균 중에서 변이주 (mutant)만 선택적으로 증식할 수 있는 한천배지에 평판배양한다. 변이효율(mutation rate)을 정량적으로 나타내기 위하여는 일정한 생존율에 대한 세포에 대한 변이유기세 포수로 표시한다.

돌연변이메커니즘의 연구는 적절한 변이유기제를 사용하여 변이주를 분리한 후에 이들 변이주의 복귀변이(reversion)가 다른 어떤 변이유기제에 의해 일어나기 쉬운가를 조사·연구하는 경우가 많다. 일반적인 복귀변이시험방법은 변이주를 세척한 현탁액을 복귀변이주(revertant)를 선택할 수 있는 한천평판배지(agar plate)에 평판배양하는 방법이다. 예를 들면, 영양요구성변이주(auxotrophic cells)를 prototrophic revertant를 선택하는 한천배지에 도말하고, 그 한천평판배지 위에 한 방울의 변이유기제용액을 떨어뜨려 한천배지 중에 확산시켜 변이유기제의 농도구배(concentration gradient)를 만든다. 만일 그 변이유기제에 의하여 복귀변이가 일어나 복귀변이주가 유기되었다면 변이유기제의 방울이 확산된 곳에 복귀변이주의 집락이 환상으로 형성된다(그림 12-1).

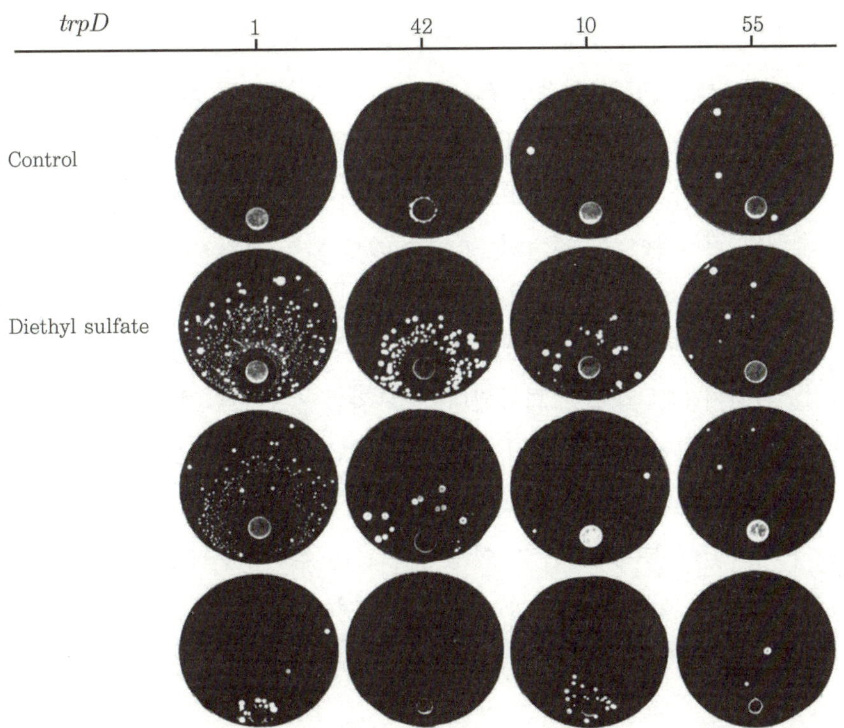

[그림 12-1] 화학적 변이제에 의한 유전적 복귀변이의 유기. *E. coli*의 tryptophan 요구주를 2×10^8 세포가 되게 16개의 평판에 도말한다. 한천배지 중에는 미량의 tryptophan이 들어 있고, 약 10배까지 세포수의 증가가 가능하다. 한 방울의 변이유기제용액(대조로서는 살균수)을 여지디스크 위에 또는 한천에 뚫은 구멍 속에 떨어뜨린다. 횡열에는 기재한 변이유기제로 처리한 평판을 세웠고, 종 옆에는 *trpD* 위치가 다른 변이를 세웠다. $trpD_1$, $_{42}$, $_{10}$은 diethyl sulfate로 복귀변이를 일으키나, $trpD_{55}$는 복귀변이를 일으키지 않는다.

박테리오파아지(bacteriophage)를 사용하여 돌연변이시키는 실험도 거의 같은 방법으로 한다. DNA 구조를 수식하는 화학물질을 파아지 입자현탁액에 직접 가하여 처리하고, 이 현탁액을 숙주세균이 전면에 도말된 배지상에 평판배양한다. 그 후 나타나는 용균반점(plaque)의 형태 등으로 형질변이를 검토한다. 염기 analog와 같이 DNA가 복제되는 동안에 없으면 효과가 없는 물질은 파아지를 감염시킨 숙주세포에 가하여 증식한 파아지를 적당한 세균에 도말하여 조사한다.

1) 변이유기제에 의하여 유기된 복귀변이의 화학

위에서 설명한 것과 같이 단순한 복귀변이시험은 원래의 성질로 회복시키는 것이다. 예를 들면, 1차변이에 의하여 야생균주(wild type strain)가 갖고 있는 어떠한 생합성에 관련된 효소의 활성을 잃었다면 복귀변이주는 그 잃어버린 효소의 기능이 원래의 균주와 같이 회복된 것이다. 이와 같이 효소 기능이 회복되는 것은 여러 원인에 의하여 일어난다. ① 원래의 염기짝배열(base pair sequence)로 되는 참의 복귀돌연변이(true reverse mutation)가 일어난다. 예를 들면, 최초의 돌연변이로 인하여 guanine과 cytosine(G-C) 염기짝이 adenine-thymine(A-T) 염기짝으로 치환된 경우에 이를 참의 복귀돌연변이에 의하여 그 위치가 GC 짝으로 회복된다. ② 1차돌연변이로 염기짝이 치환된 곳이 아니고 다른 새로운 염기짝이 치환되어 복귀가 일어난다. 예를 들면, 최초의 변이된 것이 GC→AT이고, 복귀는 AT→GC가 아니라 AT→GC로 변화된 경우이다. 이 경우는 유전암호(code)가 퇴화되어 복귀변이주가 야생형과 같은 아미노산배열을 갖고 있거나, 또는 변이된 위치에 새로운 아미노산이 들어가서 야생형과 같은 기능을 할 수 있게 되어 있고, 비록 복귀형은 야생형과 염기짝 한 개가 다르나 효소활성은 정상적으로 회복되어 있다.

복귀변이에는 제2차 변이에 의하여 제1차 변이로 변화가 생긴 유전자의 위치가 다시 회복되는 경우와 그와 다른 위치의 유전자에 변화되는 경우가 있다. 위와 같은 제2차 변이를 suppressor mutation이라 한다. 유전자 내(intragenic) suppression에서는 제2차 변이로 인하여 효소활성을 회복할 수 있는 아미노산배열이 되도록 보상적 변화를 한다. 유전자 외(extragenic) suppression에서는 제2차 변이가 처음으로 변이된 암호해독오차(coding error)를 보정할 수 있게 번역계의 성분을 변화한다. Suppressor mutation은 활발하게 일어난다.

2) 변이유기제에 의한 염기짝치환

어떤 염기짝이 다른 염기짝으로 치환되는 돌연변이에는 두 종류가 있다.

Purine이 다른 purine, 또는 pyrimidine이 다른 pyrimidine으로 바뀌는 경우를 transition이라 하고, purine이 pyrimidine으로 또는 pyrimidine이 purine으로 바뀌는 경우를 transversion이라 한다(그림 12-2). Watson과 Crick은 transition에 의한 돌연변이는 주형(template)으로 작용할 때에 염기의 한 개가 전자의 호변이성변화(tautomeric shift)의 상태로 될 때 생긴다고 보고하였다.

G – C
C – G
T – A
A – T
transitions
transversions

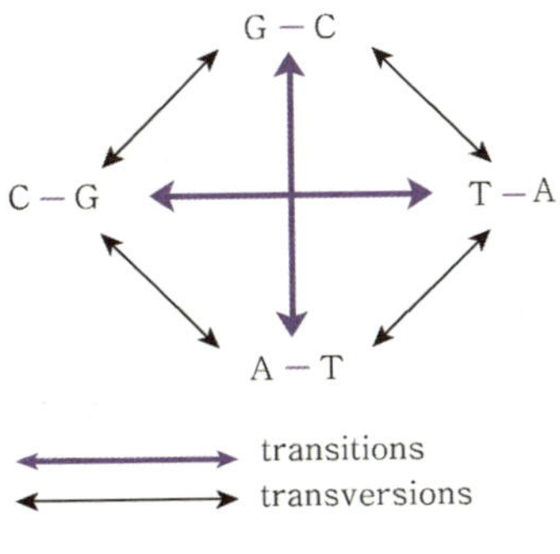

[그림 12-2] 염기짝의 치환

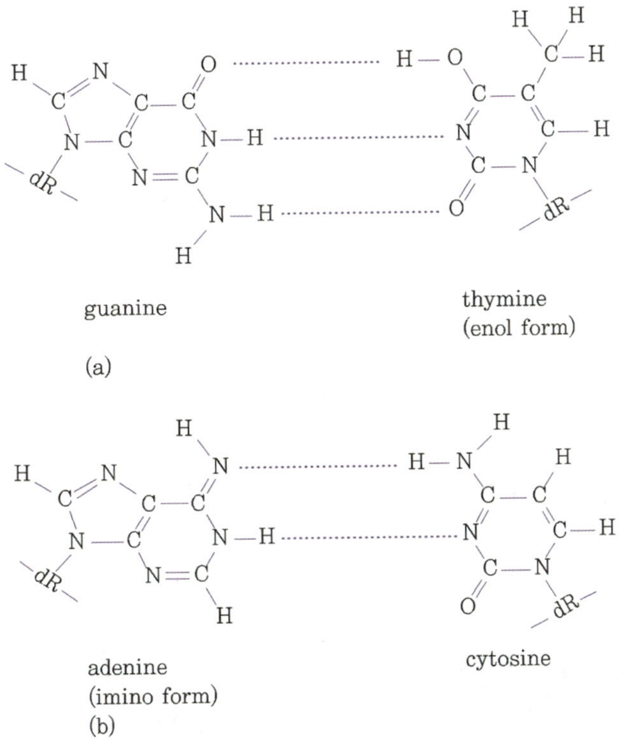

guanine
thymine
(enol form)
(a)
adenine
(imino form)
(b)
cytosine

[그림 12-3] 호변이성 변화의 결과 일어나는 염기짝변화

염기는 에너지적으로 가장 형성되기 쉬운 형태로 존재한다고 생각된다. 그 형태는 adenine은 guanine과 짝이 되고 guanine은 cytosine과 짝이 되어 있다고 생각된다. 그러나 thymine의 keto형으로부터 enol형으로의 변화, 또는 adenine의 amino형으로부터 imino형으로의 변화는 이들 염기들 간에 수소결합특이성을 변화시켜 thymine은 guanine의 짝이 되고 adenine은 cytosine과 짝이 된다고 생각된다(그림 12-3).

Watson과 Crick이 생각한 호변이성변화는 염기 analog, 특히 5-bromouracil 또는 2-aminopurine에 의한 변이유기활성을 통하여 잘 설명할 수 있다. 이들의 화합물을 배지에 가하면 새로 합성되는 DNA가 쉽게 받아들여, bromouracil은 thymine과, aminopurine은 주로 adenine과 치환된다. 다음번의 복제에서 이들 analog는 천연의 염기보다 빈번하게 호변이성변화를 일으키기 쉽다.

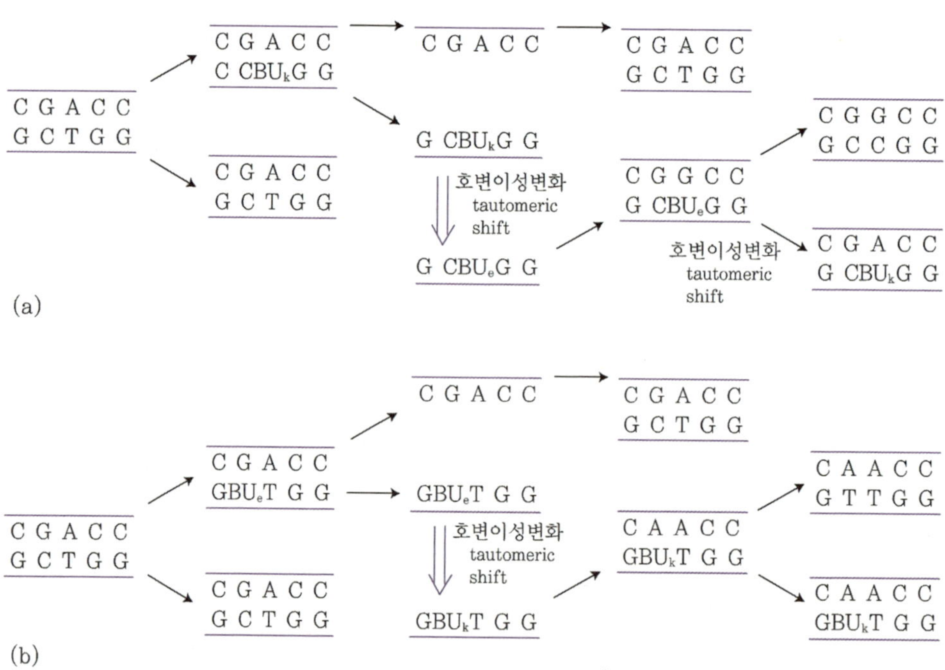

[그림 12-4] (a) Bromouracil(BU)이 keto형(BUk)으로 받아들이고, 복제 중에 호변이성변화가 일어나면, AT→GC transition이 일어난다. (b) BU가 enol형(BUe)으로 받아들이고, 복제 중에 호변이성변화가 일어나면 GC→AT transition이 일어난다.

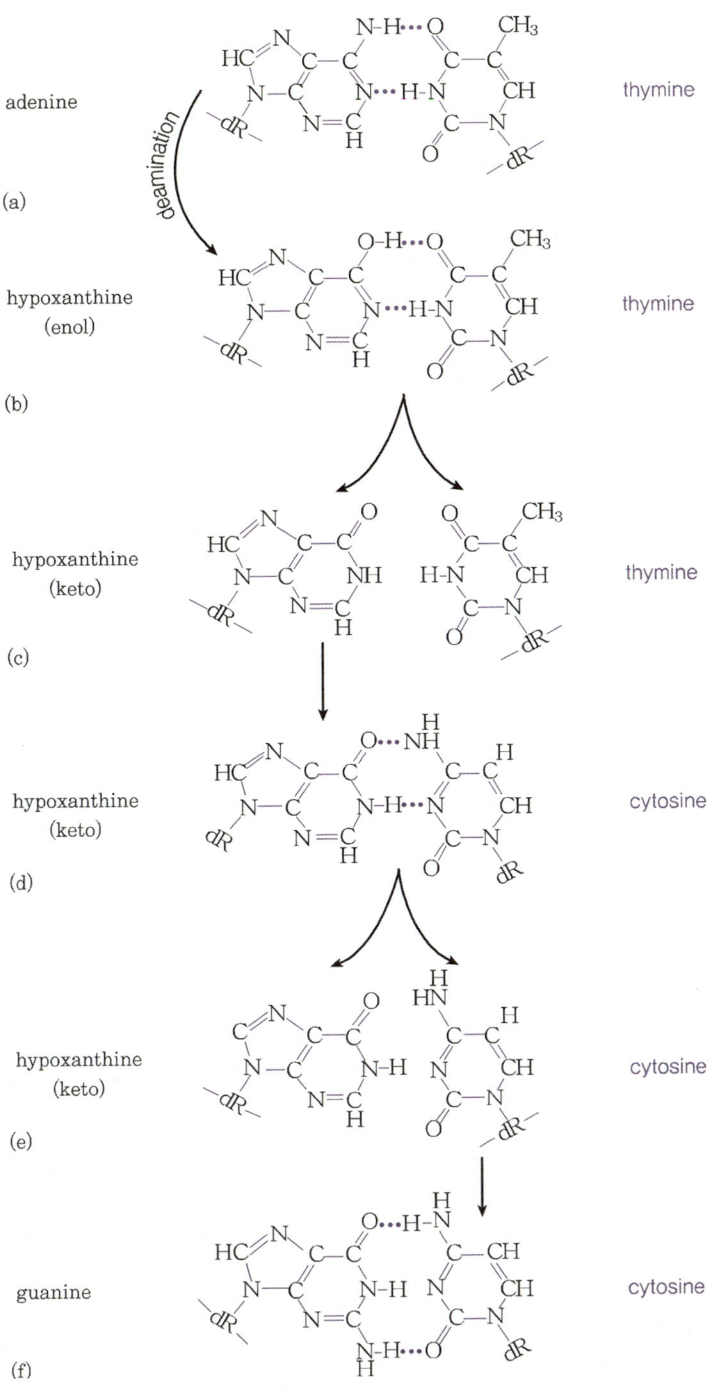

[그림 12-5] 아질산에 의한 유기되는 변이의 예

그 결과 AT-GC transition이 일어난다. 한편 이들 화합물이 들어가는 시점에서 이상염기짝(abnormal base pairing)을 일으키며 GC-AT transition이 일어난다. 예를 들면, 만일 bromouracil이 받아들이는 시점에서 enol형이 있다면 주형 중의 guanine과 짝이 되어 cytosine으로 바뀐다. 다음의 복제과정에서 bromouracil이 enol형보다 안정된 keto형으로 회복되어 있다면 반대의 사슬에 adenine을 받아들이게 된다. 즉 원래는 GC 짝이었던 부분에 AT가 나타나게 되는 셈이다(그림 12-4).

아질산(nitrous acid)은 transition을 어느 방향으로도 일으킬 수 있는 제3의 변이유기제이다. DNA의 염기를 탈아미노화(deamination)하고, 반응의 마지막에 아미노기가 수산기로 바뀐다. 그림 12-5에 나타낸 것과 같이 AT 짝이 adenine은 탈아미노반응에 의하여 hypoxanthine으로 되며, 다음의 복제과정에서 hypoxanthine은 cytosine과 짝이 된다. 그 결과 AT→GC transition이 일어난다. 아질산은 cytosine을 탈아미노화하여 uracil이 되는 반응에 의하여 위에 기술한 것과 반대로 GC→AT transition도 일으킬 수 있다.

Transition을 유도하는 또 하나의 변이유기제는 hydroxylamine이다. 이 화합물은 cytosine만이 반응하고 최종적으로는 아미노기를 hydroxylamine기로 치환한다. Cytosine의 hydroxylamine 유도체는 빈번하게 토오토메리화(와변이성변화, tautomerization)되어 GC→AT transition이 일어난다. 가장 강력한 변이유기제의 종류는 알킬화제(alkylating agent)이다. 예를 들면 mustard gas, ethyl methane sulfonate(EMS), N-methyl-N'-nitro-N-nitrosoguanidine(nitrosoguanidine으로 약칭한다) 등이 있다. 이들의 구조는 그림 12-6에 표시한다. 이들 구조 중에 알킬기는 자동적으로 DNA 중에 있는 염기의 환상질소원소(ring nitrogen atoms)로 옮겨진다. 가장 잘 일어나는 반응은 guanine의 N-7 위치에서 일어나는 알킬화이나, 다른 여러 위치의 환상질소원소의 알킬화는 낮은 비율로 일어난다.

알킬화는 DNA에 여러 종류의 화학변화를 일으켜 그 염기짝특이성을 간단하게 바꾼다. 다른 특정된 위치의 알킬화는 염기짝을 완전하게 저해한다. 다시 purine 염기의 알킬화는 deoxyribose와의 결합을 불안정하게 하고, DNA를 광범위하게 탈purine화시킨다. 이들 대부분의 변화가 알킬화제의 변이유기작용과 관계하고 있다. 그 결과 transition과 transversion의 양쪽이 일어난다. Nitrosoguanidine은 알려져 있는 화학적 변이유기제 중에서 가장 강력하다. 대장균(*E. coli*)을 최적조건에서 처리하면 각 생존세포 중에 한 개 또는 그 이상의 돌연변이를 유도한다. 전형적인 예로는 DNA 복제포크 (replicating fork) 부위에 몇 개의 변이가 겹쳐져서 일어난다. 이와 같은 복제부위에 돌연변이가 유도되는 특이성은 매우 높으므로 복제하고 있는 세포집단에 일정한 시점에서 이 변이유기제를 가하면 염색체의 특정부위에 선택적 변이유기가 가능하다.

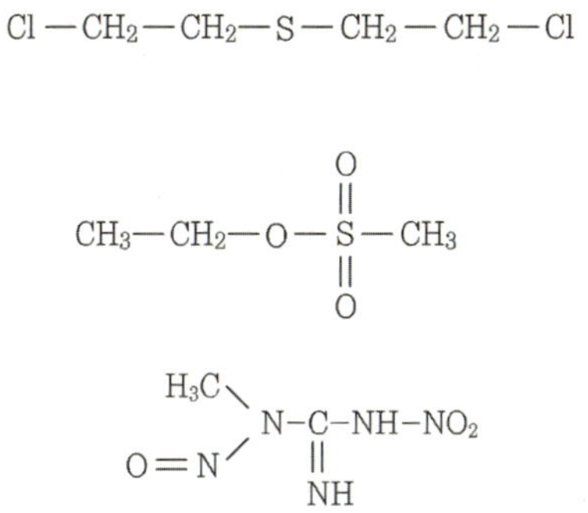

$$Cl-CH_2-CH_2-S-CH_2-CH_2-Cl \qquad \text{Sulfur mustard} \\ \text{[Di-(2chloroethyl)-sulfide]}$$

$$CH_3-CH_2-O-\overset{\overset{O}{\|}}{\underset{\underset{O}{\|}}{S}}-CH_3 \qquad \text{Ethylmethane sulfonate} \\ \text{[EMS]}$$

$$\overset{H_3C}{\underset{O=N}{\diagdown\diagup}}N-\overset{\overset{}{}}{\underset{\underset{NH}{\|}}{C}}-NH-NO_2 \qquad N\text{-methyl-}N'\text{-nitro-N-} \\ \text{nitrosoguanidine}$$

[그림 12-6] 알킬화제의 구조

3) 변이유발제로 유발되는 삽입과 결실

Acridine계 색소(그 중에서 proflavin이 가장 대표적이다)들로 독특한 돌연변이를 유발한다. 이와 같이 하여 생긴 변이는 자연적으로 원래상태로 회복되는 것도 있다. Acridine 색소를 사용하면 높은 비율로 복귀변이되지만 염기 analog, 아질산(nitrous acid), hydroxylamine 등으로는 절대로 복귀변이를 시키지 못한다. 이들의 복귀변이는 일반적으로 1차변이와 같은 유전자 내의 제2 위치에서 변이, 즉 suppressor 변이의 결과이다. 다시 이 suppressor 변이를 재조합(recombination)변이로부터 분리하여 보면 모든 점에서 변이와 같은 작용을 나타낸다. 즉 suppressor 변이 자체가 유전자산물을 실활(inactivate)시켜 자연적으로 회복되나, acridine 색소의 작용으로 잘 회복된다. 달리 말하면, 한 개의 유전자 중에서 acridine으로 유기된 두 개의 돌연변이가 서로 상쇄되어서 유전자산물의 기능을 회복시킬 수 있다. Acridine 유기변이는 또 하나의 독특한 성질을 나타낸다. 즉 결코 'leaky(유전자산물의 기능이 완전히 없어졌다)'가 아니라는 것이다. 이와 반대로 transition형의 변이는 leaky와 같은 것이 많다.

Acridine은 DNA 중에 한 개 또는 2~3개의 염기짝의 삽입 또는 결실(deletion)을 일으킨다고 생각하면 이러한 변이의 특수한 성질을 이해할 수 있다. *m*RNA 속에 code되어 있어 유전정보는 triplet(셋) 염기의 연결로 읽을 수 있으므로 삽입 또는 결실은 reading frame의 shift를 일으켜 그 변이된 곳부터 다음의 모든 codon이 변하게 된다 (그림 12-7).

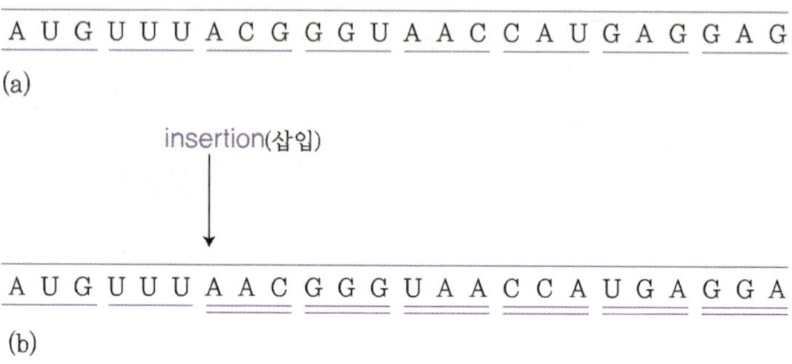

[그림 12-7] *m*RNA 분자 일부분. 정보는 triplet(codon)으로 왼쪽으로부터 오른쪽으로 읽는다. A를 7번째 장소에 삽입하면 읽는 triplet이 변화한다. 변화된 codon은 두 줄로 표시한다.

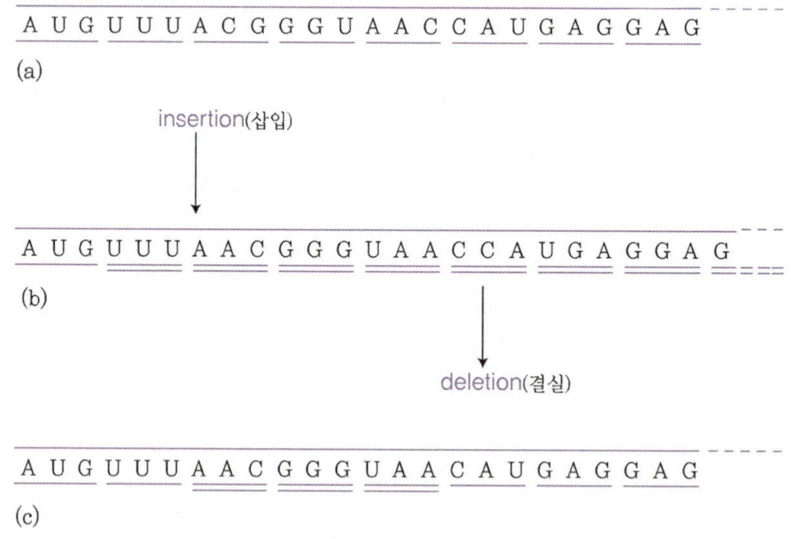

[그림 12-8] 한 개의 염시삽입이 한 개의 염기 결실로 원래와 같이 회복. 복귀변이주는 양변이점의 사이에 변화된 codon(두 줄 그은 곳)을 갖고 있다.

한 개의 삽입(insertion)은 삽입된 염기의 결실로 원래상태로 복귀된다(그림 12-8). 이러한 복귀변이주는 두 개의 변이된 곳과의 사이에 있는 부분 codon이 변화되어 있으나, 그 codon은 원래 것과 같다. 이러한 복귀변이주를 얻을 수 있다는 것은 많은 단백질이 그 구조 중의 아미노산배열이 많이 바뀌었더라도 그 기능을 발휘할 수 있다고 생각된다.

Acridine에 의한 삽입 또는 결실의 유기는 앞에서 설명한 바와 같이 이 색소가 DNA의 중복된 염기 사이에 끼어 들어가는 것과 관계가 있다. 그러나 acridine은 파아지가 숙주세포(host cell) 내에서 복제되고 있는 동안, 복제 중에 있는 세균 DNA에 변이유기작용을 나타내지 않고도 파아지에 돌연변이를 유발할 수 있기 때문에 복제 시에 주형 DNA를 변형시킨다는 것은 간단한 문제가 아니다.

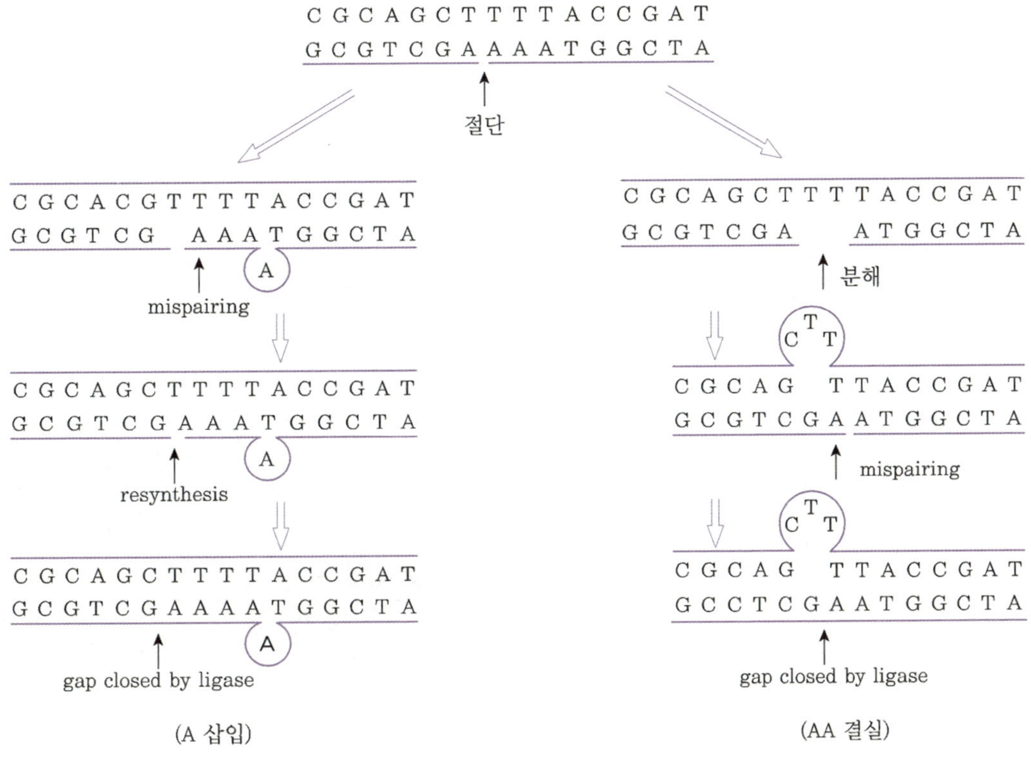

[그림 12-9] **Frame shift 돌연변이의 추정메커니즘. AT 염기가 중복되어 있는 부분에 한쪽의 사슬이 절단된다. (왼쪽) 먼저 짝의 잘못이 일어나고, 다음에 합성이 일어나 gap이 닫히고, 최종적으로 한쪽 사슬에 A가 삽입된다. (오른쪽) 2개의 nucleotide의 분해. 짝의 잘못, gap의 닫힘으로 한쪽의 사슬로부터 2개의 A가 결실되었다.**

이와 같은 미묘한 현상의 설명으로서 acridine은 재조합(recombination)이 생긴 DNA에만 변이유기 작용한다고 생각할 수 있다. 복제 중에 있는 파아지 DNA는 빈번하게 재조합하고 있으나, 세균 DNA는 그렇지 않다는 것이 알려져 있다. 이 설은 *E. coli*의 부분적인 2배체(diploid)로 행한 실험에 의해 입증되었다. 부분적인 2배체 접합체는 세균의 접합으로 인하여 한쪽의 세포로부터 다른 쪽의 세포로 염색체의 부분적인 이동에 의하여 형성된다. 이와 같이 *E. coli.* 접합체를 acridine으로 처리하면 frame shift 돌연변이가 염색체의 이배체부분에서 일어나나 일배체부분에서는 일어나지 않는다. 재조합과정에서는 초기반응으로서 짝을 이룬 DNA 이중구조(duplex)에 single strand가 절단되어야 한다. 이러한 사실과 acridine이 같은 염기짝이 계속된 부분에 작용하기 쉽다는 것을 같이 생각하면 그림 12-9에 표시한 것과 같은 돌연변이유기메커니즘을 생각할 수 있다. Acridine은 반복되는 염기배열 부근에서 1개의 사슬이 절단되었을 때 생기는 사슬의 짝의 잘못을 안정화하는 것이다.

4) 자외선으로 유기되는 변이

DNA는 자외선을 강하게 흡수한다. DNA의 흡수최대 파장은 260nm이다. 세포는 자외선조사에 의하여 급속하게 사멸되며, 생존균 중에서의 변이율도 높게 일어난다. DNA 용액에 자외선을 조사하면 두 종류의 화학적 변화가 일어난다.

첫번째는 같은 사슬상에서 서로 이웃하고 있는 pyrimidine 잔기 사이에 공유결합(covalent bond)이 형성되어 pyrimidine dimer가 된다. 이들의 2량체(dimer)는 DNA 분자를 변형시켜 정상적인 염기짝 형성을 방지한다. 두번째는 pyrimidine 잔기의 이중결합이

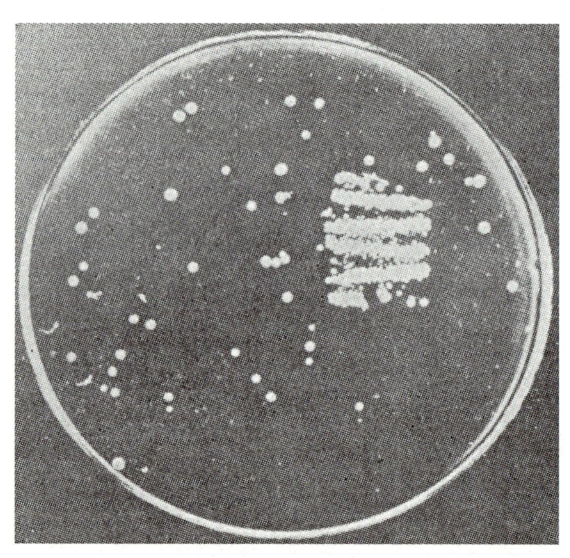

[그림 12-10] 광회복. 한천평판배지 표면에 고루 진하게 대장균을 접종하고, 자외선을 조사하여 대부분을 죽게 한다. 다음에 평판의 일부에 가시광선을 짧은 시간 tungsten lamp로 조사한다. 이 평판을 암실에서 배양하면 광회복으로 tungsten lamp의 filament형으로 집락이 형성된다.

있는 4, 5번을 수화(hydrate)한다.

자외선에 의한 돌연변이유기작용의 대부분은 pyrimidine dimer 형성의 결과로부터 이루어진다는 것은 분명하다. 이는 dimer를 제거하거나 또는 절단하는 처리를 하면 자외선의 변이유기효과가 거의 상실되는 것으로도 dimer의 중요성을 알 수 있다. 예를 들면, 자외선처리한 세균세포를 즉시 300~400nm의 가시광선(visible light)으로 조사하면 변이율이나 살균율이 현저하게 감소한다. 이 현상을 광회복(photoreactivation)이라고 한다(그림 12-10).

이러한 메커니즘은 특정된 파장의 가시광선으로 pyrimidine dimer 가수분해효소가 활성화되기 때문이다.

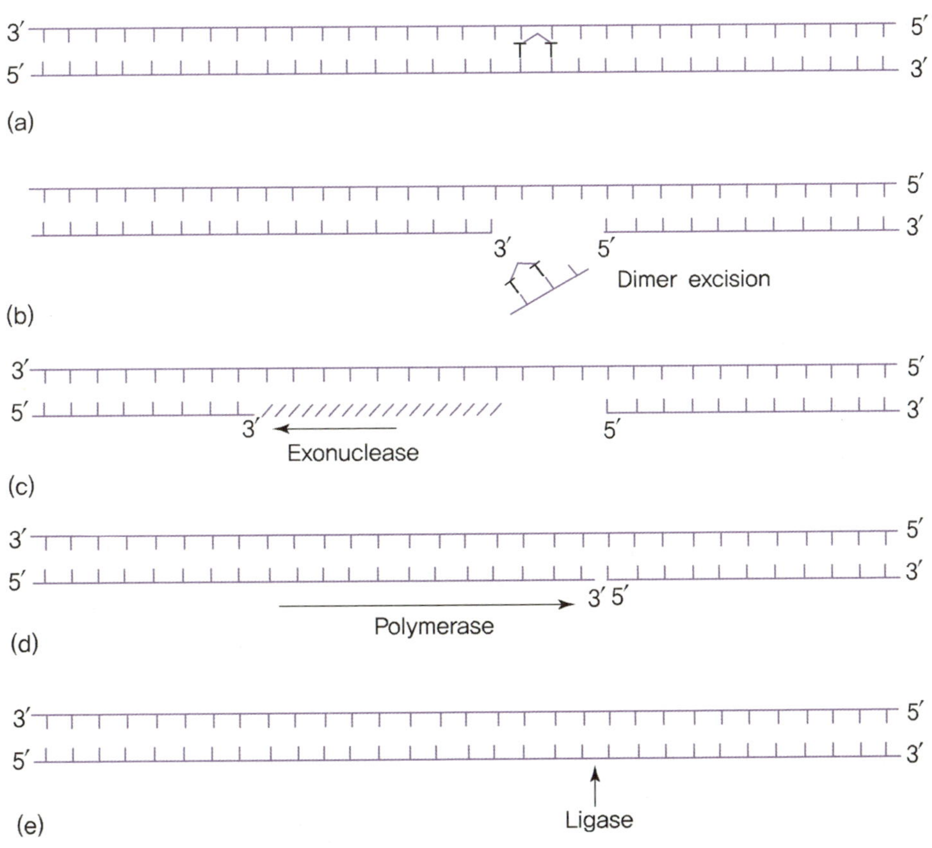

[그림 12-11] 자외선 조사로 인한 손상을 받은 DNA의 수복

모든 세포는 자외선으로 손상된 DNA를 암회복(dark repair)이라는 미묘한 효소군을
갖고 있다. 이 회복과정은 dimer 부분에 있는 이중나선이 변형되어 유도된다. 먼저(a,
b) endonuclease가 2량체(dimer)의 양쪽에서 당인산(sugar–phosphate)골격을 절단하고,
oligonucleotide의 한 부분으로서 2량체(dimer)를 제거한다. 두 번째로 exonuclease가 절
단한 사슬을 3′ 말단으로부터 차례로 분해하고, 세 번째는 남아 있는 상대방의 사슬을
주형으로 하여 DNA polymerase가 없어진 사슬을 재합성한다. 네 번째는 polynucleotide
ligase가 마지막으로 3′-수산기와 5′-인산기를 결합시켜 gap을 연결한다(그림 12-11).

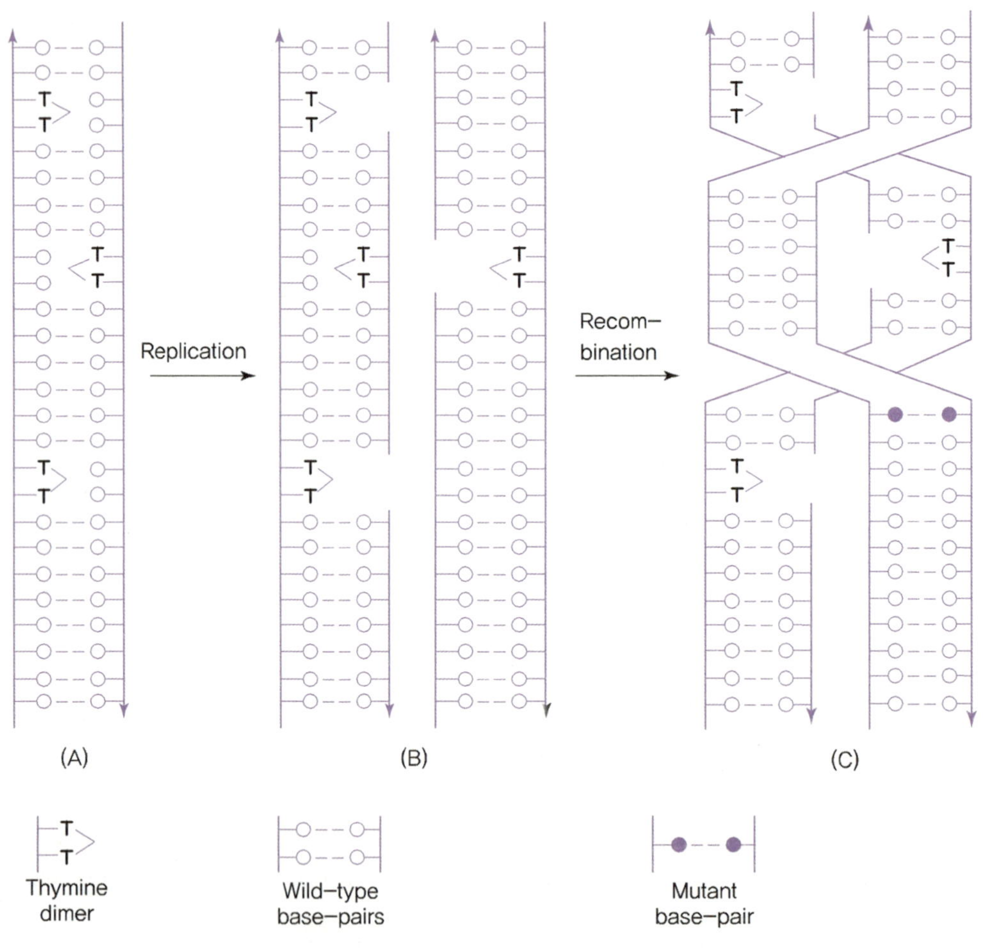

[그림 12-12] 자외선에 의한 돌연변이유기

DNA의 복제를 방지하여 두고, 자외선을 조사한 다음 암회복과정에 적합한 조건으로 하면 자외선으로 유기된 많은 잠재적인 돌연변이가 없어진다. 이와는 반대로 DNA 복제를 촉진시키지만 수부를 방지하는 조건이 되면 자외선으로 조사한 세포 중에 변이수가 증가된다.

즉 dimer로 인하여 유기된 돌연변이의 생성은 수복효소계와 복제효소계 간의 경쟁의 결과에 의하여 달라진다. 만일 복제효소가 먼저 dimer에 도착하면 돌연변이가 되고, 수복효소가 먼저 도착하면 dimer는 제거되어 돌연변이를 방지할 수 있다.

Pyrimidine dimer를 갖고 있는 DNA의 복제로 daughter duplex DNA에 염기짝치환이 일어난다. 이 과정은 그림 12-12에 표시한 것과 같이 복잡하다. 먼저 반보존성복제에 의하여 pyrimidine dimer 반대편에 single strand gap을 갖는 두 개의 daughter duplex를 만든다.

이들 duplex는 기능을 갖고 있지 않으나 sister duplex 간에 재조합이 일어나면 두 개의 손상된 duplex로부터 정상적인 한 개의 duplex가 된다.

자외선으로 유기되는 염기짝치환의 대부분은 이 재조합과정의 한 단계인 회복합성(repair synthesis)이 일어나는 동안 잘못 번역되어 일어난다. 이와 같은 회복과정이 매우 정확한 변이주를 *E. coli*에서 분리하였으나, 이 변이주는 자외선에 의한 변이유기작용은 매우 약하다.

5) 프로파아지의 삽입에 의한 돌연변이 유발

파아지의 대부분은 세균염색체의 특정부위(specific site)에 삽입된다. 이러한 삽입으로 눈에 띌 만한 변화는 없다. 그러나 *mu*라고 부르는 파아지는 세균염색체 내에 기능을 갖고 있는 유전자의 어느 부분이라도 삽입되는 놀랄 만한 특성을 지니고 있다. 이러한 삽입으로 세포유전자의 염기짝배열에 큰 변화가 일어나서 정상적인 유전자생산물(예, 효소)을 만들 수 없게 된다.

이와 같이 만들어진 용원세포(lysogenized cell)는 여러 유전자에 변화가 생긴 유도변이주이므로 *mu*로 용원화한 다음 적절히 선택하면 영양요구성변이주(auxotrophic mutant)라든지 또는 생육할 수 있는 기능을 잃은 변이주를 분리할 수 있다.

(3) 자연돌연변이

자연돌연변이(spontaneous mutation)라는 것은 변이유기제를 처리하지 않고 생기는 돌연변이를 말한다. 그러나 자연돌연변이의 변이율은 일정하지 않고, 여러 환경조건의 변화에 따라 변한다. 예를 들면, chemostat(연속발효장치) 속에서 매우 늦은 속도로 증식하고 있는 *E. coli* 세포에서는 자연돌연변이율은 증식을 제한하는 영양물질의 농도에 따라 크게 변한다. 혐기적으로 증식하고 있는 세포에서는 호기적으로 증식하고 있는 세포보다 변이율이 낮다.

자연돌연변이의 기작(mechanisms)은 여러 종류가 있다. 세포대사에 있어서 생산물 또는 중간대사물질이 변이유기성을 갖고 있는 경우도 있다. 예를 들면 과산화물, 아질산, formaldehyde, purine analog 등이다. 자연돌연변이 중에서 어떤 것은 내성적 변이유발제(endogenous mutagen)로 유도된다고 생각된다. 이와 같이 하여 생긴 변이는 transition, transversion 이외에 삽입, 결실(deletion) 등과 같은 형태의 변이일 것이다. 복귀변이의 대부분이 자연돌연변이에 의하여 일어나고 있다.

*E. coli*의 어떤 유전자와 *Salmonella typhimurium*의 유사한 유전자에 돌연변이가 일어나면 모든 유전자위치 (*allele*)에서의 자연돌연변이율이 100~1,000배나 증가한다는 것이 알려져 있다. 이와 같은 mutator 위치의 새로운 대립 유전자에 의하며 일어나는 돌연변이는 모두가 transversion이다. 세균 mutator 유전자의 생산물에 대해서는 아직 확인되지 않았으나 이와 비슷한 mutator 유전자가 *E. coli* 파아지 T4에서 발견되었고, 이 유전자생산물은 DNA polymerase라는 것이 확인되었다. 이러한 발견은 새로운 DNA 사슬의 합성 시에 nucleotide의 선택은 주형에 의하여 결정되는 수소결합방법뿐만이 아니라, polymerase 작용에도 의존된다.

변이에 의하여 변화된 polymerase가 매우 높은 비율로 mispairing을 일으켜 transversion 시키기 때문에 파아지 또는 세균의 야생형 polymerase도 spontaneous mispairing을 일으킨다고 생각되지만 그 비율은 변화된 polymerase에 비하면 매우 낮다. 그리고 일부의 자연돌연변이는 DNA의 한 부분의 결실에 의하여 생긴다. 결실된 유전자의 크기는 한 개의 유전자로부터 몇 개의 유전자에 이르기까지 다양하다. 예를 들면, T1 파아지에 저항성이 있는 *E. coli* B 변이주를 분리하면 저항성변이주(resistant mutant)의 일부분은 증식에 tryptophan을 요구한다. Genetic mapping 실험을 해 보면 T1 receptor의 유전사와 tryptophan 생합성계효소의 유전자군은 서로 인접되어 있고, 이와 같은 pleiotropic한 변이주에서는 양쪽 모두 자연결실로 없어진 것을 알았다. 이와 같이 큰 유전자의 결실을 유도하는 변이유기제는 아직 없고 자연돌연변이에서만 볼 수 있다.

위에서 언급한 메커니즘을 정리하면 환경조건이 자연변이율에 영향을 미치는 일반적인 방법은 두 가지로 생각할 수 있다. 첫째는 환경이 내생적 변이유기제(endogenous mutagen)의 생성속도에 많은 영향을 줄 것이라고 예상된다. 둘째는 위에서 설명한 변이메커니즘의 대부분은 효소(DNA polymerase, recombination enzymes, repair enzyme)의 작용에 의하며 이들 효소의 생합성 또는 기능은 환경적인 영향을 받는다고 생각된다.

1-2. 번역과정에 대한 돌연변이의 영향

(1) Nonsense 돌연변이

유전자 중에 있는 하나의 codon이 유전자에 의해 code되는 polypeptide 중의 적당한 한 개의 아미노산으로 번역되는 경우에 그 codon을 '의미(sense)'가 있다고 한다. 다른 (틀린) 아미노산으로 번역되는 변이 codon은 정보(message)에 '틀린 의미(missense)'를 주었다고 할 수 있으므로 그러한 codon을 만드는 돌연변이를 missense 변이라 한다.

세 개의 변이 codon(UAG, UAA, UGA)은 조숙한 사슬의 끝맺음(premature chain termination)을 일으키는 것이 알려져 있다. 즉 ribosome이 그와 같은 codon에 도달하면 polypeptide 사슬의 연장과정이 끝나고 불완전한 polypeptide를 방출한다. 이러한 codon을 nonsense codon이라 하고, 이러한 codon이 생기는 변이를 nonsense mutation이라 한다. UAG codon이 생기는 변이를 amber, UAA codon을 형성하는 변이를 ochre라 부른다. 그리고 UGA codon은 opal이라 부른다.

Nonsense codon이 미숙한 읽기의 끝맺음을 하는 것이 발견되어 이들 codon은 짝이 되는 tRNA가 없으므로 그렇게 될 것으로 생각하였다. 이 가설을 증명하기 위하여 합성 triplet nucleotide의 존재하에 ribosome에 tRNA 분자를 결합시키는 연구를 하였다. 그 결과 64종의 triplet 중 UAG, UAA, UGA의 세 종류만이 tRNA의 결합을 촉진시키지 않았기 때문에 이 설을 확인할 수 있었다.

많은 염기짝치환으로 sense codon을 nonsense codon으로 변화시킬 수 있다. 예를 들면, tryptohan을 code하는 UGG는 세 번째의 글자의 transition으로 nonsense codon(UGA)

으로 변한다. 읽기의 끝맺음을 할 수 있는 세 개의 codon이 있다는 것을 알았으므로 아마 이들 중 한 개 또는 전부가 번역과정에서 본래의 읽기의 끝맺음하는 곳(natural chain terminator)이라 생각된다.

뒤에서 설명하는 것과 같이 유전자의 어떠한 그룹은 단일의 많은 유전자 *m*RNA 분자 (polygenic messenger RNA)로 전사된다. 이러한 *m*RNA에 따라 ribosome이 진행될 때는 하나의 polypeptide 사슬의 읽기의 끝맺음을 지시하고 다음 단백질의 개시를 지시하는 신호가 필요하다. 읽기의 끝맺음의 신호는 아마 이들의 nonsense codon 중 하나일 것이다.

(2) Suppressor 돌연변이

돌연변이로 생긴 단백질활성의 실활(loss)은 다른 부위에서 제2의 변이에 의하여 부분적으로 일부가 원래와 같이 회복되는 경우가 있다.

이 제2의 변이를 suppressor 변이라 부른다. 이 변이를 일으키는 유전자를 suppressor 유전자(gene)라 부른다. suppressor라는 말은 일반적으로 야생형짝유전자가 아니라 suppressor 유전자의 변이형짝유전자(mutant allele)를 나타낼 때 사용된다.

Suppressor 돌연변이에는 1차적으로 변이가 일어난 곳과 같은 유전자에 생기는 유전자 내 suppressor(intragenic suppressor)와 그와 다른 유전자에서 일어나는 유전자 외 suppressor(extragenic suppressor)가 있다.

유전자 내 suppressor에는 두 가지 형태가 있다. 하나는 1차적으로 일어난 missense mutation을 보충시키도록 아미노산치환을 일으켜 단백질의 어떤 기능을 회복시키는 것이고, 다른 하나는 1차적으로 일어난 frame shift mutation을 보충시키도록 삽입이나 결실을 일으키는 것이다. 지금까지 해석된 유전자 외 suppressor(extragenic suppressor)는 tRNA를 code하는 유전자의 돌연변이이다(그림 12-13). 예를 들면, *E. coli*에서 1차변이가 일어나 정상 codon이 nonsense codon인 UAG로 바뀌었다고 하자. 이 변이주로부터 복귀변이주(revertant)를 단리하여 조사한 결과 원래의 nonsense 변이와 유전자 외 suppressor를 갖고 있다는 것을 알았다. 이 suppressor는 serine tRNA를 code하는 유전자의 변이라는 것을 알았다. 즉, 이 복귀변이주에서는 UAG를 인식할 수 있는 anticodon을 갖고 있는 변질 tRNA를 생산한다. 복귀변이주에서는 원래의 nonsense 변이주에서 조숙한 사슬 끝맺음(premature chain termination)을 한 부위에 serine을 넣음으로써 정상적인 polypeptide를 생산한다.

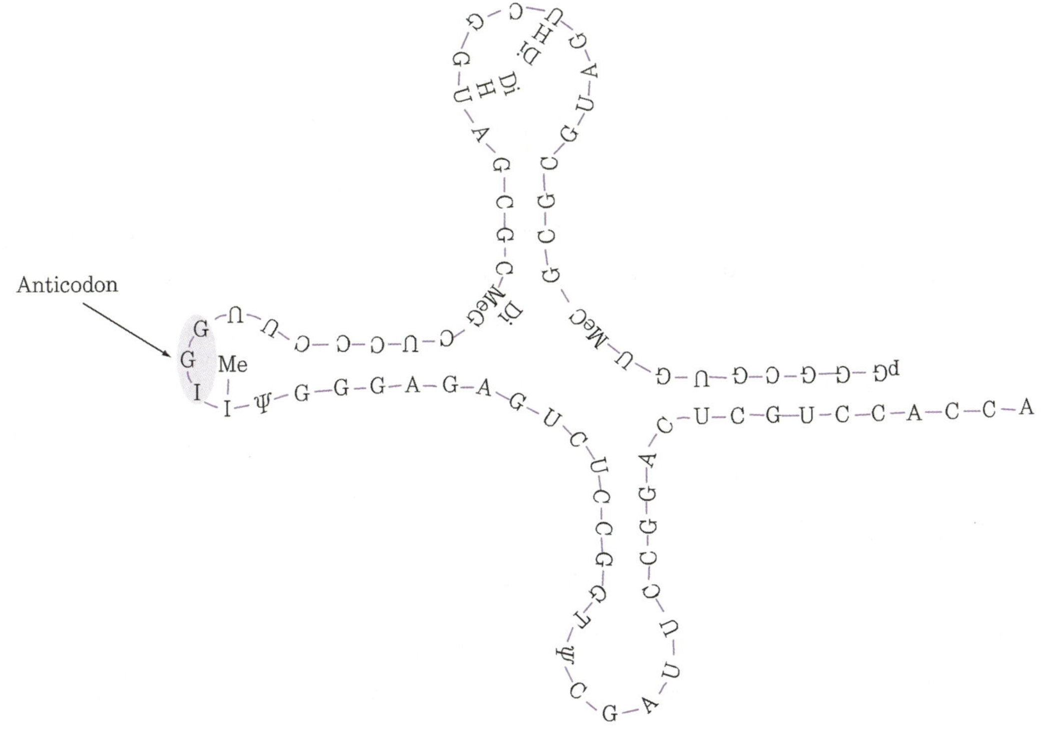

P : 인산, A : adenosine-3-phosphate, AOH : adenosine
DiHU : 5,6-dihydrouridine-3-phosphate
DiMeG : N^2-dimethyl-guanosine-3-phosphatase
MeG : 1-methyl-guanosine-3′-phosphatase
MeI : 1-methylinosine-3′-phosphate
Ψ : pseudouridine-3′ phosphate

[그림 12-13] **Alanine tRNA의 구조모형도. 이 구조에서는 4부분에서 상보
적 염기 간의 수소 결합을 볼 수 있다. Anticodon GGI는
alanine의 codon GCC와 상보적 complementary이다(I는
G와 같은 염기짝특이성을 갖고 있다.).**

Frame shift 돌연변이의 대부분의 suppressor들은 같은 유전자들 내에서의 상보적인
삽입과 결실이다. 그러나 어떤 frame shift suppressor는 유전자의 'extragenic'이라는 것
을 알았다. 이들도 tRNA 유전자에서 변이가 일어난다. 즉, 한 개의 염기삽입으로 변이

된 frame shift 돌연변이는 *mRNA*상에서 3개가 아니라 4개의 염기배열을 인식할 수 있도록 tRNA anticodon을 바꾸는 변이로 인하여 정상적인 것으로 회복된다.

　*mRNA*의 codon에 tRNA가 결합하려면 ribosome이 있어야 하기 때문에, ribosome에 변화가 있게 되면 인식과정에도 영향을 미치게 된다. 다시 말하면, 변화한 ribosome이 때에 따라 어떤 변이 codon을 다른 tRNA에 결합시킴으로써 suppression된다. Streptomycin 또는 그와 화학적으로 비슷한 항생물질이 streptomycin 저항성균주(resistant)로부터 얻은 ribosome에 결합하여, 유전암호의 해독(reading)을 변화시킨다는 것이 *in vitro*에서 알려져 있다. 예를 들면, 합성된 messenger인 polyuridylic acid는 UUU codon만 갖고 있으므로 보통은 polypeptide에 phenylalanine의 결합만을 촉진한다. 그러나 streptomycin 이 있으면 그 polyuridylic acid가 isoleucine(codon AUU), serine과 그 외의 아미노산의 결합을 phenylalanine과 같이 촉진한다. 이와 같은 streptomycin의 효과로 생체 내에서 의 변이를 억제할 수 있다. 예를 들면, 어떤 생육인자요구성변이주(growth factor dependent mutants)는 그 요구물질 또는 streptomycin을 공급하면 증식하고, strep-tomycin이 있는 곳에서 증식한 세포는 원래의 변이로 잃어버린 효소를 적은 양이나마 합성한다는 것이 알려져 있다. 앞에서 기술한 어떠한 메커니즘의 suppression일지라도 세포가 생존하기 위하여서는 매우 비효율적(inefficient)임이 틀림없다. 어떠한 suppression 메커니즘은 억제되는 codon이 그 세포의 DNA상의 어느 곳에 있더라고 그 읽는 방법을 바꾸게 될 것이다. 그리고 어떠한 codon일지라도 거의 모든 유전자 중에 각각 수개가 있을 것이다. 바꿔 말하면, 만일 suppression이 너무 효과적이면 세포 내의 모든 단백질 이 실활되지만, suppression이 낮은 효율로 일어난다면 세포 내에 있는 모든 단백질은 대부분 정확하게 만들어질 것이다. 예를 들면, suppression이 5%의 효율로 일어난다면 변이주의 효소는 5%만이 활성형으로 합성되는 반면에, 내세포 중에 있는 다른 단백질 은 95%가 정확하게 만들어질 것이다. 사실 일반적으로 suppression으로 회복되는 효소 활성은 원래의 야생형 수준의 10% 내지 그 이하라는 것이 알려져 있다.

1-3. 조절의 유전자

　단백질합성 시에 핵산분자가 어떠한 역할을 하는가를 해명하면 여러 단백질분자의 합성속도가 조절되는 메커니즘을 규명하는 데 확실한 기초를 얻을 수 있다. 어떤 세포를 예를 들면, 그 세포 중에 있는 단백질분자는 종류에 따라 함유된 양이 매우 다르다. 따라서 많은 단백질 중에서 필요한 것을 택하여 합성하는 방법이 있다고 생각된다. 최근에는 한 개의 단백질의 합성속도가 일부는 세포 내부에서 유전적으로 조절되고 또 일부는 외계의 화학적 환경에 의하여 결정된다는 것이 확실하게 되었다. 이들 요소가 어떻게 서로 관계하고 있는가를 미생물로 예를 들겠다.

(1) 모든 단백질이 같은 수를 생산하는 것은 아니다

*E. coli*의 염색체는 그 길이로 보아서 2,000~4,000개의 polypeptide 사슬의 암호(code)를 갖고 있다고 생각된다. 이 세포 중에 정확하게 몇 종류의 단백질이 같이 존재하는지는 아직 확실치 않다. 여러 대사생질을 만드는 데 필요한 효소의 수를 기초로 하여 생각하면 glucose를 유일한 탄소원으로 하여 생육하고 있는 세포 중에는 적어도 600~800종류의 효소가 있어야 한다.

이러한 효소 중에는 glucose 대사의 초기의 반응에 관계하는 것, 아미노산, nucleotide의 합성에 관계하는 효소는 비교적 많은 양이 존재한다. 또 ATP의 에너지결합의 형성에 필요한 효소도 많은 양이 필요하다. 이것들에 비하여 미량 갖고 있는 효소도 있다. 그것은 보효소(coenzyme)를 만드는 데 관련된 효소일 경우가 많다. 그리고 세포벽 또는 세포막, ribosome 등을 만들기 위한 여러 구조단백질도 비교적 많은 양을 필요로 한다.

(2) *E. coli* 단백질성의 다양성

일반적인 조건에서 이들 단백질이 세균세포 중에 몇 분자가 있는가를 정확하게 알고 있는 것은 2~3가지의 단백질이다. 가장 연구가 잘되어 있는 것은 *E. coli*의 β-galactosidase(MW=5.4×10^5)이고, 이것은 lactose를 glucose와 galactose로 분해하는 효소이다(그림 12-14).

활성이 있는 효소분자는 사량체구조(tetrameric structure), 즉 분자량이 135,000인 같은 polypeptide 사슬 4개로 구성되어 있으며, 이것은 중요한 효소이다. 그 이유는 lactose는 먼저 단당류인 galactose와 glucose로 분해되지 않으면 탄소원이나 에너지원으로도 이용할 수 없기 때문이다. Lactose를 유일한 탄소원으로 하여 생육하는 대장균세포는 일반적으로 3×10^3 분자의 β-galactosidase를 갖고 있고, 이것은 전 단백질량의 약 3%에 상당한다. 이 같은 *E. coli*의 염색체 중에 β-galactosidase의 암호를 가진 유전자(gene)가 하나만 있다면 합성가능한 최대량에 해당한다.

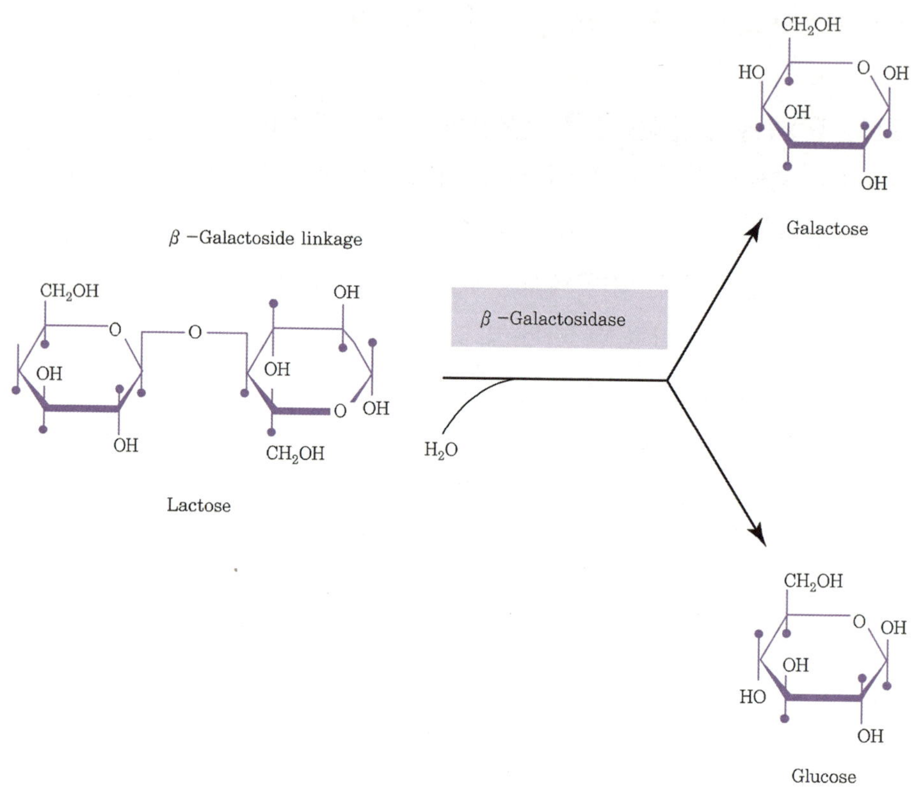

[그림 12-14] β-Galactosidase에 의한 lactose의 분해

만일 이 유전자가 2개 있으면 전체 단백질의 6%가 β-galactosidase일 것이다. 실제로 이 유전자를 여러 개 갖고 있는 것 같고 전체 단백질의 15%까지 β-galactosidase를 만들 수 있는 과잉생산돌연변이주(superproducing mutant strain)도 있다. 그러나 이와 같이 과량을 합성하려면 다른 필요한 단백질의 합성량을 매우 적게 해야 하기 때문에 β-galactosidase를 과잉으로 생산하는 세포는 생육이 나쁘고, 조화된 단백질합성을 하

는 변이주(mutant)에 의하여 도태되는 경향이 있다. Ribosome의 구조단백질의 양에 대해서도 좋은 자료가 있다.

왕성하게 증식하는 세포 중에는 55종류의 구조단백질(평균 MW~20,000)이 있고, 이 양은 세포에 있는 전체 단백질의 10%에 해당한다. 따라서 한 종류의 단백질은 평균하여 *E. coli*의 전체 단백질의 0.2%에 해당한다고 할 수 있다. 보효소생합성에 관련된 효소에 대해서는 이렇다 할 만한 정량적인 값은 얻지 못하고 있다. 겨우 몇 분자만 있는 효소도 있을 것이나 이것은 증명하기가 어렵다.

(3) 단백질의 존재량과 필요성의 관계

한 단백질에 대하여 보면 그 단백질이 필요한 경우와 도움이 안되는 환경조건에 있을 경우에 따라 단백질이 존재하는 양은 변동이 많다. 예를 들면, lactose와 같은 β-galactosidase의 존재 하에서 생육하는 정상적인 *E. coli*의 세포 한 개에는 거의 3,000 분자의 β-galactosidase가 있으나, 다른 탄소원을 이용하여 생육하는 세포 중에는 그의 1,000분의 1 이하의 β-galactosidase가 존재한다. Lactose와 같이 배양액에 가함으로써 특이하게 효소의 생합성량을 증가시키는 물질을 유도물질(inducer)이라 하고, 유도되어 합성되는 효소를 유도효소(inducible enzyme)라 한다. 세포의 생합성 시에 효소 중에는, 이것과 전연 다른 응답 방식을 하는 것도 많다.

예를 들면, 아미노산을 전혀 함유하지 않은 배지에서 생육하는 *E. coli*는 필요한 20 종류의 아미노산을 넣어 주면 그에 따라 생합성효소가 대부분 없어진다. 최종산물(예, histidine 합성효소계의 최종산물은 histidine이다)의 존재에 따라 양이 감소하는 생합성효소를 억제효소(억제가능효소, repressible enzyme)라 한다. 배지 중에 가하면 특정된 효소의 양을 특이하게 감소시키는 최종산물을 억제물질(corepressor)이라 한다. 이와 같은 유도현상이나 억제현상 모두가 세균에 있어서는 동등하게 유용한 것이다. 효소가 영양원의 대사 시에 필요한 세포성분의 합성을 위하여 필요로 할 때는 효소가 존재하고, 필요치 않게 되면 그 효소는 실제로 없어진다.

그러나 적응은 모두가 없다는 응답이 아니다. 필요도가 중간 정도라면 효소량도 중간 정도일 때가 있다(그림 12-15). 구조단백질의 양에 있어서도 같은 변동이 있을 수 있으며, 이것은 ribosome의 수가 변화함으로써 단적으로 나타난다. 세균이 최고의 속도로 생육하고 있을 때 ribosome은 세포 중량의 25~30 %를 차지한다. 그러나 영양조건이 나쁘게 되어 생육속도가 저하되면 세균의 단백질합성속도를 늦추기 위하여 ribosome의 수를 적게 할 필요가 있으며, 실제로, ribosome 함량은 그 최대치의 20 %까지 저하될 수 있다.

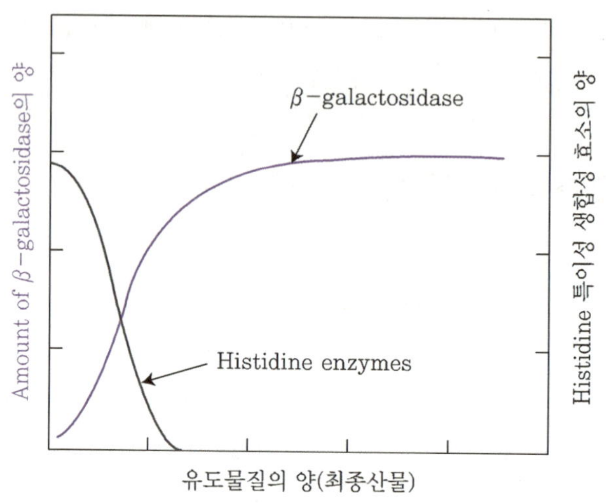

[그림 12-15] 세포당 효소량과 배지 중의 유도물질(또는 최종산물)의 농도의 관계

(4) 단백질의 양변화는 특이한 RNA의 양변화를 반영

활발하게 분열하고 있는 세균의 대부분의 경우 각 단백질분자가 합성된 다음에는 매우 안정하다. 그러나 단백질의 양변화는 일반적으로 합성속도를 반영하고 있고, 상대적인 안정성을 반영하는 것은 아니다. 이와 같은 합성 속도가 다른 것은 결국, 이용되는 mRNA의 수가 다른 것이 일부 관련되어 있다. 예를 들면, 활발히 β-galactosidase를 합성하고 있는 세포 중의 β-galactosidase의 주형의 수는 이것을 합성하지 않는 세포의 그것보다 더 많다.

지금까지 가장 확실하게 예측된 것에 따르면 β-galactosidase의 합성이 최대속도로 일어날 때는 1개의 세포당 35~50개의 β-galactosidase mRNA가 존재한다. 반대로 lactose가 없을 때는 평균하여 1개의 세포에 함유된 β-galactosidase에 특이한 mRNA의 양은 한 분자도 되지 않는다.

(5) Repressor는 많은 *m*RNA 합성속도 조절

유도효소 또는 억제효소의 암호(code)를 가진 *m*RNA 분자가 만들어지느냐 만들어지지 않느냐는 억제제(repressor)라는 특별한 분자에 의하여 제어된다. 각각의 억제제는 한 종류 또는 그 이상의 단백질의 합성을 억제하는 작용을 하나, 다른 모든 단백질과 같이 억제제 자신도 염색체 DNA의 암호에 따라 만들어진다. 억제제의 암호로 되어 있는 유전자는 조절유전자(제어유전자, regulatory gene)라 한다. 기능을 가진 억제제를 만들 수 없는 것과 같은 조절유전자돌연변이주(mutant regulatory genes)도 많이 분리되어 있다(그림 12-16).

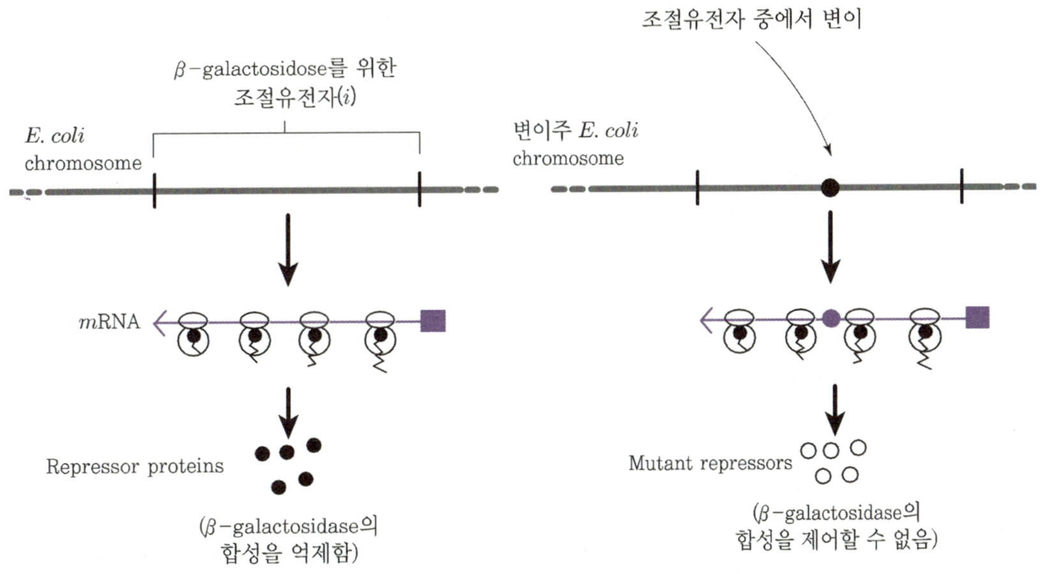

[그림 12-16] 정상 및 돌연변이체의 유전자에 의한 억제제의 억제

불활성적인 조절유전자를 갖고 있는 세포는 필요성에 관계없이 억제제 단백질을 합성한다(그림 12-16). 이와 같이 돌연변이주는 비조절성돌연변이주(constitutive mutant)라고 한다. 필요성과 관계없이 일정량 합성되는 단백질을 비조절성단백질이라 한다.

조절유전자에 일어난 이들의 돌연변이 중에서 몇 개는 다른 유전자에 억제돌연변이가 일어남으로써 억제된다. 억제유전자가 있으면 기능을 가진 억제제의 합성이 회복된다. 이 발견은 $mRNA$의 정보의 읽기가 달라져서 억제제의 구조가 변한다고 할 수 있다. 이 결과로부터 전부는 아니지만 몇 개의 억제제는 단백질분자라고 생각된다.

(6) 억제제는 단백질

억제제(repressor)가 단백질이라는 것은 최근 5종류의 다른 억제제가 순수분리되어 확인되었다. 이 중에 하나는 *E. coli*의 β-galactosidase의 합성을 억제하는 것, 두 번째는 galactose의 대사에 관계 있는 *E. coli*의 효소의 합성을 제어하는 것, 세 번째는 tryptophan 생합성에 관여하는 *E. coli*의 효소의 합성을 억제하는 것, 네 번째는 histidine을 분해하는 *Salmonella typhimurium*의 효소의 합성을 제어하는 것이다. 다섯 번째는 λ 파아지의 염색체가 대장균의 염색체에 prophage로서 삽입될 때 λ 파아지에 특이한 단백질의 합성을 제어하는 것이다.

현재로서는 β-galactosidase repressor의 성질이 가장 잘 연구되어 있다. 이 분자의 기본이 되는 polypeptide 사슬은 분자량이 37,000이고 쉽게 4분자가 복합체로 되어 분자량 148,000의 tetramer를 만든다. 활성형은 tetramer이고, 보통 *E. coli*의 염색체 1개당 10~20개가 합성된다.

이와 같이 매우 작은 양이 존재하므로 억제제의 발견과 분리가 어렵다. 다행히 지금은 많은 양(세포 내의 전체 단백질의 1 % 이상)의 억제제를 만드는 돌연변이주가 있고, 아미노산 배열의 결정에도 충분하게 사용할 수 있는 양이 분리되었다. 이 일은 1973년에 완성되었는데 347 잔기의 아미노산으로 구성되어 있고, 그 배열순위도 밝혀졌다.

(7) 억제제는 DNA에 결합하여 기능발휘

지금까지 알려진 억제제는 모두가 각각 대응하는 DNA분자의 특정한 장소에 결합하여 그곳으로부터 시작하는 $mRNA$ 분자의 전사(transcription)를 방해한다. 억제제가 결합하는 특이한 nucleotide 배열의 부분을 operator라 부른다.

일반적으로 operator 상의 염기와 적절하게 수소결합을 형성하기 위하여 operator에는 염기가 적어도 10~12개가 연결되어 있다. Operator가 적은 수의 염기로 되어 있다면 억제제가 잘못해서 다른 장소에 결합하는 경우가 빈번하게 일어날 것이다.

특이한 상호작용에 다수의 염기를 사용함으로써 매우 강하게 결합된다는 결과도 있다. β-Galactosidase의 활성형 억제제는 한 번 DNA에 결합하면 다음에 유도물질과 상호작용을 할 때까지 결합한 채로 있고 분리되지 않는다.

lac(lactose operon)의 operator 영역의 nucleotide 배열순위는 *lac* repressor를 *E. coli* DNA와 결합시켜 nuclease로 분해하고 보호한 뒤 절단된 DNA 조각을 연구하여 결정하였다.

그 결과 *lac* operator는 21개의 염기짝(base pair)이 있다는 것을 알았으나, 그 중에 16개의 염기짝은 11번째의 염기짝을 중심으로 2회전 대칭구조를 하고 있다(그림 12-17). 이 대칭성에 의하여 4량체(tetrameric)의 *lac* repressor의 2개의 subunit가 동시에 operator에 결합할 수 있다.

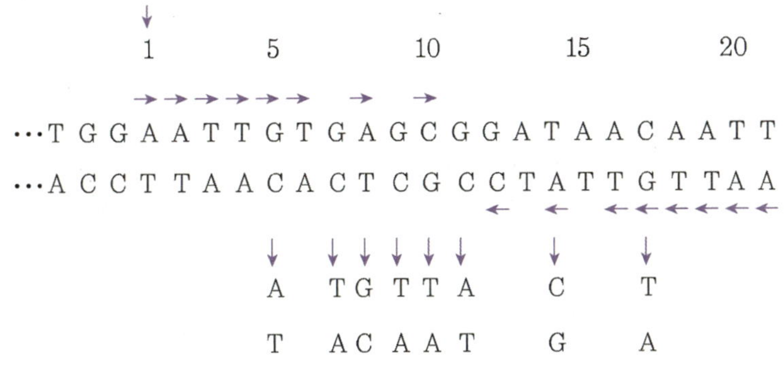

[그림 12-17] *lac* operator의 nucleotide 배열. *lac* *m*RNA의 전사개시점(↓)과의 관련에 주의. 야생형의 아래쪽에 나타난 염기짝이 변하면 *lac* repressor가 결합하기 어렵게 된다.

대칭성이 완전치 못한 것은 처음 operator의 한쪽을 볼 경우, 전체의 염기짝이 억제제에 결합하지 않는다는 것을 나타낸다고 설명되었다. 이러한 생각으로부터 대칭성의 어떤 염기짝만이 단백질 핵산상호작용에 달려 있다고 추측되었다.

그러나 돌연변이를 일으킨 operator의 분석으로부터 repressor-operator의 결합력을 약하게 하는 것과 같은 염기짝의 변화는 대칭성이 있는 부분과 없는 부분에서도 같이 일어나는 것이 명확하게 되었다.

이것을 더 깊이 이해하려면 X선 회절법(X-ray diffraction method)을 사용한 3차원

구조의 해명이 필요하다. 유감스럽게도 이것을 해명하는 데는 오랜 세월이 걸릴 것이다. 그 이유는 지금까지 얻어진 *lac* repressor의 결정은 3차원구조를 해석하기에는 너무나도 적기 때문이다. 단백질을 큰 결정으로 얻는다는 것은 아직 본질적으로 우연성의 문제이므로 언제쯤 되면 적당한 크기의 *lac* repressor의 결정이 이용되느냐에 관해서는 확신할 수 없다.

(8) 억제물질과 유도물질은 억제제의 기능상태를 좌우

억제제는 특이한 *m*RNA의 합성을 항상 방지할 수 없다. 만일 그러한 경우가 있으면, 억제제는 특이한 단백질의 합성을 영원히 저해하게 된다. 그렇지 않으면 실제로는 모든 억제제분자는 대응한 유도물질(inducer) 또는 억제물질(corepressor)과 결합되느냐에 따라 활성형이나 불활성형으로 될 수 있다.

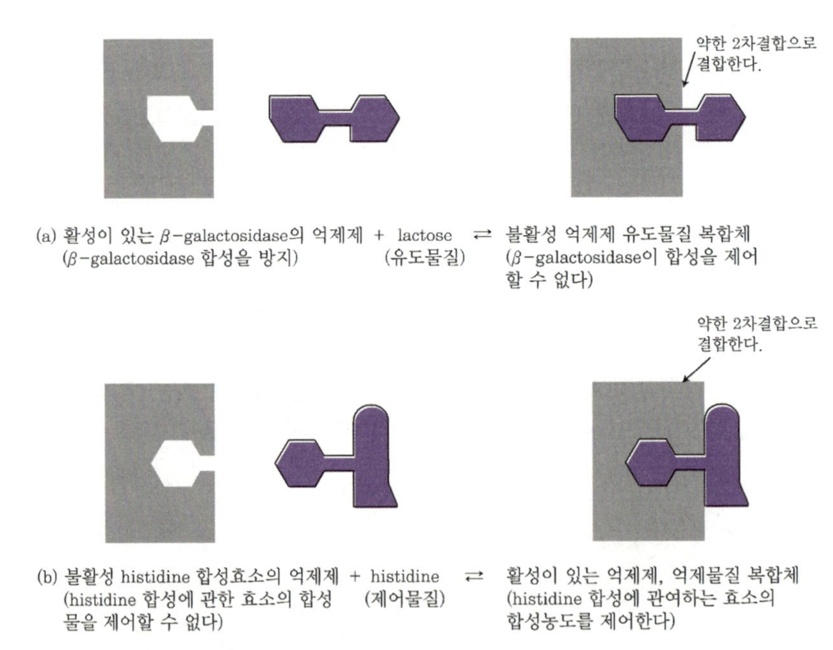

[그림 12-18] 억제제에 대한 유도물질과 억제물질의 작용

유도물질과 결합하면 억제제는 불활성화된다. 다시 말하면, lactose(유도물질)와 결합한 상태에서는 β-galactosidase의 억제제는 대응하는 operator에 결합할 수가 없다. 따라서 생육하고 있는 세포에 lactose를 부여하면 활성형의 β-galactosidase의 농도가 저하하고, 그 때문에 β-galactosidase의 합성이 가능하게 된다. 이것에 대하여 억제물질의 결합은 불활성형 억제제를 활성형으로 바꾼다.

즉 세포에 아미노산을 가하면 아미노산의 생합성에 관여하고 있는 효소의 합성을 지배하는 억제제가 활성화된다. 그 직후 그때까지 생합성되고 있었던 특이한 RNA 분자가 합성되지 않는다(그림 12-18).

억제제와 유도물질 또는 억제물질과의 결합은 공유결합이 아니다. 그 대신에 각각의 억제제분자의 일부분이 유도물질(또는 억제물질)의 특정된 부분과 보충적인 형태를 한다. 그러므로 억제제와 유도물질(또는 억제물질)의 사이에는 약한 2차결합 수소결합, 이온결합, 또는 van der Waals forces가 형성된다.

이들은 약한 결합이므로 신속하게 되기도 하고, 부서져서 생리적인 요구에 따라 억제제의 상태(활성형 또는 불활성형)를 빨리 달성할 수 있게 되어 있다. 예를 들면, β-galactosidase의 mRNA의 합성은 lactose를 제거하면 거의 순간적으로 정지된다.

(9) 억제제는 두 종류 이상의 단백질을 제어

어떤 경우는 억제제는 단 한 종류의 단백질의 합성만을 제어한다. 그러나 한 개의 억제제가 몇 종류의 효소의 합성에 동시에 영향을 미칠 때가 가끔 있다. 예를 들면, *E. coli*의 β-galactosidase의 억제제는 적어도 세 종류의 효소, 즉 β-galactosidase 그 자신과 lactose를 세균의 세포 속으로 들여보내는 속도를 지배하는 lactose 투과효소(permease), 그 외에 작용을 아직 잘 알지 못하는 transacetylase라는 효소의 합성을 동시에 제어한다. 활성이 있는 lactose를 들여보낼 수 없다.

β-galactosidase와 lactose permease 및 transacetylase는 모두가 lactose의 대사에 필요하므로, 그들이 통제된 상태로 합성되는 것이 아주 바람직하다. 이들 효소는 서로 이웃에 있는 유전자(그림 12-19)에 의하여 암호화되고, 그 때문에 1개의 mRNA 분자가 이들 전부의 유전-정보를 맡게 되어 통제가 되면서 합성이 된다(그림 12-20). Histidine 합성효소계의 억제제는 더 많은 유전자(10개)를 하나로 묶어서 억제하고 있다.

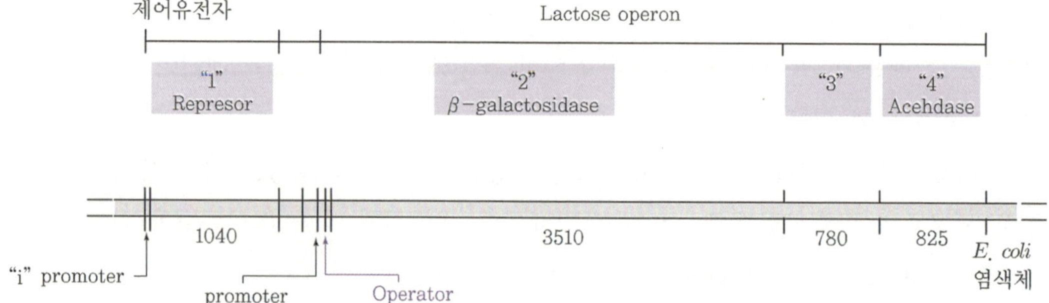

[그림 12-19] Lactose operon과 그 제어유전자. 숫자는 유전자 중의 염기 짝수를 나타낸다.

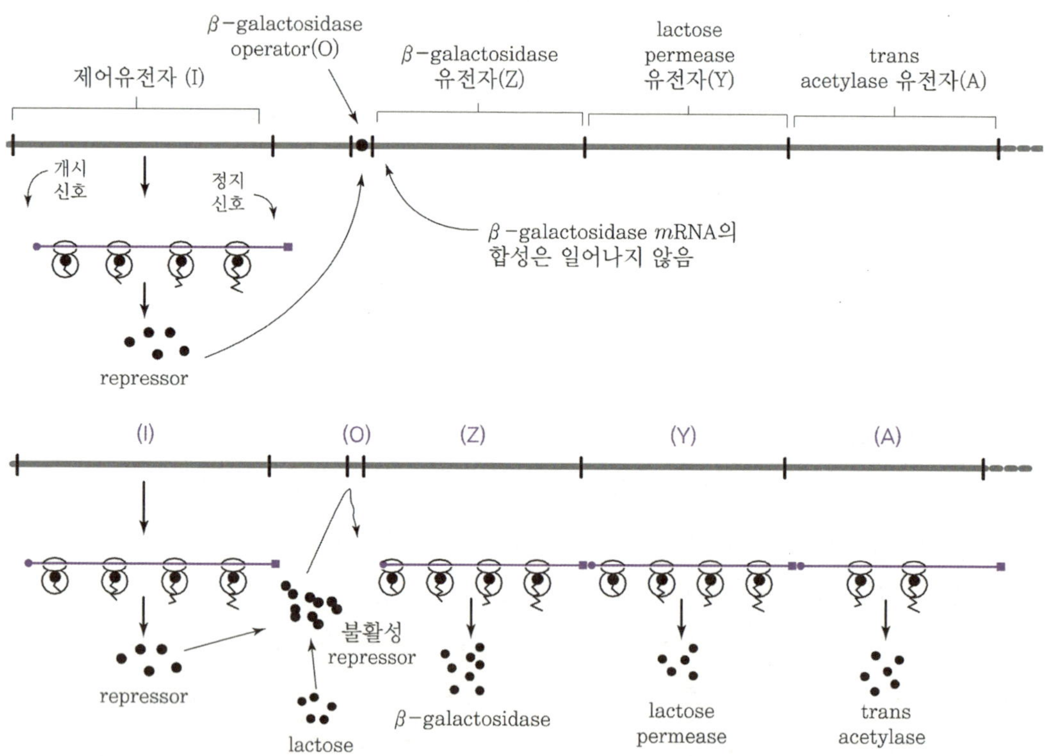

[그림 12-20] Repressor, 유도물질, operator의 상호작용에 의한 E. coli 의 단백질, β-galactosidase, lactose permease, trans acetylase의 합성의 제어기작.

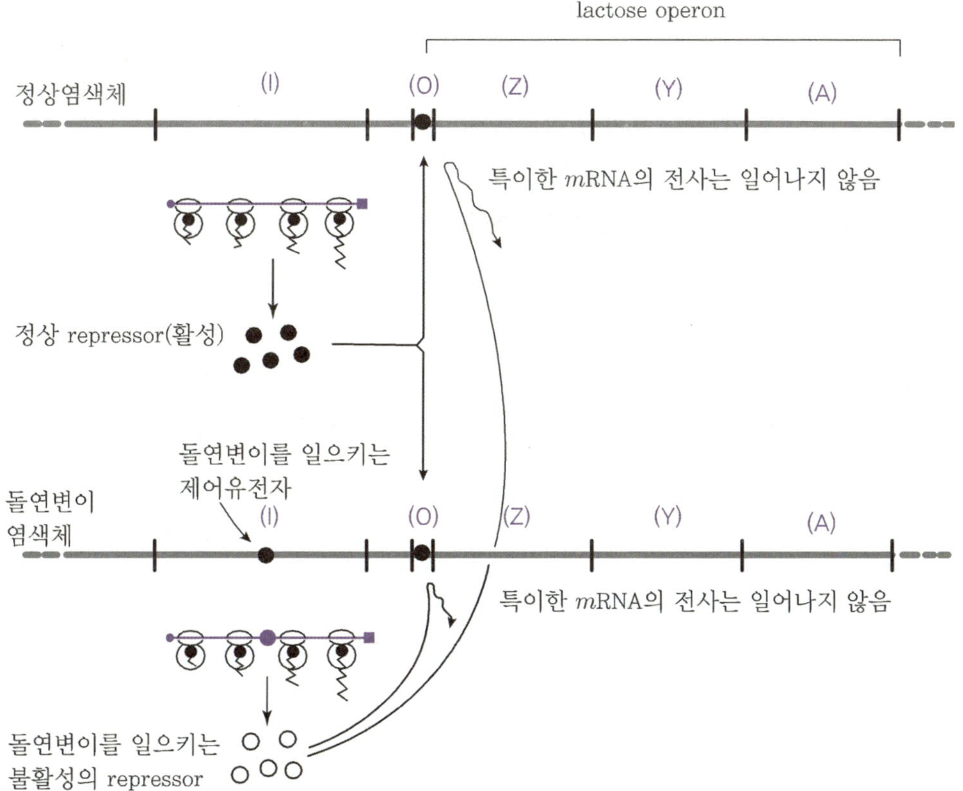

[그림 12-21] **활성 repressor의 존재가 불균활성 억제제의 존재에 대하여 유전적으로 우성인 것을 부분 2배체세포를 사용하여 나타냈다. 이 세포는 외부로부 터 β-galactosidase의 합성은 일어나지 않는다.**

이 경우에도 합성이 가능한 것은 이들 전부의 유전정보가 1개의 $mRNA$ 분자 중에 있기 때문이다. 이와 같이 $mRNA$ 분자에 암호를 주는 인접된 nucleotide의 집합체(한 개의 promotor의 지배하에 있다. 이하 생략)를 operon이라 한다.

따라서 operon에는 1개의 유전자만이 함유된 경우가 있고, 2개~수개의 유전자가 함 유된 경우도 있다. 처음에는 억제제는 operon 1개마다 특이한 것으로 생각하였으나, 1 개의 억제제는 3개가 서로 연결되지 않은 operon에 작용한다고 가정하면 매우 간단하 게 설명할 수 있는 사실이 수년 전에 발견되었다.

특히 $E.\ coli$의 arginine 생합성에 관여하는 유전자는 연결되지 않은 3개의 operon이 흩어져 있으나, 그럼에도 불구하고, 1개의 조절유전자가 이들의 operon에 속하는 모든 효소의 양을 조절하고 있다는 증거가 있다. 이와 같이 λ 파아지의 억제제도 2개 이상의 장소에 작용할 수가 있다. 이 억제제는 조절유전자의 왼쪽과 오른쪽에 한 개씩 있는 2개의 operator에 특이하게 결합한다.

(10) Operator가 없는 비조절적 합성

Operator(corepressor의 결합부위)는 모두 mRNA의 전사개시점(transcription start)에 매우 가까운 곳에 위치하고 있다. 이 두 개는 너무나 가깝게 접하여 있으므로 처음에는 operator 영역은 β-galactosidase의 말단에 있는 수개의 아미노산의 암호로 되어 있는 nucleotide와 포개져 있다고 생각하였다. 지금은 포개져 있는 것은 전혀 없다는 확실한 증거가 있다.

억제제가 operator에 결합하였을 때에 저해되는 것은 새로운 mRNA의 합성개시뿐이고, 이미 진행 중의 mRNA 사슬의 신장(growth)에는 아무런 영향이 없다. 즉, operator가 없으면 그에 대응한 억제제는 그 곳에서 만들어지는 mRNA의 합성을 저해할 수가 없다. 그 결과 mRNA로부터 만들어지는 단백질은 비조절적으로 합성된다.

Operator의 존재는 먼저 유전학적 해석의 결과로부터 분명해졌다. Operator는 돌연변이를 일으켜 억제제가 작용하지 못하도록 불활성화된 구조로 변할 수 있다. 이러한 것이 일어나면 비조절적 구조효소합성(constitutive enzyme synthesis)을 볼 수 있다.

그러므로 이와 같은 돌연변이주(mutant)는 0^c 변이주(constitutive operator mutant, 비조절성돌연변이주)라 부른다. 0^c 돌연변이와 억제제의 돌연변이와의 구별은, 관련된 염색체의 복사를 2개 갖고 있는 듯한 특수한 부분 2배체의 세포에 있는 효소합성을 측정함으로써 쉽게 할 수 있다.

기능을 잃어버린 조절유전자와 기능을 유지하고 있는 조절유전자를 각각 1개씩 가진 세포는 기능이 있는 쪽부터 만들어진 활성이 있는 operator 분자 양쪽의 operator에 작용하므로 효소합성의 제어가 가능하다(그림 12-20). 이것에 대하여 결함이 있는 operator를 1개라도 갖고 있는 세포는, 조절유전자의 상태와는 관계없이 비조절적 합성을 한다(그림 12-22).

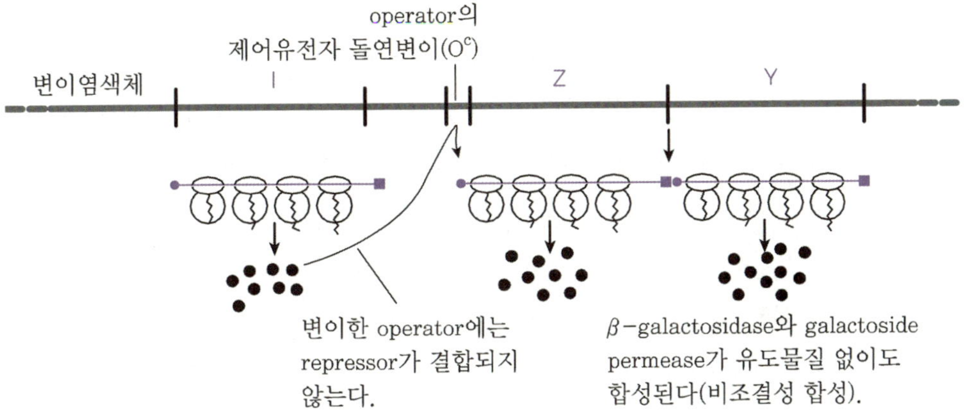

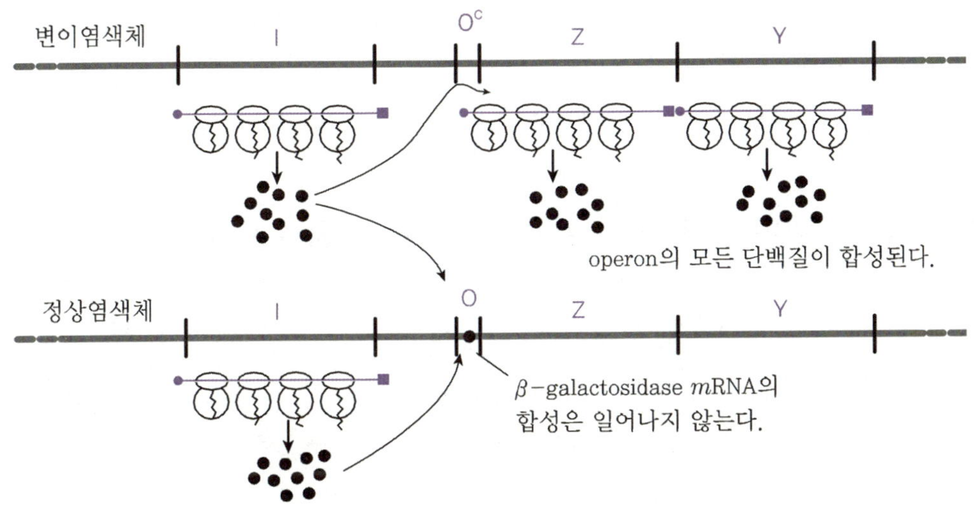

[그림 12-22] 정상 및 operator에 의한 *m*RNA 합성의 제어

(11) Lactose operon의 양성 제어

mRNA 합성을 방해하는 억제제의 기능은 음성제어의 한 예이다. 이는 조절에 관여

하는 이 인자가 있을 경우보다 없는 경우 쪽이 보다 빨리 합성이 진행되기 때문이다. 최초에는 lactose operon은 음성제어만을 받는다고 생각하였으니, 지금은 억제제의 작용을 약하게 하는 유도물질의 존재하에 operon이 정상적으로 움직이려면 어떤 단백질에 의하여 양성제어의 신호를 받아야 한다는 것을 알았다. 이 양성제어를 하는 단백질이 있다는 것을 알게 된 것은 특정된 당류(예, lactose, galactose, arabinose, maltose 등)의 분해(이화)를 각각 제어하고 있는 많은 operon의 기능이 glucose가 있는 곳에서 왜 저해되는가(glucose 감수성 operon)를 연구하고 있을 때였다. 예를 들면, *E. coli*를 glucose 와 lactose가 같이 있는 배지에서 배양하면 glucose만이 이용되고, lactose operon의 단백질은 하나도 합성되지 않는다. 이와 같이 glucose와 galactose가 있으면 galactose operon 은 불활성화된다. Glucose의 분해가 다른 당류보다 우선적으로 분해된다. 이 이유는 오랜 진화의 과정에서 세균은 다른 당보다는 glucose가 많은 환경에 있었기 때문이라 생각하고 있다. 여하간 glucose에 의한 저해는 여러 당이 세포 안으로 들어가는 속도를 변화시킴으로써 일어난 것은 아니다. Glucose는 오히려 전사(transcription)의 레벨에서 영향을 미치고 있다. 이러한 것이 처음 나타난 것은 glucose 효과에 대하여 lactose operon 의 감수성을 잃게 하는 promotor 중의 돌연변이가 존재할 때부터이다. 이 돌연변이가 일어나면 glucose가 많은 양이 있더라도 lactose operon은 최대한으로 유도된다.

(12) Glucose의 이화작용은 cAMP의 양에 영향을 준다

　Glucose는 전사에 직접 작용할 수 있다. 먼저 glucose 분해산물(이화작용으로 생기는 생성물 catabolite)의 1개가 세포 내의 환상 AMP(cyclic AMP, cAMP)의 양을 감소하도록 작용한다. 이 중요한 물질인 cAMP는 glucose의 이화로 저해되는 모든 operon의 전사에 필요한 것이다. Glucose의 이화생성물이 어떠한 방법으로 세포 내의 cAMP 농도를 제어하느냐는 아직 알 수 없다. cAMP의 직접적인 대사전구체(direct metabolic precursor)는 ATP이나, 이 반응을 일으키는 효소 adenylate cyclase가 어떤 특이한 glucose 분해산물에 의하여 직접 저해되는지 알 수 없다(그림 12-23). 또한 cAMP를 특이하게 AMP로 바꾸는 효소가 있으므로, 저해는 cAMP의 분해속도를 바꿈으로써 잘 제어되는지도 모른다. 정확한 현상은 곧 밝혀질 것이다.

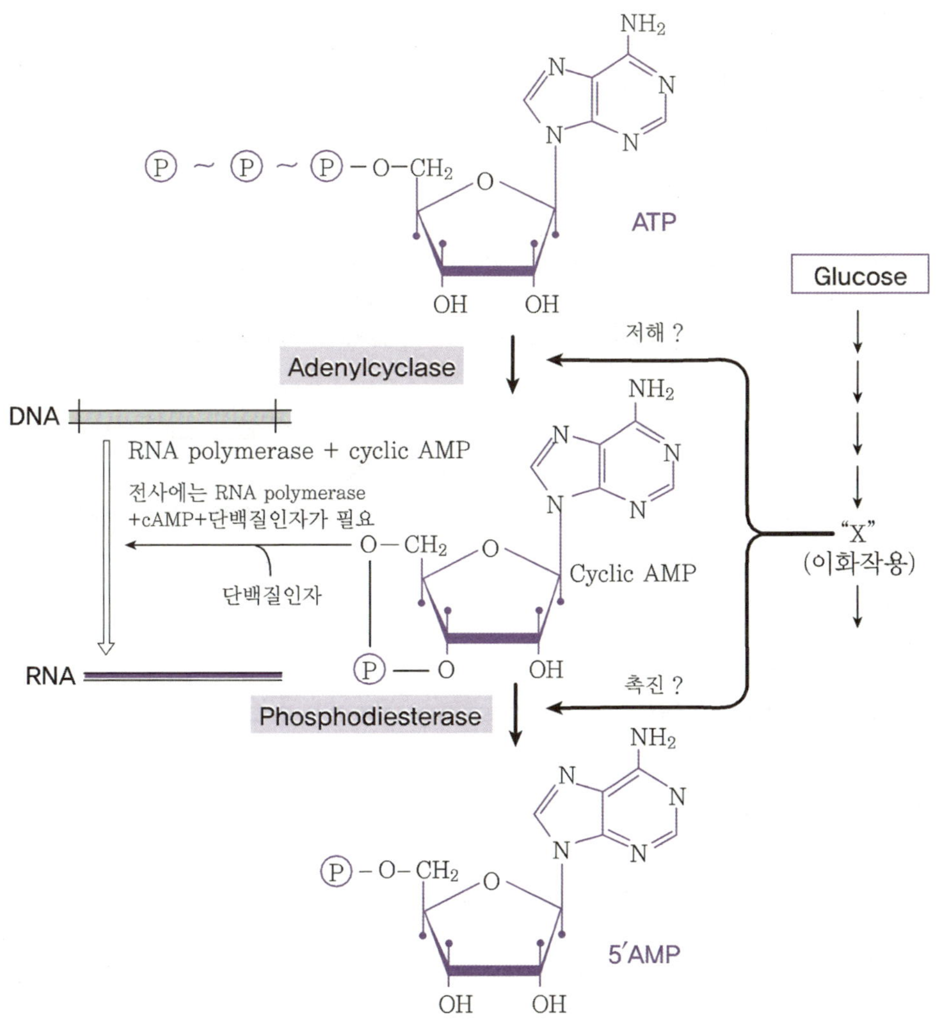

[그림 12-23] cAMP에 의한 대사산물 감수성 전사의 조절

(13) cAMP의 결합에 의한 이화유전자 활성단백질(CAP)의 활성화

cAMP는 *lac m*RNA의 합성을 직접 촉진하는 것이 아니라 이화유전자활성화단백질 (catabolite gene activator protein : CAP, 최근에는 cyclic AMP receptor protein : CRP 라고 부르는 경우가 많다)과 결합하여 작용한다. 이 단백질은 분자량이 44,000인 2량체 분자(dimeric molecule)이다. CAP은 cAMP와 결합하지 않으면 전사에 영향을 미칠 수 없다. cAMP와 결합한 CAP은 DNA 중의 특수한 부위에 결합하여 인접한 operon의 전사속도를 증가시킨다. CAP은 모든 glucose 감수성 operon(glucose sensitive operon)을 위한 양성제어인자이다. 따라서 그 기능을 없어지게 하는 돌연변이가 일어닌다. 세포는 다당류의 당을 같이 이용할 수 없게 된다.

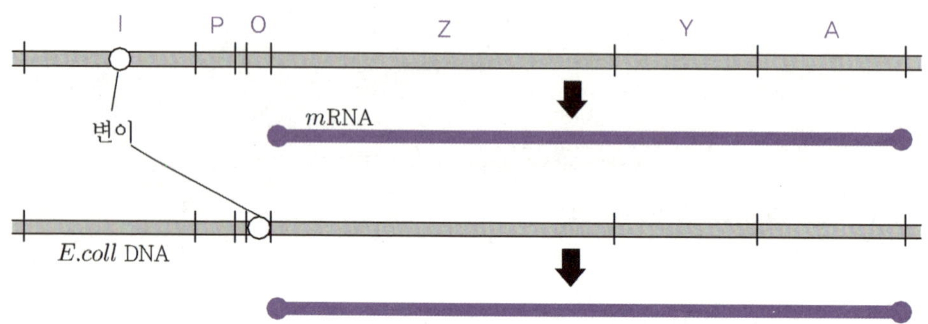

(a) 활성형 억제제가 없는 경우, 또는 operator에 돌연변이가 일어났을 경우, 야생형 promotor는 높은 레벨의 *lac* mRNA 합성을 한다.

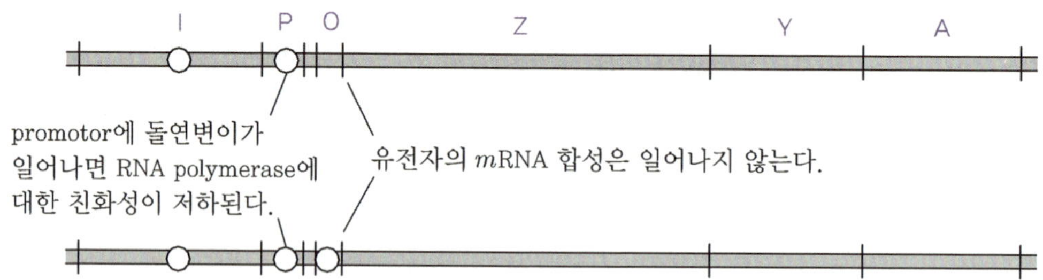

(b) 활성형 억제제가 없거나 혹 operator에 이상이 생겼더라도, promotor에 돌연변이가 일어나면 *lac* mRNA의 합성은 완전히 정지된다.

[그림 12-24] **Lactose operon의 promotor의 유전학적 증명**

(14) CAP과 특정한 억제제가 promotor의 기능을 제제

CAP이나 각종 유전자에 특이한 억제제도, 단독으로는 *m*RNA 사슬의 합성속도에 아무런 영향을 미칠 수 없다. 양쪽은 한쪽이 양성형이고, 다른 쪽은 음성형으로 RNA polymerase 분자가 단백질과 결합하는 비율을 제어하고 있다. Promotor라는 것은 DNA 상의 전사개시에 관여하는 부분이다. Promotor가 있는가를 나타내는 실험적 증거는 몇 개의 돌연변이주의 순수분리로부터 비롯되었다

β-Galactosidase 유전자의 가까이에 위치한 곳에 돌연변이가 일어나면, *lac* repressor 가 전혀 없더라도 *lac* operon의 전사효율이 크게 감소한다(그림 12-24). 현재는 promotor 돌연변이의 모든 것이 전사의 감소와 관련 있다고 할 수 없다는 것을 알게 되었다. 실제로 어떤 돌연변이는 그 operon의 *m*RNA 합성의 제한조건을 완화하는(예를 들면, CAP의 결 합이 필요치 않게 된다는 등) 결과를 얻었다.

처음에는 promotor는 비교적 간단한 구조로 되어 있다고 생각하였으나, 오늘날에는 대 부분이 매우 복잡하다는 것이 확실해졌다. 그 이유는 promotor는 여러 가지의 양성, 음성 의 제어인자와 서로 작용해야 하기 때문이다.

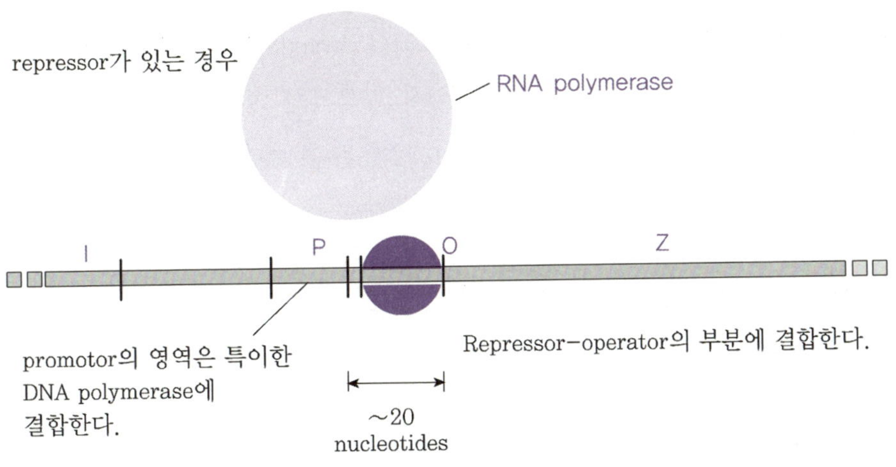

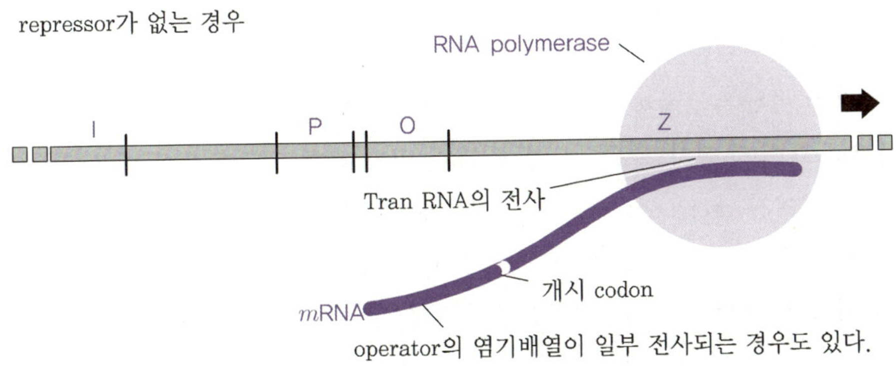

[그림 12-25] **Lactose operon의 RNA polymerase의 결합**

(15) 억제제의 결합은 RNA polymerase의 결합의 저해

최근 *lac* operator와 promotor의 nucleotide 배열이 밝혀짐에 따라 어떻게 해서 *lac* repressor가 operator에 결합하면 *lac* mRNA의 합성이 저해되는지 자연히 밝혀졌다(그림 12-25). Operator를 구성한 21개의 염기짝 중에 *lac* mRNA의 합성개시점이 포함되어 있다(그림 12-17). 따라서 *lac* promotor와 *lac* operator는 약간 겹쳐져 있으므로 operator에 억제제가 결합하면 RNA polymerase가 *lac* promotor에 결합하는 것을 입체적으로 방지하게 된다. 그러나 이와 같이 특수하게 겹치는 것(overlapping)이 있다고 하여 억제제를 직접 인식하는 염기가 RNA polymerase도 인식하리라 생각할 수 없다. 실제, 만일 *lac* repressor에 RNA polymerase가 합성을 시작하는 모든 부위와 결합할 수 있는 능력이 있다면 혼란을 초래할 것이다. 그러나 promotor 영역 내에 있는 염기의 대부분은 RNA polymerase의 인식에는 관여하지 않으므로 operator와 promotor가 많이 겹쳐져서는 안 된다는 이론적인 근거는 없다. 실제로 λ 파아지의 경우는 양자가 많이 겹쳐져 있다고 한다.

(16) *lac* promoter는 대체로 80염기짝을 함유

lac promotor에는 기능이 다른 두 개의 영역이 있다는 것을 알았다. 하나는 RNA polymerase의 작용부위이고, RNA polymerase가 먼저 최초로 직접 결합하는 장소이다. 다른 하나는 CAP 부위라 부르나, operator로부터는 떨어져 있고, cAMP-CAP 복합체를 결합하는 장소이다(그림 12-26).

약 40염기짝으로 되어 있는 CAP 부위 중 어느 염기가 직접 CAP에 결합하는지 정확히 알 수 없으나 −52∼−67 위치를 보아 대칭구조를 지닌 16염기짝이 그 자격이 있는데, 그 이유는 CAP는 2량체 분자이기 때문이다. RNA polymerase가 최초로 결합하는 것이 정확하게 어떤 염기인지는 아직 알려져 있지 않다.

지금까지 알려진 promotor 구조에는 전사개시위치(그림 12-27) 부근의 7개의 염기짝 (−6∼−12)의 대부분이 포함되어 있으나, 이 부분을 가진 DNA 단편은 전사개시위치 (+1)로부터 25염기짝 정도 떨어진 곳에 있는 염기(−25∼−36)를 동시에 포함하지 않으면 RNA polymerase와는 결합하지 않는다. *lac* promotor의 경우 특히 중요한 것은 2개의 GC가 많은 영역으로 둘러싸인 AT가 많은 염기짝(−25∼−36)의 집합이다.

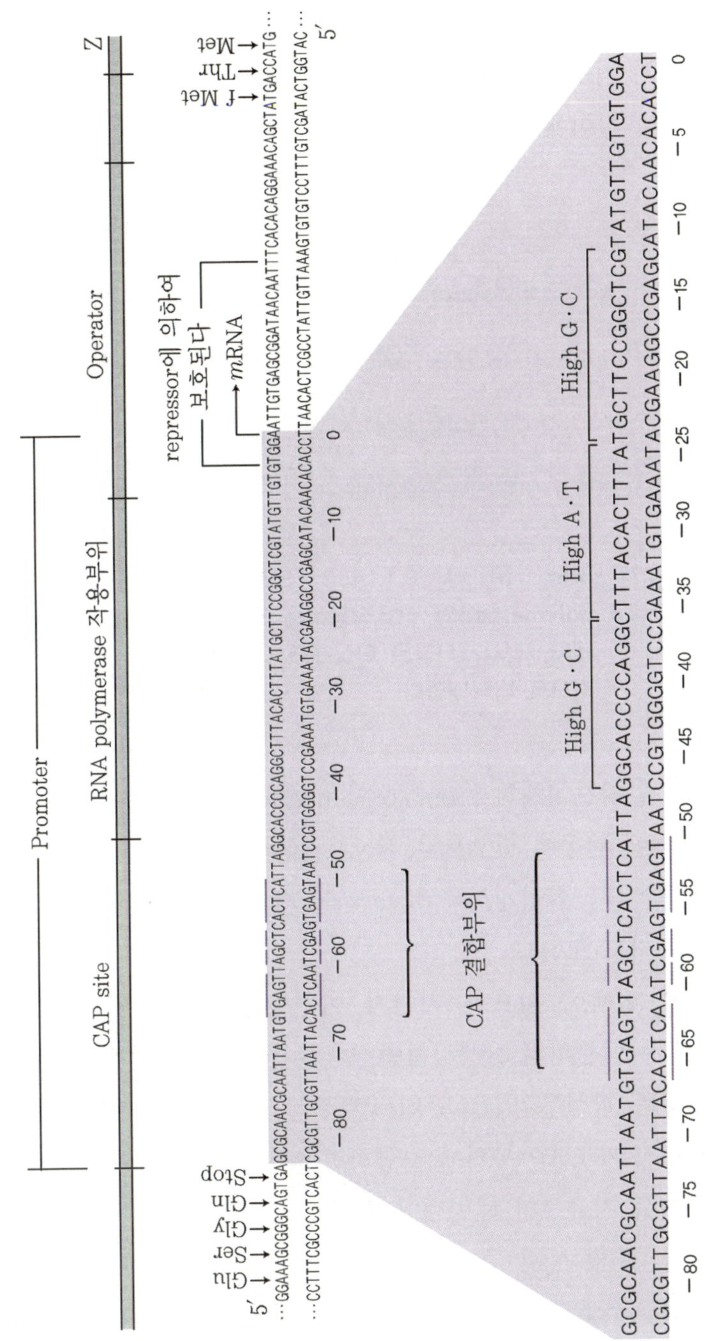

[그림 12-26] *E. coli* 염색체의 promotor의 nucleotide 배열. Operator 영역과 overlapping되어 있는 것을 나타낸다.

　　ATP가 많은 영역은 GC가 많은 영역보다 자연적으로 2중나선이 풀리기 쉬우므로 RNA polymerase가 최초로 들어가는 것은 AT가 많은 영역이고, 그 빈도는 양쪽에 있는 GC가 많은 영역의 길이에 의하여 지배된다고 생각되고 있다.

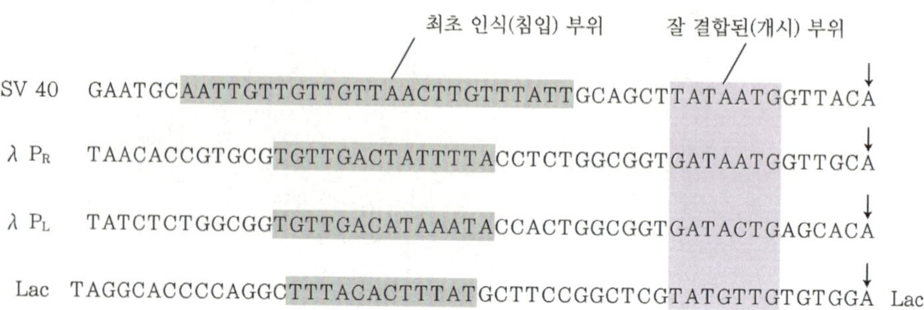

[그림 12-27]　　*lac*, λ(P_R 및 P_L) ALC, SV 40 등의 promotor 중 RNA polymerase와 상호작용하는 장소의 nucleotide 배열을 나타낸다. 전사개시점은 화살표로 나타냈다. 매우 비슷한 배열은 사각으로 나타내었다.

　　완전히 구조가 알려진 4개의 promotor의 nucleotide 배열(sequence)(그림 12-27)을 보면, 이 AT 영역에 변동이 있으므로, RNA polymerase는 여기 들어간 뒤에도 −12로부터 −6의 염기를 가진 '합성개시부위(start site)'(그림 12-28)에 set하기까지는 여기저기 작용하고 있을지도 모른다.

　　어떠한 이동이 실제로 필요한 것인지 아닌지는 분명하지 않다. 왜냐하면 RNA polymerase가 매우 큰 분자라고 생각하면, 그것이 결합하는 장소는 phosphodiester 결합의 형성을 촉매하는 '활성부위(active site)'로부터 30~40개의 염기짝이 떨어져 있기 때문이다. cAMP-CAP가 CAP 부위에 결합하면 왜 RNA polymerase가 promotor에 결합이 잘되게 되는지를 지금부터 해명해야 한다.

　　이것도 전혀 알 수 없는 것 중의 하나이다. 그 이유는 cAMP-CAP가 결합하리라 생각되는 장소는 RNA polymerase가 결합하는 AT가 많은 영역의 중심으로부터 30염기짝 정도 떨어져 있기 때문이다. 그 작용기작을 분자레벨로 생각하려면 CAP의 3차원구조를 해명해야 한다.

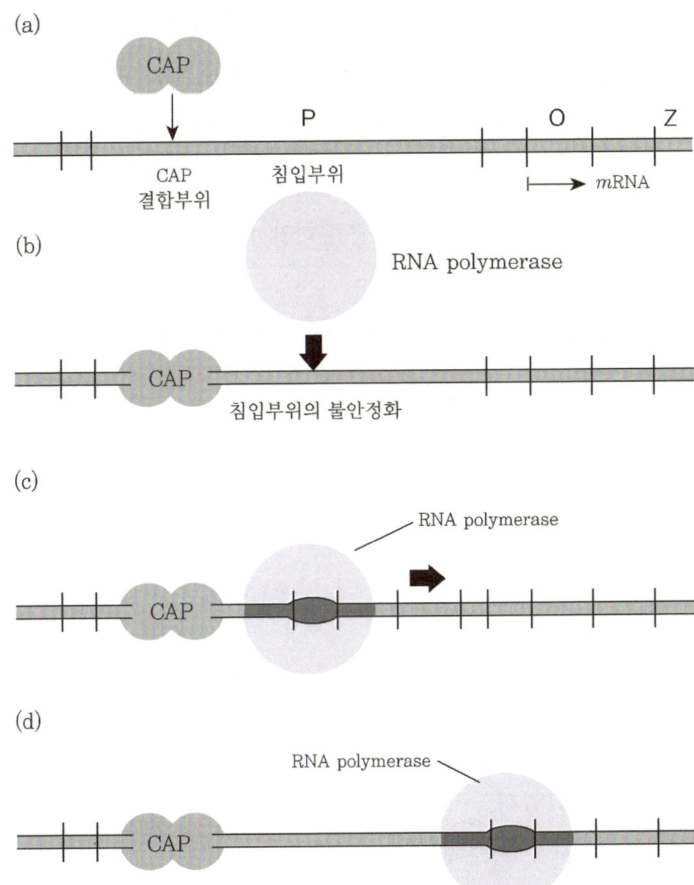

(a) CAP이 CAP 결합부위에 결합한다.
(b) CAP이 RNA polymerase의 침입장소를 불안전화시켜 RNA polymerase를 결합하
　　기 쉽게 한다.
(c) 침입부위에 들어온 RNA polymerase는 전사개시위치까지 이동한다.
(d) 전사개시위치에 붙은 RNA polymerase.

[그림 12-28]　Lactose operon에 있어서 전사개시의 모형도

(17) 시험관 속에서 promotor의 기능해석

Promotor와 operator의 기능의 개념을 확립하기 위하여 중요한 첫 단계는 실험관 내
에서 전사실험(transcription experiment)하는 것이다. 예를 들면 시험관 내 실험의 주형
(template)으로서 *lac*(*gal*) DNA를 사용하면 RNA polymerase의 결합과 그것에 이어지

는 *lac*(*gal*) *m*RNA 합성의 개시에는 cAMP와 CAP을 동시에 가할 필요가 있다. 다시 glucose 존재하에서도 *lac* operator이 전사되는 돌연변이주의 세포로부터 분리된 DNA를 주형으로 하였을 경우는 시험관 속에서도 CAP이 필요하지 않다는 것을 알았다. 이 실험은 cAMP와 CAP이 전사하는 단계에서 작용하는 것이며 막의 투과성에 대한 영향을 통하여 작용하는 것은 아니라는 것이 분명하게 증명되었다.

(18) Glutamine synthase에 의한 *hut* operon의 양성제어

lac, *gal*, *trp* 및 λ 등의 operon의 형질 발현(expression)을 좌우하는 단백질인자는 모두 제어기능을 갖고 있을 뿐이고(제어단백질 regulatory protein) 효소로서의 능력은 없다. 그러나 이와 같이 확실하게 구별할 수 있는 분명한 이론적인 뒷받침은 없다. 최근 *Salmonella typhimurium*의 2개의 operon이 전사하는 데 직접 영향을 미치는 중요한 효소가 발견되었다.

이 operon에는 histidine의 분해에 필요한 네 가지 효소의 유전암호를 가진 *hut* (histidine utilizing, histidine 이용) 유전자가 있다. 이 분해반응은 탄소원이나 질소원, 또는 양쪽의 결핍조건하에서 histidine

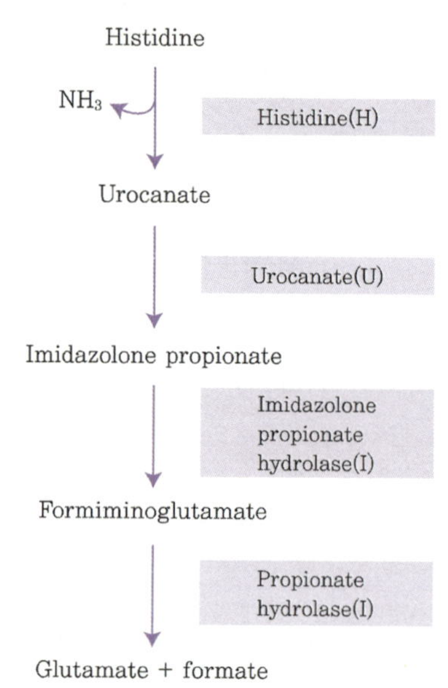

[그림 12-29] **Histidine의 분해 경로**

을 분해하며, 균의 생육에 필요한 분해물(glutamic acid, formamide, ammonia)을 공급하는 것이다(그림 12-29). 더 중요한 것은 탄소원(carbon source)과 질소원의 제한조건하에서 histidine이 있으면 그것을 분해하여 단백질을 만들 수 있도록 이 operon이 진화되어 왔다는 점이다.

이 operon이 어떠한 제어를 받았는지를 이해하기 위하여서는 먼저 histidine이 어떠한 작용을 하고 있고, 어떠한 방법으로 탄소원과 질소원의 결핍신호가 전달되는가를 알아야 한다. 현재, histidine은 유도물질로서 *hut* repressor에 의하여 음성의 제어를 제거할 것이라는 것이 알려져 있다. 따라서 *hut* repressor가 operator에 결합하는 것을 방지할 때만이 탄소원 또는 질소원 결핍의 신호를 전달한다(그림 12-30). 이것이 매우 중요하다는 것은 histidine이 전혀 없는데, 그것을 이용하는 *hut* 효소계를 만드는 것은 생물에 있어서 매우 낭비가 되기 때문이다.

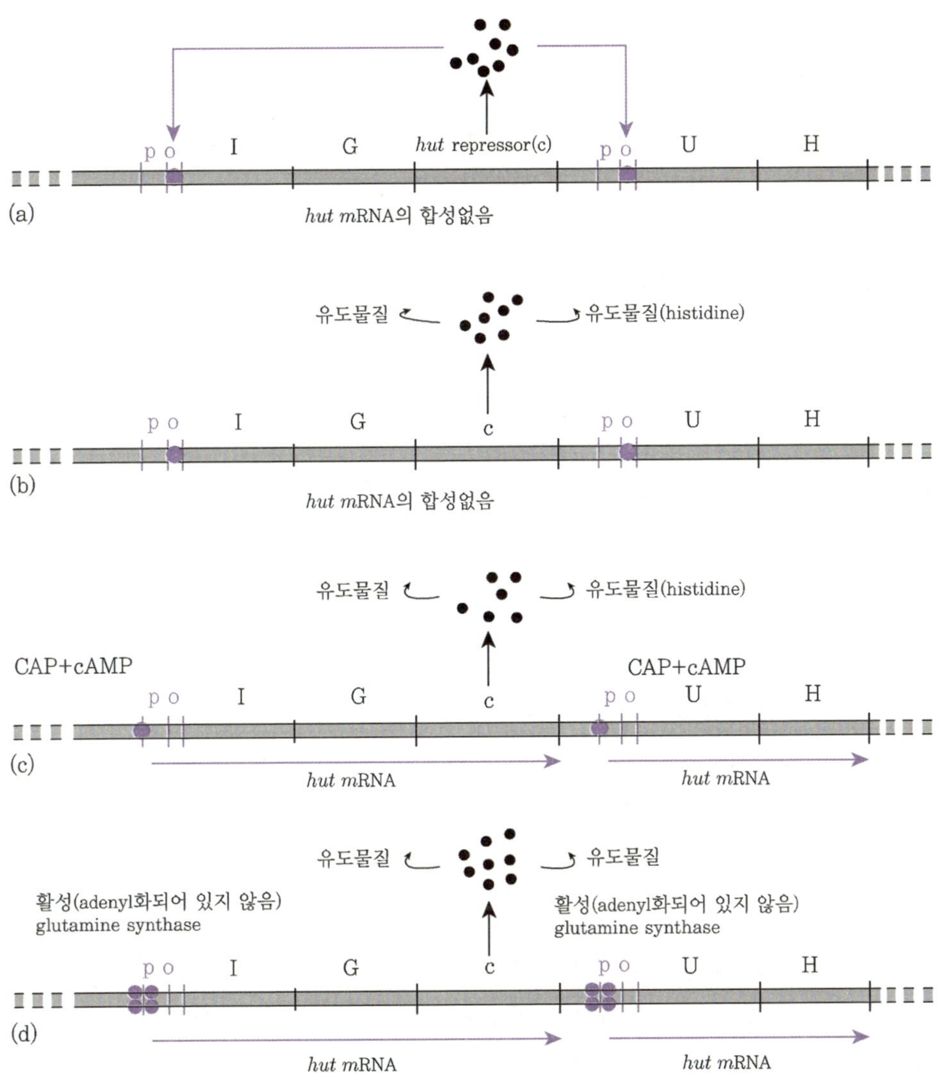

[그림 12-30] *Salmonella typhimurium*의 2개의 *hut* operon과, 양성 및 음성으로 작용하는 단백질인자에 의하여 그것들이 어떻게 조절되는가를 나타냄.

탄소원이 부족하다는 신호는 *lac* operon의 경우와 같이 cAMP 농도가 증가함으로써 전달되고 cAMP-CAP 복합체의 결합에 의한 *hut* promotor의 활성화라는 순서를 밟는다. 그러나 예를 들면, glucose를 충분하게 공급하고 cAMP 농도가 낮을 때에, 질소결핍의 신호는 CAP 이외의 양성제어를 통하여 전달해야만 한다.

그러나 시험관 속에서 실험한 최근의 연구로 인하여 *hut mRNA* 합성을 활성화하는 단백질은 활성형 glutamine synthase임을 알았다. 이 효소는 질소원의 제한하에서는 adenyl화되지 않은 활성형으로 많은 양이 있으나, 질소원이 풍부하게 있는 adenyl화된 불활성형으로 있다. 이렇게 하여 *hut* operon의 DNA는 glutamine synthase의 promotor에 결합하여 질소가 결핍하다는 신호를 받을 수 있다.

(19) 양성제어 음성제어를 매개할 수 있는 단백질

Arabinose(*ara*) operon의 효소계에서 제어되는 쪽은 더 복잡하다. Arabinose가 없는 조건하에서 생육하는 *E. coli*의 세포에는 그것을 분해하는 3종류의 효소가 매우 소량밖에 존재하지 않는다. 그러나 arabinose를 가하면 이들 효소 모두가 다같이 증가한다. 이 유도는 이들 3개의 효소의 유전자의 바로 옆에 있는 네 번째의 유전자 'C'에 의하여 제어된다. 이 'C' 유전자와 다른 3개와의 사이에는 *ara* operon의 promotor가 있다(그림 12-31). 유전적인 해석에 따르면 'C' 유전자에는 nonsense mutation이 일어나므로 이것은 arabinose와 결합하는 단백질을 만들고 있는 일반적인 유전자라 할 수 있다. 그러나 이 단백질은 단순한 억제제는 아니다. 그 이유는 DNA 결실에 의하여 이 유전자를 잃게 되면 arabinose operon의 유도는 되지 않기 때문이다. 따라서 다음과 같이 생각할 수 있다. 즉 이 단백질은 arabinose와 결합한 다음 CAP 인자의 경우와 같이 *ara* promotor에 대하여 양성제어인자로서 작용한다고 생각된다.

여기에서 arabinose operon은 glucose 감수성 operon이고, *ara mRNA*의 합성도 또한 CAP의 *ara* promotor와의 결합에 의존한다고 생각하는 것이 중요하다. 즉, *ara* operon이 높은 레벨에서 작용하려면 2개의 양성제어신호가 동시에 존재할 필요가 있다고 생각된다. 하나는 arabinose가 존재하는 경우이고, 또 하나는 glucose가 없는 경우이다. 먼저 처음 이 가설과 맞는다고 생각하는 것은 'C' 단백질의 돌연변이(C^c)를 발견하면서부터였다. 이 단백질 C^c는 일반세포 내 대사산물과의 결합으로 활성화되어 *ara* 단백질

(arabinose 효소계)의 비조절적 합성(constitutive synthesis, 즉 arabinose가 없더라도 합성된다)을 한다. 따라서 1개의 C⁺ 유전자와 Cᶜ를 갖고 있는 2배체의 세포에서는 arabinose가 없어도 *ara* 단백질이 만들어진다고 예상된다. 그러나 실제로 실험하면 C⁺ 유전자가 같이 있으면 짝유전자 Cᶜ의 기능은 발휘되지 않는다. 따라서 'C' 단백질은 arabinose가 없어도 *ara* promotor에 결합할 수 있으나, 그 경우는 억제제인 것과 같이 음성적 작용을 하는 것처럼 보인다. 이와 같이 'C' 단백질은 유도물질의 유무에 따라 양성쪽으로도, 음성쪽으로도 작용할 수 있는 잠재적 능력을 갖고 있다.

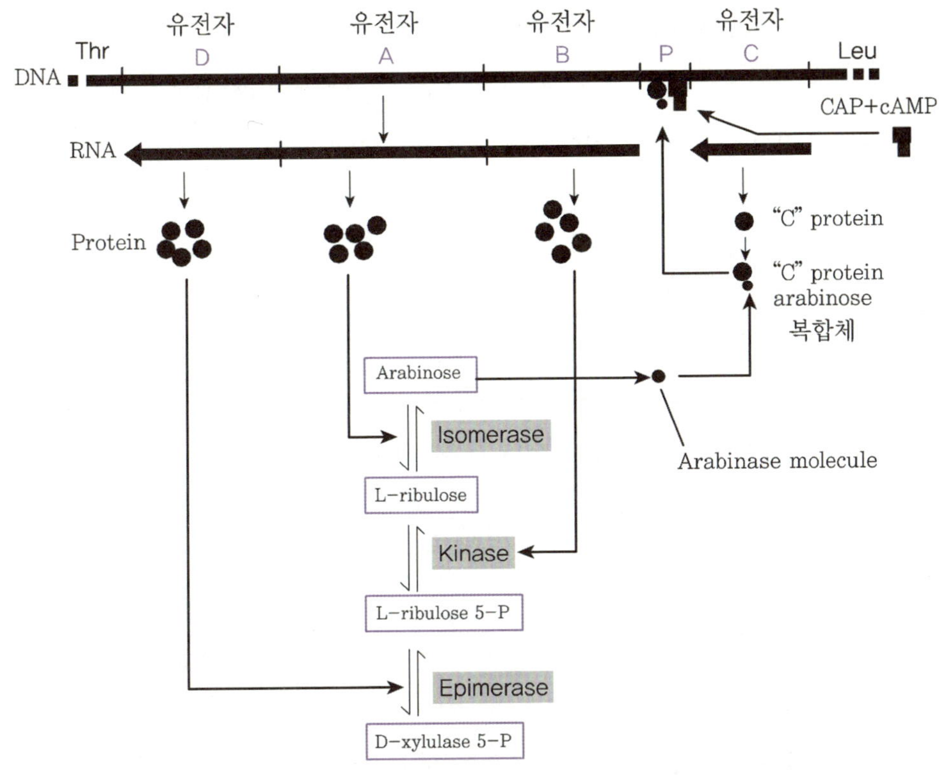

[그림 12-31] *E. coli*의 arabinose operon : 양성제어의 한 예

(20) Tryptophan operon의 전사는 2개의 다른 영역에 의해 제어

전에는 tryptophan operon(*trp* operon)의 5개의 효소의 합성에도 주로 promotor-operator 영역과 서로 작용하는 제어분자에 의하여 조절될 것이라고 생각하였다. 이 경

우 5개의 연속된 *trp* 유전자(그림 12-32)의 전사가 필요로 하는 것은 tryptophan의 공급이 제한된 때만이라는 것이 중요하다. 즉 tryptophan은 유도물질로서가 아니라, 특이한 억제제를 활성화하여 *trp* operator에 결합시켜, tryptophan의 전사를 저해할 수 있도록 하는 corepressor(억제 물질)로서 작용한다.

이에 대응하여 tryptophan이 없으면 *trp* operator에는 억제제가 결합하지 않고, 인접된 promotor로부터 *trp* mRNA의 합성이 시작한다. 그러나 놀라운 것은 *trp* mRNA 분자의 합성은 그와 같이 시작하였다고 할지라도 그래도 단독으로 최후까지 진행한다고 할 수 없다. 반대로 *trp* mRNA 분자의 대부분은 최초의 *try* 유전자(*trpE*)의 전사가 시작하기 전에 합성이 정지된다. 이 이상한 결과를 해석할 수 있게 된 것은 최근 밝혀진 *trp* mRNA의 5′ 말단의 nucleotide 배열에 있다. Promotor-operator 영역과 *trpE*와의 사이는 161개의 'leader' nucleotide로 되어 있다. 이 leader 영역의 내부에는 감쇠역(attenuation region, 123번째부터 150번째까지)이라는 것이 있고 이 영역 내에서 RNA polymerase 분자의 대부분(~90%)이 *m*RNA 합성을 정지하므로 그 결과 140개의 nucleotide로 된 *m*RNA 단편이 많이 생긴다(그림 12-32).

감쇠역을 지나 끝까지 읽게 되는 RNA polymerase도 약간 있으나, 그것이 빈번하게 일어나려면 감쇠역에 특수한 조절분자가 작용해야만 한다. 이 분자신호에 대한 정확한 성질에 대해서는 아직 밝혀지지 않았으나 읽는 정도가 tryptophan 농도에 역비례하는 것이 분명하다. 어떠한 형태로든(직접적 또는 간접적) tryptophan의 양은 tryptophan repressor에 의한 제어와 감쇠역에서 일어나는 제어에 영향을 미친다. 아마 2개의 다른 제한메커니즘이 공존함으로써 세포 내의 tryptophan 농도를 훨씬 세밀하게 조절할 것이다. 즉, tryptophan의 결핍이 점차로 심하여지면 감쇠작용이 완화된다(즉 완전한 *trp* mRNA 합성의 빈도가 높아진다).

감쇠역이 일반적으로 어떻게 읽고 있는지는 아직 분명치 않다. 이 부분에는 A-T 염기짝이 매우 많으므로(그림 12-32), 보통은 P의 작용을 필요로 하지 않을지 모른다. 최근 유전학의 실험으로부터 P가 실제로 관여한다고 하나 감쇠기능의 방해는 감쇠영역에 특이하게 작용하는 어떠한 항정지단백질(antitermination protein, *anti* P)에 의한 것이라 생각된다. 이러한 추측은 목적론적으로 느낄지 모르나, λ 파아지가 전사하는 경우에는 항정지단백질(*anti* P)이 중요한 역할을 한다는 확실한 증거가 있다.

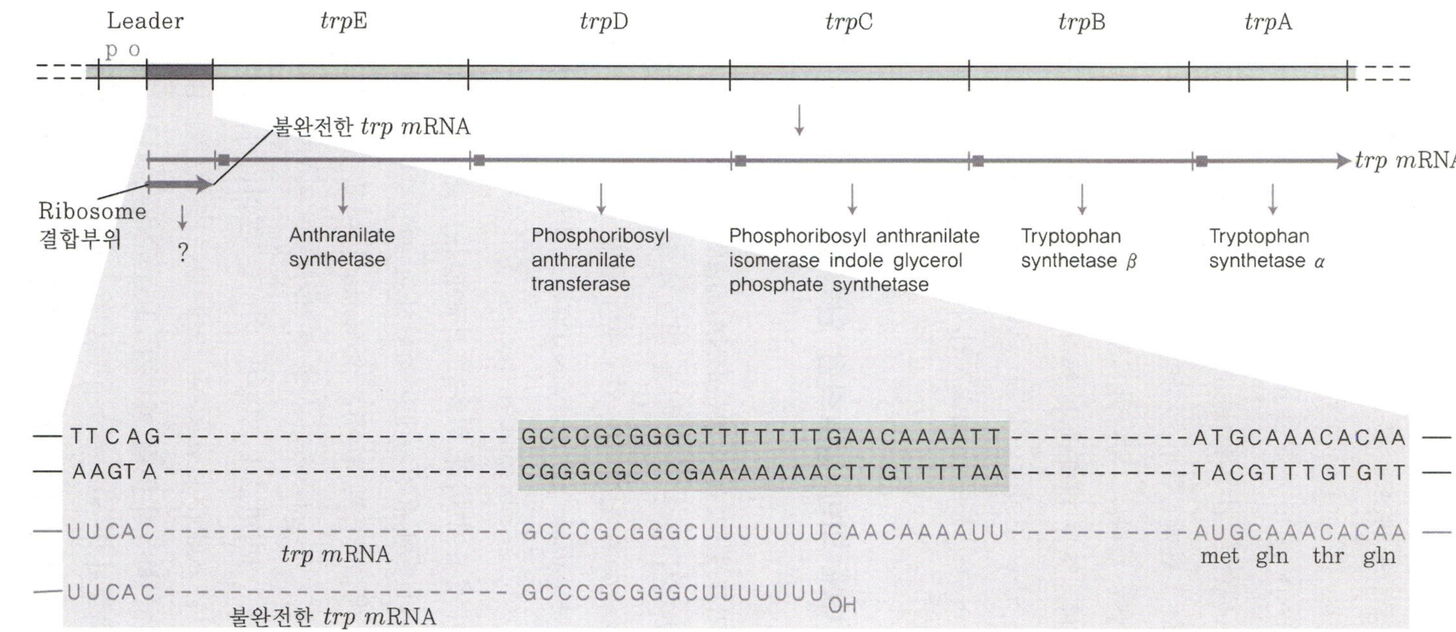

[그림 12-32] *E. coli*의 tryptophan operon, tryptophan 효소계의 구조. 유전자와 leader의 관계를 나타냈다. 감쇄역(attenuator region) 내의 2회 대칭영역은 4각형으로 나타내었다.

따라서 operon의 연구는 더 많이 나오게 될 것이다. 이미 histidine operon과 isoleucine valine operon의 양쪽에 대하여 첫 번째의 유전자의 앞에 감쇠역이 붙어 있다는 증거가 나와 있다.

도중에서 합성이 정지된 RNA가 어떠한 역할을 하는지는 알려지지 않았다. 이 RNA로부터 40개 정도의 아미노산으로 된 polypeptide가 만들어진다고 말하고 있으나, 그 근거는 reader의 최초의 장소에 단백질합성 개시암호 AUG를 갖고 있고, ribosome을 강하게 결합하는 장소가 있어야 한다. 그렇다면, leader *m*RNA로부터 만들어진 poly-peptide 쪽이 많이 필요하다는 것을 나타낸다. 아마 이 polypeptide는 λ 파아지의 'N' 단백질과 같은 작용을 하고 있을 것이다. 이 'N' 단백질도 reader와 비슷한 nucleotide 배열을 주형으로 하여 만들어져서 특이한 항정지인자의 작용을 하고 있다.

(21) 단일 *m*RNA 분자에 의한 암호화된 단백질은 같은 양 만들어지지 않는다

여러 단백질의 분자의 수가 다른 것은 단일 *m*RNA(single *m*RNA) 분자에 의하여 암호화된 몇 개의 단백질이 반드시 같은 수를 만들 필요가 없다는 사실로부터도 생각할 수 있다. 이 점은 fructose operon의 단백질의 연구에서 증명되었다. 즉 β-galactosidase는 galactoside permease 또는 galactoside acetylase보다도 훨씬 많이 합성된다. 그들의 양의 비는 1 : 1/2 : 1/5이다. 이것은 ribosome이 *m*RNA 분자상의 합성개시점에 결합할 때 그곳의 nucleotide 배열의 종류에 따라 비율로 결합한다는 것을 의미할지도 모른다. 혹은 ribosome은 β-galactosidase의 유전자에만 결합하고, 그것보다 뒤쪽의 유전자번역은 합성정지암호의 읽기가 계속적으로 일어나 ribosome이 이탈하는 빈도에 좌우되고 있는지 모른다. 이 뒤의 가설은 β-galactosidase의 유전자는 더욱 낮은 빈도로 번역되고 있다는 관찰과 잘 일치한다. 번역빈도에 영향을 미치는 또하나의 인자는 대응하는 tRNA가 매우 적은 양이 있는 codon이, *m*RNA 중에 있는가 없는가이다. 가설에서는 적은 양이 있는 tRNA 분자가 확산하여 올 때까지 ribosome은 그러한 codon의 장소에서 사용될 것이다. 그러나 지금까지 그와 같은 tRNA 분자의 종류가 있는지를 나타내는 증거를 얻을 수 없다는 것은 강조할 필요가 있다. 특히 단일 *m*RNA 분자상에서 단백질마다 읽는 빈도를 다르게 할 수 있는 메커니즘이 있더라도 이상하지 않다고 생각된다. 관련성 있는 효소가 다같이 합성된다는 것은 세포에 있어서 크게 도움이 된다는 것은 분명하다. 그렇다고 해서 어느 것이든 같은 수 만큼 만들어야 할 이유는 없다. 같은 수 가 유용한 것은 관련 있는 단백질의 특이한 촉매활성속도(대사회전수, turnover number)가 서로 같을 때뿐이다. 그러나 일반적으로 대사회전수는 단백질에 따라 크게 변동한다.

(22) 세균 *m*RNA는 대사적으로 불안정

억제물질(corepressor, 또는 유도물질, inducer) 분자를 생육 중에 있는 세균에 가하거 나 제거하면 관련 있는 단백질의 합성속도가 갑자기 변화한다. 환경변화에 대하여 이와 같이 신속하게 적응하는 것은 성장하기 위하여 끊임없이 새로운 *m*RNA 분자의 합성이 필요할 뿐만 아니라, 더 중요한 것은 많은 세균의 *m*RNA 분자가 대사적으로 불안정한 것이기 때문이다. 37℃에서 *E. coli*의 대부분의 *m*RNA 분자의 평균수명은 2분 정도이 고 그 후는 효소로 분해된다. 그 결과 생긴 유리된 nucleotide는 다음에 인산화 (phosphorylation) 고에너지결합을 할 수 있는 3인산화물이 되어 새로운 *m*RNA의 합성 에 다시 이용된다.

따라서 대부분의 단백질의 주형은 수분마다 완전히 치환된다. 예를 들면, *E. coli*의 세포는 적당한 β-galactoside를 가한 다음부터 수분 이내에 그 유도물질의 농도에 대한 최대속도로 β-galactosidase가 합성된다. 반대로 만일 모든 *m*RNA 분자가 대사적으로 안정하다면 그 순간까지 만들어진 *m*RNA 분자가 세포의 증식으로 충분히 희석될 때까 지는 새로운 효소의 합성이 최대속도에 도달하지 않을 것이다. 이것과 관련하여 불안정 한 fructose계의 *m*RNA가 있다는 것은 일단 β-galactoside의 합성은 즉시 정지되고, 다 시 필요로 할 때까지는 회복되지 않은 것을 의미한다(그림 12-33).

현재 여러 단백질의 *m*RNA의 수명은 그 자체가 유전적으로 결정된다는 것을 의미한 다. 즉 *m*RNA 분자의(아마 한쪽의 끝의) nuceotide 배열이, 효소로 의해 분해되기 쉬운 지 어떤지를 결정한다. 각각의 *m*RNA 분자가 분해되는 효소반응의 메커니즘은 분해의 방향이 5′ 로부터 3′ 이라는 것이 알려진 것 이외는 아직 아무 것도 분명하게 된 것이 없 다(그림 12-34).

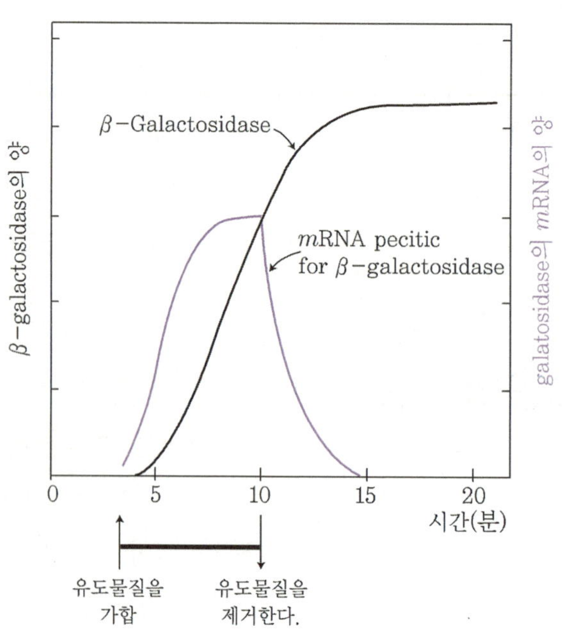

β-Galactosidase의 유도물질을 가하면(제거하면) mRNA가 갑자기 증가(감소)한다. *E. coli* 세포는 이 경우, 37℃에서 생육하고 40분마다 분열한다.

[그림 12-33] 유도물질의 존재와 *m*RNA양의 관계

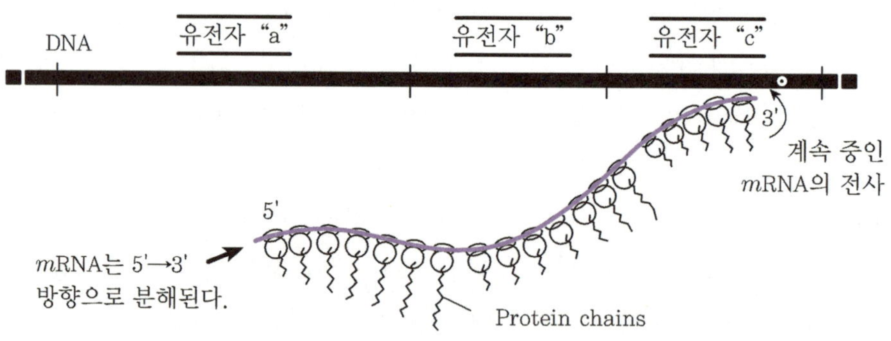

[그림 12-34]   *m*RNA의 5′→ 3′방향의 분해(긴 *m*RNA 분자의 분해는 가끔 3′말단의 합성이 끝나기 전에 5′말단으로부터 시작한다.)

최초로 만들어진 끝이 최초로 분해한다. 이와 같이 분해된다면 불안정한 polypeptide 사슬은 되지 않는다. 만일 이것과 역으로 3′ 으로부터 5′ 를 향하여 분해가 진행한다면

ribosome이 그들의 nucleotide 배열을 번역하지 못한 채 대부분의 mRNA의 말단이 분해된다. 아마 mRNA 분자의 5′ 말단이 ribosome상을 통과한 다음에, 그 mRNA가 다시 새로운 ribosome에 결합하거나, 그렇지 않으면 분해효소에 의하여 분해된다.

(23) 환경에 직접 좌우되지 않는 단백질

세포 내에는 외부환경에 따라 단백질의 양이 좌우되지 않는 것 같이 보인다. 예를 들면, *E. coli*에서는 glucose를 분해하는 효소들의 양은 배양액에 glucose를 가하여도 잘 변하지 않는다. 따라서 glucose 분해효소군은 합성속도가 유도물질 또는 억제물질에 의하여 지배되지 않는 구성효소(constitutive enzyme)라 생각된다. 효소의 양을 바꿀 수 있다면 세포에 있어서는 도태시킬 때 유리할 것이나, 왜 그와 같이 되어 있는지는 아직 이해되지 않고 있다. 물론 연구가 진행되면 이 효소에도 유도물질과 억제물질이 있다고 증명될지도 모른다. 그러나 동시에 다음과 같이 더 일반적인 의문을 제기하는 것이 지금으로서 현명하다고 생각된다. 즉, 모든 유전자가 repressor-operator계의 지배를 받고 있는지, 그렇지 않으면 무엇인가 다른 방법으로 단백질의 양이 조절되는지 등의 의문이다.

이것에 대한 대답은 간단하다. 어떠한 효소에서도 높은 레벨(효소량이 많은 것) 또는 낮은 레벨의 비조절적 합성을 한다고 생각하기 쉽고, 높은 레벨의 비조절적 합성은 억제제 또는 operator가 돌연변이로 인하여 못 쓰게 되었을때 관찰할 수 있다. 그 결과 그 단백질의 합성은 유도 또는 억제의 최적조건하에서와 같은 속도로, 그리고 양적으로 변함없이 일어난다. 이것은 억제제와 operator가 mRNA 분자의 합성에는 본질적으로 필요하지 않다는 것을 뜻한다. 일반적으로 비조절적 합성단백질에는 네 가지 요인이 관련된다. ① 특이적인 mRNA 분자가 억제제 또는 operator 없이 합성되는 속도(이것은 현재는 promotor의 nucleotide의 배열에 의한 것으로 생각하고 있다) ② ribosome이 주형 mRNA의 합성개시점에 결합하는 속도 ③ 정보 자신이 ribosome에 의하여 읽을 수 있는 속도 ④ 각각의 주형 mRNA의 수명 등이다.

유감스럽게도 이들 속도를 지배하는 인자에 대하여서는 아직 모르는 것이 많으므로 이 중에서 어떤 것이 중요하고 어떤 것이 중요하지 않은지 평가하기가 어렵다. 그러나 비조절적 합성의 속도에는 많은 인자가 영향을 미친다는 것을 알고 있으므로 적은 양일지라

도 세포에 필요한 많은 단백질의 합성은 억제제 또는 operator가 관여하지 않고 조절되는
지도 모른다.

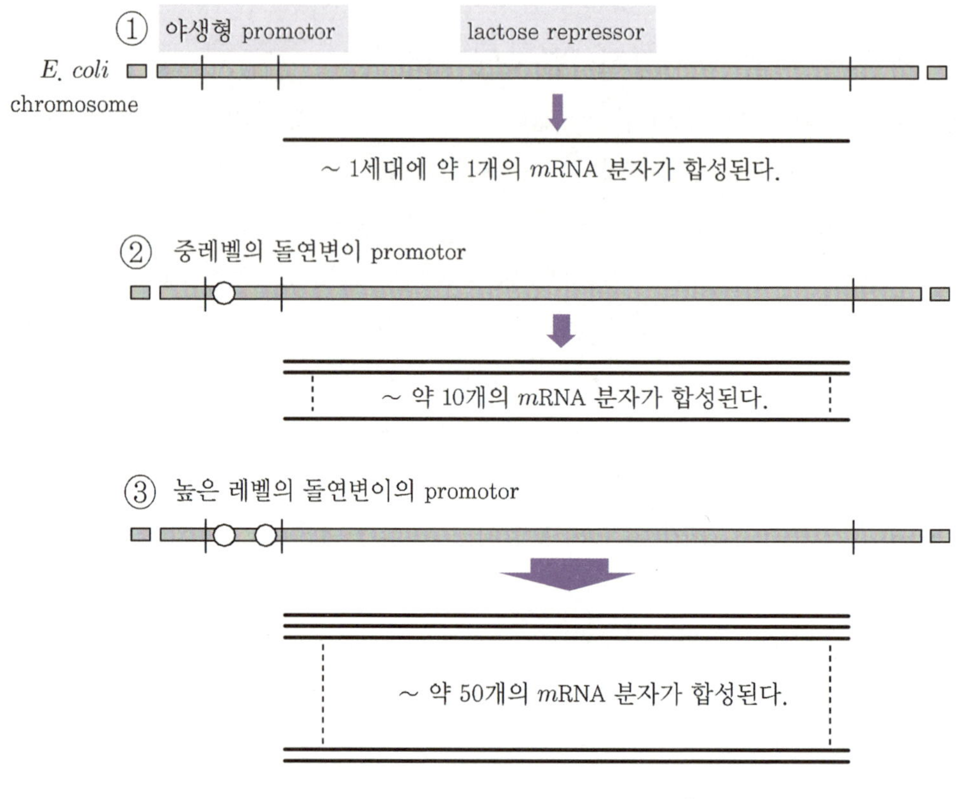

[그림 12-35] mRNA의 5′→ 3′방향의 분해

(24) 억제제의 합성은 일반적으로 operator가 아니고 promotor의 지배
하에 있다

한 개의 E. coli 속에는 1,000개 정도의 mRNA 분자가 있다. 억제물질(또는 유도물
질)의 영향을 받는 operon수는 최저 100개로부터 200개라고 생각된다. 그러므로 억제
제를 만드는 mRNA 분자가 각 억제제에 대하여 2개 이상 존재한다는 것은 생각하기
어렵다. 억제제의 암호가 되는 mRNA 분자(제어 mRNA)의 수가 이것보다 많으면 필
요한 구조단백질 또는 효소 단백질의 주형이 되는 mRNA의 양을 크게 제한하게 된다.

제어 $mRNA$의 합성은 아마 주의 깊게 조절되고 있다고 생각된다. 그러나 이 조절이 다른 새로운 억제제에 의하여 일어난다고는 생각할 수 없다. 그 이유는 억제제의 합성을 조절하는 데 별개의 억제제가 사용된다면 억제제의 수는 무한하게 필요하게 되기 때문이다. 따라서 억제제에는 자기 자신의 합성을 제어하는 능력이 있거나, 그렇지 않으면 억제제는 비조절적으로 합성되거나 어느 쪽일 것이다. β-Galactosidase계의 경우는 후자의 설명이 타당하고, 이 계에서는 많은 promotor 돌연변이가 이미 유전자지도상에 위치가 확정되어 있다. 이들의 돌연변이주 중에서 어떠한 것은 억제제의 수가 야생형의 세포의 50배 이상까지도 증가한다(그림 12-35).

그러나 *hut* operon의 경우 억제제의 암호는 억제제가 특이하게 합성을 제어하고 있는 2개의 operon의 한쪽에 포함되어 있다(그림 12-35). 따라서 *hut* repressor는 자기 자신의 합성을 특이하게 제어하는 셈이 된다.

(25) 결 론

세포는 필요한 양만큼 단백질을 만들기 위한 조절메커니즘을 갖고 있다. 최근에 와서 분자적인 기초를 이해하기 시작하여, 현재 알고 있는 대부분은 세균의 세포, 특히 *E. coli*에서뿐이다. 세균은 많은 효소를 갖고 있으나 그들 합성속도는 생육하는 환경에 있는 영양성분의 양에 의존한다. 이러한 세포 외에 있는 억제물질 또는 유도물질의 성분은 특이한 주형 $mRNA$의 합성을 지배함으로써 단백질의 합성을 조절한다. 억제물질(또는 유도물질)은 억제제라는 특이한 단백질분자에 결합함으로써 작용한다. 억제제는 억제물질과 결합한 경우는 활성화상태이고 유도물질과 결합한 경우는 불활성화상태로 있다. 활성화상태의 억제제는 DNA상의 특별한 영역(operator)에 결합한다. 이것이 결합하면 RNA polymerase가 특이하게 그의 DNA상의 결합부위에 결합하는 것을 방지하고, 그렇게 됨으로써 $mRNA$ 합성의 개시를 선택적으로 정지시킨다. 어떤 특정된 억제제에 의하여 조절되는 DNA 단위, 즉 operon은 서로 관련 있는 대사기능을 지닌 수개의 유전자(예를 들면, 아미노산 또는 nucleotide를 합성하는 효소의 합성에 관계있는 유전자군)로 구성되어 있다. 아직 알 수 없는 어떤 메커니즘에 의하여 몇 개의 단백질은 같은 $mRNA$ 분자상에 암호화되어 있으면서 합성되는 양에는 차이가 있었다. 즉 어떠한 단백질은 다른 단백질보다도 더욱 빈번하게 만들어진다.

양성의 제어기능을 갖고 있는 일군의 단백질도 존재한다. 이것은 각각 특정된 promotor에 결합하여 RNA polymerase의 결합을 촉진하고, 특이한 *m*RNA의 합성개시를 촉진시킨다. 많은 operon은 양성의 제어신호에도, 음성의 제어신호에도 응답하므로 어떤 operon을 취하여 보면 그것이 양성제어만을 혹은 음성제어만을 받는다고 할 수 없다. 양성제어에 관계있는 매우 중요한 단백질 중의 하나는 CAP(catabolite activator protein)이다.

이것은 cAMP와 복합체를 만들었을 때에만 DNA와 결합한다. 이 신호를 받는다는 것은 cAMP 농도가 높아서 glucose의 분해가 조금밖에 되지 않았다는 것을 나타낸다. 그리고 CAP의 신호는 이용되는 glucose를 모두 사용한 다음에 lactose와 같은 당을 사용할 수 있도록 세포에 주어지고 있다.

오랫동안 각종의 양성제어단백질은 제어기능을 갖고 있을 뿐이고, 효소로서의 작용은 없다고 생각된다. 그러나 최근 질소를 유기분자로 동화하는 반응에 관여하는 중요한 효소 glutamine synthase가 양성단백질로서도 작용한다는 것을 알았다. 이 효소는 특정한 promotor에 결합하여, 질소의 공급이 부족하다는 신호를 전달하고, 아미노산을 분해하여 전용가능한 함질소 분자로 하는 효소계의 합성을 선택적으로 촉진한다.

대사적으로 불안정한 *m*RNA 분자를 가진 세포는 주위 환경의 급격한 변화(예를 들면, 영양원의 공급 등)에 대응하여 합성되는 단백질의 종류를 바로 바꿀 수 있다. 이러한 것은 *m*RNA 분자의 평균수명이 2분으로부터 3분밖에 안되는 세균에서 특히 현저하다.

많은 단백질분자의 합성속도는 억제물질이나 유도물질로는 지배되지 않는다(비조절적 합성). 어떤 단백질은 일정하게 빠른 속도로 만들어지고, 다른 단백질은 매우 낮은 속도로 합성된다. 종종 이와 같은 조절은 그들의 유전자의 promotor의 특이적인 nucleotide 배열을 통해서 하게 된다.

어떤 promotor의 nucleotide 배열은 RNA polymerase에 대하여 매우 큰 친화성이 있으나 다른 promotor의 nucleotide 배열은 낮은 친화성밖에 없다. 억제제는 일반적으로 적은 양만이 만들어지나, 이것은 억제제를 만드는 유전자의 promotor와 RNA polymerase의 친화성이 낮기 때문이다.

2. 유전자 재조합

같은 염색체 DNA상에 있는 유전자의 조합이 교차(crossing over)되어 다시 조합된 현상을 유전적 재조합(genetic recombination)이라 한다. 이 장에서는 세균, 박테리오파아지, 원생동물에서 유전적 재조합이 생기는 메커니즘에 대하여 설명한다.

2-1. 세균의 재조합

분자차원으로 보면 재조합이라는 것은 2개의 다른 모세포로부터 유래된 DNA로부터 재조합된 염색체가 만들어지는 과정이다. 세균이 재조합된 염색체에 이르기 까지는 3종류의 과정이 있다. 발견된 순서로 열거하면 형질전환(transformation), 접합(conjugation), 형질도입(transduction)이다. 이들의 과정이 진핵생물(eucaryotes)에서 일어나는 유성생식과정과 다른 것은 참의 융합세포(fusion cell)를 만들지 않는 점이다. 그 대신 공여세포(donor cell)의 유전물질의 일부가 수용세포(recipient cell)에 전달된다. 그 때문에 수용세포는 그 유전물질의 일부가 붙어 있게 됨으로써 부분적인 2배체(diploid)가 되고, 이와 같이 부분적으로 접합된 것을 부분적 접합체(merozygotes)라 부른다.

수용체가 원래부터 갖고 있는 genome은 내성유전자(endogenote)라고 하고, 수용세포에 들어온 DNA의 단편(fragment)은 외래유전자(exogenote)라고 한다. 3종류의 과정에서 exogenote의 성질, 크기는 다르다. 형질전환에서는 공여세포로부터 배지 중에 유리된 2중나선(double helix) DNA의 적은 단편이 수용세포의 표면에 흡착하여 세포 속으로 들어가나, 그 과정에서 1개의 사슬(chain)은 분해된다. 형질도입에서는 2중나선 DNA의 적은 단편이 박테리오파아지 입자에 의하여 공여세포로부터 수용세포로 갖고 들어가나, 어느 경우는 파아지 DNA의 일부와 결합하여 운반된다. 접합에서는 직접 적합한 두 개의 세포 간에 단일사슬 DNA가 전달되나, 공여체 genome의 대부분이 전달되는 경우도 있다. 이들 여러 과정을 설명하기 전에 세 가지 공통적인 것을 설명한다.

(1) Exogenote의 운명

Exogenote이 endogenote의 일부와 동질의 염기짝배열을 갖고 있다면 재빨리 pairing(짝형성)이 일어나고, 바로 exogenote의 일부 또는 전부가 endogenote에 통합(integration)

되어 재조합형 염색체(recombinant chromosome)가 된다. 만일 짝형성과 통합이 어떠한 이유로 방지된다면 exogenote는 다른 몇 가지의 길을 따른다. exogenote가 자기 자신의 복제(replication)에 필요한 유전적 요소를 갖고 있다면 계속적으로 복제하여 부분적 접합체는 부분적 2배체의 clone으로 된다. 이와 같은 예는 뒤에서 설명되는 것과 같이 형질도입과 접합의 양쪽과정의 특수한 경우라 할 수 있다. Exogenote이 그와 같이 복제요소가 없다면 존속되나 복제하지 못하고, 부분적 접합체로부터 나오는 세포 clone 중에서 이미 1개의 세포만이 부분적으로 2배체로 되어 있다. 이러한 현상은 형질도입에서만 볼 수 있고 미결실형질도입(abortive transduction)은 효소적으로 분해되는 경우가 있으며, 이것을 숙주제한(host restriction)이라 부른다.

(2) 외래 DNA의 숙주에 의한 제한과 수식

세균세포에 들어간 외래 DNA의 분해는 처음 박테리오파아지 감염에서 발견되었다. 세균이 재조합할 때 어떻게 작용하는지를 생각하기 전에 파아지로 이 현상을 설명하는 것이 이해하기 쉬울 것이다.

박테리오파아지에 대한 초기의 문헌에서는 '세균바이러스의 숙주로 인하여 유도된 수식(host induced modifications)'이라는 현상에 대한 보고가 많다. 어느 경우도 어떤 세균숙주를 통하여 나온 파아지는 제2의 세균 숙주에 대한 평판효율(efficiency of plating)이 현저하게 감소한다는 것이 관찰되었다. 이러한 실험의 한 예는 표 12-1에 나타냈으나 $E.\ coli$ K 12주로 복제하여 생긴 파아지, λ 입자는 K 12주 자체에 대해서는 평판효율(평판효율 1.0이라는 것은 모든 입자가 생산적 감염을 일으키는 plaque를 만드는 것을 의미한다)이 1.0을 나타내나, $E.\ coli$ B주에서의 효율은 1×10^{-4}이라는 것을 알 수 있다. 그러나 B주로부터 방출된 파아지 입자에 대해 조사하면 그 성질은 반대이고 B주상에서의 평판효율은 1.0이 되고 K 12주상에서는 4×10^{-4}이 된다. 다시 말하면, 파아지 입자는 그 DNA가 만들어진 숙주세포와 같은 형의 세포에만 효과적으로 감염된다. 만일 파아지의 DNA가 숙주세포에 대하여 '외래것'이라면 이 세포 속에서는 약 99.99 %의 생산적 감염을 달성할 수 없다.

'외래것' 파아지가 세균숙주세포에 생산적으로 감염되지 않는 이유는, 외래 DNA의 분해를 일으키는 특이한 endonuclease가 숙주세포 내에 존재하기 때문이다. 파아지를

^{32}P로 표지(labeled)하고, 그의 DNA를 외래숙주(foreign host)에 넣으면 방사성 (radioactive) DNA는 단편이 되어 급속히 방출된다.

이러한 현상을 제한(restriction)이라 부르며, 이때 작용하는 endonuclease를 제한효소 (restriction enzyme)라 부른다. 이 관찰로부터 추측되는 것은 어떤 숙주세포에서 생산된 파아지 DNA는 이미 그 제한효소의 기질이 되지 못한다. 바꾸어 말하면, DNA가 숙주 세포에 있는 효소로 인하여 수식(modified)되었으므로 제한으로부터 보호되었다고 할 수 있다.

표 12-1 다른 숙주세포 중에서 증식된 박테리오파아지의 평판효율

파아지가 증식한 숙주세포	평판효율	
	E. coli K 12	*E. coli* B
E. coli K 12	1.0	1.0×10^{-4}
E. coli B	4.0×10^{-4}	1.0

표 12-1의 결과를 제한과 수식이라는 측면에서 생각하면 K 12에서 증식한 파아지 (λ K)는 K 12주의 제한효소가 반응할 수 없는 특이한 수식을 이미 받았으나, B주의 제한효소에 대해서는 아직 좋은 기질이 될 수 있으므로 λ K 12주 DNA는 B주 중에서 분해된다. 그러나 10^4개의 세포에 대하여 한 세포의 비율로 분해하기 전에 파아지가 *E. coli* B주에 의하여 수식되어 증식에 성공하였다. 이 세포로부터 방출된 입자의 DNA는 B형의 수식을 받고 있다. 이들의 입자는 λ라 부르고, *E. coli* B주의 제한효소에 의한 공격에는 면역성을 갖게 되나, K 12주의 제한효소로 인하여 급속히 분해된다.

수식의 과정은 DNA상의 고도로 특이한 부위(highly specific site)에서의 염기의 methyl화이고, 이 부위는 또 제한효소로 공격되는 부위이기도 하다. 세균염색체의 DNA는 물론 같이 수식되어 있다. 그렇지 않으면 염색체가 제한효소계에 의하여 분해 될 것이다. 이와 같은 제한과 수식은 재조합 과정의 어디서인가, 세균 DNA가 하나의 세포로부터 다른 세포로 전달될 때도 작용한다. 예를 들면, *E. coli* B주끼리의 재조합 혹은 K 12주끼리 재조합되는 재조합체의 수에 비하면 1000분의 1 정도의 재조합이 일 어난다.

제한효소와 수식효소의 생산을 지배하는 유전자는, 세균염색체 내에서 강경하게 관련되어 있다. *E. coli* B주의 제한과 수식에 관련된 두 가지의 유전자를 가진 *E. coli* K 12주는 대장균 B주와 높은 비율로 재조합을 일으킨다.

어떤 균의 DNA가 다른 균 중에서 분해되는 것을 면할 수 있는지에 따라 세균주 간의 양립성은 제한 및 수식효소의 존재와 특이성에 따라 복잡한 양상을 볼 수 있다. 어떤 종류의 파아지 genome 또는 어떤 종류의 plasmid도 제한·수식유전자를 갖고 있으므로 그 양상은 더욱 복잡하다. 따라서 PI 파아지로 용원화되어 있는 *E. coli* K 12주로부터의 유도주(derivative strains)는 비용원화의 K 12주를 공여체로 한 재조합에서는 수용체로서의 능력이 떨어진다.

(3) Exogenote와 endogenote의 통합

밀도에 따라 표식된(density labeled) DNA를 이용한 실험의 결과로부터 exogenote와 endogenote 간에 재조합은 모체 DNA 분자의 절단(breakage)과 재결합(reunion)에 의하여 일어난다는 것이 분명해졌다. 재조합과정에 있어서 가장 주목할 만한 것은 염기짝 배열의 보존(conservation of base pair sequence)이다. 재조합 DNA 분자는 모체와 같은 염기짝배열을 하고 있어야 한다. 모체분자끼리 정확하게 배열시키는 메커니즘에는 모체의 2중사슬 중에서 단일사슬로 된 부분끼리 상보적 염기짝(complementary pairing)의 형성이 함유되어 있다. 예를 들면, DNA 단편 간의 재조합은 그림 12-36에 표시된 것과 같이 일어난다고 생각된다. 부분적으로 서로 같은 염기배열을 갖고 있는 2개의 단편이 상보적 사슬(complementary strands) 사이에 염기짝을 일으키고, 각각 반대의 사슬은 방치한 상태로 있게 되고 짝이 형성되지 않은 상태가 된다. 이 방치상태로 둔 단일사슬은 세포 내에 있는 exonuclease로 분해된다. 이 분해는 짝이 생긴 부분까지 미친다. 이 반응에 이어서 DNA polymerase가 잃어버린 조각의 재합성을 시작하고, 재합성된 사슬과 원래의 사슬이 최후로 polynucleotide ligase의 반응으로 연결한 다음 반응이 끝난다.

이 과정과 DNA 수복(repair)과정과는 서로 비슷하다. 실제로 DNA 수복에 작용하는 분해, 재합성, 재결합효소가 재조합에도 관여하고 있다고 생각된다.

2개의 DNA의 말단이 아니라 중간부분에서 재결합이 일어나면 이 과정은 더 복잡하다.

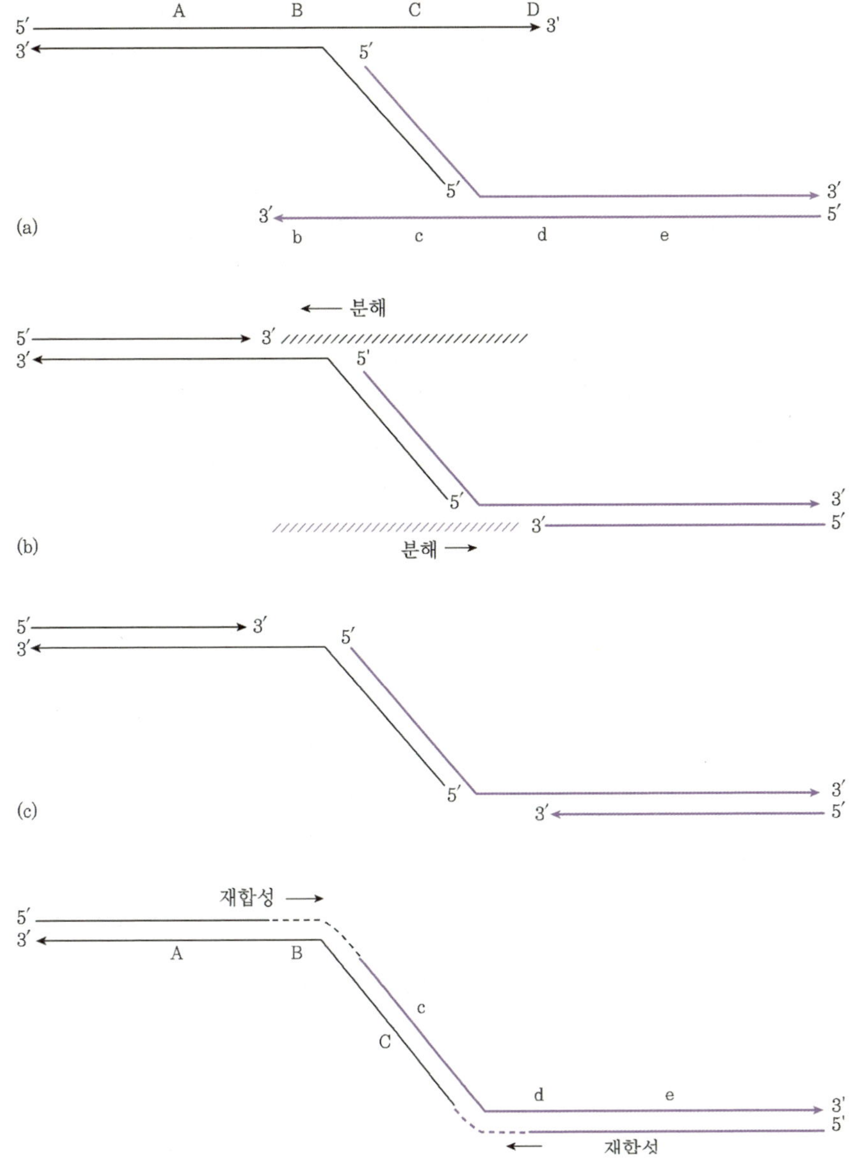

(a) 1분자로부터의 1개 사슬이 다른 분자로부터의 상보사슬과 수소결합으로 짝이 되어 있다.

(b)와 (c) 짝이 되지 못한 남아 있는 사슬이 exonuclease로 점차로 분해된다.

(d) DNA polymerase로 재합성(점선), 그 다음 polynucleotide ligase로 재결합하여 gap이 닫히고 재조합체를 생성한다(이 분자는 유전 marker C에 hetero 접합형으로 되어 있다.). 다음의 복제에서 한 낭분자는 ABCde의 유전형을 갖고, 또 한쪽은 ABcde가 된다.

[그림 12-36] 부분적으로 일치한 염기짝배열을 지닌 단편간의 재조합메커니즘의 가설

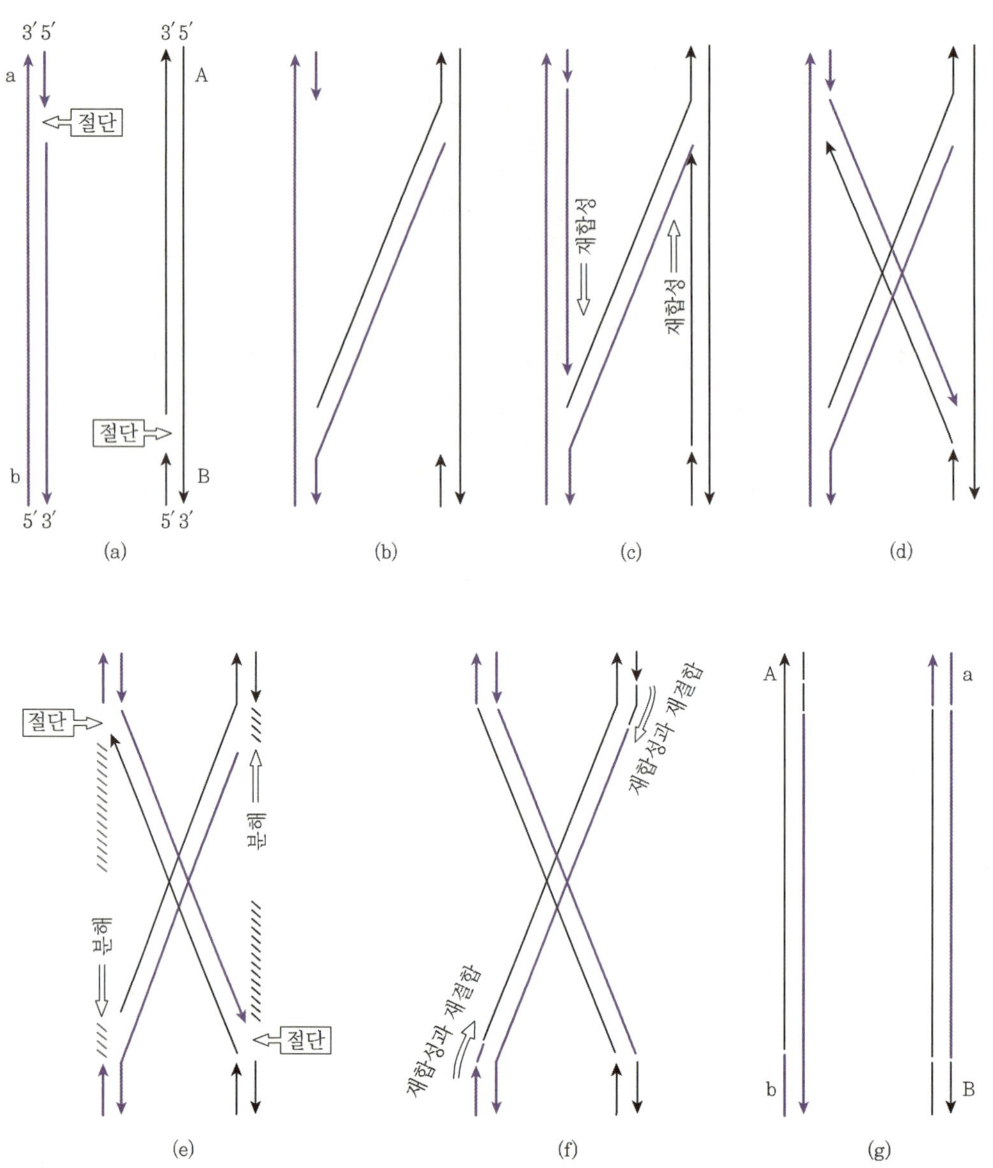

(a) 한쪽의 모분자는 marker AB를 갖고, 다른 쪽은 ab를 지닌다. 각 유전자는 A, B 간의 다른 장소에서 단일사슬에 절단이 생긴다. (b) 어버이 이중사슬이 각각 부분적으로 풀어진다. 1개의 분자로부터 1개의 사슬이 다른 분자로부터의 1개 사슬과 짝이 된다. (c) 각 모분자의 단일사슬로 된 부분에 재합성이 일어난다(점선). (d) 새롭게 합성된 사슬이 서로 짝이 된다. (e) endonuclease가 각 어버이 2중사슬에 단일사슬 절단점을 만들고, 절단점의 3′ 말단은 exonuclease로 차례로 분해한다. (f)와 (g) 재합성과 재결합으로 2개의 재조합 DNA 분자 Ab와 aB가 된다.

[그림 12-37] DNA 분자 간의 재조합메커니즘의 가설

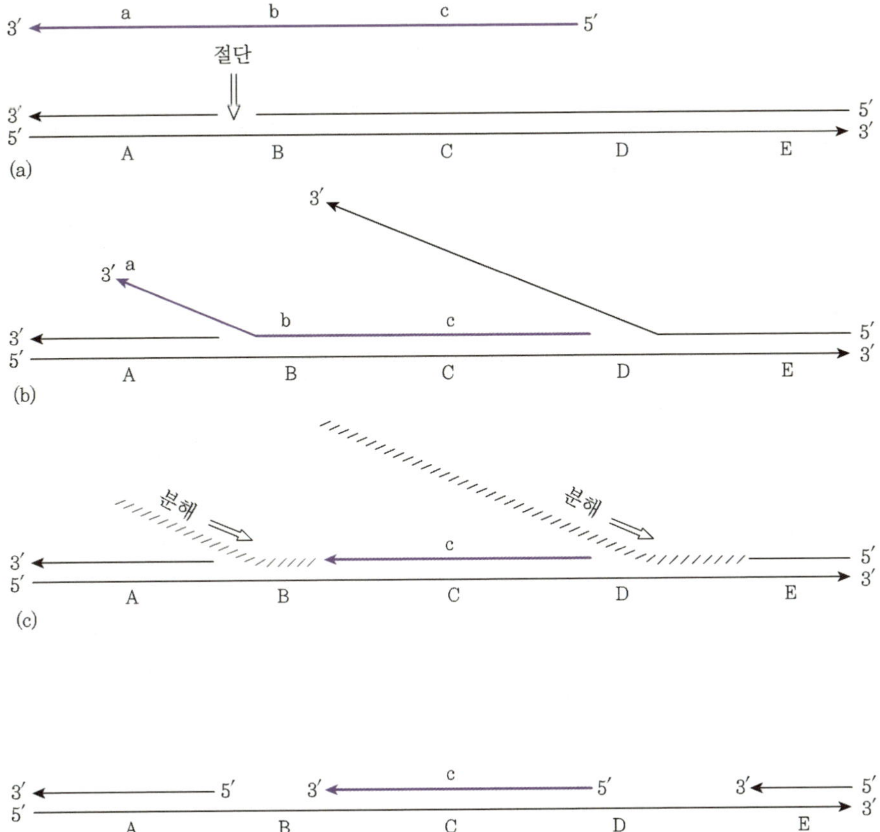

(a) Marker abc를 지닌 단일사슬 단편이 marker ABCDE를 지닌 이중사슬분자 가까이에 놓여 있다. A와 B 사이에 단일사슬 절단점이 있다.

(b) 이중사슬이 부분적으로 exogenote과 endogenote 간에 짝이 이루어진다.

(c)와 (d) exonuclease가 유리의 3′ 말단을 분해한다.

(e) polymerase에 의한 재합성과 polynucleotide ligase에 의하여 재결합하여 재조합체가 된다. 이 한쪽의 사슬은 ABcDE를 갖고 있다.

[그림 12-38] 2개 사슬의 endogenote와 단일사슬 exogenote의 통합

한쪽의 모체의 이중사슬(double strand) 중에서 단일사슬(single strand) 부분이 다른 쪽의 이중사슬의 단일사슬과 서로 같은 부분과 치환하는 것으로 생각되나 이 과정의 정확한 순서에 대하여는 확실치 않다. 예상되는 과정의 하나를 그림 12-37에 나타냈다. 사실, 과정은 어떻든간에 세균의 다른 2개의 replicon 간의 통합, 또는 진핵생물의 염색체교차(eucaryotic chromosomal crossing over)에서 일어나는 재조합은 그와 같은 메커니즘에 의한다고 생각된다.

형질전환 또는 접합에서 짧은 DNA 단편의 전달에서는 상황이 약간 다르다. 이 경우는 동위원소로 표지한 실험의 결과로 exogenote 중의 단일사슬만이 이중나선의 endogenote 중에 들어가게 되는 것을 나타냈다. 이러한 결과로 생기는 메커니즘으로 생각되는 것은 그림 12-38과 같다. 접합에서 긴 염색체 조각이 전달되는 경우, 또는 파아지에 의한 형질도입의 과정에서는 통합할 때 exogenote의 단일사슬조각이 들어가는지 또는 2중사슬조각이 들어가는지는 아직 알려져 있지 않다.

(4) 재조합세포의 분리(segregation)

세균은 다핵으로 되어 있지만 재조합과정은 수용세포의 1개의 핵에서만 일어난다. exogenote의 결합이 일어나면 다핵세포는 hetero 다핵체(heterocaryon)가 되고, homo 다핵체의 변이주(homocaryotic mutants)를 형성하는 데 필요한 핵분리(nuclear segregation)와 같은 과정이, homo 다핵체재조합체를 형성하는 데도 필요하다.

2-2. 세균의 형질전환

(1) 형질전환의 발견

형질전환은 폐렴구균 *Pneumococcus*(*Streptococcus pneumonia*)에서 발견되었다. 폐렴에 걸린 조직, 침 속에 있는 폐렴구균은 다당류(polysaccharide)로 구성된 큰 협막(capsule)으로 둘러싸여 있고, 한천배지에서는 이러한 협막을 가진 세포는 매끄러운(S) 집락(colony)을 만든다. 폐렴구균은 capsule polysaccharide의 화학적 차이를 기초로 하여 많은 형으로 분류되며, 다른 형(Ⅰ, Ⅱ, Ⅲ 등)은 면역화학적으로 구별된다.

S주(매끈한 집락을 만든다)를 계대배양을 계속하면 집단 중에 R 세포(거치른 모양의

집락을 만든다)가 나타난다. R 세포는 협막을 갖고 있지 않고, 병원성도 없다. 1928년에 F. Griffith는 I형의 S주를 배양한 것으로부터 유도된 많은 양의 R 세포와 열처리로 살균한 II형의 S 세포를 동시에 mouse의 피하에 접종하면 mouse가 2~3일 후에 죽는 것을 볼 수 있었다. 죽은 동물의 혈액 속에는 II형의 S 세포만이 포함되어 있었다. 따라서 이 II형 세포가 무엇인가 방출하여 R 세포에 새로운 형의 capsule poly-saccharide를 만드는 능력이 생겼다고 생각되었다. 이와 같이 전달된 성질은 유전된다는 것을 의미한다.

그 후 다른 연구진들이 R 세포와 열처리하여 사멸시킨 S 세포를 생체 내(*in vitro*)에서 혼합하여 같은 형전환은 S 세포의 무세포추출액(cell free extract)에서도 일어난다는 것이 그 후에 발견되었다. 다시 말하면, II형의 S 세포로부터 추출된 어떤 화학물질을 I형으로부터 유도된 R 세포를 배양하는 곳에 가하면 그 R 세포의 일부는 유전적으로 II형으로 전환한다. 이 알지 못하는 화합물질을 형질전환인자라 부른다. 형질전환인자는 항상 유전자와 관련된 2개의 성질을 갖고 있다. 즉 ① 자기증식능력(self duplication)을 갖고 있다. 그 이유는 형전환된 세포를 배양한 것을 추출하면 처음 전환을 일으키는 데 이용한 것보다 훨씬 많은 양의 형질전환인자를 포함하고 있었다는 것이 나타났기 때문이다. 다음에 ② 어떤 한 개의 형의 polysaccharide를 생산하는 세포의 특이한 기능을 지배한다.

(2) 형질전환인자의 성질

1944년에 T. Avery. C.M. Macleod, M. McCarty의 세 사람은 폐렴구균의 형질전환인자(transforming principle)를 정제하는 데 성공하고 그 인자를 DNA라고 동정하였다. 그 당시까지는 일반적으로 유전자의 특이성은 핵단백질의 단백질부분에 의하여 결정된다고 믿고 있었다. 형질전환인자를 화학적으로 확실히 밝힌 것은 유전정보의 매개체가 DNA라는 최초의 증거가 되었다.

1944년 이래 유사한 형질전환이 다른 속의 세균, 특히 *Hemophilus*, *Neisseria*, *Bacillus*에서 일어나는 것을 알았다. 다른 많은 균종에서도 형질전환을 일으키려는 실험이 많았으나, 모두 실패하였다. 대장균 K 12주의 형질전환은 많은 시도가 실패로 끝난 뒤에야 겨우 성공하였다. 이 세포가 형질전환하는 능력은 배지 중의 고농도의 칼슘

이온에 의존한다는 것을 알았으며, 어떤 deoxyribonuclease가 없어진 돌연변이주를 사용함으로써 크게 개선되었다.

(3) 유전 marker의 형질전환

수용균의 모든 돌연변이유전자좌(mutant *loci* 또는 표지, marker)는 형질전환된다. 전달된 유전적 단편(genetic fragment)은 언제나 매우 적고 그 단편에는 몇 개의 유전자가 있지만 marker는 1개 이상 있다. 이 현상은 형질전환 DNA의 일반적인 조제법의 기본이 되었다. DNA의 조제법은 DNA 용액에 phenol을 넣어 단백질을 제거하고 여러 번 ethanol 처리를 하여 DNA를 침전시키기 때문에 DNA는 적은 단편으로 절단되며, 세심하게 주의하여 조제한 경우라도 분자량이 1×10^7을 넘는 일은 드물다. 이 크기는 세균염색체의 약 0.3 %에 상당하고, 유전자의 수로서는 약 15개에 상당한다. 그러나 1종의 세균에서 형질전환에 이용하는 변이유전자좌(mutant *loci*)는 수십 정도이므로 2개의 표지(marker)가 같은 DNA 단편에서 발견될 확률은 낮다.

절단 또는 효소적 분해를 최소한으로 억제하여 조제한 형질전환 DNA를 이용하면 표지가 많은 관련된 형질전환체를 얻을 수 있다. 재조합은 일반적으로 비교적 낮은 빈도로 일어나므로 선택 marker를 이용할 필요가 있다. 즉 다수의 어버이 수용세포(parental recipient cells)를 살아 있는 상태로 섞더라도 그중에서 재조합체를 선택할 수 있는 marker를 공여(donor) DNA가 갖고 있을 필요가 있다. 선택 marker 중에서 편리한 것이 2종류 있으나, 그것은 약제내성(drug resistance)과 영양비요구성(nutritional independence)이다. 예를 들면, 수용균이 streptomycin 감수성이고, 공여균(donor cell)이 streptomycin 내성이라면, 전자의 몇 개의 세포가 형질전환된 경우에도 streptomycin이 들어 있는 한천배지에서 DNA 처리한 세포를 평판배양함으로써 선택할 수 있다. 이 경우 내성을 결정하고 있는 변이유전자좌는 선택표지이다. 이와 같이 수용균(recipient cell)이 영양요구성(예를 들면, arginine을 요구한다)이고 공여균이 arginine 비요구성이라면 DNA 처리집단을 arginine이 없는 한천배지에 평판배양함으로써 요구성으로부터 비요구성으로의 형질전환을 찾을 수 있다.

Streptococcus, *Hemophilus*, *Neisseria*의 증식에는 복합배지가 필요하므로 영양표지를 사용하는 실험을 하기가 어렵다. 그러나 *Bacillus subtilis* 영양요구성변이주를 얻

고 있다. 야생주로부터 분리한 DNA를 사용하여 처리한 영양요구성 수용세포를 최소배지(minimal medium, 야생형균주를 증식시킬 수 있는 최소한의 영양물을 넣은 배지)에 평판배양함으로써 각 영양요구형의 형질전환을 쉽게 검출할 수 있다.

(4) 형질전환과정

형질전환수율의 제한인자는 보통 수용세포집단이 형질전환 DNA를 받아들이는 능력(competence)이다.

Competence는 세포가 사이클하는 동안 크게 변동되는 어떤 생리적 상태이다. competence에 대하여는 거의 알려져 있지 않으나, competent 세포가 어떤 단백질을 생산하며, 그것을 배지로부터 단리하여 다른 세포에 가하면 이 세포도 competence를 얻게 된다. 이 단백질은 DNA를 받아들이는 것을 매개하는 막성분이다. 혹은 세포표층의 어떤 성분을 분해하여 DNA 수용체의 복면을 벗기는(unmasking) 효소일 가능성이 있다. Noncompetence로부터 competence로의 변환은 이 단백질의 합성(synthesis)을 반영한다고 생각된다. 그 이유는 단백질합성을 저지하는 chloramphenicol과 같은 약제의 존재하에서는 competence가 나타나지 않기 때문이다.

DNA를 받아들이는 것은 그람 양성인 폐렴구균에 대하여 광범위하게 연구되어 왔다. 이 과정에는 세 가지의 단계가 알려져 있다. 첫 번째 단계는 competence가 있는 동안 존재하는 부위에 2중나선 DNA의 단편이 결합한다. DNA 결합에는 막인지질의 한 구성성분인 choline을 계속적으로 받아들이는 것이 필요하다. Choline을 받아들이는 것은 새로 생긴 격벽의 부위에 상당하는 세포적도(equatorial region) 부근에서 일어나고, 아마 이 세포표층부위에만 DNA를 받아들이게 된다. 폐렴구균의 세포는 받아들이는 DNA의 종류에 대하여는 특이성이 없다. 예를 들면, 송아지의 흉선(thymus) DNA도 동족(homologous) DNA와 같은 비율로 받아들인다. 그러나 exogenote와 endogenote가 짝이 되는 데 충분한 염기짝배열이 동족성이 아니면 재조합체는 생기지 않는다.

두 번째 단계에서는 외부의 결합하는 DNA가 임의의 부위에서 효소적으로 절단되어 평균분자량 $4{\sim}5{\times}10^6$의 단편이 된다. 최후의 단계는 에너지의존성이고, DNA 단편을 세포 중에 받아들인다. 침입단계에서는 DNA 2중나선 중에서 한 개 사슬의 분해가 일어나고, 세포 내에서 단일사슬중간체가 된다. 약 $5{\times}10^5$보다 적은 분자량의 단편은 받아들이지 않는다.

2종의 주요한 DNA nuclease가 결핍된 폐렴구균의 변이주에서는 잔존활성으로부터 제3의 적은 양의 DNA nuclease가 존재한다는 것을 알았다. 이 방면의 연구로 형질전환 (transformation)을 받는 능력이 결핍된 돌연변이가 분리되었으나, 그중 어떠한 것은 그의 잔존 nuclease를 잃었다. 즉 DNA를 결합하는 능력은 정상이나, 분해능이 없고, 세포 속으로 받아들이는 능력도 없다. 이와 같이 소량의 nuclease는 형질전환에는 불가피하고, 하나의 사슬을 분해하여 DNA의 받아들이는 것을 추진하고 있는 것 같다.

DNA의 받아들이는 과정은 그람 음성세균인 *Hemophilus influenzae*에서도 연구되어 있다. 이 미생물에서의 과정도 일반적으로는 위에서 설명한 그람 양성 폐렴구균에서의 과정과 비슷하나 다음과 같은 몇 가지의 중요한 차이가 있다. ① 받아들이는 과정의 특이성에 있다. *Hemophilus*는 동족의 DNA만을 받아들인다. ② 침입과정(penetration steps)의 차이에 있다. 단일사슬상태로의 변환이 삽입(integration)단계와 동시에 일어나는 것 같다. 그 이유는 단일사슬중간체가 유리상태에서는 만들 수 없기 때문이다.

*Hemophilus*의 세포에서는 폐렴구균에서 관찰되어 있는 것과 같이 competence가 주기적으로 변한다. 이 competence가 나타나는 것에는 AMP가 작용한다는 것이 최근 발견되었다. 이 nucleotide를 배지에 가하면 세포집단 중의 competence 수준을 1만배 정도까지 높일 수 있다.

Endogenote에서 형질전환 DNA의 삽입에 대하여는 이미 설명하였다. 삽입은 급속히 일어난다. 연관표지(linked marker) A^+B^-를 가진 형질전환 DNA가 A^-B^+의 유전형을 가진 세균에 의해서 받아들여지면, 그 직후에 세포로부터 A^+B^+ DNA 단편을 추출할 수 있다. 이것은 A^-B^- 수용균을 A^+B^+로 '동시형질전환(cotransform)'되는 DNA가 처음의 A^-B^+ 수용균의 추출액에 존재하는지 실험하여 알 수 있다. A^+B^+ DNA는 거의 유도기 없이 직선적으로 만들고, 6분 후에는 최고수준의 반에 달한다. 이 과정은 중요한 DNA 복제가 없는 상태에서 일어난다.

(5) 자연계의 형질전환

형질전환에는 실험실에서 발견된 것과 같이 공여 DNA(donor DNA)를 인공적으로 추출할 필요가 있다. 그러나 처음부터 자연계에서도 형질전환에 의한 재조합이 일어난다고 생각되었다. 이 가능성을 유전 marker가 다른 폐렴구균을 많은 세포가 용균하는 조건하에서 혼합배양한다. 예상한 것과 같이 어떤 세포로부터 DNA가 방출되어 그것이 다른 세포에 받아들여지는 결과 재조합이 나왔다. 재조합은 자연도태가 작용하는 유전자배열의 수를 현저히 증가시키므로 자연계에서의 재조합은 설혹 낮은 비율일지라도 세균 중의 진화에 중요한 역할을 한다는 것은 틀림없다.

2-3. 세균의 접합

형질전환의 발견은 세균 안에서 재조합이 있다는 것을 최초로 알려 주었다. 세균에서의 형질전환의 존재가 확립된 후 진핵생물의 유성생식(eucaryotic sexual reproduction)에 더 가까운 유전적 재조합과정에 대한 연구가 시작되었다. 1946년에 G. Ledrberg와 E.L. Tatum은 *E. coli*로 접합(conjugation)에 의한 재조합이 일어나는지를 실험하였다.

*E. coli*는 생육인자(growth factor)를 요구하지 않는다. Ledrberg와 Tatum은 돌연변이로 *E. coli* K 12주로부터 2종류의 영양요구주를 분리하였는데, 이들은 생합성효소를 지배하는 4개의 유전자에 대하여 서로 다른 조합을 하고 있다. 각 변이는 각각 다른 생육인자요구성이 있다. 즉, 한 주는 biotin과 methionine을 요구하고, 다른 주는 threonine과 leucine을 요구하였다. 이들 돌연변이가 일어난 유전자위치를 현재에는 각각 *bio*, *met*, *thr*, *leu*라 표시한다. 이 2종류의 어버이의 유전자형(parental genotype)을 필요한 부분만 적으면 다음과 같다.

어버이형 Ⅰ : bio^-, met^-, thr^+, leu^+
어버이형 Ⅱ : bio^+, met^+, thr^-, leu^-

유전자형에서의 '+' 표시는 그 유전자의 기능이 있다, 혹은 야생형이라는 것을 나타낸다. '−' 표시는 그 유전자가 불활성효소를 생산하는 돌연변이대립유전자(mutant allele)로서 존재한다(이 경유는 합성경로를 저지한다)는 것을 나타낸다. 각각 다른 형의 세포를 10^8 정도로 섞어서 4종류의 생육인자를 어느 것도 넣지 않는 최소배지에 평판배양하였다. 이 배지에서는 어느 영양요구주도 생육하지 않으나 200~300집락(colony)이 나타났다고 하면 이들은 bio^+, met^+, thr^+, let^+라는 유전자형을 갖고 있다.

이 집락들은 4종류의 생육인자를 모두 합성하는 유전적 능력을 갖고 있는 세포로 되어 있다. 최초의 문제는 형질전환인자적인 것이 있는지 없는지를 결정하는 것이다. 한쪽의 세포로부터 다른 쪽으로 이동되고, 관찰한 것과 같은 유전적 변화를 할 수 있는 확산성의 화학물질을 발견하기 위하여 많은 실험을 하였으나 모두 부정적이었다. 최후로 현미경으로 관찰하여 대장균의 재조합은 직접적인 세포 간의 접촉이나 융합(conjugation)을 필요로 한다는 것을 확인하였다.

(1) 세균접합에 의한 plasmid의 역할

세균접합(bacterial conjugation)은 세포가 융합(fusion)하여 참된 접합체(true zygote)가 된다고 처음에는 생각되고 있었다. 그러나 결국 대장균에는 즉 수컷이 되고, 또 한쪽은 유전자수용체(genetic recipient), 즉 암컷으로서 작용한다는 것이 발견되었다. 수컷이라는 것은 그것이 streptomycin 등의 약제가 죽더라도 그의 번식력이 남아 있는 것을 알았다. 한편, 암컷은 그 번식력이 치사적 약제(lethal agent)로 파괴된다는 것을 알았다. 다시 말하면, 수컷의 기능은 단지 그 DNA의 일부를 전달하는 것이므로, 꼭 살아 있을 필요가 없지만, 암컷은 접합체(zygote)로 되려면 살아 있을 필요가 있다. 접합 중인 세포를 그림 12-39에 나타냈다.

여러 종류의 접합으로 나오는 재조합체를 교배형에 대하여 해석하면 '세균에 있어서 수컷은 전달성유전인자에 의하여 결정된다'는 것이 발견되었다. 즉, 수컷의 세포는 수컷으로 변한다. 수컷을 유전적으로 지배하고 있는 유전인자는 F 인자라 한다. 세포와 세포의 직접접촉만으로 전달된다.

모든 접합 중의 세포는 F 인자를 전달하나, 염색체 표지유전자(chromosomal marker)의 전달은 비교적 희박하고 random하다. 즉 F 인자는 자율적이고 세균염색체와는 떨어져 있다. 1952년에 Lederberg는 모든 염색체외 유전적 결정인자(extrachromosomal hereditary determinant)에 plasmid라는 이름을 붙였다. F는 그 한 예이다. 현재는 세균 plasmid는 크기가 작고 환상의 DNA이며, 그 자신의 복제(replication)를 위한 유전자를 갖고 있다는 것을 알고 있다. Plasmid는 대부분의 경우 약제내성(drug resistance), 독소(toxin)의 생산성 등의 새로운 성질을 숙주세포(host cell)에 부여하는 유전자를 갖고 있다. 또 많은 plasmid는 접합하는 과정을 지배하는 유전자를 함유한다. 이들의 유전자 중에는 세포가 다른 세균세포와 접촉할 때에 접합교(conjugation bridge)를 만들 수 있도록 새로운 세포표층구조(new surface structure)를 결정하는 유전자도 있다. 또 plasmid DNA 분자의 수용균으로의 전달을 일으킬 수 있는 생산물을 만드는 유전자도 있다.

즉, 접합이라는 것은 plasmid로부터 세균세포에 부여된 메커니즘이다. 그것의 일반적인 결과는 plasmid DNA의 전달이다. 뒤에서 설명하는 것과 같은 세균염색체의 전달은 plasmid 전달의 2차결과이다. 즉 모든 것은 아니지만 대부분의 경우, 염색체전달은 염색체와 plasmid의 통합(integration)으로 일어난다.

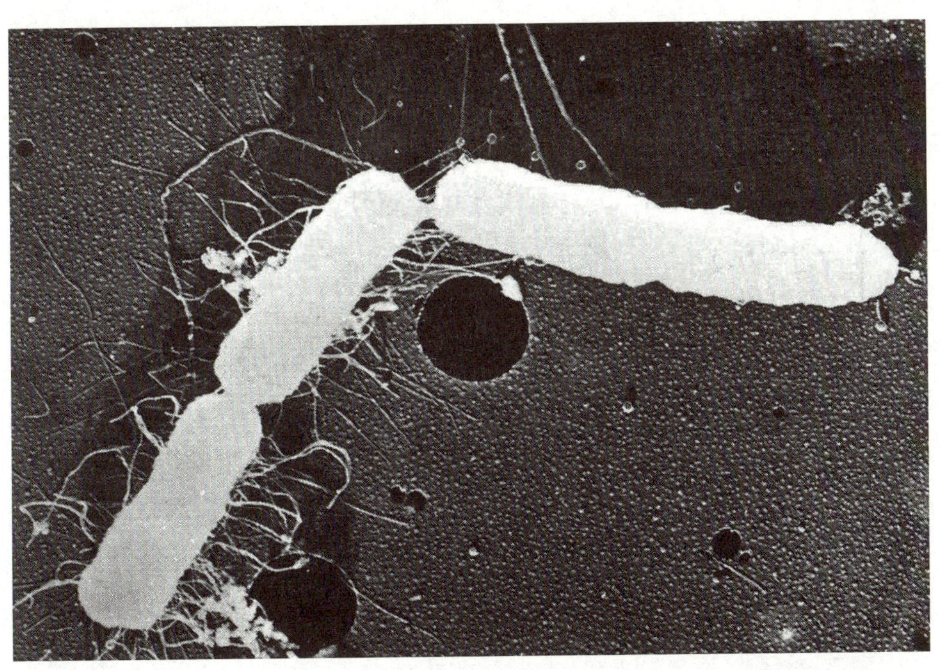

[그림 12-39] *E. coli*의 접합세포(×25,600)(공여세포(Hfr)와 수용세포(F⁻)를 혼합하고 단시간 후에 촬영한 사진)

(2) Plasmid의 형태

F의 성질이 발견된 이래 계속하여 세균숙주에 대한 많은 성질이 plasmid상의 유전자로 결정되었다. 그람 음성세균에는 R 인자(내성, resistance를 기본으로 한다) 또는 Col factor(colicin 생산성, colicinogeny)가 있고, *Staphylococcus aureus*의 penicillinase plasmid 또는 *Pseudomonas*의 '분해계' plasmid, 그 외에 cryptic plasmid 등이 있다.

숙주에 염색체상의 marker를 전달하는 능력은 있으나, 그 외에는 쉽게 검출되는 성질이 없는 plasmid를 F 인자라 한다. 이 그룹에는 *E. coli* K 12주로 최초로 발견된 F 인자도 포함된다. 이것을 F1이라 명명하였다. 그러나 어떤 종류의 R 인자와 Col 인자를 포함한 많은 plasmid는 염색체의 이동을 하게 하므로 이와 같은 능력을 가진 plasmid를 성인자(sex factor)라고 부르는 사람도 있다. 성인자라는 용어는 두 가시 개념으로 사용된다. 즉 ① 염색체 marker의 전달 여부에 관계없이 숙주의 접합과 자기 자신의 전달을 결정하는 모든 plasmid의 총칭으로, ② 접합과정을 매개하는 생산물을 만드는 plasmid 상의 한 set의 유전자를 나타내는 개념으로 쓰인다.

(3) Plasmid의 인식

Plasmid는 유전적 및 물리적 기술의 양쪽으로 인식할 수 있다. 유전적으로는 숙주성질을 지배하는 1개 이상의 유전자(또는 그의 1set)가 세균염색체와 관련성이 없다는 것(예를 들어 자율적으로 복제되는 것)을 나타낸다면 plasmid가 존재하는 것을 알 수 있다. 이와 같은 자율성은 F1의 경우와 같이 접합 중에 plasmid와 염색체가 별도로 전달된다든지, 자연히 또는 열, acridine 색소, 자외선 등에 의하여 plasmid가 불가역적으로 제거된다든지 함으로써 추측할 수 있다. 일상적인 환경하에서는, 유전기능의 불가역적 소실(irreversible elimination)은 염색체유전자의 비복귀성 돌연변이로서 간단히 해석할 수도 있다. 그러나 위에서 설명한 처리에 의하여 기능의 소실이 유도되는 것은 F와 같은 plasmid의 특성이다. F의 성질은 전달시험을 통하여 성질이 확정되어 있다. 전달이 일어나지 않은 경우도 높은 비율로 제거를 유기할 수 있는 것이 plasmid 상태의 강력한 증거라고 생각된다. 단독의 유전자가 아니고, 어떤 1set의 유전자가 규칙적으로 제거된다면 보다 확실한 증거가 된다.

색소 등의 처리로 plasmid가 제거되는 경우 이들 화합물이 염색체의 복제에 영향이 없는 농도에서 plasmid의 복제를 방지할 수 있다. 즉 만일 plasmid의 복제를 억제한다면, 세포분열할 때에 plasmid가 없는 분리체가 나온다.

제거가능하다는 것, 즉 plasmid가 없더라도 살 수 있다는 것은 비필수유전자만을 갖고 있다는 것을 의미한다. 따라서 plasmid를 자율인자(dispensable autonomous elements)

로 정의할 수 있다. 실제로 만일 plasmid가 세포로 인한 단백질합성에 요구되는 유전자와 같은 필수불가결한 유전자를 갖고 있는 것이라면 그 plasmid는 염색체와 다만 크기가 다를 뿐이다. 그와 같은 plasmid는 실험실에서 유전자조작으로 만들고 있으나 그들을 갖고 있는 세포는 모든 점에서 genome이 길이가 다른 2개의 염색체를 갖고 있는 것과 같이 작용한다.

Plasmid는 물리적 기술로도 알 수 있다. 뒤에서 설명하는 것과 같이 plasmid는 다른 DNA보다 분자량이 적고 환상으로 되어 있으므로, DNA의 독특한 구획으로서 검출하여 분리할 수 있다. 즉 어떤 marker가 제거되었을 때에 동시에 없어진 작은 환상 DNA 분자가 있으면, 그 marker가 plasmid상에 있었다는 물리적 증거가 된다. 어떤 경우는 plasmid DNA에 따라 어떤 특정된 marker의 형질전환을 세포에 일으킴으로써 관련성을 직접적으로 증명할 수도 있다.

2-4. Plasmid의 성질

(1) 분자구조

구조를 알고 있는 plasmid는 전부 환상의 2중나선 DNA 분자로 되어 있다. 크기가 $5\times10^7 \sim 7\times10^7$의 범위의 분자량이다. R 인자는 1×10^7의 분자량이나 cryptic plasmid의 어떤 것은 더 적다. 분자량 40,000의 polypeptide를 code하는 데 필요한 DNA 분자량은 약 6×10^5이므로 소형의 F1 등의 plasmid는 100개 정도의 유전자를 함유하고 있을 것이다.

Plasmid는 평균 염기조성[즉 G+C(guanine+cytosine) 염기짝과 A+T(adenine+thymine) 짝의 %]로서도 특징지어질 수 있다. 예를 들면, F1의 DNA는 현저하게 염기조성이 다른 두 영역을 갖고 있다. 즉 전체 DNA 분자의 90%는 50%의 G+C 함량을 나타내고, 남은 1%는 40%의 G+C 함량을 갖는다.

평균염기조성의 차에 의하여 CsCl 밀도구배(density gradient)로 초원심분리(ultra-centrifugation)하여 서로 다른 plasmid들을 분리하기도 하고, 염기색체로부터 분리할 수도 있다. 그 이유는 DNA의 밀도는 그의 G-C 염기짝 함량에 비례하기 때문이다. 예를 들면, G+C 함량이 40%인 염색체 DNA를 가진 *Proteus mirabilis*의 균체 중에 F1이 존재하는 때에 추출한 DNA를 CsCl 중에서 원심분리하면 염색체 DNA의 주된 band와

plasmid를 나타내는 작은 satellite band가 생긴다. 그러나 대장균에서는 그 염색체 DNA의 G+C 함량이 50 %이고, 많은 plasmid의 밀도는 숙주의 DNA 밀도와 너무나 비슷하므로 이 방법으로는 검출되지 않는다.

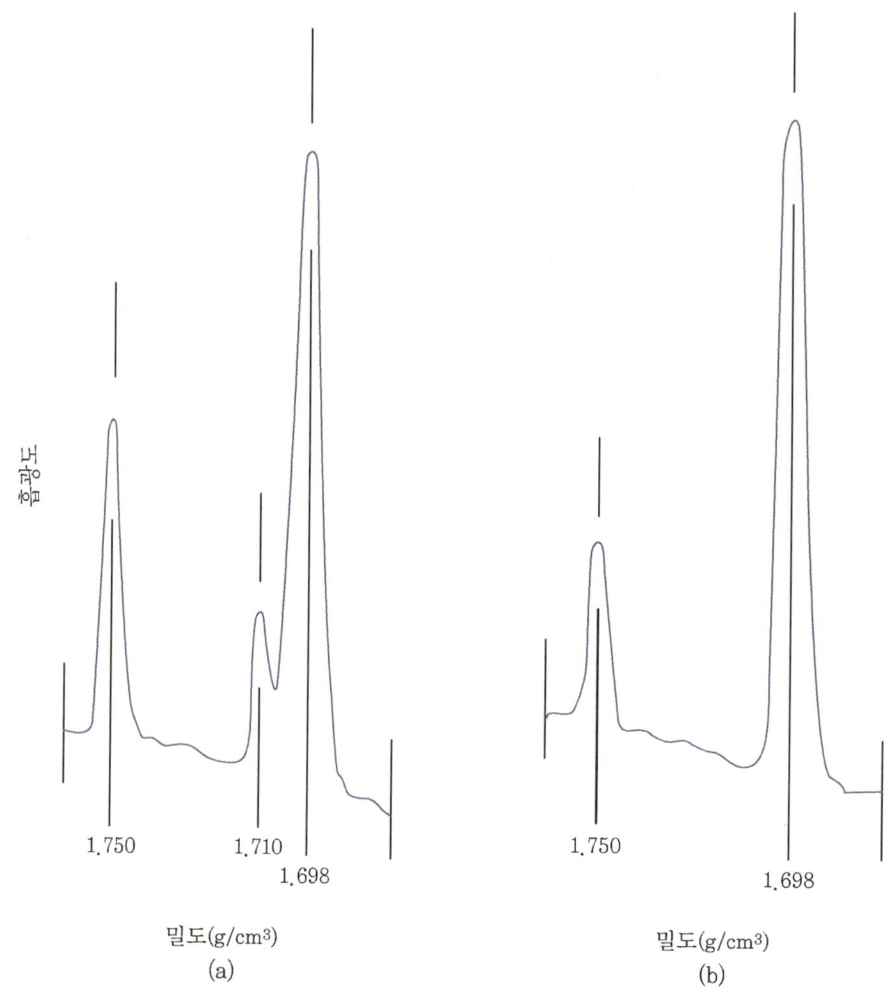

(a) plasmid F13이 감염된 PM-1 주로부터 추출한 DNA

(b) 감염 전의 PM-1로부터 추출한 DNA

* 밀도 1.698g/㎤의 band; *Proteus*의 DNA, 밀도 1.710; F13 DAN, 밀도 1.750; 밀도표준

[그림 12-40] *Proteus mirabilis* PM-1 주에 plasmid가 감염하였을 때의 DNA (CsCl 밀도구배원심분리로 평형에 도달한 다음, 자외선 흡광사진을 촬영하고, microdensitometer로 tracing한 그림)

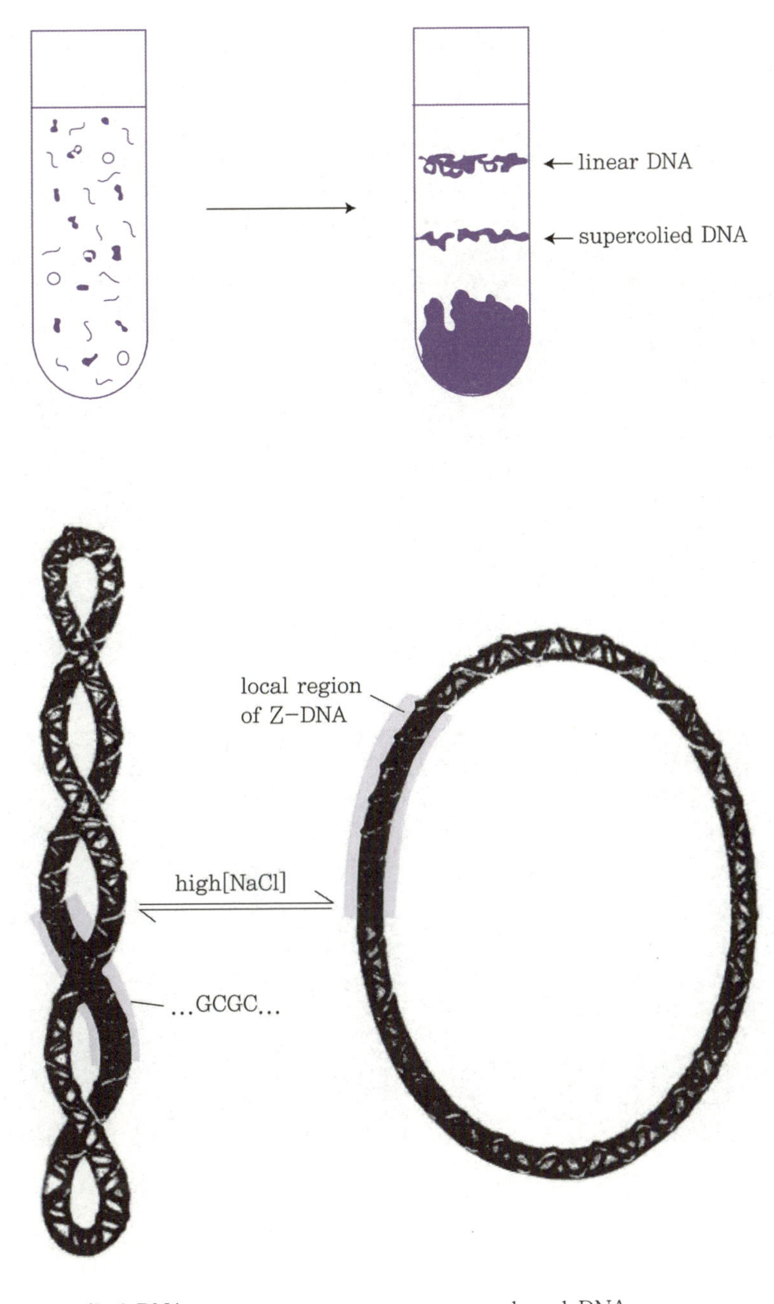

[그림 12-41] Linear chromosomal DNA로부터 supercoiled plasmid DNA
의 분리(Cesium chloride-ethidium bromide 밀도구배)

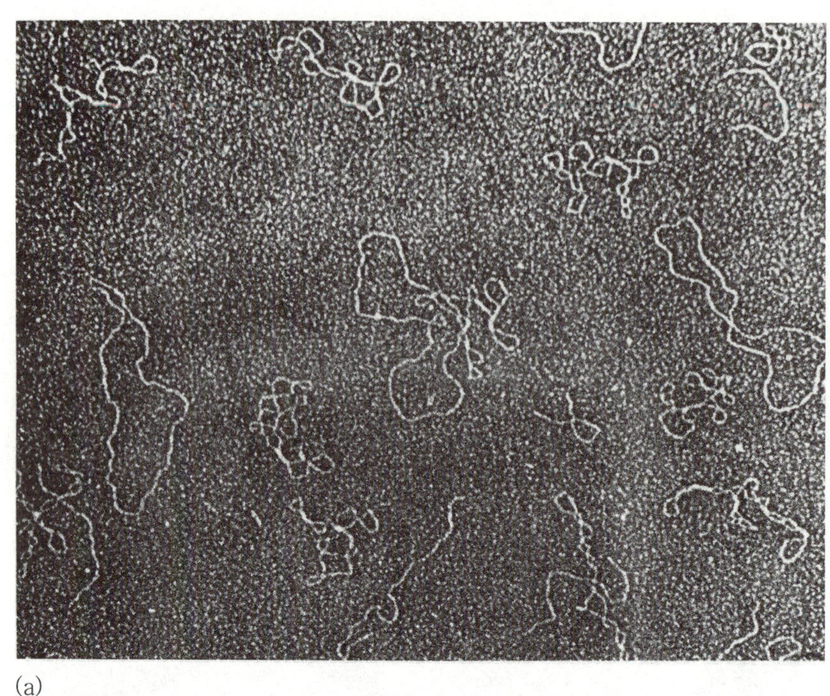

(a)

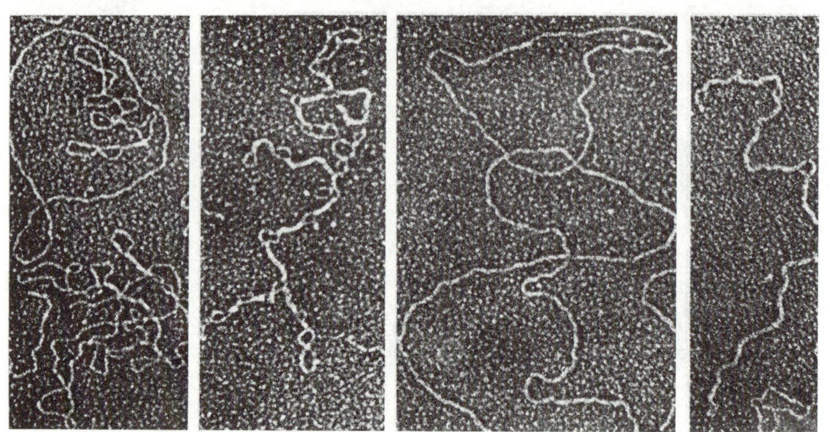

(a) open circular DNA와 supercoiled circular DNA

(b) 2.3 ㎛의 open circular와 supercoiled circular DNA가 서로 같이 있는 것

(c) supercoiled circular DNA의 2개의 형(2.3 ㎛와 4.7 ㎛)

(d) open circular DNA의 2개의 형(2.3 ㎛와 4.7 ㎛)

(e) 더 심한 supercoiled circular DNA(4.7 ㎛)

[그림 12-42] Col E1 DNA의 전자현미경사진

Plasmid의 밀도가 숙주염색체의 밀도와 비슷하더라도 plasmid를 검출할 수 있는 새로

운 방법이 있다. DNA를 세포로부터 추출할 때에 세포의 파괴 또는 추출액의 교반 등의 과정에서 생기는 전단력(shearing stress)으로 인하여 긴 DNA 분자는 작은 조각으로 끊어진다. 그러나 만일 DNA가 매우 작은 환상의 분자라면 이들의 일부는 조각으로 끊어지지 않을 수 있다.

따라서 plasmid를 함유한 세포로부터 추출한 DNA는 선상(linear) 조각과 환상(circular) plasmid 분자를 포함한다. 후자는 초원심분리로 전자로부터 분리되고, 순수하게 정제된다. 정제된 plasmid 염기조성, 분자량 등을 조사하고, 또 구조적 특징 등을 전자현미경으로 관찰할 수 있다(그림 12-42).

다른 종류(different species)의 DNA 분자는 또 염기배열상동성(base sequence homologys)으로부터 각각 특징지을 수 있다. DNA 2중나선분자의 2개의 상보사슬(complementary strand)을 가열하여 분리하고, 그 혼합액을 서서히 냉각하면 상복적인 사슬끼리 다시 수소결합으로 이어진 염기짝을 형성하고, 재결합(reanneal)이 일어난다. 2개의 단일사슬 간의 annealing의 정도는 사슬 간의 염기배열상동성의 정도에 따른다. 즉 서로 상복적인 부분이 길면 길수록 2중사슬이 재결합하는 정도가 길어진다. 다시 계통진화적 측면에서 2종류의 DNA가 서로 관련이 있을수록 그들의 염기배열은 보다 유사하다. 다른 생물로부터 분리한 DNA 분자를 열변성(heat denature)시켜 서로 재결합하는 정도를 조사하면 그들의 계통진화적 유사성을 정확하게 조사할 수 있다.

부분적으로 상보성을 가진 2개의 단일사슬이 서로 재결합하였을 때 이루어지는 2중사슬 DNA 분자를 heteroduplexe라 한다. 다수의 plasmid의 유전적 관계는 이와 같은 heteroduplexe 형성실험으로 결정된다.

(2) 복 제

Plasmid 복제(replication)의 특색은 염색체복제와 같은 것으로 생각된다. 어느 경우에나 환상 DNA가 그의 복제 fork에서 세포막에 붙어, 복제가 진행함에 따라 부착점을 통과하면서 움직일 것이다.

염색체복제와 plasmid 복제는 서로 비슷하나 약간 차이가 있다. 예를 들면, 여러 형태의 plasmid는 유전적으로 결정되어 있는 각각 독자적인 복제 조절계를 근본으로 하여 움직인다고 생각된다. 어떤 조건에서의 plasmid 복제의 속도는 염색체복제의 속도와는 크게 다른 경우도 있다. 그러나 일정한 환경에서는 어떤 plasmid의 세포당의 copy수가 일정하게 될 수 있는 정상 상태가 달성된다. 예를 들면, *E. coli*의 F⁺ 세포가 37℃에서 대수증식을 하고 있을 때 염색체당 2개의 plasmid가 존재한다. 이러한 조건하에서는 염색체도 plasmid도 각 세포세대(celll generation)마다 배가(doubling)하고 있음으로 보아 두 가지 replicon은 같은 형식의 조절을 받고 있는 듯하다.

앞에서 설명한 것과 같이 대부분의 plasmid는 acridine과 같은 특정된 약제로 인하여 특이하게 복제저해를 받는다. 예를 들면, acridine orange는 세포증식에는 거의 영향을 미치지 않는 농도에서 F의 복제를 저해한다. Acridine의 DNA와의 비특이적인 결합에 한해서 plasmid는 염색체보다도 훨씬 작은 target이므로, 이러한 결합에 의하여 그 고유한 감수성을 설명할 수는 없다. 확실한 원인은 아직 모르나, 이 감수성에 대한 경험적 지식은 매우 유용하고, 세포로부터 plasmid를 '제거(curing)'하는 데 공헌하는 경우가 많다.

(3) 삽입과 재결합

세균염색체로서의 λ 파아지의 삽입(integration)은 단일교차(single crossover event)에 의하여 일어난다. 교차는 특이한 효소계에 의하여 매개되는 재조합현상이다. λ 파아지에 대한 재조합에 관한 많은 연구결과, λ 파아지가 감염된 *E. coli* 세포에 세 종류의 다른 재조합효소계가 있다는 것이 확실히 밝혀졌다. ① 염색체 DNA의 2개 장소의 서로 같은 부분(homologous) 사이 또는 λ DNA의 2개 장소의 서로 같은 부분 사이에 교차를 매개하는 숙주유전자에 의하여 결정되는 계통. 이 계통은 λ 감염(infection) 세포에서는 저해된다. ② 파아지 유전자에 의하여 결정되는 ①과 같은 계통 ③ λ상의 특이한 부착점(attachment site)과 대장균 염색체상의 특이한 부착점과의 사이에 교차를 추진하는 파아지에 의하여 결정되는 삽입효소 등의 세 종류이다. 삽입효소계의 특이성은 2개의 부착점의 특정된 염기배열을 인식함으로써 결정되고 있으므로 이들의 부착점이 서로 같은 것이 아닐지라도 나타나는 실험사실이 몇 개 알려져 있다.

많은 종류의 plasmid가 숙주염색체에 삽입(integrate)되는 성질을 갖고 있고, 이와 같이 삽입된 것을 episome이라 부른다. 많은 경우 이와 같은 삽입이 plasmid와 염색체 중에서 다른 염기배열을 인식하는 integrase 효소(삽입효소)에 의하여 중개되든지, 또는 염기배열이 서로 같은 부분에서 서로 염기짝인 분자에만 작용하는 재조합효소에 의하여 중개되는지 알 수 없다. 그러나 어느 경우도 plasmid 삽입이 일어나기 위하여서는 숙주염색체에 적당한 부위가 있어야 한다. 즉, plasmid가 episome으로서 작용하는 능력은 숙주특이적(host specific)이다. 예를 들면, F1은 *E. coli*에서 episome으로서 작용하나, *Proteus mirabilis* 중에서는 그렇지 않다. Annealing 실험에서, F1 DNA는 *E. coli* 염색체와 서로 같은 부분을 약간 갖고 있다. *P. mirabilis* 염색체와는 서로 같은 부분이 전혀 없다는 것이 알려져 있다. 또 F1이 후자의 숙주에 삽입되지 않는 것은 integrase에 의해 인식되는 특이한 부착부위가 없다는 것을 나타낸다.

F가 일단 숙주염색체에 삽입된 다음 그 옆에서 제2의 교차가 일어나면 F의 분리가 일어나고, 그 결과 2회의 교차가 일어난 부분 중간의 DNA 단편이 교환된다. 실제로 홀수회의 교차는 2개의 환상 DNA 구조를 integration하는 작용이 있고, 짝수회의 교차는 조각을 교환하는 결과가 된다(그림 12-43). 예를 들면, F-*lac*은 연속적인 2회의 교차로 생긴 재조합체 replicon이다. 즉, 1회째는 *E. coli* K 12주의 *lac* operon에 가까운 염색체부위에 F1을 삽입하고, 그 후에 일어나는 2회째 *lac* 유전자를 가진 채 F를 해리하는 교차이다.

약간의 Col 인자와 R 인자도 어떤 숙주의 염색체에 삽입될 수 있고, F1과 같이 제2의 교차로 다시 해리할 수 있다. 오랜 진화의 기간 동안 반복되어 일어난 이러한 과정은, 어떤 plasmid 내의 DNA가 이질(heterogeneity)이라는 것을 설명할 수 있고, 또 대부분의 plasmid가 숙주세포기능을 지배하는 유전자를 갖고 있다는 것을 설명할 수 있다. F-*lac*과 같은 plasmid 생성은 이 가설에 대한 하나의 모델이 된다. 실제 *Proteus* 속은 보통 *lac*⁻이나, 자연계에서도 *lac*⁺주를 볼 수 있고, 이들의 균주는 *lac* 유전자를 가진 몇 종류의 plasmid를 함유하고 있다.

교차는 2개의 다른 plasmid 사이에 가끔 일어나므로 2종류 이상의 plasmid의 통합 또한 유사한 plasmid 간의 유전적 교환은 흔한 현상이다. 즉, 어떤 숙주에서 특정조건하에서 많은 R 인자는 2개 이상으로 독립하여 복제되는 환상 DNA로 분리되는 수가 있다. 짝수회의 교차를 하는 유전적 교환은 동질 plasmid 간에 빈번하게 일어나므로 이들을 이용하여 plasmid 유전자지도 genetic map을 만들 수 있다.

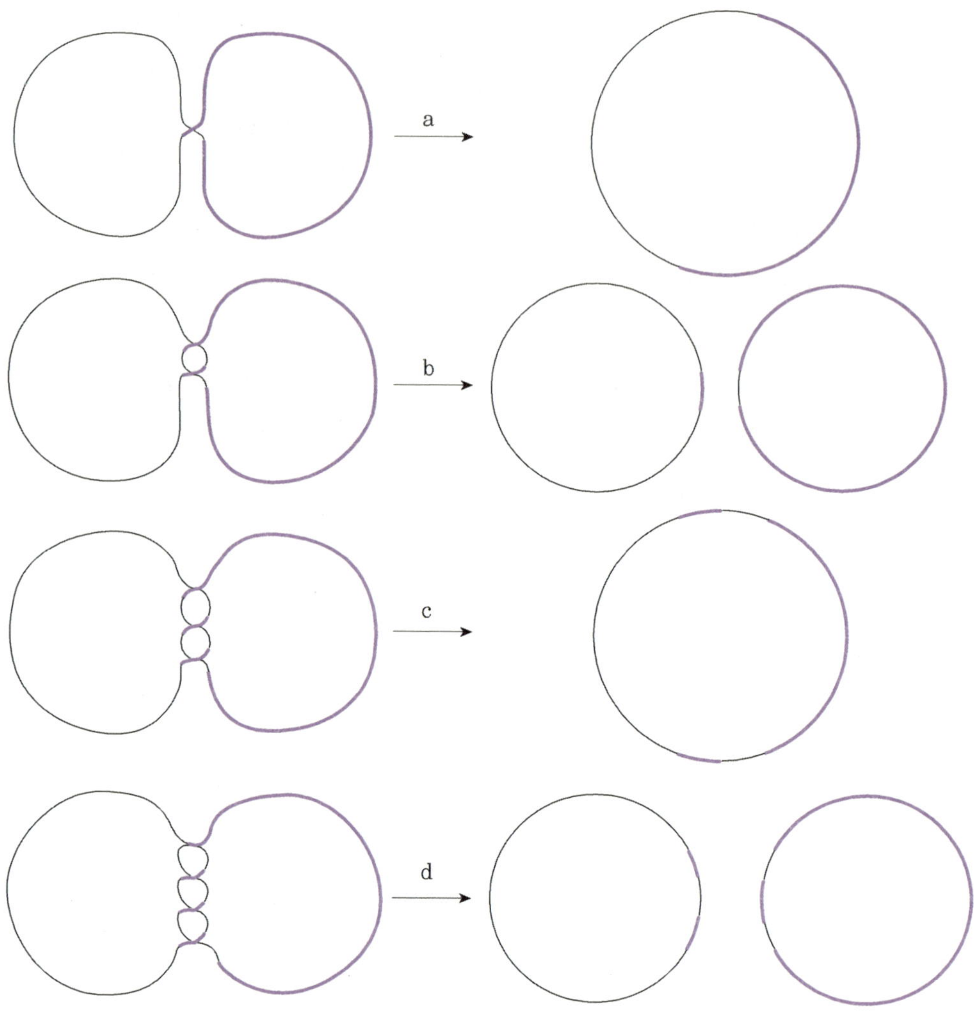

[그림 12-43] (a와 c) 짝 안에서 홀수번(odd number) 교차가 일어나면 integration이 일어난다. (b)와 (d) 짝수번(even number)의 교차에서는 부분적 교환이 일어난다.

재조합체 plasmid는 분리한 plasmid DNA를 시험관 내에서 효소적으로 처리하여 만들 수도 있고, 형질전환의 과정에 의하여 다시 숙주세포 내에 넣을 수도 있다. 이런 과정의 제1단계는 정제한 제한효수(restriction endonuclease)를 이용하여 분리한 plasmid를 특정된 한 곳만 절단해야 한다. 이 효소는 2개 사슬(two strands)을 약 5~6염기짝 떨어진 곳을 절단함으로써 환상분자를 선상분자로 변환한다. 이와 같이 하여 만들어진 분자는 양끝에 서로 상보적인 단일사슬의 끝을 갖는다.

같은 효소를 사용하여 또 하나의 plasmid를 똑같이 끊는다. 이 두 종류의 선상 plasmid를 같이 혼합하면 그들의 단일사슬 끝은 서로 짝이 되어 한 개의 환상 DNA를 만드나, 그 반은 1개의 plasmid로부터, 나머지의 반은 다른 plasmid로부터 온 것이다. 다음에 제2 효소인 polynucleotide ligase로 처리하여 2개의 plasmid를 공유결합으로 연결한다.

이 방법은 2개의 다른 plasmid를 결합시키는 데 쓰일 뿐만 아니라, 고등동물로부터 얻은 DNA를 plasmid에 삽입하는 데도 사용한다. 예를 들면, *Xenopus*의 ribosomal RNA를 code하는 DNA를 분리하고, 고도로 정제한 제한효소로 절단한다. 이 DNA의 조각을 같은 효소로 절단한 plasmid DNA와 섞어 ligase로 처리하면 개구리 rDNA의 길이만큼이 삽입된 plasmid의 환상 DNA 분자가 만들어질 수 있다. 이 재조합체 plasmid를 숙주세포가 받아들이게 되면 rDNA는 복제되어 안정된 plasmid의 일부가 발현되어 개구리의 rRNA를 생산한다(단 그러한 RNA는 세균 ribosome에는 결합되지 못한다). 인공적 재조합체 plasmid를 이와 같이 효소적으로 합성하여 안정시키는 것은 비plasmid 성의 DNA도 무한하게 증폭시킬 수 있는 방법이 되고, 사람의 유전병에 관계하는 사람의 유전자를 대량 조제하여 분석하는 데 사용할 수 있는 가능성이 있다.

2-5. 접합의 과정

그람 음성세균의 대부분의 plasmid는 숙주세포에 접합(conjugation)하는 능력과 접합한 상대가 plasmid DNA 분자를 전달(transfer)하는 능력이 있다. 이 과정은 2단계로 일어나지만 다같이 plasmid 유전자에 지배된다. 즉 ① 공여균(donor cell)과 수용균(recipient cell)의 표면 사이의 반응으로, 그 결과 접합교(conjugation bridge)의 형성이 일어난다. ② 형성된 다리(bridge)를 통하여 plasmid DNA 분자가 이동된다.

(1) 세균접합에 있어서 세포 표층의 역할

공여균과 수용균 간에 일어나는 반응은 plasmid 유전자에 의하여 결정되는 공여세포 표층의 특이한 성질에 의하여 일어난다. 이들 성질 중에서 가장 놀라운 것은 성선모(sex pili)라는 접합에 절대로 필요한 특별부속물의 존재이다.

성선모는 전달성(transmissible) plasmid를 가진 세포의 표면에 몇 개 존재한다. 세포
당의 수(보통 1~10개 정도)는 매우 적으므로 세포 중에 있는 plasmid 1개당 성선모 1
개라는 것이 일반적인 상태이다. 어떤 수컷에 특이한 파아지(전달 plasmid를 지닌 세균
에만 감염되는 파아지)의 흡착부위(adsorption site)를 전자현미경학자가 찾고 있을 때
에, 이 성선모가 있다는 것을 발견하였다. 수컷(공여, donor) 세포를 과다한 수의 수컷
에 특이한 파아지 입자로 처리하고 전자현미경으로 조사하면 파아지가 예외 없이 성선
모에만 흡착되는 것을 볼 수 있다.

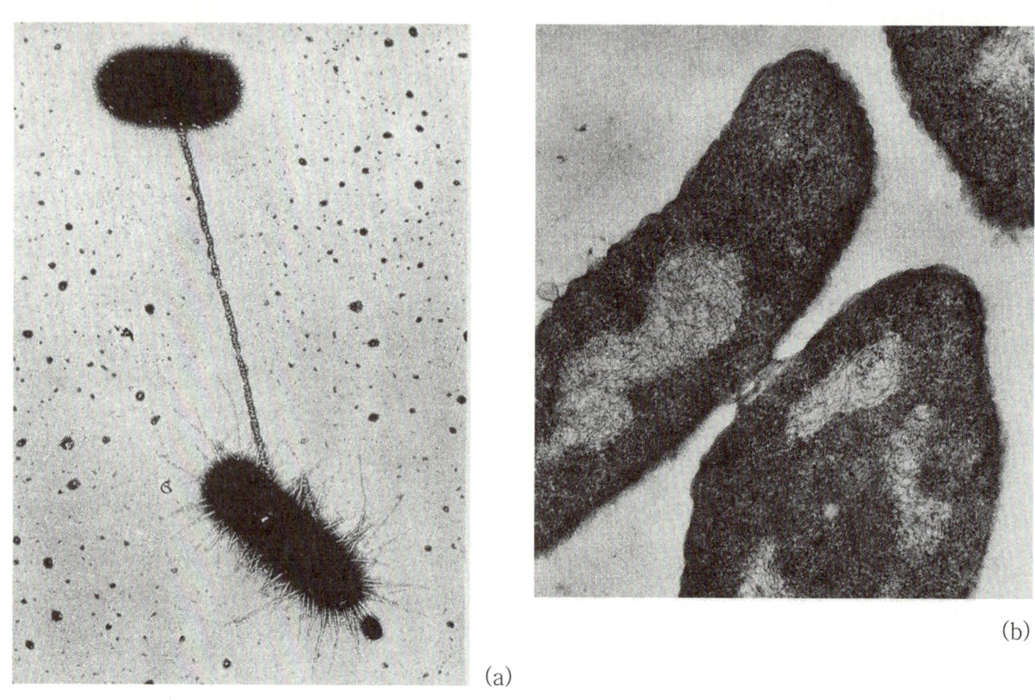

[그림 12-44] (a) 1개의 F 선모(pilus)로 접합한 암컷과 수컷의 세포 (b) F 선모의
수축으로 직접 접촉한 접합짝(mating pair)의 초박편전자현미경 사진

접합의 특이한 receptor 부위는 수용세포에도 있는 것같이 보인다. 이 부위는 단일 사
슬 DNA 파아지의 특이한 흡착부위이다. 이 파아지에 내성이 있는 암놈의 돌연변이주
는 그 파아지를 흡착하지 않고 또 접합능도 결손되어 있다. 이 변이주는 파아지에 의한
형질도입(transduction)으로 정상적인 재조합(recombination)을 일으킬 수 있기 때문에

이 결손은 침입과정에 일어난 것을 알 수 있다.

접합과정에 있어서 최초의 단계는 수용세포가 성선모의 끝에 부착되고[그림 12-44(a)] 몇 분 후에 그 세포는 직접 접촉하게 된다[그림 12-44(b)]. 이것은 아마 성선모가 수놈세포 속으로 끌려 들어가는 것일 것이다.

성선모가 연결된 두 세포를 micromanipulation으로 분리하여 유전자 분석을 해 보면, 이와 같이 분리된 세포 중 어떠한 것은 재조합체가 있다. 이것은 공여 DNA가 성선모 속을 통과하거나, 또는 그것을 따라 통과한다고 할 수 있다. 그러나 대부분의 유전적 전달은 성선모의 수축으로 세포끼리 직접 접촉한 다음에야 일어난다. 세포 간의 DNA의 이동은 고도로 특이한 과정이다. 그 이유는 DNA 이외의 세포물질은 전혀 또는 거의 전달되지 않기 때문이다.

(2) Plasmid DNA의 전달

방사능 또는 밀도로 표지한(labeled) 전구물질(precusor)을 전달 전 혹은 전달 도중에 plasmid DNA에 결합되는(incorporation) 실험으로부터, 전달과정의 형태가 다음과 같이 밝혀지게 되었다.

접합 전에는 plasmid는 공여세포 중에서 2중사슬의 환상 DNA 분자로서 존재한다. 성선모와 수용체의 세포벽이 접촉하면 그때부터 그림 12-45(a)와 같은 과정이 일어난다. 즉, plasmid DNA 중의 1개 사슬이 복제개시점(replication origin)에서 절단되어, 2중사슬이 풀리기 시작하며, 절단된 쪽의 사슬은 그 5′ 끝을 선두로 하여 수용균에 들어간다. 공여균과 수용균 내에서 각각 단일사슬에 대해 상보적 사슬(complementary strands)이 DNA polymerase에 의하여 합성된다. 이 과정은 정상적인 plasmid 복제와 유사하나, 완성된 다음에 복제된 한쪽은 수용균 중에 있고, 또 한쪽은 공여균 중에 남아 있는 것이 다르다. 수용균 중에서 plasmid의 환상화(circularization)는 DNA ligase의 작용으로 이루어진다. plasmid DNA의 2중사슬 중 한쪽의 사슬의 전달은 일반적으로 복제와 동시에 일어나나 그러한 복제는 전달과정에 반드시 있어야만 하는 것은 아니다.

세균은 2개의 plasmid를 갖고 있고 그중 하나의 plasmid가 접합을 유도할 수 있으나, 다른 하나는 그러한 기능이 없는 경우, 전자가 후자와 함께 동시전달되는 경우가 있다. 즉 후자가 이동화(mobilization)된다.

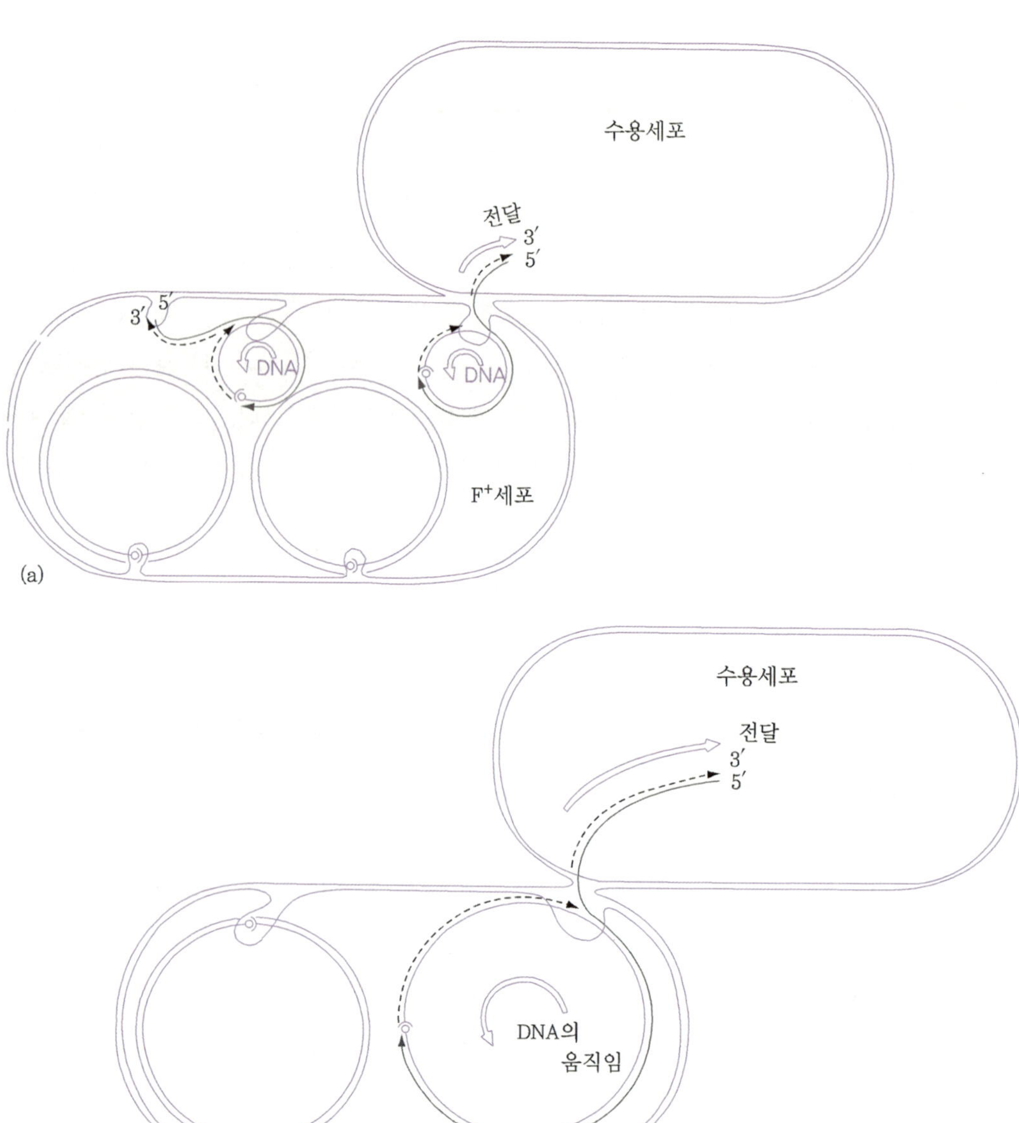

(a) 2개의 자율적 F replicon과 2개의 염색체를 함유한 F^+ 세포가 수용균세포와 접합되어 있는 것을 나타냈다. 왼쪽의 F는 숙주세포 내에서 복제되고 있으며, 오른쪽의 F는 복제에 의하여 수용균 내로 들어가고 있다.

(b) Hfr 세포의 접합으로 같은 과정이 일어나고 있다. 이 경우는 염색체와 F가 통합되어 있으므로 같이 전달된다.

[그림 12-45] F 복제의 결과로서 일어나는 DNA 전달의 가설메커니즘

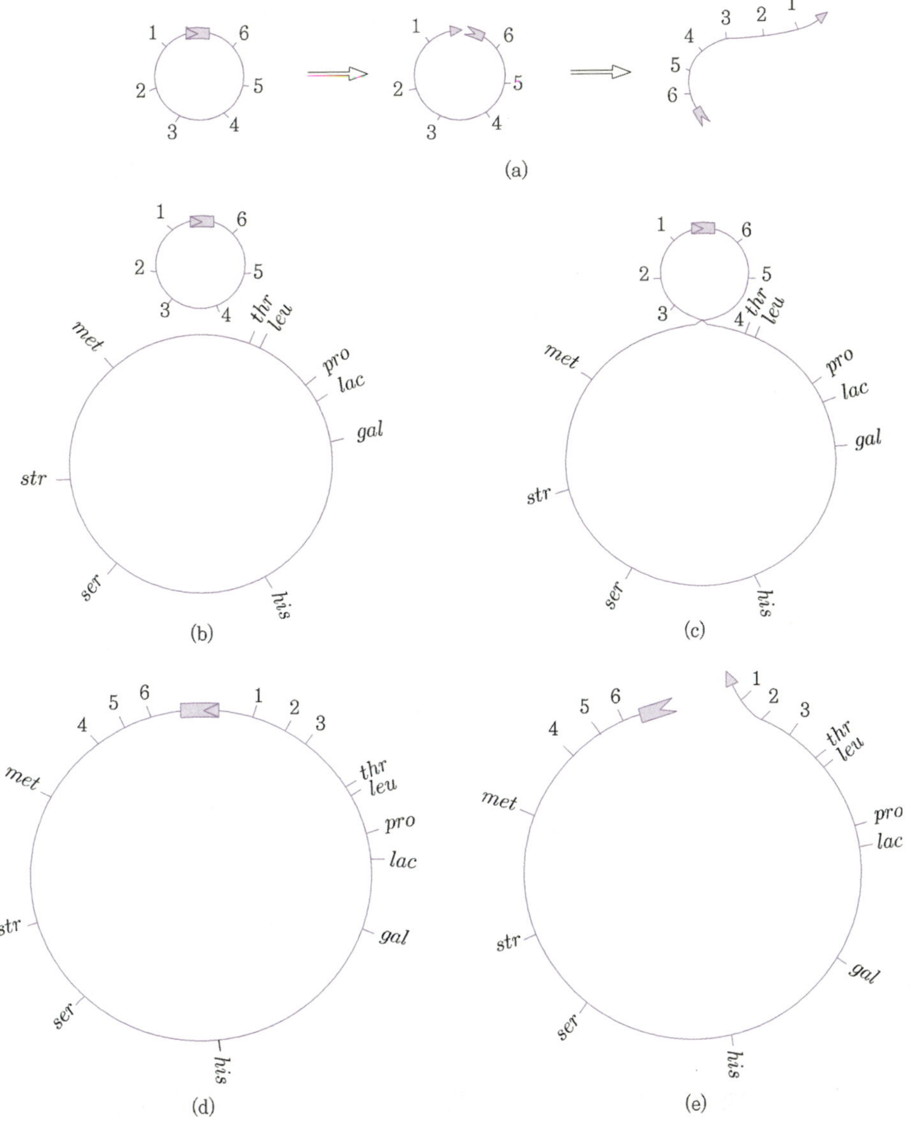

(a)

(b)

(c)

(d)

(e)

(a) F는 marker 1과 6 사이에 특이한 절단점을 갖는 환상으로 나타냈다. 절단되면서 전달이 일어나서(접합할 때) F의 marker는 1-2-3-4-5-6의 순으로 수용균에 들어간다.

(b) F는 염색체의 *met*과 *thr* 간의 부위와 짝(pair)하고 있다.

(c) 짝영역에서 1회의 교차로 2개의 환(circle)이 통합된다.

(d) (c)와 같으나 단일환상으로 다시 그렸다.

(e) F의 특수한 부위에서 절단이 일어나면 F markcr 1-2-3이 먼저 수용균에 들어가고, 다음에 염색체 marker *thr*, *leu*, *pro*, *lac* 순으로 들어가고, F의 marker 4-5-6이 최후로 들어간다.

[그림 12-46] **염색체와 F의 통합의 결과, Hfr 염색체가 절단되어 전달되는 상태**

이동화는 접합성 plasmid(conjugational plasmid)가 주어진 1개 또는 그 이상의 전달 기능(예를 들면, 선모형성)이 결핍되어 있는 비접합성 plasmid(non conjugational plasmid)에서도 일어난다. 이와 같은 두 종류의 plasmid가 유전적 교차에 의하여 영구적 또는 일시적으로 통합될 때도 이동화가 일어날 수 있다. 접합 plasmid의 삽입에 의하여 세균의 염색체도 비슷하게 이동된다[그림 12-45(b)].

2-6. *E. coli*에서 F에 의한 염색체전달

(1) F$^+$와 Hfr의 상태

F 인자를 가진 세포는 F$^+$라 부르고 가지지 못한 세포는 F$^-$라 부른다. F$^+$ 세포집단 중에서 교차에 의하여 F와 염색체의 통합(integration)이 각 세대(generation)에서 10^5 세포당 1회 정도 일어나고 이것이 일어난 세포 및 그것으로부터 출발한 clone(계통)을 고빈도 재조합(high frequency recombination, Hfr)이라 부른다.

언제나 세균염색체의 같은 장소에서 통합이 일어나지는 않는다. 염색체에는 F1이 통합되는 장소가 8~10개가 있고, 이것들은 F1상의 어떤 영역과 염기배열이 서로 유사한 영역에 상당한다고 생각된다. 이외에 F1의 통합이 매우 드물게 일어나는 장소가 약간 있다.

앞에서 설명한 것과 같이 통합과정은 가역적으로, Hfr의 집단 중에서 제2의 교차에 의한 plasmid의 이탈은 F$^+$ 집단 중에서의 통합과 거의 같은 비율로 일어난다. 즉 모든 F$^+$ 집단은 다소나마 Hfr 세포를 함유하고 역으로 모든 Hfr 집단은 다소나마 F$^+$ 세포를 함유한다.

2) Hfr형 공여세포에 의한 DNA 전달

Hfr 세포의 현탁액을 F$^-$ 세포와 혼합하면 모든 Hfr 세포의 F$^-$에 접촉하고 DNA 전달을 시작한다. 즉, F와 염색체는 통합된 단일 replicon으로 되어 있으므로 염색체 DNA도 F DNA와 함께 수용균에 전달된다.

염색체 marker가 수용균에 옮겨가는 순서는 염색체의 어떤 부분의 F가 통합되어 있는지의 여부와 F가 통합되어진 방향성에 따라 결정된다. 예를 들면, 그림 12-46에서는 통합 시의 F의 방향은 그 결과 만들어진 Hfr 세포에서 염색체 marker가 *thr, leu, pro,* *lac, ..., met*의 순으로 전달되는 방향이다. 그러나 통합은 그 외의 장소에서도, 또 반대의 방향에서도 일어나서 그림 12-47에 나타낸 것과 같이 marker의 전달이 다른 순서로 일어나는 경우도 있다. 통합의 방향성은 아마 F와 염색체상의 부착점에서 서로 유사한 염기배열에 의하여 결정된다고 생각된다.

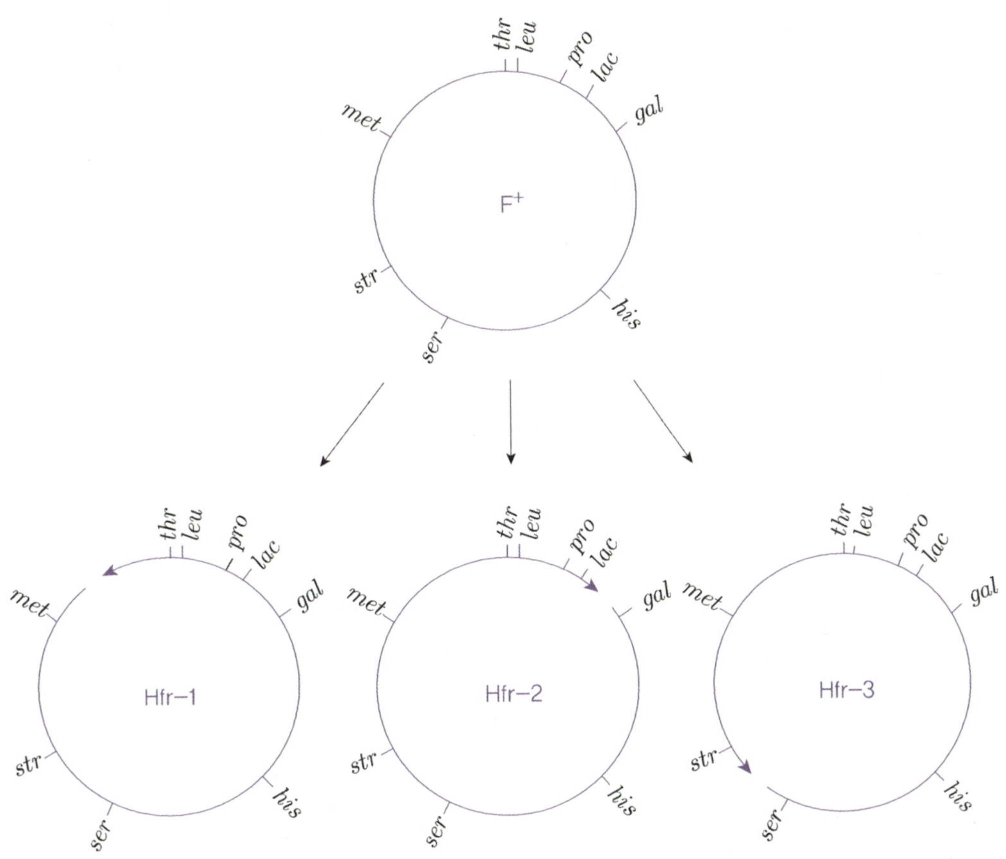

[그림 12-47]　같은 F⁺ 어미주로부터 3종류의 다른 Hfr이 되는 과정을 나타낸 모형도. 염색체 상의 화살표는 각각의 경우의 염색체전달의 도입부와 방향을 나타냄.

Hfr 공여체로부터 염색체 marker가 한 줄로 되어 전달되는 것은 1956년에 E. Wollman과 F. Jacob이 재조합체형성의 동력학실험 중에 발견하였다. 이 동력학적 실험은 다음과 같이 하였다. Hfr과 F⁻ 세포를 합한 혼합액으로부터의 시료를 일정시간마다

취하고, 접합 중의 세포를 blender에서 수분간 교반한다. 각 시료는 여러 종류의 재조합체수를 측정하기 위하여 몇 종의 다른 선택배지에 plate하여 생긴 재조합체를 조사한다. 실험결과를 그림 12-48에 나타내었는데 그 실험의 marker는 단순히 A, B, C, D로 표시하였다. 이 그림에 나타낸 것과 같이 교배체(mating couple)가 분리되기 전에 접합하고 있는 시간이 길수록 Hfr 세포로부터 F⁻ 세포에 보다 많은 유전물질이 전달된다. 예를 들면, 교배가 10분 후에 분리되면 A 유전자만이 전달되고, 만일 접합이 15분간 계속되면 유전자 A와 B가 전달되며, 20분 후에는 유전자 A, B, C가 전달된다.

이 실험은 공여균이 천천히 염색체사슬을 수용세포에 주입하여, 염색체 유전자가 차례로 수용균에 들어간다는 것을 나타낸다. 만일 접합이 중단되지 않으면 전체 염색체가 주입될 때까지 계속된다. 이 과정은 *E. coli*에서는 37℃에서 90분이 걸린다.

그림 12-48의 선이 경사진 부분은 공여세포의 전달개시가 동조화(synchronized)되어 있지 않은 것을 뜻한다. 어떤 세포는 전달을 대부분 바로 개시하나, 다른 세포에서는 늦어지는 것이 서로 다르기 때문이다. 그러나 25분 이내에 모든 공여세포가 전달을 개시함을 D 곡선을 통해 알 수 있다. 각각의 곡선이 횡축과 마주치는 점은 최초로 전달을 개시한 교배체(mating couples)에서 그 유전자가 수용체에 도달하는 시간을 나타낸다.

교배(mating)가 인위적으로 중단되지 않고 계속 진행된다 하더라도 자연적인 염색체 절단이 상당히 일어난다. 이러한 절단이 언제 어디서 일어나는가는 random하고, 90분까지 계속되는 전달은 매우 적다. 즉, 주어진 표지(marker)가 전달한 출발점으로부터 멀리 떨어져 있으면 떨어져 있을수록 절단되기 전에 전달될 확률이 낮아진다. 거의 모든 교배체는 가장 가까운 marker A를 전달하나, B를 전달하는 것은 좀 적어지고, C를 전달하는 것은 더 적고 차례로 적어진다. 이 현상은 그림 12-48의 여러 곡선의 상대적 높이에 반영된다. 즉 표지의 전달순서는 두 가지 방법으로Q 알 수 있다. ① 교배중단실험(interrupted mating experiments)에 있어서 각 marker가 들어가는 시간(time of entry)과 ② 교배를 중단하지 않는 경우의 각 marker의 재결합빈도이다.

예를 들면, 7분째에 최초로 수용세포에 들어가는 marker A는 최후의 재조합빈도가 60%이다(즉 중단되지 않는 교배체의 60%가 marker A에 대한 재조합체가 생긴다). 12분째에 들어가는 marker B는 40% 재조합빈도를 나타내고, 17분째에 들어가는 marker C는 15%의 재조합빈도를 나타낸다. 이와 같은 재조합빈도의 구배는 Hfr×F⁻

의 교차의 특징으로 구배가 급하여, 수용세포에 들어가는 최후의 marker는 불과 0.01 %의 재조합빈도를 나타낸다.

염색체가 전달되는 속도는 전체 교배과정을 통하여 비교적 일정하다는 것을 알았으므로 marker가 들어가는 시간은 실제 거리의 신뢰할 수 있는 척도가 된다. 5×10^6 염기짝에 상당한 염색체 전체가 90분간에 전달되므로 그림 12-48 중의 시간눈금의 1분은 약 5×10^4염기짝에 상당한다. *E. coli* K 12 염색체의 유전자지도를 그림 12-49에 나타냈으나, 1/2분 이상 떨어진 marker의 위치는 교배중단 실험에서의 침입시간을 측정하여 결정하였다.

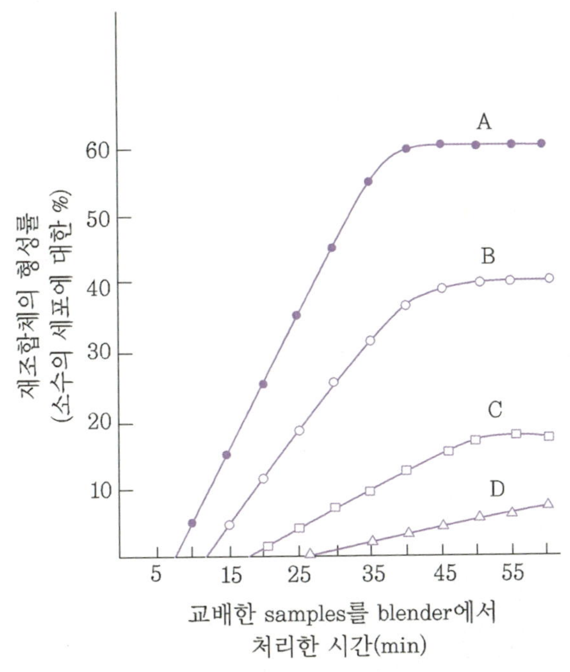

[그림 12-48] 1차 F′ 세포에서 F-genote의 생성

(3) F′주의 기원과 행동

F⁺로부터 Hfr 상태로의 변화는 재조합(교차)에 의한, F와 염색체의 통합에 의해 이루어진다. 앞에서 나타낸 것과 같이 이 과정은 가역적이고, 어떤 Hfr주는 어떻게 배양하여도 염색체로부터 F가 이탈되어 F⁺ 세포 clone으로 된다.

F$^+$ 상태로의 복귀가 일어나기 위하여서는 통합이 일어났을 때 이루어진 짝영역과 같은 영역 내에서 재결합이 일어나야만 한다[그림 12-50(a)]. 그러나 드물게 예외적인 짝이 일어난다. 예외적 짝의 영역에서 교차하는 것은 일반적으로 F 인자를 재생하지 않고 그 환상구조 중에 염색체 단편을 함유한 F 인자를 만드는 경우가 많다[그림 12-50(b), (c)]. 이것을 F genote라 부르며, 그림 12-50에 나타낸 것과 같이 F DNA를 일부 잃어버린 것과 전혀 잃어버리지 않은 것이 있다.

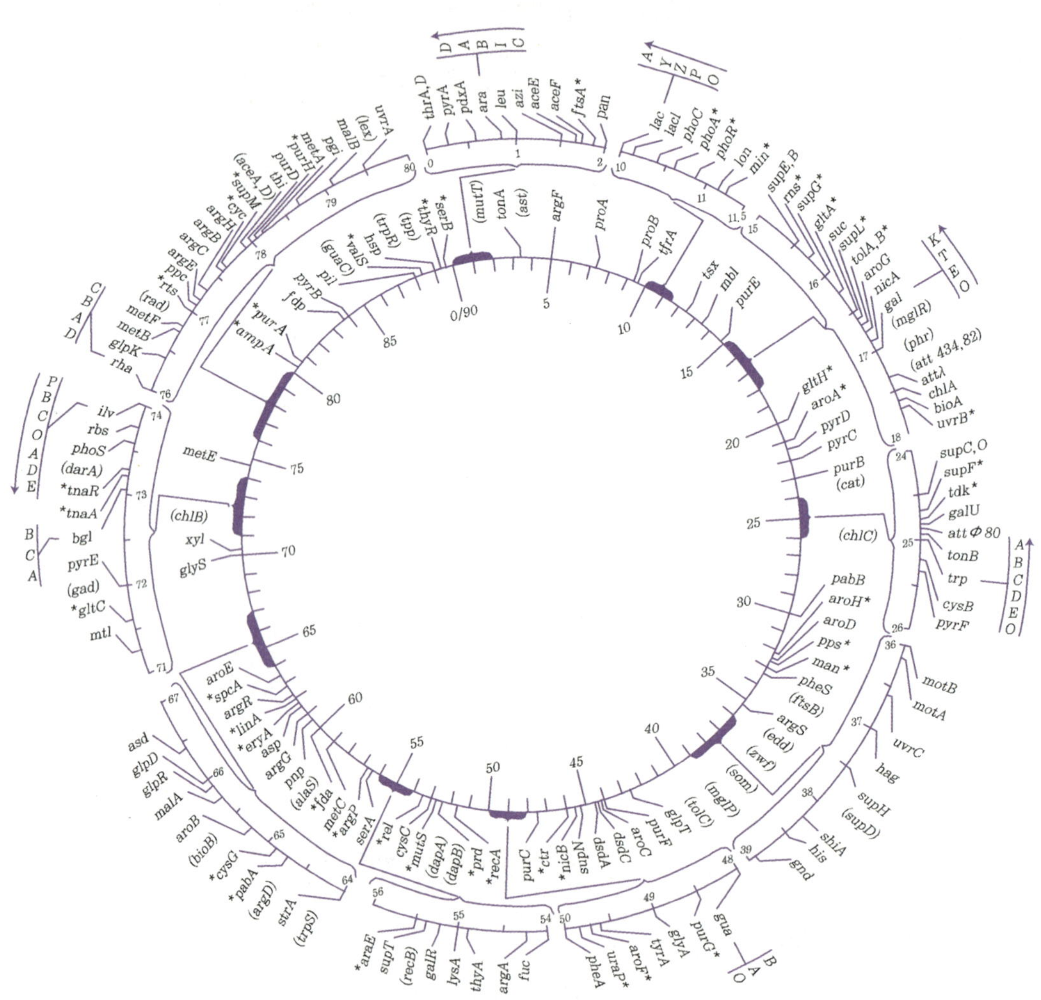

[그림 12-49] E. coli K 12주의 유전자지도. 화살표는 관련 유전자좌의 mRNA 전사의 방향성을 나타냄.

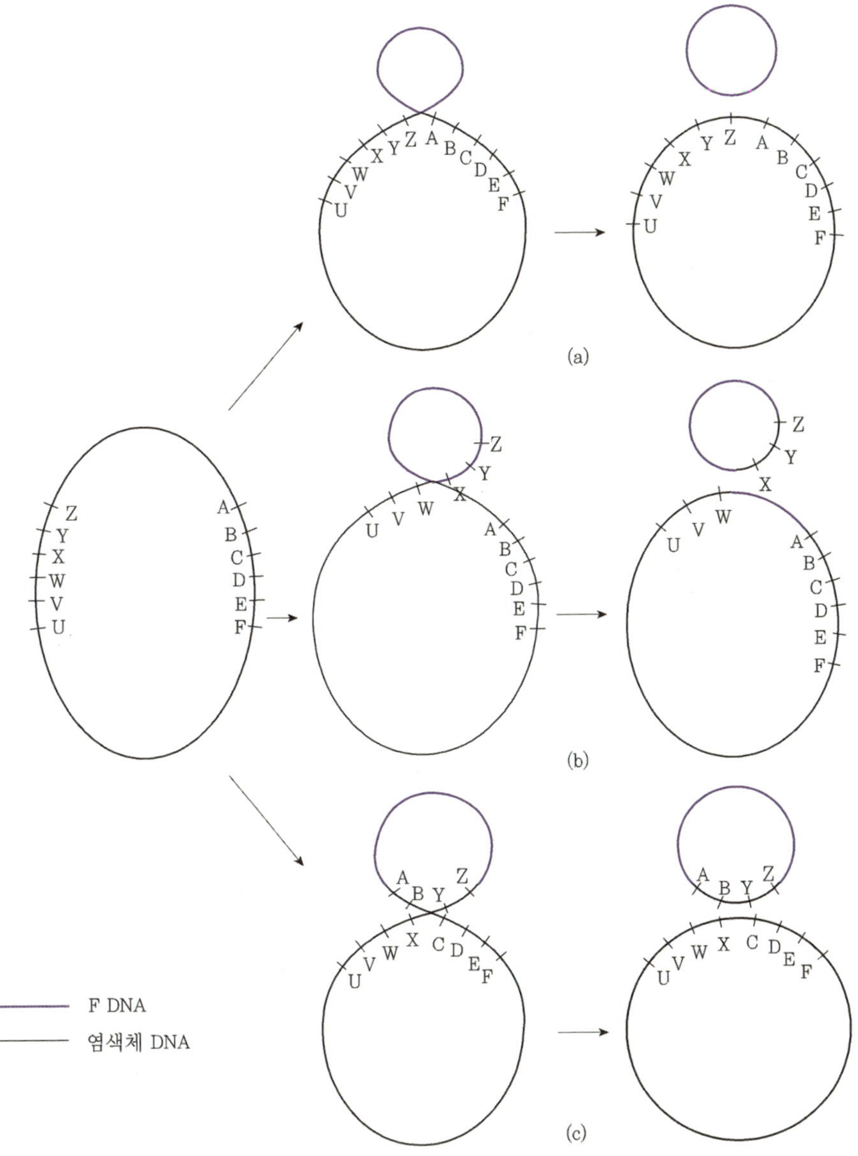

왼쪽은 상부에 F DNA를 삽입한 Hfr 염색체. A부터 F까지, U로부터 Z까지는 염색체 marker를 나타낸다. (a) F와 염색체의 사이에 최초로 짝이 된 부분의 범위 내에서 교차가 일어나면, 통상의 F를 생성한다. (b) 예외적인 부분에서 짝이 되고 교차가 일어나면, 염색체 marker XYZ를 가진 F-genote를 생성한다. 1차 F′의 염색체는 F DNA의 단편을 함유하고, XYZ 부분이 결실되어 있다. (c) 다른 부분에 예외적 짝이 일어나면, 완전한 F DNA 부분과 원래의 부착점의 양쪽으로부터 염색체유전자(AB, YZ)를 함유한 F-genote를 생성한다.

[그림 12-50] 1차 F′세포에서 F-genote의 생성

이와 같은 현상이 일어난 세포 및 그것으로부터 나온 clone을 1차 F′(F-prime) 세포라 부른다. 이들 세포는 이미 F 인지가 통합되어 있는 부분의 상당한 염색체부분이 삭제(deletion)되어 있다. 이 부분이 세포에서 없어서는 안 되는 기능(예를 들면, nucleic acid polymerase, ribosome 성분)을 위한 유전자를 함유하고 있는 경우에는 이 F genote가 실제적으로는 제2의 염색체로 되며, 이것이 없어지면 세균은 죽는다.

1차 F′ 세포가 F⁻주의 세포와 교배하면 F가 통합된 염색체 단편과 함께 높은 비율로 전달된다. 그러나 1차 F′ 세포는 보통의 F⁺ 세포와 같은 정도의 낮은 확률로밖에 염색체와 F의 통합을 일으키지 않으므로 염색체의 전달은 세포당 10^{-5} 또는 그 이하로 일어난다.

F⁻ 세포에 전달된 F-genote는 다시 그의 환상구조를 확립하여 자율적 replicon으로 되고, 다시 2차 F′ 세포가 된다. 2차 F′ 세포는 F-genote 중의 염색체 단편이 숙주염색체 중에도 있다는 점에서 1차 F′ 세포와는 다르다. 즉 2차 F′ 세포는 부분 2배체(partial diploid)이고(그림 12-51), F-genote는 필수적인 요소는 아니다.

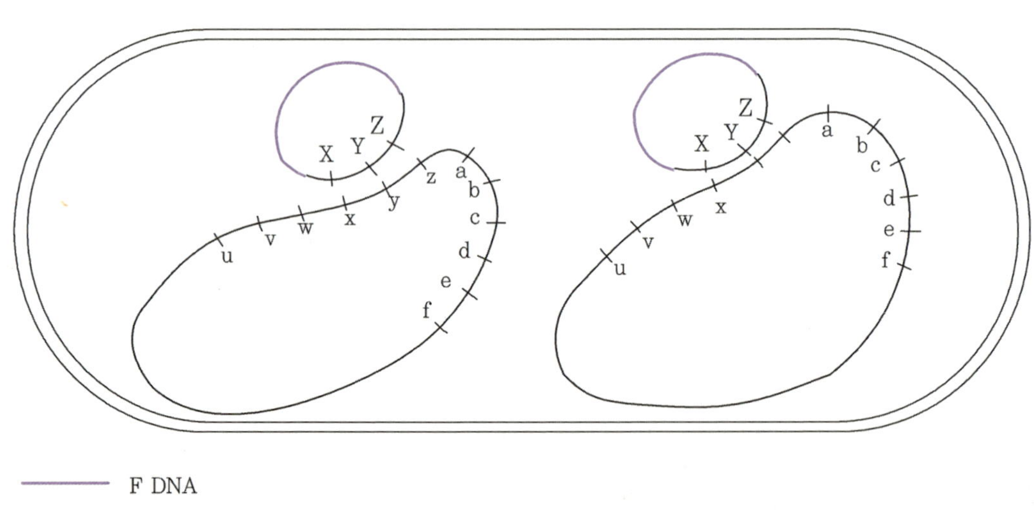

[그림 12-51] 2차 F′세포. 이 세포는 유전자 XYZ에 대하여 hetero 접합이배체 유전자로 되어 있다.

최초로 F′ 주가 발견된 것은 F$^+$ 상태로 돌아간 Hfr를 배양한 것으로부터 고빈도공여체(high frequency donor) 세포를 분리하는 동안 우연히 발견되었다. 분리된 고빈도공여세포 중에서 한 주가 1차 F′라는 것이 증명되었다. 뒤이어 2차 F′주를 선택하는 방법이 고안되었다. Hfr주에 의하여 전달되는 표지를 A$^+$로부터 Z$^+$까지라 하면, 앞에서 설명한 것과 같이 최후로 전달된 Z$^+$ 표식은, 교배시켜 90분이 될 때까지는 재조합체에 나타나지 않는 것이 보통이다. 그러나 만일 Z$^+$ marker가 F 인자에 포함되어 있으면 그 세포는 최초의 10분 또는 20분 내에 F$^-$Z$^+$를 전달할 것이다. 그 지점에서 약 20분 후에 교배를 중단하고, Z$^+$ marker를 받아들인 수용세포를 선택하는 것이 이 방법의 골자이다. Z$^+$를 가진 것은 일반적으로 F$^-$Z$^+$를 가진 2차 F′ 주라는 것을 알 수 있다. 이 방법으로 F-*lac* 2배체가 분리되었다.

E. coli K 12주의 Rec$^-$(재조합결손형) 돌연변이체가 발견된 뒤부터 2차 F′주를 더 효율적으로 선택하는 방법이 K.B. Low에 의하여 고안되었다. Low는 Hfr주와 Rec$^-$F$^-$주를 교배하여 일반적인 DNA 전달과정으로 염색체단편을 받아들인 부분접합체(merozygote)는 전달된 DNA가 통합되지 않으므로 재조합체를 선별하는 한천배지상에서 집락(colony)을 만들지 못한다는 것을 나타냈다. 그러나 F-genote를 받아들인 수용세포는 2차 F′로 되고 그 선택배지상에서 집락을 만든다. 이와 같은 '재조합체' 집락은 모두 2차 F′주이다.

2차 F′ 세포 중에서의 통합상태와 이탈한 상태에 있는 F-genote 사이의 동력학적 평형과 F$^+$ 또는 Hfr 배양 중에서의 동력학적 평형은 부착과 이탈 간에 각각의 속도가 다를 뿐이다. 2차 F′에서는 통합(integration)과 이탈(detachment)은 10세포세대(cell-generation)마다 1회 정도 일어난다. F$^+$ $\rightleftharpoons$ Hfr계에서는 통합과 이탈은 세포세대당 10^{-5} 정도의 빈도로 일어난다.

|참고문헌|

1. 연세대학교 의과대학 생물학교실 편찬 ; 생화학
2. 金東勳 著 ; 食品化學, 探求堂
3. 柳州鉉·梁漢喆·鄭東孝·梁隆 編著 ; 食品工學實驗, 探求堂
4. 河德模·朴啓仁 共著 ; 應用微生物學, 開文社
5. 河德模 著 ; 釀酵工學, 開文社
6. 成洛癸·朴允仲·鄭址炘·李種申 共著 ; 釀酵工學, 螢雪出版社
7. 문교부 ; 식품가공
8. 연세대 산업기술연구소 ; 발효공업
9. 金燦祚, 張智鉉 共著 ; 食品微生物學, 修學社
10. 西澤一俊, 志村憲助 編 ; 入門酵素化學, 南江堂
11. 飯塚 廣, 後昭二 著 ; 酵母の分類同定法, 東京大學出版會
12. 高橋 甫 外譯 ; 微生物學(上), (下), 培風館
13. 相田 浩 外著 ; 應用微生物學, 朝倉書店
14. 三浦謹一郎 外譯 ; 遺傳子の分子生物學(上), (下), 化學同人
15. 西山隆造 著 ; 圖解應用微生物の基礎知識, オーム 社
16. 山口辰良 著 ; 一般微生物學 技報堂
17. 好井久雄 外著 ; 食品微生物學, 技報堂
18. 天羽幹夫 外著 ; 應用微生物學, 光生館
19. 山口和夫 外著 ; 微生物學入門, 技報堂
20. 相田 浩 外著 ; 應用微生物學, 朝倉書店
21. 高木康敬 編著 ; 遺傳子操作實驗法, 講談社
22. 山田浩一 編者 ; 微生物利用學槪論, 地球社

23. 相田浩 著 ; 要說應用微生物學, 同文書院

24. 緒方浩一 著 ; 應用微生物學槪論, 同文書院

25. 水島昭二 外編著 : 細菌の解剖, 講鋏社

26. 東京大・農藝化學敎室 ; 實驗農藝化學, 朝倉書店

27. James D. Watson 外 ; Recombinant DNA, Scientific American Books

28. Raymond L. Rodriguez 外 ; Recombinant DNA Techniques, Addison-Wesley Publishing Co.

29. Joel Mandelstam 外 ; Biochemistry of Bacterial Growth, John Wiley & Sons

30. Thomas D. Brock ; Biology of Microorganisms, Prentice-Hall, Inc., Englewood Cliffs

31. James D. Watson ; Molecular Biology of the Gene, W.A. Benjamin, Inc.

32. Peter J. Russel ; Lecture Notes on Genetics, Blackwell Scientific Publications

33. Philip L. Carpenter ; Microbiology, W.B. Saunders Co.

34. Pelezar, Reid ; Microbiology, McGraw-Hill Book Company

35. Roger Y. Stanier ; The Microbial World, Prentice-Hall, Inc., Englewood Cliffs

36. Daniel I.C. Wang 外 ; Fermentation & Enzyme Technology, John Wiley & Sons

37. E.E. Conn, P.K. Stumpf ; Outlines of Biochemistry, John Wiley & Sons

38. 有馬 啓 外 ; 工業微生物學, 고탄샤사이언틱

39. 村尾澤夫 外 ; 應用微生物學, 培風館

40. 新泉龍 外 ; 微生物學入門, 朝倉書店

41. 谷吉樹 ; 應用微生物學, 코로나사

42. 野本正雄 ; 그림으로 보는 바이오테크놀로지, 廣川書店

43. 日本醱工學會 ; 微生物工學, 産業圖書

44. 송명환 외 ; 식품미생물학, 도서출판효일

45. 김병홍 ; 미생물 생리학, 아카데미서적

46. 유주현 ; 유전공학입문, 대한교과서주식회사

ㅅ

cheese 327

chelating agent 151

chemical preservatives 107

chemoautotroph 64

chemoautotrophic mirobe 64

chemostat 195

chemosyntheic heterotroph 64

chemosynthetic autotropic bacteria 17

chemosythetic autotropic bacteria 19

chick-embryo culture 54

Chlamydobacterials 215

chlamydospore 258

chloroplast 48

chondrisome 50

chromosome 45

chymotrypsin 150

chymotrypsinogen 150

Chytridiomycetes 37

Chytrids 261

Ciliophora 34

cillium 48

Cl. acetobutylium 235

Cl. botulinum 235

Cl. perfringens 235, 345

Cl. sporogenes 235, 342

Cl. tetuni 236

Cladosporium 39, 82, 341

Cladosporium herbarum 280

clamp connection 274

cleistothecium 39

Clodosporium 21

Closridium 234

Clostridium 19, 21, 204, 232

Clostridium acetobutylicum 204

Clostridium botulinum 345

Clostridium butyricum 204, 235

Clostridium putificum 342

Clostridium tetani 204

Clostridium welchii 345

CoA 144

coccus 199

coenzyme 140, 141

Coenzyme A 144

cognac 323

Col factor 429

cold sterilization 134, 358

cold storage 351

coliforms 223

colorimeter 186

commensalism 135

common name 23

Competence 425

competition 135

competitive inhibitor 151

complex protein enzyme 140

conidia 257

conidiophore 258

conjugation 427

conjugation bridge 439

constitutive mutant 385

constitutive operator mutant 392

continuous culture 195

controlled atmosphere 357

corepressor 383

Corynebacterium 203, 212, 239

counting chamber 186

cristae 45

CRP 395

Cryptococcus neoformans 309

culture yeasts 286

curd 326, 327, 328

cyclic AMP 394

cyclic AMP receptor protein 395

cytochrome 162

Cytophaga 217, 218, 218

cytoplasmic membrane 43

oospore 255

opal 377

operator 392

operon 391

optical density 187

organotroph 64, 65

organotrophic microbe 64

osmophile 86

osmophilic strain 73

osmophilic yeast 87

osmotic pressure 129

oxidative phosphorylation 162

oxidoreductase 145

O항원 226

P

p-aminobenzoic acid 76

P. digitatum 272

P. italicum 272

P. morganii 226

Palmitic acid 181

Pantothenic acid 75

Paracocus denitrificans 162

Paracolobactrum 223

parasites 65

parthenogenesis 296

Pasteuer 효과 98

Pasteur 10

Pasteur effect 11

Pasteurization 11

Pediococcus 231

Pediococcus halopilus 199

Pediococcus pentosaceum 325

Pediococcus sojae 73, 130, 231

Pediooccus 229

Penicillium 21, 81, 82, 84, 267, 270, 341,
  341

Penicillium camembert 271, 328

Penicillium chrysogenum 271

Penicillium citrinum 272

Penicillium expansum 272

Penicillium islandicum 272

Penicillium notatum 272

Penicillium roqueforti 271, 328

Penicillium toxicalium 272

pentose phoshate cyclase 176

pentose phosphate cycle 154

Pentose phosphate cycle 156

pepsin 150

Pepsinogen 150

perithecium 39, 256, 281

peritrichous flagellum 199

Peronospora 259

Peronosporaceae 65

Petroff-Hausser 계수기 186

Ph. phosphoreum 227

phenon 32

phenylalanine 167

Phoma 39

phosphate dehydrogenase 180

phosphoketolase pathway 154, 160

phospholipids 181

Photobacterium 227

photoreactivation 132, 373

photosynthesis 48

photosynthetic autotrophic bacteria 19

photosynthetic heterotroph 64

phototroph 64

phototrophic micobe 64

Phycomyces 266

Phycomyces blakesleeanus 266

Phycomyces nitens 266

Phycomycetes 37, 253, 258, 262

phytotrophy 65

Pichia 86, 332

한국미생물보존센터(Korean Culture Center of Microorganisms, KCCM)는 1967년 학계와 산업계의 과학자 및 관련 종사자들에 의해 비영리 사단법인체로 발족된 한국종균협회(Korean Federation of Culture Collections, KFCC)의 부설 균주 기탁 및 보존기관입니다. KCCM은 1989년에 설립되어 우리나라가 Budapest 조약에 가입한 후 1990년 6월 세계지적재산권기구(WIPO)로부터 국제미생물기탁기관으로 지정받은 국제미생물기탁기관으로서 국가경쟁력을 높이기 위한 생명공학 인프라의 역할을 수행하고 있습니다.

홈페이지운영

- ✓ www.kccm.or.kr
- ✓ 센터의 보유 미생물 분양 및 동정분석, 미생물의 기탁에 관한 업무를 온라인에서 서비스합니다.

미생물 분양

- ✓ Type strain 5,400여 균주를 포함하여 센터 보유 미생물 15,000여 균주를 국내 대학연구소 및 기관에 분양하고 있습니다.

미생물 동정/분석

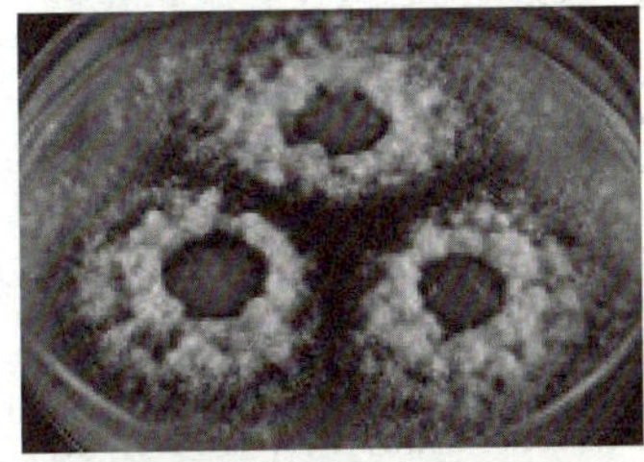

- ✓ 고가의 장비가 필요한 미생물의 동정실험을 직접 하십니까?
- ✓ 미생물관련 각종 분석과 동정실험을 수행하여 드립니다.

미생물 기탁

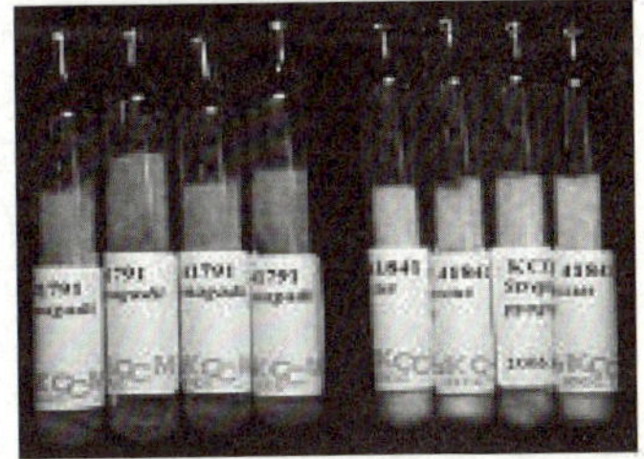

- ✓ KCCM은 특허청 지정 국제특허기탁기관입니다.
- ✓ 특허출원을 위한 미생물기탁은 KCCM이 책임지겠습니다.
- ✓ 일반기탁 및 안전기탁으로 소중한 미생물 자원을 안전하게 보존하세요.

사단법인 한국종균협회 부설 한국미생물보존센터(KFCC, KCCM)
(120-091) 서울 서대문구 홍제1동 361-221 유림빌딩 2층
TEL : 02-391-0950, 396-0950 FAX : 02-392-2859 E-mail : kfcc@kccm.or.kr

|대표저자|

유주현(柳洲鉉) Yu, Juhyun

[학 력]
서울고등학교 졸업
연세대학교 화학공학과 공학사 학위 취득
동경대학교 대학원 발효공학전공 석사·농학박사 학위 취득

[경 력]
연세대학교 교학부총장, 대학원장, 공과대학장,
미생물자원개발연구소 소장,
공과대학 식품공학과(현 생명공학과) 과장,
(현)명예교수, 미국 Purdue 대학교 생화학과 초청교수,
한국미생물생명공학회 회장, 한국식품과학회 부회장,
한국과학기술한림원 종신회원, 국무총리실 평가교수,
보건복지부 식품위생평가위원회 등 위원,
(현)한국종균협회 한국미생물보존센터 이사장

[수훈 수상]
국민포장, 대통령표창, 서울특별시문화상(학술분야),
한국미생물생명공학회 학술상, 한국식품과학회 학술상,
일본농예화학회상

[저서·학술발표논문]
저서 18권, 학술논문 272편

변유량(卞柳亮) Pyun, Yuryang

[학 력]
연세대학교 화학공학과 공학사, 공학석사,
공학박사 학위 취득

[경 력]
연세대학교 생물산업소재연구센터 소장,
공과대학 생명공학과 과장, (현) 명예교수,
미국 Purdue 대학교 방문교수,
한국과학기술한림원 종신회원,
한국산업미생물학회 회장, 한국식품과학회 회장,
한국카카오초컬릿기술협의회 회장,
한국종균협회 (현)부회장,
한국경제인연합회 자문위원, 한국식품공업협회 자문위원

[수 상]
한국식품과학회 학술상, 한국미생물생명공학회 학술상

[저 서]
현대식품공학(기구문화사) 등 5권

[학술지발표논문]
Tagatose isomerase에 관한 연구 등 203편

식품미생물학

2007년 9월 20일 초판 인쇄
2007년 9월 28일 초판 발행

지 은 이 • 유주현·변유량 외
발 행 인 • 김홍용
펴 낸 곳 • **도서출판 효 일**
주   소 • 서울특별시 동대문구 용두2동 102-201
전   화 • 02) 928-6644
팩   스 • 02) 927-7703
홈페이지 • www.hyoilbooks.com
E - m a i l • hyoilbooks@hyoilbooks.com
등   록 • 1987년 11월 18일 제 6-0045 호

값 19,000 원

ISBN 978-89-8489-206-4